普通高等院校"十二五"规划教材

Urban Planning & Landscape

城乡生态规划学

URBAN AND RURAL ECOLOGICAL PLANNING

王光军 项文化 主编

中国林业出版社

图书在版编目（**CIP**）数据

城乡生态规划学／王光军，项文化主编．—北京：中国林业出版社，2014.12(2021.5 重印)
普通高等院校“十二五”规划教材
ISBN 978-7-5038-7805-3

Ⅰ．①城… Ⅱ．①王… ②项… Ⅲ．①城乡规划-生态规划-高等学校-教材
Ⅳ．①X32

中国版本图书馆 CIP 数据核字（2014）第 308942 号

城乡生态规划学

王光军 项文化 主编

策划编辑：吴 卉
责任编辑：吴 卉 肖基浒

出版发行 中国林业出版社
邮编：100009
地址：北京市西城区德内大街刘海胡同 7 号 100009
电话：（010）83143552 邮箱：jiaocaipublic@163.com
网址：http：//www.forestry.gov.cn/lycb.html
印 刷 北京中科印刷有限公司
版 次 2015 年 9 月第 1 版
印 次 2021 年 5 月第 2 次印刷
开 本 889mm×1194mm 1/16
印 张 22.25
字 数 550 千字
定 价 60.00 元

内容简介

本书是总结近年来我国城乡生态规划的最新研究成果，结合生态规划教学过程中经验编写而成，力图将国内外生态规划的新理论、新方法和新经验编入教材中。全书共分10章，分别介绍了城乡生态规划的形成与发展趋势、规划理论、规划技术与方法、生态功能区划分析、低碳生态城市规划、城乡绿地生态规划、城乡景观生态规划、乡村生态规划、保护区生态规划和生态文化传承规划。

本书可作为高等学校生态学、城乡规划与管理、环境科学、城市规划等相关专业本科生及研究生的教材，同时也可为园林、土地资源管理等相关专业的研究与技术人员的参考书籍。

前　言

环境污染、生态破坏、物种减少等生态问题，给人类生存安全带来了严重威胁，使全社会认识到人类不能再漠视居住环境的生态问题。城乡生态规划是按照生态学原理，综合研究社会—经济—自然复合生态系统，通过现代科学与技术手段，对城乡空间布局、发展策略进行协调规划，实现城乡一体化，保障区域生态安全，改善生态环境，实现人与自然的健康、和谐发展。对缓解和降低我国城乡发展面临的生态保护与经济发展的双重压力，实现城镇化可持续发展具有指导作用。

城乡生态规划尽管在内容和方法上与区域规划、城市规划是重合的，但城乡生态规划侧重于贯彻生态学原理，运用现代 GIS 分析手段的土地利用分区规划，强调各个生态要素的综合平衡，区域尺度的保护和恢复生物多样性，维持生态系统结构、功能和过程的完整性，构建和维护生态安全格局，使人类聚居地生态进入良性循环，追求人与自然的健康、和谐发展，支持人居环境的物流、能流、信息流、价值流的通畅，生态效益、社会效益、经济效益和景观效益的高效。建立人类与生态之间可持续发展、和谐、高效的生态关系。实现生态环境问题的有效控制和持续改善。

本教材由王光军、项文化主编。主要编写人员为：第 1、6 章由王光军编写；第 2、3 章由项文化、潘琼编写；第 4 章由朱凡编写；第 5 章由赵梅芳编写；第 7 章由方晰编写；第 8 章由梁小翠编写；第 9 章由邓湘雯编写；第 10 章由赵仲辉编写。全书由王光军统稿。

本书既具有一定的理论性又具有较强的实用性，可作为生态学、城乡规划、环境科学等相关专业本科生及研究生的教材，同时也可为园林、土地资源管理等相关专业的研究与技术人员的参考书籍。

本教材在编写过程中参阅和引用了国内外的相关文献、出版资料、以及许多专家学者的研究成果，在此表示感谢。

城乡生态规划属于交叉学科，研究内容和应用范围非常广泛，受篇幅限制等原因，有些内容本教材未予涉及。限于知识水平与实践经验，书中定有错误与疏漏之处，敬请广大读者批评指正。

王光军
2014 年 7 月

目　录

第1章　绪论

人类文明的生态转向为城市建设和学科发展提出了新思路和新方法，以协调人与自然关系为根本任务的生态规划将是生态文明阶段的重要学科。

生态规划所要解决的问题不仅仅是一个物质规划(Physical planning)的问题，更是一个关于人与自然相互作用以及人在地球上的存在问题。

20世纪80年代后，生态规划在以下三个方面最为突出：思维方式和方法论上的发展；景观生态学与规划的结合；地理信息技术成为景观规划强有力的支持。

生态设计(Ecological design)，也称绿色设计或生命周期设计或环境设计，是指将环境因素纳入设计之中，从而帮助确定设计的决策方向。(上海交通大学，车生泉教授)

1.1 生态规划概述

1.1.1 生态规划概念

在人类发展历史初期的很长时间里，人与周围环境保持着一种和谐共存的关系。中国古代的“风水学说”追求“天人合一”，其实质蕴涵了人与自然和谐共处的思想。而工业化快速发展的进程中，城市发展日新月异，人们在享受生活水平的提高，消费观念的改变的同时，带来的城市膨胀使愈来愈多的人远离自然，环境污染、生态破坏、物种减少等生态环境问题也随之而来，使得生活在其中的人们的身心健康受到严重威胁。因此，以生态学及生态经济学原理为基础，寻求人的活动与自然协调的生态规划是解决当前全球性资源及环境问题，发展中国家迫切的发展需求、有限的资源承载力与脆弱的生态环境之间的矛盾，实现资源永续利用和社会经济持续发展的一条重要途径。生态学(Ecology)与经济学(Economics)的英文词根都是“eco”，它们源于同一个希腊词根“oikos”，即住所的意思。“logy”的意思是研究，而“nomics”的意思是管理。从词源上说，生态学是研究“住所”的学问，而经济学则是管理“住所”的学问。它们的共同点是都要“勤俭持家”，即追求高的资源利用效率，生态学上称为生态效率，经济学上则叫经济效率。生态规划即运用生态学理论研究人与自然的关系，科学分析人类社会经济活动引发的环境影响，通过科学的规划设计来有效防范或减少人类社会发展对自然环境的影响，达到可持续发展目标的一种规划设计思想方法，这为协调人与自然关系，实现对自然资源的保护和可持续利用，满足人类发展需求提出了新思路和新方法。

规划的基本意义包括“规(法则、章程、标准、谋划，即战略层面)”和“划(合算、刻画，即战术层面)”两部分组成，是人们进行比较全面的、长远的发展计划，是对未来整体性、长期性、基本性问题的思考、考量和设计未来整套行动的方案。规划有两层含义：一是描绘未来，即人们根据对规划对象现状的认知，构思未来目标和发展状态；二是行为决策，即人们为达到或实现未来的发展目标决策所采取的时空顺序、步骤和技术方法(刘康，2011)。合理的规划是根据所要规划的内容，整理出当前有效、准确及详实的信息和数据，并以其为基础进行定性与定量的预测，而后依据结果制定目标及行动方案。所制订的方案应符合相关技术及标准，更应充分考虑实际情况及预期能动力(江怀西，2012)。规划的制定需要准确而实际的数据以及运用科学的方法进行整体到细节的设计，依照相关技术规范及标准制定有目的、有意义、有价值的行动方案，从时间上需要分阶段，由此可以使行动目标更加清晰，使目标更具有针对性，方案更具可行性，数据更具精确性，理论依据具有详实性，使经济运作更具可控性以及收支合理性。

1971年，联合国教科文组织“人与生物圈(MAB)”计划中提出了“生态城市”概念。生态城市是按生态学原理，综合社会—经济—自然复合生态系统，运用生态工程、社会工程、系统工程等现代科学与技术手段，使生态进入良性循环，物质、能量、信息得到高效利用，人与自然的健康、可持续发展，是一种结构合理、功能高效和关系协调的城市生态系统。主要表现在：适度的人口密度、合理的土地利用、良好的环境质量、充足的绿地系统、完善的基础设施、有效的自然保护的结构合理；资源的优化配置、物力的经济投入、人力的充分发挥、物流的畅通有序、信息流的快速便捷的功能高效；人和自然协调、社会关系协调、城乡协调、资源利用和资源更新协调、环境胁迫和环境承载力协调的关系协调。生态城市是城市建设的重要目标之一。生态规划(Ecological planning)是实现生态城市的重要手段和途径，实质上就是运用生态学原理去综合地、长远地评价、规划和协调人与自然资源开发、利用和转化的关系，运用城市规划的方法和技术，对城市空间布局、发展策略进行协调，提高生态经济效率，促进城市社会、经济、生态的持续发展(邓国春等，2008)。广义生态规划与区域规划、城市规划在内容和方法上是重合的，都是强调各个生态要素的综合平衡，构建自然与生态、社会与生态、经济与生态、环境与生态、区域与生态、生物与生态之间可持续发展的和谐、高效生态关系，包括生态城市建设规划和生态城市模式的生态规划。狭义的生态规划被理解为环境规划，是区域规划、城市规划的一部分，或直接把生态规划看作是在生态学原理指导下基于现代GIS分析手段的土地利用分区规划，包括生态环境保护专项规划以及城市总体战略规划中的部分内容。

19世纪末霍华德提出“田园主义和田园城市”是城市生态规划发展的理论源头。Forster Ndubisi强调生态规划是引导或控制景观的改变，使人类行为与自然过程达到协调发展的方式，它要解决的不仅是一个物质规划的问题，更是一个关于人与自然相互作用以及人在地球上的存在问题。联合国“人与生物圈”计划的定义强调生态规划的能动性、协调性、整体性和层次性。现代生态规划奠基人，著名景观设计师麦克哈格(Ian McHarg，1995)认为生态规划是利用生态学理论而制定的符合生态学要求的土地利用规划。他在《Design with Nature》一书中谈到：“利用生态学理论而制定的符合生态学要求的土地利用规划称为生态规划。”是在认为有利于利用的全部或多数因子的集合，并在没有任何有害的情况或多数无害的条件下，对土地的某种可能用途，确定其最适宜的地区。符合此种标准的地区便认定为本身适宜于所考虑的土地利用。他把生态规划称为人类生态规划，指出“必须将区域(规划对象)描述成为一个自然—生物(包括人)—文化相互作用的系统，并用资源及其社会价值重新构筑”。芒福德(Lewis Mumford，2008)等对生态规划的定义是：“综合协调某一地区可能或潜在的自然流、经济流和社会流，为该地区居民的最适生活奠定适宜的自然基础”。他强调把区域作为规划分析的主要单元以及自然环境保护对于城市生存的重要性，提出了以人为中心、区域整体规划和创造性利用景观建设自然适宜的居住环境等观点，并提倡在地区生态极限内建立若干独立又互相联系的密度适中的社区，使其构成网络体系，因地制宜地维持人类文化的多样性与生活的多样性。弗雷德里克·斯坦纳(Frederick Steiner，2005)等人认为规划关心的是有机体与生物的相互关系。在这个意义上，规划是生态学的，但规划主体是人的活动，因此，它又是人类生态学。若重新定义生态规划，那么它是应用生态学概念，是生态学方法对人类环境的安排。他将生态规划定义为“运用生物学及社会文化信息，就景观利用的决策提出可能的机遇及约束”。

陈涛(1991)对生态规划理解为：应用生态学的基本原理，根据经济、社会、自然等方面的信息，从宏观、综合的角度，参与国家和区域发展战略中长期发展规划的研究和决策，并提出合理开发战略和开发层次，以及相应的土地及资源利用、生态建设和环境保护措施。从整体效益上，使人口、经济、资源、环境关系相协调，并创造一个人类得以舒适和谐的生活与工作环境。生态建设与生态规划是区域发展战略的重要组成部分，它并不等同于有些人认为的环境保护规划或环境综合整治规划。生态规划具有明确的整体性、协调性、区域性、层次性和动态性等特点，并有明确的经济、社会、生态目标。我国生态学家马世骏(1984)认为以人类活动为主体的城市、农村实际上是一个由社会、经济与自然三个亚系统组成的，并以人类活动为纽带而形成的相互作用与制约的社会—经济—自然复合生态系统。生态规划的实质就是运用生态学原理与生态经济学知识调控复合生态系统中各亚系统及其组分间的生态关系，协调资源开发及其他人类活动与自然环境与资源性能的关系，实现城市、农村及区域社会经济的持续发展。王如松(1999)认为：“生态规划是通过生态辨识和系统规划，运用生态学原理、方法和系统科学手段去辨识、模拟、设计生态系统内部各种生态关系，探讨改善系统生态功能、促进人与环境持续发展的可行的调控政策。其本质是一种系统认识和重新安排人与环境关系的复合生态系统规划”。《环境科学辞典》(2008)对生态规划的定义：“生态规划是在自然综合体的天然平衡情况不做重大变化、自然环境不遭受破坏和一个部门的经济活动不给另一个部门造成损害的情况下，应用生态学原理，计算并合理安排天然资源的利用及组织地域的利用。”

从我国规划的发展来看，城乡规划作为“维护社会公平、保障公共安全和公众利益的重要公共政策”的公共性特征始终是其发展的主线。1961 年出版的《辞海试行本·第 16 分册·工程技术》中对“城乡规划”表述为“对城市和乡镇的建设发展、建筑和工程建设等所作的规划”，其内容包括“确定城乡发展的性质、规模和用地范围，研究生产企业、居住建筑、道路交通运输、公用和公共文化福利设施以及园林绿化等的建设规模和标准，并加以布置和设计，使城市建设合理、经济，创造方便、卫生、舒适、美观的环境，满足居民工作和生活上的要求”，并将“城市规划”解释为“城乡规划”。这说明“城乡规划”覆盖了“城市规划”，“城乡规划”比“城市规划”更为准确地表达了专业和学科名称。由于我国城乡生态环境存在着明显的二元化倾向，即城、乡在生态环境的结构、功能、质量等方面的不平衡状态及发展趋势。因此 Friedmann 认为，中国城市化研究应该侧重城市视角的城乡关系的探索。1978 年实行改革开放之后，随着我国经济体制等改革不断深化，“城市”一跃成为城乡规划发展领域的主角。1980—2010 年的 30 年间，我国城镇化水平从 20% 左右提高到 50% 以上，城镇人口规模、经济规模和土地空间规模等突飞猛进。在这样的发展背景下，城市、城镇成为规划学科发展的主题和重点已不足为奇，而“乡”的角色的重要性逐渐减弱。事实上，相对于城市的高速发展和市场繁荣，我国一些地区的乡村的自然环境和生活环境却每况愈下，环境灾害和污染的威胁日益严峻。2008 年旧金山国际生态城市宣言指出：“通过区域和城乡生态规划等各种有效措施使耕地流失最小化”，并强调城市生态规划必须充分考虑城市及其周边的乡村地区。过去 30 多年城镇化发展的历史经验教训是："城市"和"乡村"不应该分割看待，"城"和"乡"应相提并论，城乡发展必须统筹协调，才能实现可持续发展。因此，编制城乡一体化生态规划的首要问题是确立能将城、乡两大体系统一整合、融贯的学术(理论)思维、分析框架，这一框架也是城乡一体化生态规划的具体技术路径的体现，对于编制、评价及实施城乡生态环境一体化规划意义重大。

城乡生态规划是通过城乡规划途径，以生态的角度对现有空间规划理论进行改进，实现城乡空间资源使用社会公平、公正，促进城乡可持续发展。它是在生态理念指导下将生态规划相关理论、方法运用到城乡规划中，应用系统科学、环境科学等多学科手段辨识、模拟和设计生态系统内部各种生态关系和生态过程，确定资源开发利用和保护的生态适宜性，在生态目标导向下对现有空间规划理论、技术方法等进行改进与更新，探讨改善系统结构和功能的生态对策，促进人与环境系统协调、持续发展的规划方法(郭怀成等，2009)。城乡生态规划就是针对生态环境的现实问题和生态建设的迫切性，通过应用生态学理论和生态思维，对城乡土地和空间资源进行合理配置，使人类发展与自然环境协同共进的物质空间规划，是一种落实城乡空间规划的生态学途径（黄平利等，2007）。

目前在我国城市化、工业化快速发展的时代背景下，生态规划往往处于"弱势"地位，并对土地资源的合理运用与城乡的和谐发展提出了严峻的挑战，大片的绿地被作为建设用地失去了生态功能，高速路建设中人为地切割了自然生态环境，造成生态学中的生态廊道的破坏而导致生物多样性丧失，逐步紧缩了本不富裕的生态空间。如何在保证经济持续稳定发展的同时考虑到乡村景观的保护以及生态空间的打造，成为目前解决这一问题的关键。城乡生态规划方法是系统科学在规划领域中的重要应用，它注重于落实城乡规划生态效益的全局性手段，把城乡及生态等作为一个不可分割的整体来考虑，有助于规划工作者用整体和科学观点进行通篇考虑，并用以指导实践，对丰富空间规划理论具有实际意义。

1.1.2 生态规划的目标

生态规划的内涵对提高城市生态规划的科学意义重大。国内外的文献对生态规划的定义都有所涉及，刘易斯·芒福德等人强调了生态规划的综合性(自然、经济、人)、协调性(沈清基，2009)，麦克哈格(1995)则强调了土地利用中心性，而斯坦纳等人(2005)则更注重生态规划的景观生态学途径。因此，生态规划的核心内涵就是实现生态关系、人与自然等因素之间的和谐，协调人与资源、环境、社会、经济、发展等要素和系统的关系。

这就决定了生态规划的目的是从自然要素的规律出发，分析其发展演变规律，在此基础上确定人类如何进行社会经济生产和生活，有效地开发、利用、保护自然资源要素，促进社会经济和生态环境的协调发展，主要体现在保护人体健康和创建优美环境、合理利用自然资源、保护生物多样性及完整性三个方面，最终实现可持续发展这一最根本的目标(王祥荣，2002)。生态规划的核心内容是基于现有生态资源的存在状况，以生态安全为原则，以人居系统健康为目标，以生态资源分配为前提，涉及量的控制与释放、空间构成与布局及保障区域的生态安全与生态和谐(饶戎，2009)。在落实城市规划时保障生态规划的核心价值与指导作用(图1-1)。而城乡生态规划的目的就是城乡统筹或城乡一体化，不但要求把城市与农村放在一起进行互动式的思考和决策，而且在发展的阶段性目标中有实质性的推进，在远期目标中逐步实现城乡统筹发展。这要求城乡生态规划以实现可持续发展为目标，包括3个方面：一是人类应能与自然和谐共存，维护生态功能的完整性，而不是以掠夺自然和损害自然来满足人类发展的需要；二是人类应能协调当前发展的要求与未来世代发展要求的关系，这就要求在发展过程中合理利用自然资源，维护资源的再生能力，并使人类的生存环境得到最大的保护；三是持续发展能不断满足人类的生存、生活及发展的需求，使整个人类公平地得到发展，逐渐达到健康、富有的生活目标。

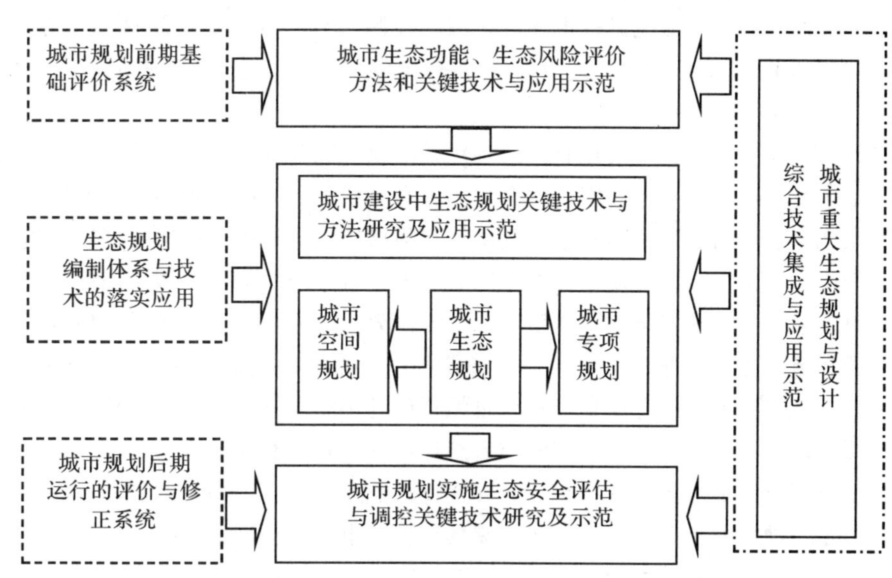

图1-1 生态规划在城市规划中的定位

可持续发展的内涵规定了生态规划的目标。今后生态规划的重要特征就是通过广泛运用生态学、经济学以及地理学等相关学科的知识，改善城市与区域发展及其与自然环境和自然资源的关系，增强持续发展能力，使城市及区域具有较高社会经济发展水平，使人们的生活得到保障，同时也具有较大的发展潜力和生态完整性。

生态规划的目标可以概括为：在区域规划的基础上，以区域的生态调查与评价为前提，以环境容量和承载力为依据，把区域内环境保护、自然资源的合理利用、生态建设、区域社会经济发展与城乡建设有机地结合起来，培育美的生态景观，诱导和谐统一的生态文明，孵化经济高效、环境和谐、社会适用的生态产业，确定社会、经济和环境协调发展的最佳生态位，建设人与生态和谐共处的生态区，建立自然资源可循环利用体系和低投入高产出、低污染高循环、高效运行的生态调控系统，最终实现区域经济、社会、生态效益高度统一的可持续发展。

1.1.3 与相关规划之间关系

我国是从20世纪80年代引入生态规划概念，虽然起步较晚，但中国生态规划的理论研究与实践一开始就大量借鉴吸收欧美生态规划理论与实践的成果，同时进行了大量不同类型与不同需求目标为导向的生态规划探索实践，逐步形成了我国生态规划研究发展特色。随着国内对生态规划的研究也进一步深入，在理论方面，“生态伦理学”作为一门新兴的学科正逐步受到关注，它的出现完善了人们固有的“以人为中心”的价值观念，促进了“生态价值观”的发展。在国家战略上，在中共十八大报告中特别强调“建设生态文明”，这为生态规划提出了更高的目标；另外景观生态模式理论已逐步形成，生态网络理论、人工神经网络、“边缘效应”思想的创新应用也丰富了生态规划的理论内涵。俞孔坚等对“反规划”途径和生态基础设施（Ecological infrastructure，EI）的探索，将生态系统服务思想与生态“基础性”价值和生态结构相结合，使生态基础设施概念更趋清晰。“反规划”不是不规划，也不是反对规划，它是一种景观规划途径，本质上讲是一种通过优先进行不建设区域的控制，来进行城市空间规划的方法（俞孔坚等，2005）。“基础设施生态化”研究得到了进一步的实践与发展，促成了理论体系的逐步完善。

生态规划概念在我国发展与演化有3条“脉络”，第一条是将土地资源及其利用作为生态规划对象，提出生态规划就是土地利用的生态化；进而发展到以城市景观为研究对象，将景观生态学原理和景观生态规划方法应用于土地利用等空间格局的规划中；现在发展以土地与空间资源及其配置为研究对象，使生态规划扩展到区域空间、城市外部空间和城市内部空间3个不同空间尺度。第二条是生态规划把整个城市生态系统作为一个复合生态系统进行研究，不仅仅关注生态环境的和谐，还综合考虑了社会、经济效益以及人居环境，使人—地—环境协调发展，处处考虑了人的身心健康；生态规划更强调自然资源利用和布局合理性，其核心是服务于城市规划、追求城市建设的合理布局、协调人与自然环境的关系，实现城市可持续发展。第三条是综合考虑土地资源与城市生态系统，将人居环境作为研究对象，认为生态规划不仅是一种保护性的规划，更是一种探究生态规律的指导性规划。把城市生态规划看作是一种实现生态城市的方式，同时倡导在城市规划过程中引入生态学的研究成果，加强学科间的交叉合作，提出城市规划与生态规划融合，促进实现城市可持续发展（表1-1）。

（1）生态规划与土地生态规划

土地生态规划指从人类生态学的基本思想出发，通过对土地的自然与社会环境在组成、结构、功能等的综合分析和评价，以确定土地是否适宜开展相应的人类活动（工业、农业、交通、教育及其他各种公共设施的建设等），以及土地对这些活动的承载能力，并由此合理地安排和布局相关区域内工业、农业、交通等各项活动。土地生态规划注重土地自然资源属性及其内在的生态功能，同时综合考虑社会经济发展规划及各项建设活动的土地需求、土地供给能力。其研究对象是土地资源，通过分析土地资源的适宜度和承载力，追求在承载力范围内对土地资源的合理利用，是一种物质性规划。生态规划强调的是生态系统内外关系的协调，是一种关系协调性规划。土地生态规划可以看做是生态规划在土地资源上的应用。

（2）生态规划与城市生态规划

城市生态规划是城市总体规划的专项规划，通过对城市各项生态关系的布局与安排，调整人类与自然生态系统的关系，维护城市生态系统平衡，实现城市生态系统和谐、高效、持续的发展。因此，它不仅关注自然资源的利用和消耗对城市居民生存状态的影响，而且关注城市生态系统的功能、结构等内在机理与变化及其对城市发展的影响或制约。城市生态规划可以看做是狭义的生态规划，它的研究对象是城市生态系统；而生态规划的研究对象——生态系统是一个大范围，两者追求的都是生态系统的内在和谐。不同的是，城市生态规划以服务城市规划为目的，是在考虑城市空间、经济、政治和社会文化发展的基础上来解决生态问题、处理生态关系，是一种实体性规划、物质性规划。生态规划更多地涉及人类生活中的生产性领域和非生产性领域，其没有明确的实体对象，是一种概念性规划。

(3)生态规划与景观生态规划

景观生态规划注重视觉效果、视觉的时空变化以及生态效益，旨在提高人居环境质量。景观生态规划的研究对象是城市景观，对城市景观建设、保护调整和完善的措施及其空间布局和配置进行规划设计，是一种具有很强操作性的规划。城市景观生态规划应以生态规划为指导，可视为生态规划的组成部分。

(4)生态规划与环境规划

作为国民经济与社会发展五年计划或城市总体规划的组成部分，环境规划是在预测社会经济发展趋势、相应环境影响及环境质量变化趋势的基础上，为实现或保持某一特定环境目标，对人们社会经济和环境保护行为的空间与时间安排。环境规划关注要素环境(水、空气、噪声、土壤)质量的监测、评价、控制、整治、管理等，其以大气、水、固体废弃物等具体的环境要素为规划与研究的对象，是一种物质性、有载体的规划。而生态规划更具有明确的综合性、整体性、协调性、区域性、层次性和动态性等特点，关注的是城市生态系统结构、功能、相互之间的关系，包括人与自然生态系统之间关系的和谐，其以生态系统内这种生态关系为规划载体，是一种非物质性或无实体性的规划。

表1-1　生态规划与相关规划的辨析表

概念	研究对象	核心思想	关注对象	规划内容	关系	规划性质
生态规划	复合生态系统	系统中各亚系统及其组分间的生态关系和谐	城市、农村及区域社会经济的持续发展	社会、经济、环境	指导性规划	概念性规划，关系协调性规划
城市生态规划	城市生态系统	城市中各种生态关系的质量及其改善	生态系统的平衡	生态问题，城市内在机理的变化和发展	狭义的生态规划	实体性规划，物质性规划
城市景观生态规划	城市景观	提高城市景观的环境质量	景观基本特征	宏观视觉效果	生态规划的一部分	实体性规划
土地生态规划	土地资源	土地利用生态化	土地适应性 土地承载力	对土地资源无害，土地综合评价	生态规划在土地资源上的应用	物质性规划
环境规划	环境要素	达到预期的环境目标	环境的影响及环境质量变化	环境质量的监测、评价、控制、整治、管理	生态规划的一部分	实体性规划

1.2 生态规划的形成与发展

1.2.1 生态观念的自发阶段

工业革命以前，人类的生产力与技术能力都较低，人与周围环境一直保持着一种和谐共存的关系。在城市布局与空间结构上更多考虑的是遵从与顺应自然，呈现出人与自然和谐结合。我国体现生态规划设计理念的实例很早就已经出现，“风水模式”是我国古代融合对自然和人性的崇拜，探寻安居乐业之法的理想城市空间结构模式，这一模式影响和支配着我国古代城镇布局模式(邓清华，2003)。如《淮南子·主术训》中记载：“水处者渔，山处者木，谷处者牧，录处者农，地宜其事……”强调应遵循自然生态的内在规律，充分利用自然资源，地尽其利。又据《汉书·晁错传》中记述：“古之徙远方以实广虚也，相其阴阳之和，尝其水泉之味，审其土地之宜，观其草木之饶，然后营邑立城，制里割宅，通田作之道，正阡陌之界，先为筑室，家有一堂二内，门户之闭，量器物焉，民至有所居，作有所用……使民乐其处而有长居之心”。对于充分利用自然生态，创造良好人居环境的实例目前也有很多，如湘西凤凰沱江边上的凤凰古镇，云南玉龙雪峰脚下的丽江古城，都是典型的生态规划设计杰作。中国的“山水园林”建筑风格与西方“园林营造”模式如古巴比伦的空中花园、古罗马的别墅庄园、欧洲中世纪城堡庭园等，虽然只是在某个局部空间进行的生态环境与景观改善，但都体现了人们对回归自然的追求(俞孔坚，2001)。

1.2.2 生态规划的形成与发展

1.2.2.1 生态规划理论的萌芽阶段

至18世纪下半叶，随着生产力迅猛发展，工业化进程的加快，提高了人类改造和利用自然环境的能力。人与自然的关系也逐步转向对立和冲突，特别是对森林、煤、石油和天然气等自然资源的大规模开采和掠夺，极大地改变了人类赖以生存的生境的组成与结构，使地球表面最大的自然景观生态系统——陆地，开始破碎并在局部表现为解体的现象。工业化带来经济繁荣的同时，也带来了人口剧增，使得地球生命维持系统正承受着越来越大的压力。而城市迅速膨胀所面临的环境污染、生态破坏、物种减少等生态环境问题越来越突出，工业污染导致城市环境受到严重破坏，使愈来愈多的人远离自然，污浊的空气、污染的水源和拥挤的空间使得人类生存和发展面临着严重威胁。人类逐步认识到强调自身发展的同时，不能再漠视城市生态问题，必须把城市规划、生态研究、生态技术等作为解决城市生态环境问题的重要手段。在这一背景下，1858年美国景观设计之父奥姆斯特德(F. L. Olmsted)在曼哈顿的核心地区设计的城市公园，在全美掀起了城市公园运动。John Wesley Powell在1879年递交给美国国会的报告《Report on the Land of the Arid Region of the United States》中指出，“这些土地的恢复需要广泛的和综合的规划”“在规划中应考虑土地自身的特征”。并呼吁通过立法和制定相关政策促进与自然环境相适应的发展规划。1898年英国人霍华德提出了“田园城市”设想。这种将自然引入了城市的设计思想将城市规划与城市经济、城市环境问题相结合，带有浓厚的理想主义色彩。这一时期人们对城市生态问题的认识还停留在表象层面，解决途径也主要以城市的景观美化为主，城市生态规划的思想还处在萌芽阶段。西方在1856年奥姆斯特德主持设计美国纽约中央公园时就已经反映出生态规划的理念。但以1898年英国社会活动家霍华德发表的《明日，一条通向真正改革的和平道路》一书为标志，学术界才开始形成系统的生态规划设计理论体系。

开敞空间(Open space，也有译为开放空间)，是研究市域绿地系统过程中重要概念，始于英国伦敦1877年制定的《大都市开敞空间法》(Metropolitan Open Space Act)。在《开敞空间法》中开敞空间被定义为“任何围合或是不围合的用地，其中没有建筑物，或者少于1/20的用地有建筑物，其余用地用作公园或娱乐、或是堆放废弃物、或是不被利用”。凯文·林奇对开敞空间是这样描述的：“只要是任何人可以在其间自由活动的空间就是开敞空间，开敞空间可分为两类：一类是属于城市外缘的自然土地；一类是属于城市内的户外区域，这些空间由大部分城市居民选择来从事个人或团体的活动”(凯文·林奇，2001)。因此，林地、农田、滩地、山地、江河湖泊、待建与非待建的敞地、城市的广场和道路等一切自然要素及人工要素都是开敞空间研究的对象。

1867年奥姆斯泰德在波士顿将分散的城市绿地连成一体，规划成被称之为“翡翠项链”的公园系统，这一规划引导了19世纪末美国城市公园运动向系统网络的方向发展。100多年后，英国学者汤姆·特纳在向伦敦规划顾问委员会提交的题为“走向伦敦的绿色战略”的报告中，提出发展步行道网络、自行车道网络、生态廊道网络等一系列相互叠加的网络绿色战略，建筑师理查德·罗杰斯在1999年向伦敦政府提交的“迈向城市复兴”的报告中，再次提到了将开敞空间连成一体的重要性，这在实践上又一次体现了开敞空间体系长盛不衰的生命力。在城乡一体化的背景下，开敞空间体系既可以体现在区域尺度上，也可以体现在城市尺度上，还可以体现在场所尺度上。从技术层面来讲，并非所有的开敞空间都是绿地，但从系统的角度出发，将其纳入绿地系统规划的范畴则更加有利于绿地系统结构与功能的改善与强化。因此，除绿色空间外，广场空间、步行空间和亲水空间也都是其表现形式，这远大于我国的城市绿地的研究范围。开敞空间体系使绿地系统规划在思维上得到了扩展，在功能上得到了完善，在空间上得到了延伸，在形态上得到了变化，它虽然不是绿地系统规划的核心内容，但却是规划的必要补充。

1.2.2.2 生态规划理论的发展阶段

20世纪初，随着西方资本主义国家城市化进程加速，生态学以及环境科学得到了飞速发展，也使城市生态规划从主观构想开始深入到理论层面的研究。Geddes(2012)在《Cities in Evolution》一书中将生态学原理应用于城市的环境、市政、卫生等综合规划研究中，强调在规划中根据自然的潜力与约束来制定与自然相协调的规划方案；Saarinen在《城市：它的生长、衰退和未来》一书中提出了“有机疏散”城市结构的观点，他认为这种结构既要符合人类聚居的天性，便于人们的共同社会生活，感受到城市的脉搏，又要不脱离自然。受Geddes和英国花园城市运动的影响，1923年，美国区域规划协会(The Regional Planning Association of America)成立，标志着规划与生态学之间的密切关系得以确认。芝加哥人类生态学派的Park(1987)将生物群落学的原理和观点应用于城市研究，并在后来的社会实践中得到发展；赖特提出的“广亩城市”的城市规划思想，分散(包括住所和就业岗位)应成为城市规划的原则，没有必要把一切活动集中于城市；另外 Unwin 在“田园城市”基础上提出了“卫星城镇”的概念。这些理论共同将城市生态规划推向了第一个发展高潮，并逐步开始了实践探索，涌现了许多对城市生态规划做出重要贡献的著名学者，尤以强烈支持以生态学为区域规划基础的 Benton Mackaye 和 Lewis Mumford 最为著名。

在这一时期中，人们对城市生态问题的认识从表象走向了深层原因的探求，从局部改善上升到城市结构与布局的变革，生态学和环境科学的相关理论被大量应用到城市规划中，促进了城市生态规划理论的进一步发展。主要关注问题大多集中在如何改善小环境、改善住区居住环境，但未充分认识和关注城市发展尤其是工业发展对城市大环境、对整个生态系统的影响，未从城市社会经济发展模式方面系统研究城市生态环境保护问题。

1.2.2.3 生态规划理论的成熟阶段

20 世纪 60 年代至今，全球经济快速发展，生产力水平全面提高，而生态环境问题也从局部扩大到世界的各个地区和领域，人们对城市发展与生态环境关系的认识与理解不断深入，城市生态规划研究逐渐系统化，并注重与实践的结合。20 世纪 60 年代美国景观设计师伊恩·麦

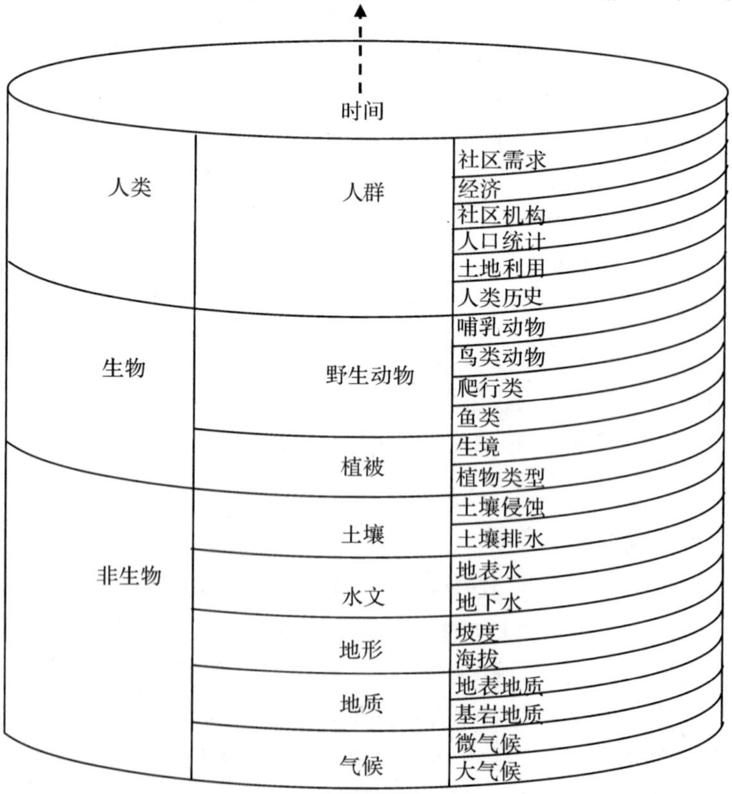

图 1-2　千层饼模型示意

克哈格(McHarg，1969)提出了城市与区域土地利用生态规划方法的基本思路，并通过案例研究，对生态规划的工作流程及应用方法作了较全面的探讨。1969年，麦克哈格提出了系统的“千层饼”模式(图1-2)，它包含3个部分：一是核心生物物理元素的场地调查与规划地图绘制；二是对生态人文信息的调查、分析与综合；三是基于适宜性分析的“千层饼”分析。同时，卫星遥感技术的应用为生态规划设计提供了科学的方法。麦克哈格在1969年出版的《设计结合自然》一书，这标志着生态规划设计时代的真正到来。至此，一个真正意义上的生态规划设计便展现在我们的面前。如果说我们的先民开创了生态规划设计的先河，那么《设计结合自然》的问世就成为生态规划设计发展历程的转折点。生态规划设计的理念开始在各种规划项目中应用并愈来愈受到重视。

1971年联合国教科文组织开展了一项国际性的研究计划——“人和生物圈计划(MAB)”，提出了从生态学角度来研究城市的项目，并明确指出应该将城市作为一个生态系统来进行研究。这一时期城市生态规划的研究重点向技术、方法的深入以及生态建设实践的方向发展，城市空间结构研究也开始表现出多元化、生态化特点，生态发展理念在全世界范围内得到重视与推广。1973年日本的中野尊正编著了《城市生态学》，提出城市和乡村两个空间维度考虑地域系统的生态，认为生态系统是自然和人类信息交换场。中国也正是在这个时期开始引入生态规划理念，逐步加强城市生态规划的研究与实践。随着计算机技术与地理信息技术的发展和应用，城市生态规划逐步从定性描述向定量分析发展，规划内容的准确性和科学性得到显著提高。

弗雷德里克·斯坦纳(Frederick Steiner)教授是当今美国生态规划领域理论与实践的重要学者，更是具有很高国际声望的环境规划专家(王立科，2005)。斯坦纳教授师从生态规划的奠基人麦克哈格，他在发展了麦克哈格的“人类生态规划”(Human ecological planning)思想的基础上，在1991年出版的著作《生命的景观——景观规划的生态学途径》中，Steiner教授设计出了包括11个相互影响的步骤的生态规划框架(图1-3)。在这个框架内，他强调生态规划模式是一个循环的、动态的、不断重复的过程，针对不同情况可以重新排序，甚至跳过若干步骤，而不是一个简单的、一成不变的、线性规划过程。规划师应该不断地回顾前面的工作，并作出评价和反馈，从而对前面的或后面的步骤进行相应的调整(图1-3中细线所示)。

Steiner教授的生态规划框架是以人类生态学为科学基础和指导思想的。他主张“生态应该包括人类自身”，因为人类社会与自然界是共存于错综复杂的、相互影响的生态系统之中。他提倡运用人类生态学的思想来指导规划设计。Steiner教授强调生态规划是一个动态的过程，要充分考虑规划项目涉及的各方利益主体，并在规划中予以充分考虑。公众参与贯穿整个生态规划过程，并处于核心地位。这样规划融进公共教育和公共参与，才能真正解决所面临的迫切问题，获得公众的支持得以实施。Steiner生态规划框架中“重新设计”是该框架与其他生态规划模式的区别之一。这可以帮助决策者和公众想象和理解所作决策的后果，并有助于将设计与社会行动与政策联系起来。

McHarg与Steiner的生态规划方法的侧重点不同，McHarg的生态规划模式十分注重调查、分析与综合，环境数据的采集和处理方法至关重要，他的“千层饼模式”被认为是环境决定论的一种生态规划模式；Steiner则在强调生态适宜性分析的同时，也极为强调景观设计师的“设

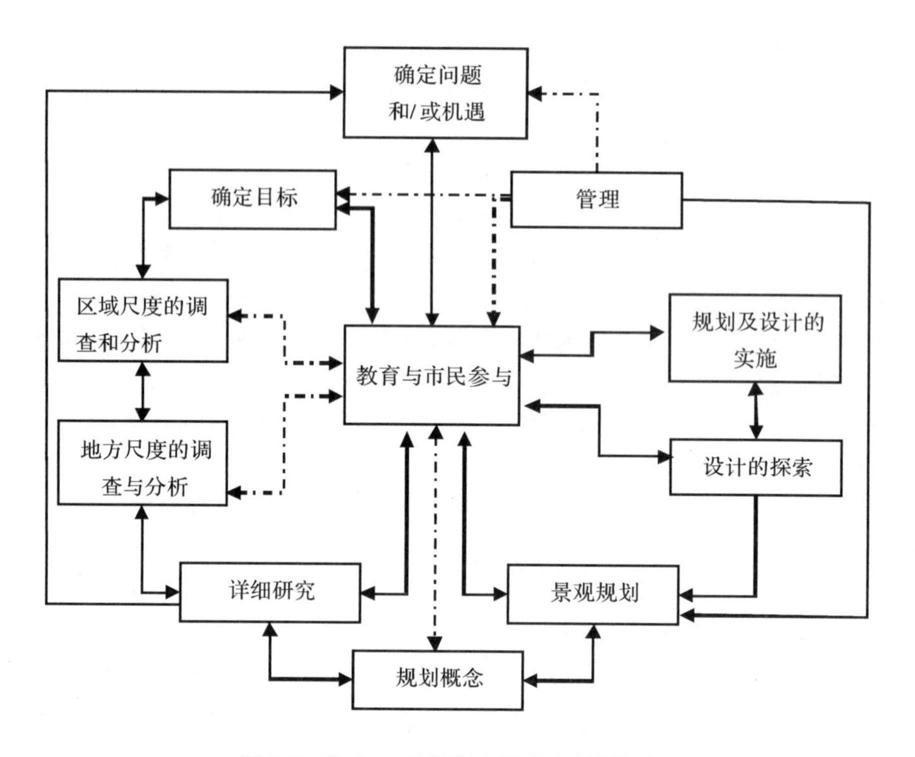

图 1-3 Steiner 教授创立的生态规划框架

计”在这一方法中的重要地位，重视发挥规划者的能动性。

1.3 生态规划的内容与编制

1.3.1 生态规划的内容

生态规划的主要内容应包括生态基础设施、居住、游憩、工业生产和交通等方面的生态化。目前我国生态规划的内容体系还存在较大差异，亟待建立系统、完善和规范的规划内容体系。就城市、城乡规划现有法定规划类型，生态规划应根据区域总体规划、城市总体规划、详细规划来构建不同层次规划内容体系，应从与城市生态系统规划范围及相关的区域甚至生态足迹发生的区域开展相关生态规划的研究和分析，包括从社会、经济和自然等多方面进行分析，从社会经济措施、城市空间布局和生态建设工程等方面综合统筹，构建不同层次城市生态规划内容框架。从总体规划层面看，引导城乡区域定位与城乡发展方向、促进城乡合理布局是生态规划的重要内容，主要包括生态承载力分析、生态功能分区、生态安全保障、生态建设目标等。对于详规层面来说，生态规划指标体系的研究是规划从概念、理论推向实践的重要途径，对于实现目标细化、任务具体化、责任明确化，提高规划可操作性以及对实践成果的检验都具有重要作用。

通过城乡生态规划相结合的科学规划方法与技术集成，进行城乡生态规划的分析、编制、落实与应用，指导城乡法定规划的编制及城乡生态建设。具体研究内容包括两方面。第一，研究与不同层级城乡法定规划结合的城乡生态规划方法和关键技术，包括在城市总体规划层面、控制性详细规划层面及修建性详细规划层面（城市设计）的城市生态规划关键技术研究。第二，研究与城乡专项规划结合的城乡生态规划方法和关键技术，包括研究针对城乡生态系统安全及生态资源优化配置的城乡生态人居环境协调和提升生态功能、生态规划在综合应用系统动力学理论、网络动态平衡理论、原胞自动机理论和多智体等人工技术上的应用，通过搭建数学模型，对城镇化问题表象背后的五大关键子系统（环境、能源、交通、社会、经济）的内部、外部演化规律进行研究，使用协同论来研究人居环境支撑系统调控问题，使用边际效用理论、熵增理论和情境预测方法，研究支撑人居环境质量提升的关键子系统之间的协调性机制，基础设施的经济空间结构、基础设施的经济规模、基础设施的效率评价模型以及和谐人居环境中的交通、环境、能源协调发展的经济机制等问题，分析城市演化过程的动力学建模与承载能力、和谐人居环境的基本要素与基本指标的构造、城市经济功能的升级和创新机制研究等问题，城市发展支撑系统经济分析，研究城市演化的动态仿真环境和基础设施经济评价平台等问题。

表1-2　部分城市生态规划相关内容

城市名称	规划文本内容
北京	城市资源、人口、土地和环境问题分析；城市发展的自然条件分析；确定生态建设目标与指标；生态承载力分析；城市空间发展的生态限制分区；城市与区域综合生态规划；水生态环境系统规划；绿地系统规划；环境污染防治规划
深圳	生态保护策略：保护绿地资源；高效利用资源；建设生态环境。生态建设与绿地系统：确定生态建设目标；划定城市生态功能区；保护城市重点生态地区；确定城市绿地系统规划目标；城市绿地系统布局
重庆	市域生态环境保护措施规划；生态脆弱区保护规划；都市区城乡生态建设、环境保护和绿地系统建设；建设限制性分区；景观生态功能规划；生态环境保护；环境污染治理规划；生态绿地建设；城市绿地系统建设
杭州	城市生态现状及环境问题分析，环境质量目标及生态建设目标；生态功能区划和廊道建设；环境功能区划；生态修复工程规划；产业生态规划
哈尔滨	市域生态环境建设规划；基本农田保护；自然景观与风景名胜区保护。市区绿地系统规划；市区环境保护规划；环境分区规划；城市水系岸线规划

1.3.2　生态规划方法和关键技术

在编制城乡生态规划时，生态因素不再是参考要素，而是要通过生态规划在城乡总体规划层面的应用，基于生态因素客观前提下，实现针对城市总体规划要解决的城市性质、空间结构、人口与城市建设用地发展规模等战略问题，从而得以进行关键技术的集成与示范。

生态规划在城乡规划中应用是通过与城乡规划结合的生态规划的科学体系、方法与技术集成实践，基于GIS数字信息系统，在生态规划指标体系控制下，进行城乡生态规划的分析、编制、落实与应用，指导城乡法定规划的编制及城乡生态建设。生态规划的方法与技术集成分为两个部分：一是与不同层级城市法定规划结合的生态规划方法和关键技术，包括在城市总体规划层面、控制性详细规划层面及修建性详细规划层面（城市设计）的城市生态规划关键技术研究与示范。二是与城市专项规划结合的城市生态规划方法和关键技术，包括研究针对城市生态系统安全及生态资源优化配置的城市生态专项规划的关键技术研究与示范，以及修正现有主要城市专项规划的生态关键技术研究与示范。包括：城市交通、能源、水资源、绿地系统、市政系统等专项的生态规划（图 1-4）。

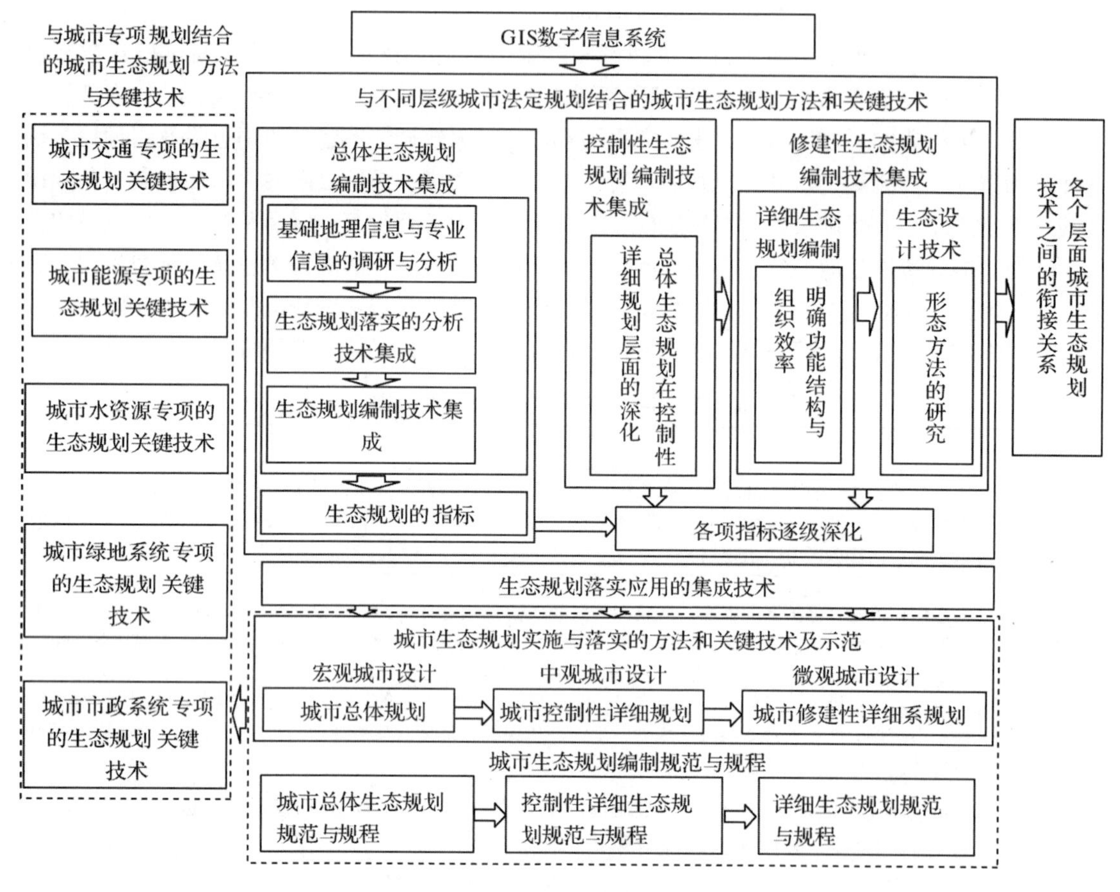

图 1-4　城市生态规划的技术体系（饶戎，2009）

饶戎（2009）认为在编制总体规划时，生态规划的生态等级分区、生态建设等级分区、生态安全框架、生态资源及生态承载将客观约定城市总体规划的以下六方面：①城市总体规划的定位与方向；②城市的功能与性质：基于生态等级分区、生态建设等级分区等内容，基于人的需求对城市设定、组织、管理、改造、修复，界定城市的性质；③城市的空间与结构：与生态安全框架、生态建设等级分区、城镇聚集扩散与城镇体系结合；④城市的容量与规模：由生态资源及生态承载限定；⑤城市的形态与定界：城市建设用地等级分区与自然要素的格局决定城市的形态与边界；⑥城市建设用地由生态建设等级分区控制，并直接明确建设用地的禁建区、可建区与限建区。

生态规划与总体规划结合原则形成的技术集成（图 1-5）包括：①与生态安全相关的落实应用技术。生态规划的生态适宜性分析、生态安全框架针对城市总体规划的调整与落实。制定生态安全框架的调整规则，并落实到城市规划中，实现城市生态功能系统嵌入人居系统的自然生态系统。②与容量规模相关的“量”的落实应用技术。生态规划容量可约定的城市规划建设量、人口容量、水资源量、植物量。③与生态规划指标体系相关的落实应用技术。

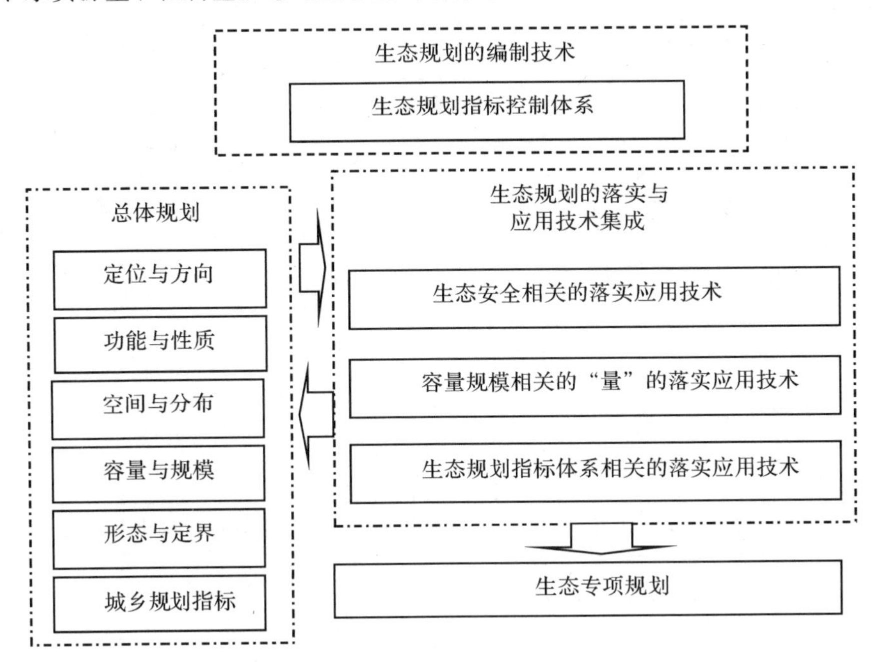

图 1-5　生态规划在总体规划层面实施与落实的技术路线(饶戎，2009)

生态规划指标体系在城市规划中的落实应用首先应对城市规划的指标进行解读与应用，制定与生态规划指标体系中的管理指标、控制指标、评价指标对应的城市规划指标，遴选纳入城市规划法定指标的生态规划指标。

与管理指标相关的落实应用技术包括生态功能等级分区的指标、土地利用的生态建设的等级分区、土地使用管理指标、人口容量指标的调整规则及落实。其中生态规划的人口容量是根据生态条件与资源条件所提供的发展潜力与生态限制，在适地适用的原则下充分合理利用各类资源，以生态适宜性及生态承载力分析为依据，并根据生态规划建设用地、人均水资源量、人均绿量等要素确定城市发展的合理规模和人口容量，与控制指标相关的落实应用技术包括绿容率指标和城市容度指标的落实等。

控制性规划层面的生态规划具体解决问题是：城区用地性质、建设容量控制、空间形态控制、环境容量控制和市政基础设施的生态规划及设计关键技术(图 1-6)。

首先是控制性生态规划与控制性规划的关联性，包括：①前者编制层级深度与后者目标结合的比照性；②前者编制因子与后者编制主导要素结合的关联性；③前者综合分析与后者分析技术结合的对应性；④前者编制成果与指标在后者编制中的落实与应用；⑤前者指标体系与后者指标体系结合的技术构成性。

控制性详细规划作为城市总体规划与修建性详细规划之间的有效过渡与衔接，主要在于深化前者、控制后者。在控制性规划层面，控制性生态规划技术是一种限定生态资源具体分配和

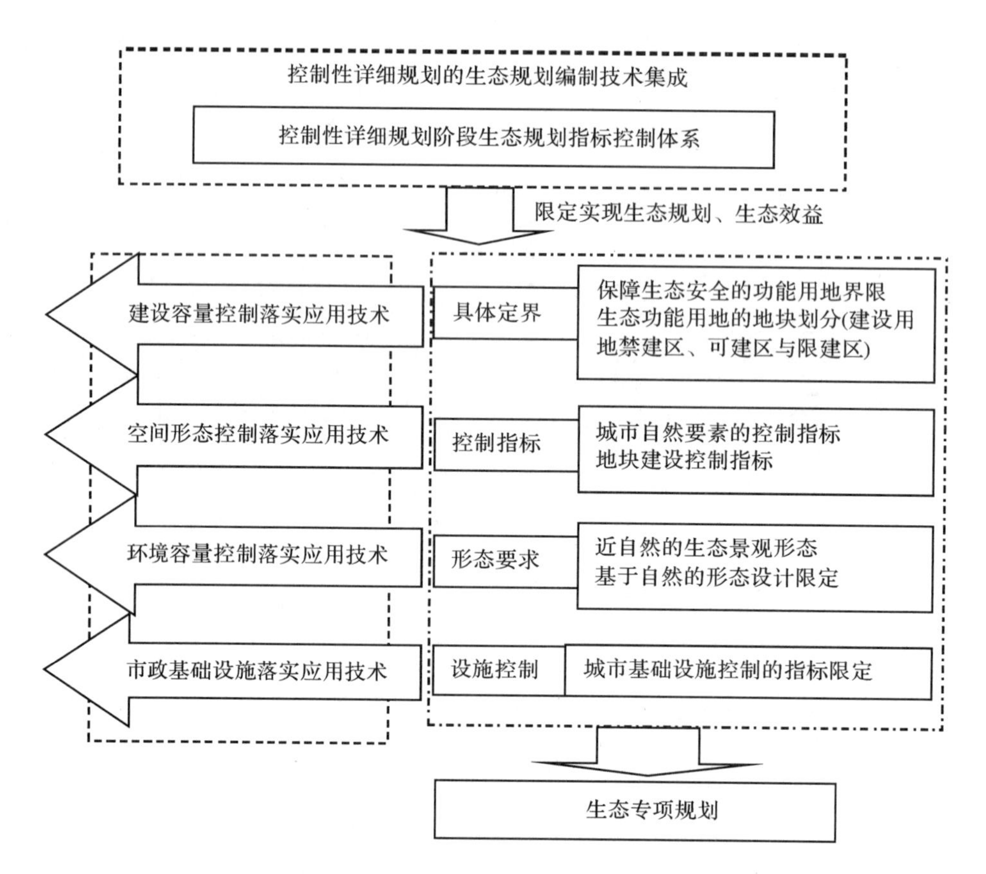

图 1-6　生态规划在控制性详规划层面实施与落实的技术路线(饶戎，2009)

生态效益落实的技术。在控制性规划层面，控制性生态规划应用技术是在城市规划的前端控制、限定和指导控制性规划的用地使用性质、建设容量、空间形态、环境容量、市政基础设施的关键技术研究。控制性生态规划体现生态规划的客观限定，实现对人的行为的具体控制，并落实到具体的空间和地块上。

在编制城市控制性规划时，控制性规划层面的生态规划基于生态功能要素及容量，实现生态安全的地块控制要求。①具体定界：保障生态安全的功能用地界限和生态功能用地的地块划分，落实建设用地的禁建区、可建区与限建区；②控制指标：城市自然要素的控制指标、地块建设控制指标；③形态要求：近自然的生态景观形态、基于自然的形态设计限定；④设施控制：城市基础设施控制的指标限定。

控制性生态规划的落实应用技术集成包括：①城市用地使用性质的落实应用技术；②城市建设容量控制的落实应用技术；③城市空间形态控制的落实应用技术；④城市环境容量控制的落实应用技术；⑤城市市政基础设施的落实应用技术。

1.3.3　生态规划的编制

生态规划编制将生态规划的分析成果，针对城市规划要求进行进一步的深化、解读，并编制成城市规划可使用、可实施的技术。保障区域生态系统结构、形态及功能的生态安全框架体系辨识、完善生物系统的植物群落规划的生态功能保障、综合控制的生态等级分区控制、生态建设用地控制分区及人口规模、建设量导入等。包括：一是城乡发展条件分析，从区域、市域、规划区三个层次分析城市发展的生态条件，包括自然生态、自然地理以及人文生态资产；二是城乡生态空间的发展演变规律、生态服务评价和生态敏感性评价，进行生态功能分区，划分禁建区、限建区、适建区和建成区；三是绿地系统规划，包括市域绿化规划和市域绿地系统规划；四是景观生态系统规划，包括市域和流域生态系统的现状分析、森林系统规划、河湖湿地生态规划、生态廊道规划；五是生态文化规划。

(1)进行区域生态调查以及土地利用类型变化等方面分析。

①区域生态调查内容包括：气候、能量、土壤、水文、农田、湿地、动植物、历史演变、生物多样性状况、健康以及政策。②土地利用类型：通过读取遥感卫片解释土地利用类型，选取林地、农田、水系、滩涂等主要生态因子，从两个方面进行研究：一是分析各类生态要素面积和空间分布，总结城市各类生态要素的分布特征和变化规律；二是根据不同生态要素对生态贡献率不同，将各类生态要素的生态价值转化为经济货币形式。

(2)城乡规划指标体系包括经济指标、社会人文指标、资源指标和环境指标四大类，资源指标主要包括土地、水和能源；环境指标主要包括生态绿化指标、三废指标。

(3)生态和资源承载力分析，技术方法主要有：①生态足迹法；②碳氧平衡法：研究氧气和二氧化碳的消耗与补给关系，根据生态用地制氧能力与城市氧消耗量的对比，计算城市人口容量的方法；③比较借鉴法：即与同类型国内外城市进行对比，选取人均生态用地、人均林地面积等指标，在给定目标值条件下，根据生态用地对人口进行反推计算。

(4)确定城乡生态空间格局，具体步骤是：首先通过研究当地生态要素分布，在生态适宜性评价的基础之上，识别生态保护地区；再根据典型物种的空间分布规律和迁移特性及其他重要生态流(能量流、物质流和信息流)特征，确定重要生态斑块和生态廊道；综合考虑生态适宜性评价(生态要素垂直叠加分布)和生态廊道、斑块的分布(生态要素在水平空间分布)，构建城乡一体的生态空间格局，并以此为前提建立城市空间结构；在人类活动集中区寻找“小型斑块”，通过建立和修复“通道”实现与“基质”“大型斑块”的连接。

(5)景观生态规划，景观生态规划设计是以景观生态学为理论基础，对景观要素的数量及其空间分布进行的针对“空间属性”的规划与设计控制。景观生态规划设计中的“空间属性”主要包括：斑块及其边缘属性；廊道及其网络属性。

1.4 城乡生态规划的发展趋势

1.4.1 城乡一体化规划

在可持续发展理念、大空间地域观点的指导下，生态规划是将广泛意义上的，生物生态学、系统生态学、景观生态学和人类生态学等各方面的生态学原理和方法及知识作为景观规划的基础，通过调整系统之间、系统与要素之间的关系，调整系统的结构、功能、协调性，调整系统的时间、空间维度，以使系统发展控制在经济系统支撑力、社会系统容纳力和自然承载力的范围内。生态规划内涵已经从土地资源的生态化利用，逐步演化出：城乡一体化生态规划、城乡生态安全格局规划、低碳城市生态规划，加强了相关学科间的交叉。

城镇化是世界范围内一项巨大社会工程，也是中国实现全面建设小康社会的宏伟目标。未来几十年内，我国城镇化和城乡建设将持续高速发展，在中国的城镇化进程和城乡人居环境建设中，城乡生态规划、生态建设、生态修复及生态恢复问题，以及城乡发展中的节能、节水、节地、节材问题，将成为中国社会发展热点和难点问题。城乡一体化是城镇化发展到一定阶段的战略选择。在我国传统的“工业导向、城市偏向”的整体发展战略和“挖乡补城、以农哺工”的模式下形成的“城乡二元结构”，严重影响了城乡关系的协调和经济社会持续发展。2003 年，我国首次明确提出了“建立有利于逐步改变城乡二元经济结构的体制”。城乡一体化就是完全打破城乡隔离的体制和机制障碍，从城乡融为一体的角度来思考区域的空间结构、发展方向、发展次序，实现城市和乡村间的生产要素和生产力的合理分配与布局，整合与优化，增强城乡联系，缩小城乡差距。许多学者提出了若干具有代表性的城乡一体化模式，如“珠江三角洲”的“以城带乡”模式；上海城乡融合模式；北京“工农协作、城乡结合”模式；以乡镇企业为联结点、以小城镇为载体、以农业产业化为纽带的城乡互动发展的苏南模式等。这些模式以不同地域的发展特征为出发点进行分类，可以归结为以下 3 种模式：

①城市主导型模式。城区的经济辐射功能和市带县的城市主导作用是实现城乡协调发展的基本动力。该模式强调城市的作用，把城市的作用放在主导地位，通过城市的辐射、吸引功能，依靠城市的优势带动周边农村的发展，最终实现城乡一体化。这种模式是自上而下的城乡一体化。

②小城镇推动模式。该模式注重小城镇在解决农村就业、带动农村经济发展中的作用，认为发展小城镇是实现城乡一体化的有效途径。以小城镇的发展为主导，通过小城镇建设构建城乡桥梁，缩小城乡差距，最终实现城乡一体化。该模式的实施方向总体来看是自下而上。

③城乡融合发展模式。这种模式强调在推进城镇化的过程中，将一个区域的整体力量发挥出来。一方面要充分发挥主导城市对整个区域在整体功能定位、发展规划、产业结构、基础设施布局等诸方面的主导作用；另一方面要建立区域内系统的、完善的城镇体系，做到大、中、小城市及城镇在区域范围内合理布局，进而使区域整体效益得以发挥，最终促进区域范围内城乡经济、社会联系不断增强，实现城乡协调发展的目标。

1.4.2 生态安全格局规划

生态安全是生态学新兴的研究领域，在维护某一尺度下的生态环境不受威胁，并为整个生态经济系统的安全和持续发展提供生态保障的状态，对构建一个区域生态格局，满足土地可持续利用和区域生态安全有重要意义。它包含两个层面的含义：一是生态系统自身的安全；二是生态系统对于人类社会系统的服务功能，即作为社会支持系统能够满足人类发展的需要。城乡生态安全就是在正确处理好社会、经济、自然之间的基础上，统一规划城乡自然生态系统，健全城乡生态环境协调体系，做到空间格局上的相互渗透、相互协调，在维持生态系统服务功能的基础上完善结构的统一性、和谐性(车生泉，1999)。

城乡生态安全格局的构建需要多学科的综合、多角度的分析和多种实现手段的结合，一般从景观格局优化、土地资源优化配置和景观恢复等途径入手，采用数量优化、空间优化和综合优化等方法对城乡生态安全格局进行构建，在此基础上提出区域生态现状评价、情景预案与目标设定、区域生态安全格局设计、方案实施及其效果评价、方案调整与管理等构建区域生态安全格局的思路，并注重公众参与机制和不同组织水平利益相关者的协调，从而构建结构合理、功能高效、关系协调的区域生态安全模式。俞孔坚等(2006)在广东省顺德市边缘(城乡结合部)的马岗村生态规划中，通过对马岗的山水格局、社会交流安全格局、精神信仰活动安全格局、社区联系安全格局以及建筑风格及特色安全格局分析，将各单一景观过程和功能的景观安全格局进行整合，建立完整的保护和利用的生态安全格局。熊文等(2006)在分析广州城市坡度适应性、斑块面积、生态服务功能等后确定生态保护源地，利用最小耗费距离生成各保护源地的阻力面，结合景观生态学、景观格局原理、景观阻力面及城市规划建设确定城乡安全格局中的“缓冲带、廊道、战略点、隔离带”，构建出促进广州城乡物质和能量流动的区域景观生态安全格局规划。俞孔坚等(2009)针对北京的生态问题，运用GIS和空间分析技术，重点研究综合水安全格局、地质灾害安全格局、生物保护安全格局、文化遗产安全格局和游憩安全格局，进而综合、叠加各单一过程的安全格局，构建具有不同安全水平的综合生态安全格局。

构建城乡生态安全格局，是在城乡一体化背景下把以城市为侧重点转向城市与乡村结合，它结合了生态规划、生态工程、生态恢复等技术，将单一的生物环境、社会、经济组成一个强有力的生命系统，充分体现了生态学的竞争、共生、再生和自生原理，实现资源高效利用，为解决与自然的矛盾和发展提供一条新的途径。

1.4.3 低碳生态规划

低碳生态规划是以建设低碳生态城市为方向，以节能减排和发展低碳经济为重要载体，以资源节约、环境友好为导向，以低碳生态要素为重点，强调土地利用、绿色交通、生态建设、节能减排、资源利用有机结合，注重环境、能源、交通、社会、经济之间和谐发展，构建自然、城市与人之间融为一体的互惠共生结构，实现人与自然环境的和谐共生、生态良性循环的人类住区形式，这将引领未来城市建设的新趋势。

低碳(Low carbon)发展成为了当前世界城市发展的核心议题，低碳理念主要通过城市生态规划融入城市规划的实践中，因此低碳生态规划也就被提升到至关重要的地位。中科院可持续发展战略研究组在2009年中国可持续发展战略报告中提出，低碳城市是指在经济高速发展的前提下，城市保持能源消耗和二氧化碳排放处于低水平，在全球环境危机和中国能源紧张的宏观背景下，建设“低碳城市”在国家节能减排的新形势下会产生放大效应。Fong Wee - Kean(2007)等人认为碳排放与城市形态结构存在着一定关系，提倡紧凑城市的空间发展模式。潘海啸教授(2008)等人提出了低碳城市空间规划策略，探索了区域、总体规划、详细规划三个层面的低碳发展模式。我国在“十二五”规划纲要中，提出了“梳理绿色、低碳发展理念，加快构建资源节约、环境友好的生产方式和消费模式”。吴良镛院士在《中国城乡发展模式转型的思考》中认为：“发展低碳经济，既是技术创新的新领域，也是中国应对快速工业化和城市化中资源紧缺的新途径”。低碳生态城市是把降低碳排放作为城市建设的目标，通过零碳和低碳技术研发及其在城市发展中的推广应用，以城市空间为载体发展低碳经济，实施绿色交通和建筑，转变居民消费观念，创新低碳技术，从而达到最大限度地减少温室气体的排放。Crawford & French(2008)在探讨英国空间规划与低碳目标之间的关系时认为，实现低碳目标的关键是转变规划管理人员和规划师的观念，在空间规划中重视低碳城市理念和加强低碳技术的运用。厦门市在低碳规划中，一是采用低碳工业区空间布局规划，从城市空间布局方面引导管制和减少碳排放，实现产业经济发展模式的低碳化；二是加大了低碳公共交通系统规划，城市公共交通体系 TOD 模式低碳化，推进健康城市化；三是加强现有森林、草地、滩涂资源的固碳能力，增加街头绿化、街头公园、沿溪沿街绿化的建设；四是改善林相景观，加强基质碳汇系统固碳能力；五是重点发展太阳能、海水源热泵、潮汐能等不同的可再生能源。通过以上规划建设，达到以城市为载体，实现减少温室气体排放的目的。

总之，在科学发展观与构建和谐社会的背景下，以城乡物质空间功能与建筑景观规划为主和以经济效益为目标的规划方法体系已经不能适应新的发展需要。经济发展和社会进步促使新的发展理念得到不断更新，规划技术不断提高。生态学原理与技术方法对传统规划进行决策引导与完善，使得传统的城镇规划体系和建设规划内容结合最新理论与实践发展得到了重新凝练，相关规划成果战略与空间的对应更强，内容重点更突出，图纸和项目建议的指导性与可操作性更强，解决总体空间发展结构，指引产业、交通和绿色基础设施的空间落实。改善生态环境，保障生态安全，实现城乡可持续发展已成为城市规划的重要内容。城乡生态规划目前已逐步成为研究热点，但对于城乡生态规划如何明确定位、深化内涵，以及如何具体实施、确立今后的发展方向等，仍然需要进一步深入研究，以加速城乡生态规划的推广应用。

参考文献

埃比尼泽·霍华德. 2010. 明日的田园城市[M]. 金经元，编译. 北京：商务印书馆.

车生泉. 1999. 城乡一体化过程中的景观生态格局分析[J]. 农业现代化研究, 20(3): 140-143.

车生泉. 2014. 生态转向为城市建设和学科发展提出了新思路和新方法. http://ua.sjtu.edu.cn/specialsubject/content.jsp?artid=15780

陈涛. 1991. 试论生态规划[J]. 城市环境与城市生态, 4(2): 31-35.

邓国春，朱建新. 2008. 谈煤矿矿区生态修复规划[J]. 资源环境与工程, 22(2): 254-256.

邓清华. 2003. 生态城市空间结构研究[J]. 热带地理, 20(3): 279-283.

弗雷德里克·斯坦纳. 2005. 生命的景观——景观规划的生态学途径(第二版)[M]. 周年兴，等，编译. 北京：中国建筑工业出版社.

郭怀成，尚金城，张天柱，等. 2009. 环境规划学[M]. 第2版. 北京：高等教育出版社.

《环境科学大辞典》委员会. 2008. 环境科学辞典[M]. 北京：中国环境科学出版社.

黄平利，王红扬. 2007. 我国城乡空间生态规划新思路[J]. 浙江大学学报(理学版), 34(2): 228-232.

江怀西. 2012. 浅析现代企业规划管理[J]. 中小企业管理与科技(11): 19-21.

凯文·林奇. 2001. 城市意象[M]. 方益萍，等，编译. 北京：华夏出版社.

刘康. 2011. 生态规划：理论、方法与应用[M]. 第2版. 北京：化工工业出版社.

刘易斯·芒福德. 2008. 城市文化[M]. 宋俊岭，等，编译. 北京：中国建筑工业出版社.

马世俊, 王如松. 1984. 社会 - 经济 - 自然复合生态系统[J]. 生态学报, 9(1): 3 - 11.

欧阳志云, 王如松, 赵景柱. 1999. 生态系统服务功能及其生态经济价值评价[J]. 应用生态学报, 10(5): 635 - 640.

帕克, 伯吉斯, 麦肯齐. 1987. 城市社会学[M]. 宋俊岭, 等, 编译. 北京: 华夏出版社.

帕特里克·格迪斯. 2012. 进化中的城市: 城市规划与城市研究导论[M]. 李浩, 等, 编译. 北京: 中国建筑工业出版社.

沈清基. 2009. 城市生态规划若干重要议题思考[J]. 城市规划学刊(2): 23 - 30.

王立科. 2005. 美国生态规划的发展(二) - 斯坦纳的理论与方法[J]. 广东园林, 27(6): 3 - 5.

熊文, 邱凉. 2006. 城乡一体化景观生态安全格局研究初探—广州市城乡一体生态安全格局分析[J]. 水利渔业, 26(2): 63 - 66.

俞孔坚, 李迪华, 潮洛蒙. 2001. 城市生态基础设施建设的十大景观战略[J]. 规划师论坛, 17(6): 9 - 17.

俞孔坚, 李迪华, 韩西丽, 等. 2006. 新农村建设规划与城市扩张的景观安全格局途径—以马岗村为例[J]. 城市规划学刊(5): 38 - 45.

俞孔坚, 李迪华, 韩西丽. 2005. 论"反规划"[J]. 城市规划, 29(9): 64 - 69.

俞孔坚, 王思思, 李迪华, 等. 2009. 北京市生态安全格局及城市增长预景[J]. 生态学报, 29(3): 1189 - 1203.

Crawford J, French W. 2008. A Low - carbon Future: Spatial Planning's Role in Enhancing Technological Innovation in the Built Environment [J]. Energy Policy(12): 4575 - 4579.

Ian L. McHarg. 1995. Design with Nature[M]. Wiley; 1.

Ian L. McHarg. 1969. Design with Nature, Garden City [M]. New York: Doubleday.

John Wesley Powell. 1879. Report on the Lands of the Arid Region of the United States: With a More Detailed Account of the Lands of Utah[M]. Belknap Press of Harvard University Press.

Wang X R. 2002. Strategies of industrial ecology and environmental management for a fast - growing urban development zone: A case study in Shanghai, China[J]. International Journal of Ecology and Environmental Sciences, 28: 7 - 15.

第2章　生态规划基本理论

2.1 生态学基本理论

2.1.1 生态进化与生态适应

生态进化是生命系统适应于环境系统改变而在同一层次上所发生的一系列可遗传的变异，生态进化的过程是通过遗传信息的逐代改变而产生生态适应的过程。生态适应是导致生命系统不同层次的特征发生适应环境或不适应环境的变化。而生态适应的特征未必都可以遗传。因此，基因组是生命有机体所有遗传信息的总和，是生态进化研究的分子基础，蛋白质组是生命有机体对体内外环境进行生态适应的分子基础。

生态进化主要发生在核酸进化阶段，主要进行遗传信息的储存、交换和积累，其中既有中性突变，也有环境诱导。同样，生态适应主要发生在蛋白质适应阶段，主要进行生命的自我调节、实现对外界环境变化的反应，其中既有自然选择，也有随机因素。生态适应与生态进化的耦合进程是：环境刺激或随机漂变导致基因突变，基因突变丰富基因组并增强生态适应，或环境诱导启动基因组中的突变基因，突变基因增加适应性，生态适应被遗传导致生态进化。因此，生态适应与生态进化不可分离开来，进化中有适应，适应中有进化，双方相互联系、互为因果。

2.1.2 生物多样性理论

生物的生态适应与生态进化导致生物多样性产生。生物多样性即生物及其环境形成的生态复合体以及与此相关的各种生态过程的总和。因此生物多样性包括所有植物、动物和微生物的所有物种和生态系统，以及物种所在生态系统中的生态过程。

生命自其产生以来，生存环境一直处在不可逆的变化之中，向着多维化方向发展，为生物多样性提供了环境基础。而其自身的多样化，使得单个个体本身内部环境日趋复杂，个体、种群间互为环境，形成的生态系统也进一步加大了环境的多维化，因此生物向着以自身遗传物质为基础，在生物要求的和能适应的环境作用下产生多样性方向进化。生物多样性表现在基因多样性、物种多样性、生态系统多样性和景观多样性等，而各层次的多样性又是相互联系的。

生物多样性是生物资源丰富多样的标志。生物资源提供了地球生命的基础，包括人类生存的基础。然而，目前自然界不少基因、物种、生境正在迅速消失。因此，保护生物的多样性尤为迫切(祖元刚等，2000)。

2.1.3 系统生态学理论

系统生态学是研究生物有机体与其周围环境(包括非生物环境和生物环境)相互关系的科学。它与生态规划具有密切的联系，这种联系成为生态学的发展方向，也成为生态规划的重要理论基础(王让会，2012)。

(1)生态系统耦合关系原理

系统耦合是指两个或两个以上的体系通过各种相互作用而彼此影响的现象。生态系统中要素与要素以及子系统与子系统之间密切的联系；生态系统内部各组分之间经过长期作用，形成了相互促进和制约的关系，这些相互作用关系构成生态系统复杂的关系网络均是生态系统耦合关系。生态系统耦合关系就是借助能值分析理论与方法，将不同性质的能量转换成具有同质可比性的能值，使生态流中各级各类能量可以定量计算和对比分析，为定量评价生态系统结构与功能、分析生态过程的时空特征和动态演化、探索生态经济的实施途径和行为准则等提供理论构架和方法体系。

在生态系统中，诸多生态要素之间具有十分复杂的联系。只要有两种事物存在着耦合，就必然包含着信息反馈，因而耦合造就了内稳态和维系它的负反馈调节。大气、水文、土壤、植被等要素始终是紧密地耦合在一起的，在生态规划中必须考虑它们之间的联系，并分析它们的作用，以合理规划生态功能及维护策略。显然，生态系统的耦合原理对于认识与评价生态要素的特征，凝练生态变化的规律，最终制定科学的生态规划方案具有十分重要的作用。

(2)生态要素尺度效应原理

尺度通常是指研究一定对象或现象所采用空间分辨率或时间间隔，同时又可指某一研究对象在空间上的范围和时间上的发生频率。尺度可分为空间尺度、时间尺度和组织尺度。空间尺度(Spatial scale)是指所研究的生态系统的面积大小和最小信息单位的空间分辨率水平。时间尺度(Temporal scale)是指研究对象动态变化的时间长短(幅度)和时间分辨率水平。组织尺度(Organizational scale)即在由生态学组织层次(如个体、种群、群落、生态系统、景观等)组成的等级系统中的位置(周志翔，2007)。

生态系统过程是在一个很大的时间和空间尺度上进行的，它们在任一位置的行为都要受周围系统或景观状态和行为的强烈影响。尺度效应就是用尺度表示的限度效应，生态系统在不同研究尺度表现出不同的性质与属性，即生态过程随尺度的不同而异。因此尺度效应必须根据研究对象的性质与研究目的确定适当的空间与时间尺度，以便能真实地了解研究对象的性质、属性与生态过程的关系原理。

生态要素以及生态问题与尺度密切相关，脱离了尺度问题谈生态问题是不准确的。因此，依据不同要素在时间及空间的表现特征，把握其尺度特征对于生态规划中要素的合理布局、科学定位等具有重要的指导作用。

(3)生态系统功能最优原理

系统整体功能最优原理就是各个子系统功能的发挥取决于系统整体功能的发挥。生态规划是特定尺度背景下生态系统整体性的重要体现，而生态系统各子系统功能的发挥状况影响系统整体功能的发挥。各子系统都具有自身的目标与发展趋势，各子系统之间的关系并不总是协调一致的，但系统发展的目标是整体功能的完善，一切组分的增长都必须服从于系统整体功能的需要，局部功能与效率应当服从于整体功能和效益，任何对系统整体功能无益的结构性增长都是系统所不允许的。实现生态系统功能的最优化也是生态规划的重要目的。

长期以来，人们一直关注自然生态系统的研究，但地球生态退化的速度要远远高于自然生态恢复的速度，生态研究的范围远远小于生态影响的范围。一个可持续发展的未来不仅是自然的保护和恢复，更需要通过人类为生态系统有目的地调控提供服务。生态问题研究应从原生的、现存的、未被扰动的生态系统进行研究，向以人类为重要部分、聚焦生态系统服务和人工生态设计转型，构建具有维持性、恢复性和创造性的综合生态系统。

(4)景观结构及其功能原理

景观是一种主要通过各种生态流(物质、能量、有机体、信息)而彼此联系在一起的若干生态系统构成的复杂系统。景观的结构特征是景观中物质、能量、有机体等生态客体在景观中异质性分布的结果，构成景观结构的景观要素的大小、形状、数目、类型和外貌特征等对生态客体的运动(生态流)特征将产生直接或间接的影响，从而影响景观的功能。景观功能指景观通过其生态学过程对自身内部及其他相关生命系统生存和发展所能提供的支撑作用。它是景观系统对各类生态客体(物质、能量、物种、信息)时空过程的综合调控过程，具体表现为景观内能量、物质和信息的流动所引起的景观要素之间的空间相互作用及其表现出的效果(景观的一般功能)。景观的一般功能包括生产功能、生态功能、美学功能及文化功能。生态客体的景观结构与景观功能是一种互为条件的生态过程，实现一定的功能需要有相应的景观结构的支持，并受景观结构特征的制约，而景观结构的形成和发展又受到景观功能的影响，这就是景观结构与功能互动原理。这一原理揭示了景观结构与景观功能间直接的相互对应关系。应用景观结构与功能互动原理，对景观结构进行调整以改变或促进景观的功能，是景观管理的重要内容(郑卫民，2005)。

上述生态学的基本原理，是开展生态规划与设计工作的重要理论基础。生态学作为生态规划的基础学科，要求在生态规划中以区域生态整体性为出发点，从生态复杂性的要素来把握系统的空间分布与格局、生态过程、生态功能及动态变化过程，为生态规划与设计提供客观科学的依据，并在具体的生态规划实践中得到充分体现。

在生态规划中，根据特定区域的问题差异性，可以应用不同的生态学原理进行问题的梳理与凝练，最终为生态规划提供理论指导。

2.1.4 生态位理论

Whittaker将生态位定义为物种在群落中与其他物种相关的位置，即一个物种占据的生境空间、时间以及自然群落的功能相互关系中的位置。生态位特征包括生态位宽度和生态位重叠等。

生态位宽度是生态位特征的定量指标之一。Smith(1982)定义生态位宽度为“在生态位空间中沿某些生态位的全部距离”。Putman和Wratten把生态位宽度定义为“有机体利用已知资源幅度的测度”。总的来说，生态位宽度用于反映物种对环境适应的状态，或对资源的利用程度，即被一个有机体单位所利用的各种各样不同资源的总和。

生态位重叠是指两个物种的生态位超体积重叠或相交部分的比例，用于指两个或多个物种的生态位相似性，或两个或多个物种对同一类资源的联合利用(任青山，2002)。

2.1.5 环境容量理论

环境容量是指环境所能接受的污染物的限量和承受干扰的忍耐力的极限，即在人类生存和自然生态系统的结构和功能不受损害的前提下，某一环境所能忍耐的干扰或容纳的污染物的最大负荷量。环境容量有绝对容量与相对容量之分。绝对容量是某一环境能容纳的污染物的最大负荷量，由环境标准规定值和环境背景值决定；相对容量是在考虑输入量、输出量、自净量等条件下，某段时间某一环境中所能容纳污染物的最大负荷量。

环境容量的大小与环境空间大小、生态系统的特征、人为干扰的程度以及污染物的性质都有关系。因此，在地表不同区域内，环境容量的变化具有明显的地带性规律和地区性差异。通过人为的调节，控制环境的物理、化学及生物学过程，改变物质的循环转化方式，可以提高环境容量，改善环境的污染状况。

环境容量主要应用于实行总量控制，把各污染源排入某一环境的污染物总量限制在一定数值以内，为区域环境综合治理和区域环境规划提供科学依据(戴天兴，2002)。

2.1.6 生态伦理与美学理论

(1)生态伦理学

生态伦理学是一门研究人与大自然应具有的优良态度和行为准则的学科。它既要求确立自然界的价值和自然界的权利，又要求保护地球上的生命和自然界，它的根本任务就是为环境保护实践提供一个可靠的道德基础(兰思仁，2004)。生态伦理学就是研究人与自然和谐共生，以达到人与自然持续发展的道德问题和伦理学说，它为人们对待自然和进行环境保护提供恰当的价值论依据和相应的道德原则、道德规范。环境伦理学的主要理论包括以下五个方面：

①关于自然的价值。自然的价值问题，是生态伦理学理论的基本范畴之一。自然的价值是指自然存在的内在属性及对人来说具有某种有用性的描述。从自然具有内在价值和外在价值中可知，自然是必须受到尊重与保护的。

②关于自然的权利。自然界的权利是指生命和自然界的生存权，是自然界的利益与自然界的权力的统一。这是环境伦理学得以成立的又一因素，因为“权利”与“价值”是紧密相连的，对自然界价值的确认，也就是对它的权利的确认。

③关于“人类中心主义”“自然中心主义”问题。环境伦理学的理论基础或出发点是坚持“人类中心主义”原则还是奉行“自然中心主义”观点，是当前环境伦理学研究中争论激烈的理论领域。

④关于环境公正理论。环境公正，简而言之就是人对自然环境的公正问题。如果从环境伦理学角度看，它实质上表达了环境的代际公正与代内公正问题。代际环境公正是指代际间，上代人对下代人在进行环境实践时应采取的伦理原则，上代人的环境行为不应危害下代人的生存环境，应采取公正原则。代内环境公正实质上是人际公正与社会公正问题在环境伦理领域内的特殊表现。

⑤关于环境道德的基本原则与规范问题。环境伦理学是一种新型的应用伦理学，它遵循的是区别于传统伦理学的新道德标准、行为规范。这些原则和规范的确立和实践应用，对于用道德手段调节人与自然的关系或人与自然关系背后的人与人的利益关系具有重要意义(孙力，2006；饶戎，2009)。

(2)生态美学

生态美学是以人的生态过程和生态系统作为审美观照的对象，是人与自然生态关系和谐的产物，生态美首先体现了主体的参与性和主体与自然环境的依存关系。

①生态美学的一般特征。自然美是客观事物本身具有的自然属性，自然美是人的主观意识的产物。它是人与自然相互作用的结果，与人的社会实践有关，是自然物的自然属性与人类的社会属性的统一。自然美的特性体现在自然性、形式性及变异性等方面，从感官的可接受性到生理和心理的愉悦性以及审美主体等，都对自然美具有一定的影响。生态规划要最大限度地保留自然美的特征。

环境美学是环境科学和美学两者结合的产物。所以，它是研究人类生存环境的审美要求，环境美感对人的心理作用，及对人们身体健康和工作效率影响的一门学科。环境美学的研究，关系到人的健康与长寿。美的环境能使人们心情愉快、休息良好而保持旺盛的精力。环境美学首先要回答什么样的环境才是美的，并给人以美的感觉。在城市环境中，建筑艺术对环境的审美有重要的影响。镇市的总体轮廓，住宅建筑，市政公用设施和绿地等是环境审美的重要对象，而在风景区和自然保护区，山青、水秀、洞奇、石怪，各种珍稀动植物则成为审美的主要方面。

随着现代工、农业的发展，大量自然资源的开发利用，各种污染物正在引起生态环境的恶化和生态系统的破坏，严重地损坏了自然环境的美感。这就要求我们不仅要消除环境污染，而且还要保护和创造美的自然环境。

生态美是一种在自然美的基础上，强调生态主体与自然环境相融洽的整合美。生态美包括自然美、生态关系的和谐美和艺术与环境的融合美，它与强调人为的规则、对称、形式、线条等传统美学形成鲜明对照，是生态规划与设计的最高美学准则。生态美的衰退标志着生命处境的劣化，生态美的消失意味着生命的终结。生态美学的出现是在生态环境日益恶化的情况下，人们对良好生态环境的眷恋、期盼及对人与自然关系重新思考的结果。

城市生态系统中，城市的总体轮廓及功能分区，建筑艺术、人文景观、风景园林、绿地、水域、色彩以及人们的精神风貌等，是环境审美的主要对象，而绿化、整洁、安宁、文明以及形式的多样与统一，人工环境与自然环境的协调则是构成城市环境美感的基本要素。城市生态规划和城市建设要把自然界中的水源、空气、土壤、动植物等要素，与人类活动作为一个大的功能系统连接起来，经过科学的调控，使城市的社会环境、物质环境、技术环境保持最优化的协调关系，创造一个日益繁荣的社会结构和优美舒适的生活环境。因此生态美学原理对于生态规划具有重要的指导意义。

②生态美学与生态规划。

a. 城市环境的自然化。通过生态规划，将大自然的综合景观，经过提炼融进城市建设中来，创造出新的城市风格，让广大市民在生态绿化自然美的陶冶下增进身心健康，得到美的享受。自然美常常表现一种特有的审美趣味，重视清新、活泼的气息和流动感，在人工造景中，本着造型艺术的原则，保持丰富的变化，从变化中求统一，巧妙地应用多样统一这个重要法则。城市色彩方面，常统一在绿色中。因此，城市的自然美要有一个协调的整体，如自然山水或大片的草地和树林，存在着丰富的协调之美。

b. 城市景观的多元化。为了实现城市功能规划的完美，需要从以下几个方面着手。首先，应创造具有高标准的能够满足人们生理与心理需要的城市中心环境空间；其次，应充分利用现有城市基础条件，完善功能分区，合理安排城市发展空间，以使城市健康有序地发展；第三，突出城市中心区的城市要素的美学价值塑造，以促进城市形象的提升，改善城市景观环境质量；第四，完善城区道路路网和道路功能，建立等级分明、高效便捷的城区交通体系；第五，建立和完善城市景观环境系统，创造具有良好生态环境和人文环境的城市新中心，充分利用美学思想的指导作用，美化城市中心环境。

c. 城市色彩的多样化。目前，许多城市以色彩美学的标准作为指导城市建设的重要手段之一，因为色彩美学所涵盖的信息量是十分广泛的，通常与当地的气候、地理条件、城市文化、心理学、材料与工艺等因素联系紧密，并且能为城市特色的建设做出建设性贡献。城市色彩美学的客观性是以揭示其本质为中心，认为色彩美学的本源在客体，在于色彩感性物质的属性，同时，它也是在尊重客观存在的城市自然与人工环境前提下，科学合理地运用色彩美学原理为城市色彩设计提供重要的美学支撑。城市色彩美学的客观性，一方面是强调色彩的客观属性，另一方面强调以客观存在的场所为基础，并认为色彩之美是一种客观的精神实体。由于每座城市具有不同的历史背景、地理位置、气候条件、文化内涵等，在城市色彩选择上通常根据这些不同因素，做出一种科学合理的判断，具有一定的主观性。同样，城市作为客体而存在，当与色彩美学发生关联时，则是主体决定的。

2.2 生态规划基本原则

生态规划的研究对象是生态系统，它既是一个复杂的自然生态系统与人工生态系统的结合，又是一个社会—经济—自然的复合生态系统。其目标是自然、经济和人类社会的可持续发展，作为区域生态建设的核心，生态管理的依据，与其他规划一样，具有综合性、协调性、战略性、区域性和实用性的特点，因此，在进行生态规划时，既要遵守生态要素原则，又要遵循复合系统原则。

2.2.1 整体优化原则

生态规划从生态系统的整体性原理和方法出发，强调规划的整体性与综合性，即生态与经济的统一以及自然与人文的统一。生态规划的目标不仅仅是区域结构组分的局部优化，也不只是经济、社会、环境三者某一方面效益的增加，而是必须依据区域总体发展目标及阶段发展战略，制订不同阶段的规划方案，从而使得生态规划的目标与区域、系统的总体发展目标一致，满足人类对符合生态系统的整体需求，最终追求生态、经济、社会的整体最佳效益。同时，生态规划还需与城市和区域总体规划目标相协调。

整体性原理已成为系统科学方法论的一个根本性原则。整体性是客观事物作为系统存在时的一种基本特性的体现。系统整体特性决定着系统功能，系统整体会具有它的各个部分中单独不可能具有的功能。生态规划总体目标就是要实现资源节约、生态协调、环境优美、产业兴旺、经济发展的良好状态。整体性的理念在实现上述目标中发挥着举足轻重的作用。必须从系统的整体和全局出发，正确处理整体和局部的关系，才可能使得生态规划具有整体性的良好效果。关联性原理与整体性原理密切相关、强调分析系统各组成要素及子系统之间的耦合关系。事实上，系统与其他系统都存在着互相联系、相互作用、相互制约的复杂关系，这些关系就是关联性的具体体现。基于要素与要素之间的联系以及子系统与子系统之间的联系，进一步全面分析就上升到了整体的层面。

2.2.2 协调共生原则

复合系统具有结构的多元化和组成的多样性特点，子系统之间及各生态要素之间相互影响，制约着系统整体功能的发挥。在生态规划中就是要保持系统与环境的协调、有序和相对稳定，提高资源的利用效率。

在生态规划时要加强自然资源的调查，分析人类活动的干扰强度对环境的影响，研究自然生态要素的自净能力，科学评价区域背景与发展潜力，形成人与自然生态系统的复合统一体。与此同时，根据复合生态系统结构多元化和组成多样性的特点，综合考虑区域规划、系统总体规划的要求，充分利用环境容量。使得各个层次及相应层次的生态因子相互协调、有序和动态平衡。因此，人类必须发挥主观能动性，充分利用自然生态规律，并根据国民经济发展的阶段战略目标，制定不同阶段的生态规划实施方案，创造更适宜生存和发展的生态环境，实现人与自然协调统一与共生。

2.2.3 功能高效原则

功能高效是指区域内物质和能量得到多层次、多途径的充分利用，废弃物回收利用率高、物质循环利用率高和经济效益高的自然-经济-社会复合生态系统。从这一原则出发进行生态规划，分析各生态功能区之间及生态功能区内部的能量流动规律、对外界依赖性、时空变化趋势等，由此提出提高各生态区内能量利用效率的途径。生态规划要考虑自然、经济、社会三要素，以自然背景为基础，以经济发展为目标，以人类社会和谐为生态规划的出发点。

2.2.4 区域分异原则

区域分异原则是指不同地区的复合生态系统具有不同的结构、生态过程和功能。生态规划强调生态系统的多样性和地域分异，必须在充分研究不同地区的经济、社会、自然条件、生态环境和历史文化等的基础上，制定不同的资源保护与利用对策，实现社会、经济和生态效益的统一。区域分异原则要求生态规划必须以环境容量、自然资源承载力和生态适宜度为依据，将自然界生物对营养物质的富集、转化、分解和再生过程应用于工农业生产和生态建设及生态规划中，充分发挥生态系统的潜力，强化人为调控未来生态变化趋势的能力，改善区域生态环境质量，促进可持续发展的区域生态建设。

系统结构是系统维持稳定的基础，也是保障系统功能的前提。系统结构的有序性、整体性、稳定性及多样性是进行生态规划的重要依据。系统在运行过程中受到各种因素的影响，其时间及空间特征就会不断发生变化，这是客观存在的。必须以动态的观点把握管理系统运动的变化规律性，及时调节管理的各个环节和各种关系，以保证系统不偏离预定的目标。把该理念应用到生态规划中，就有利于及时调整规划目标，以及调整实施方案，实现生态规划的现实可靠性，达到客观性与实时性的统一。

2.2.5 可持续发展原则

可持续发展是指“既满足当代人需求，又不对后代人满足其需要的能力构成危害的发展。”在一定的时间和空间范围内，资源环境系统的承载力是有限的，区域的发展是建立在资源环境承载力的基础之上的。在进行生态规划的过程中，强调资源环境的承载力，同时注重社会经济发展目标，在充分分析自然资源承载能力、环境容量等因素的基础上，提出适合的资源开发利用模式。生态规划是一种基于生态思维方式，协调人与环境、社会经济发展与资源环境之间的相互关系，使生态系统结构与功能相协调，系统整体优化，从而引导一种实现区域可持续发展的过程。因此，生态规划一定要充分把握可持续发展原则，任何脱离可持续发展原则的规划都不能称为科学的生态规划。生态规划与可持续发展密不可分，可持续发展的内涵决定了生态规划的目标与原则，生态规划则是实现可持续发展的途径之一。

生态规划强调既要应用生态学的基本原理，体现生态的合理性，又要突出人的主观能动性，强调人对整个系统的宏观调控作用，提高系统自我调控能力与抗干扰能力，从而实现系统结构与功能的完整与可持续发展。生态规划、生态工程、生态管理共同构成可持续发展生态建设的核心。

2.3 生态规划的程序与步骤

2.3.1 生态规划大纲

生态规划大纲应根据调查和所收集的资料，对规划区自然生态环境、区位特点、资源开发利用的情况等进行分析，找出现有和潜在的主要生态环境问题，根据社会、经济发展规划和其他有关规划，预测规划期内社会、经济发展变化情况，以及相应的生态环境变化趋势，确定规划目标和规划重点。

规划大纲主要包括以下内容：

1. 总论
    - 1.1 任务的由来
    - 1.2 编制依据
    - 1.3 指导思想与规划原则
    - 1.4 规划范围与规划时限
    - 1.5 技术路线
    - 1.6 规划重点
2. 基本概况
    - 2.1 自然地理状况
    - 2.2 经济、社会状况
    - 2.3 生态环境现状
3. 生态环境现状调查与评价

3.1 调查范围
3.2 调查内容
3.3 调查方法
3.4 生态规划的评价指标和方法
4. 生态保护目标和指标的确定
4.1 社会经济与环境发展趋势预测方法
4.2 社会经济与生态指标及基准数据
4.3 生态保护目标和指标
5. 生态功能区划分
5.1 生态功能区划的原则
5.2 生态功能区划的方法
5.3 生态功能区划的类型
6. 生态规划方案
6.1 生态规划措施
6.2 生态规划的工程方案
6.3 工程方案比选方法
6.4 工程可达性分析
6.5 工程实施的保障措施
7. 工作安排
7.1 组织领导
7.2 工作分工
7.3 时间进度
7.4 经费预算

2.3.2 生态规划编制工作程序

生态规划编制工作一般按下列程序进行：

(1)确定任务

当地政府委托具有相应资质的单位编制区域生态规划，明确编制规划的具体要求，包括规划范围、规划时限、规划重点等。

(2)调查、收集资料

规划编制单位应收集编制规划所必需的当地生态环境、社会、经济背景或现状资料，社会经济发展规划、区域建设总体规划，以及农、林、水等行业发展规划等有关资料。必要时，应对生态敏感的地区、代表地方特色的地区、需要重点保护的地区、环境污染和生态破坏严重的地区、以及其他需要特殊保护的地区进行专门调查或监测。

(3)编制规划大纲

按照规划大纲的有关要求编制规划大纲。

(4)规划大纲论证

环境保护行政主管部门组织对规划大纲进行论证或征询专家意见。规划编制单位根据论证意见对规划大纲进行修改后作为编制规划的依据。

(5)编制规划

按照生态规划大纲的要求编制规划。

(6)规划审查

环境保护行政主管部门依据论证后的规划大纲组织对规划进行审查，规划编制单位根据审查意见对规划进行修改、完善后形成规划报批稿。

(7)规划批准、实施

规划报批稿报送县级以上人大或政府批准后，由当地政府组织实施。

2.3.3 生态规划的主要内容

生态规划成果包括生态规划文本和生态规划附图。

2.3.2.1 生态规划文本

生态规划文本内容详实、文字简练、层次清楚。基本内容包括：

(1)总论

说明生态规划任务的由来、编制依据、指导思想、规划原则、规划范围、规划时限、技术路线、规划重点等。

(2)规划区基本概况

介绍规划地区自然和生态环境现状、社会、经济、文化等背景情况，介绍规划地区社会经济发展规划和各行业建设规划要点。

(3)现状调查与评价

对规划区社会、经济和环境现状进行调查和评价，说明存在的主要生态环境问题，分析实现生态规划目标的有利条件和不利因素。

(4)生态规划目标和指标的确定

对生态环境随社会、经济发展而变化的情况进行预测，并对预测过程和结果进行详细描述和说明。在调查和预测的基础上确定生态规划的目标(包括总体目标和分期目标)及其指标体系。

(5)生态规划功能区划分

根据土地、水域、生态环境的基本状况与目前使用功能、可能具有的功能，考虑未来社会经济发展、产业结构调整和生态环境保护对不同区域的功能要求，结合区域的总体规划和其他专项规划，划分不同类型的功能区(如工业区、商贸区、文教区、居民生活区、混合区等)，并提出相应的保护要求。要特别注重对规划区内饮用水源地功能区和自然保护小区、自然保护点的保护。各功能区应合理布局，对在各功能区内的开发、建设提出具体的环境保护要求。严格控制在规划区域的上风向和饮用水源地等敏感区内建设有污染的项目。

(6)生态规划方案制定

①环境保护与污染防治规划。

a. 水环境综合整治。在对影响水环境质量的工业、农业和生活污染源的分布、污染物种类、数量、排放去向、排放方式、排放强度等进行调查分析的基础上，制定相应措施，对规划区内可能造成水环境(包括地表水和地下水)污染的各种污染源进行综合整治。加强湖泊、水库和饮用水源地的水资源保护，在农田与水体之间设立湿地、植物等生态防护隔离带，科学使用农药和化肥，大力发展有机食品、绿色食品，减少农业面源污染；按照种养平衡的原则，合理确定畜禽养殖的规模，加强畜禽养殖粪便资源化综合利用，建设必要的畜禽养殖污染治理设施，防治水体富营养化。有条件的地区，应建设污水收集和集中处理设施，提倡处理后的污水回用。重点水源保护区划定后，应提出具体保护及管理措施。

地处沿海地区的规划区域，应同时制定保护海洋生态的规划和措施。

b. 大气环境综合整治。针对规划区环境现状调查所反映出的主要问题，积极治理老污染源，控制新污染源。结合产业结构和工业布局调整，大力推广利用天然气、煤气、液化气、沼气、太阳能等清洁能源，实行集中供热。积极进行炉灶改造，提高能源利用率。结合当地实际，采用经济适用的农作物秸秆综合利用措施，提高秸秆综合利用率，控制焚烧秸秆造成的大气污染。

c. 声环境综合整治。结合道路规划和改造，加强交通管理，建设林木隔声带，控制交通噪声污染。加强对工业、商业、娱乐场所的环境管理，控制工业和社会噪声，重点保护居民区、学校、医院等。

d. 固体废弃物综合整治。工业有害废弃物、医疗垃圾等应按照国家有关规定进行处置。一般工业固体废弃物、建筑垃圾应首先考虑采取各种措施，实现综合利用。生活垃圾可考虑通过堆肥、生产沼气等途径加以利用。建设必要的垃圾收集和处置设施，有条件的地区应建设垃圾卫生填埋场。制定残膜回收、利用和可降解农膜推广方案。

②生态环境建设规划。

a. 区域生态控制线和景观生态建设。划定规划区生态基本格局、开展规划区生态环境整治、建设生态防护林及公共绿地。

b. 区域生态环境一体化建设。根据不同情况，提出保护和改善当地生态环境的具体措施。按照生态功能区划要求，提出自然保护小区、生态功能保护区划分及建设方案。制定生物多样性保护方案。加强对规划区周边地区的生态保护，搞好天然植被的保护和恢复；加强对沼泽、滩涂等湿地的保护；对重点资源开发活动制定强制性的保护措施，划定林木禁伐区、矿产资源禁采区、禁牧区等。制定风景名胜区、森林公园、文物古迹等旅游资源的环境管理措施。

洪水、泥石流等地质灾害敏感和多发地区，应做好风险评估，并制定相应措施。

c. 生态工业园区建设。以建设生态工业园为抓手，推动区域的新型工业化进程，使规划区成为生态工业园的示范基地，经济技术和高新技术产业的核心地区。如推行清洁生产，强化环保基础设施建设；优化园区产业结构，建设循环经济体系；强化规划区工业污染防治等。

d. 区域生态文明建设。贯彻以人为本的科学发展观，加大生态文化基础设施建设，从生产、消费等领域全方位加速经济发展方式转变，从制度层面形成全社会资源节约型、环境友好型发展的合力，优先解决危害人民群众健康的环境问题，实行对环境质量的健康风险管理，培育生态文明基本理念。统筹经济发展与环境保护的关系，以生态功能区划和环境功能区划为依据，优化产业布局，解决重点区域内经济发展与生态环境保护问题；优化制度建设，强化政策导向，通过产业政策和治理行动积极调整产业结构；以人为本优化环境保护相关行政资源配置，形成以健康影响为依据的环境管理制度。

(7)可达性分析

从资源、环境、经济、社会、技术等方面对生态规划目标实现的可能性进行全面分析。

(8)实施方案

①经费概算。按照国家关于工程、管理经费的概算方法或参照已建同类项目经费使用情况，编制按照规划要求，实现规划目标所有工程和管理项目的经费概算。

②实施计划。提出实现规划目标的时间进度安排，包括各阶段需要完成的项目、年度项目实施计划，以及各项目的具体承担和责任单位。

③保障措施。提出实现规划目标的组织、政策、技术、管理等措施，明确经费筹措渠道。规划目标、指标、项目和投资均应纳入当地社会经济发展规划。

2.3.3.2 规划附图

(1)规划附图的组成

①生态环境现状图。图中应注明包括规划区地理位置、规划区范围、主要道路、主要水系、河流与湖泊、土地利用、绿化、水土流失情况等信息。同时，该图应反映规划区环境质量现状。山区或地形复杂的地区，还应反映地形特点。

②主要污染源分布图。图中应标明水、气、固废、噪声等主要污染源的位置、主要污染物排放口的位置。生态监测站等有关自然与生态保护的观测站点，也应标明。

③生态环境功能分区图。图中应反映不同类型生态环境功能区分布信息，包括需要重点保护的目标、环境敏感区(点)、居民区、水源保护区、自然保护小区、生态功能保护区、绿化区(带)的分布等。

④生态环境综合整治规划图。图中应包括规划区域的环境基础设施建设：如污水处理厂、生活垃圾处理(填埋)场、集中供热等设施的位置，以及节水灌溉、新能源、有机食品和绿色食品生产基地、农业废弃物综合利用工程等方面的信息。

⑤规划区环境质量规划图。图中应反映规划实施后规划区环境质量状况。

⑥人居环境与景观建设方案图(选做）。图中应包括人居环境建设、景观建设项目分布等方面的信息。

(2)生态规划附图编制的技术要求

①规划图的比例尺一般应为1/10 000～1/50 000。

②规划底图应能反映规划涉及的各主要因素，规划区与周围环境之间的关系。规划底图中应包括水系、道路网、居民区、行政区域界线等要素。

③规划附图应采用地图学常用方法表示。

2.3.4 生态规划指标体系

(1)生态规划建设指标

生态规划指标体系建立的目的是要解决生态规划区量化的具体可操作问题，即控制、限定、引导生态规划在规划中的落实与应用。生态规划指标体系是针对生态规划在总体规划、详细规划中要实施控制的对象和内容，并确定其内在构成，从而落实于具体的用地。生态规划指标体系包括社会经济发展指标、环境质量指标、环境污染防治评价指标、生态保护与建设评价指标和社会进步评价指标(表2-1)。

表2-1 生态规划建设指标体系的内容

类别	序号	指标名称	指标要求		
			东部	中部	西部
经济发展	1	农民人均纯收入(元/a)	≥4500	≥3000	≥2200
	2	城镇居民人均可支配收入(元/a)	≥8000	≥6500	≥5000
	3	公共设施完善程度	完善		
	4	城镇建成区自来水普及率(%)	≥98		
	5	城镇卫生厕所建设与管理	达到国家卫生镇有关标准		
环境质量	6	集中式饮用水水源地水质达标率(%)	100		
		农村饮用水卫生合格率(%)	100		
	7	地表水环境质量	达到环境功能区或环境规划要求		
		空气环境质量			
		声环境质量			
环境污染防治	8	建成区生活污水处理率(%)	80	75	70
		开展生活污水处理的行政村比例(%)	70	60	50
	9	建成区生活垃圾无害化处理率(%)	≥95		
		开展生活垃圾资源化利用的行政村比例(%)	90	80	70
	10	重点工业污染源达标排放率(%)	100		
	11	饮食业油烟达标排放率(%)	≥95		
	12	规模化畜禽养殖场粪便综合利用率(%)	95	90	85
	13	规模化畜禽养场污水排放达标率(%)	≥75		
环境污染防治	14	农作物秸秆综合利用率(%)	≥95		
	15	农村卫生厕所普及率(%)	≥95		
	16	农用化肥施用强度[折纯，kg/(hm^2·a)]	<250		
		农药施用强度[折纯，kg/(hm^2·a)]	<3.0		

（续）

<table>
<tr><th rowspan="2">类别</th><th rowspan="2">序号</th><th rowspan="2" colspan="2">指标名称</th><th colspan="3">指标要求</th></tr>
<tr><th>东部</th><th>中部</th><th>西部</th></tr>
<tr><td rowspan="12">生态保护与建设</td><td>17</td><td colspan="2">使用清洁能源的居民户数比例(%)</td><td colspan="3">≥50</td></tr>
<tr><td>18</td><td colspan="2">人均公共绿地面积(m^2/人)</td><td colspan="3">≥12</td></tr>
<tr><td>19</td><td colspan="2">主要道路绿化普及率(%)</td><td colspan="3">≥95</td></tr>
<tr><td>20</td><td colspan="2">清洁能源普及率(%)</td><td colspan="3">≥60</td></tr>
<tr><td>21</td><td colspan="2">集中供热率(%，只考核北方城镇)</td><td colspan="3">≥50</td></tr>
<tr><td rowspan="3">22</td><td rowspan="3">森林覆盖率(%，高寒区或草原区考核林草覆盖率)</td><td>山区、高寒区或草原区</td><td colspan="3">≥75</td></tr>
<tr><td>丘陵区</td><td colspan="3">≥45</td></tr>
<tr><td>平原区</td><td colspan="3">≥18</td></tr>
<tr><td rowspan="2">23</td><td rowspan="2">农田林网化率(%，只考核平原地区)</td><td>南方</td><td colspan="3">≥70</td></tr>
<tr><td>北方</td><td colspan="3">≥85</td></tr>
<tr><td>24</td><td colspan="2">草原载畜量(亩/羊，只考核草原地区)</td><td colspan="3">符合国家不同类型草地相关标准</td></tr>
<tr><td>25</td><td colspan="2">水土流失治理度(%)</td><td colspan="3">≥70</td></tr>
<tr><td></td><td>26</td><td colspan="2">主要农产品中有机、绿色及无公害产品种植(养殖)面积的比重(%)</td><td colspan="3">≥60</td></tr>
<tr><td rowspan="2">社会进步</td><td>27</td><td colspan="2">城市化水平(%)</td><td colspan="3">≥55</td></tr>
<tr><td>28</td><td colspan="2">公众对环境的满意率(%)</td><td colspan="3">>90</td></tr>
</table>

(2)生态规划创新指标

创新的生态规划指标体系是在原指标体系的基础上，增加两项创新的指标：创建用于规划区绿地系统建设的绿容率指标体系；创建基于生态资源承载控制资源释放的规划区容度指标体系。

①绿容率指标体系。绿容率指标体系强化绿地了生态系统生物量和生态效益，包括三个部分：第一部分沿用原有的绿地评价指标(绿地率及绿化覆盖率)；第二部分是衡量绿地本身的生态效益及绿化水平的指标(绿量及绿量率)；第三部分是将绿地建设与城市规划建设结合起来的绿容率及绿化建设指标。

“绿容率”是指某建设规划用地内，单位土地面积上植物的总绿量。是为了应用于生态规划对总体规划、控制性规划、详细规划、绿地系统专项规划、城市设计、项目设计进行科学指导与控制而制定的绿化指标。其目的在于提高单位面积上绿地的科学生物总量，进而约束绿地系统建设的投机行为，规范绿地系统建设的责任与义务，提高有限的绿地系统建设的品质与效率。

“绿量”的定义是植物全部叶片的1/2总面积，单位为：平方米。绿量是反映和衡量以绿色植物为主体的城市园林绿地系统的各种计量单元及其指标，包含有利于人类生存的城市环境质量和生活质量的相关量化指标。城市生存环境需要由一系列的绿量值来全面反映和衡量其数量和质量。评价城市生存环境常用的绿量指标有绿化面积、绿地率、绿化覆盖率、绿化覆盖面积、人均绿化面积等。

②城市容度指标体系。城市容度指标体系保障了城市建设规模与质量，包括两个部分：一是用于生态系统因子与关系的量化评价的生态资源承载指数、生态弹性指数和生态压力指数，通过对这三者的分析，实现规划区域生态承载力的评价；二是用于生态规划控制性指标的动态调节、管理与规划，应用的城市容度和城市平均容度指标。

参考文献

戴天兴．2002. 城市环境生态学[M]. 北京：中国建材工业出版社．

兰思仁．2004. 国家森林公园理论与实践[M]. 北京：中国林业出版社．

饶戎．2009. 基于城市规划的生态规划方法[J]. 城市与区域规划研究(1)：11－13.

任青山．2002. 天然次生林群落生态位机构的研究[M]. 哈尔滨：东北林业大学出版社．

孙力．2006. 伊斯兰生态文化与西北回族社会可持续发展[M]. 银川：宁夏人民出版社．

王让会．2012. 生态规划导论[M]. 北京：气象出版社．

郑卫民，吕文明，高志强，等．2005. 城市生态规划导论[M]. 长沙：湖南科学技术出版社．

周志翔主编．2007. 景观生态学基础[M]. 北京：中国农业出版社．

祖元刚，孙梅，康乐．2000. 生态适应与生态进化的分子机理研究的现状与发展趋势[M]. 生态适应与生态进化的分子机理．北京：高等教育出版社．

第3章　生态规划关键技术与方法

3.1 生态安全格局构建

生态安全是指在人的生活、健康、游憩、基本权利、生活保障来源、必要资源、社会秩序和人类适应环境变化的能力等方面不受威胁的状态，包括自然生态安全、经济生态安全和社会生态安全等组成一个安全的复合人工生态系统，是生态系统完整和健康的整体水平反映。其研究的主要内容包括生态系统健康诊断、区域生态风险分析、景观安全格局、生态安全监测与预警以及生态安全管理、保障等方面。对区域生态安全的分析主要包括：关键生态系统的完整性和稳定性，生态系统健康与服务功能的可持续性，主要生态过程的连续性等。

3.1.1 生态安全格局分析

城市生态过程存在着一系列阈限或安全层次，它们是维护与控制生态过程的关键性的量或时空格局。如城市生态可持续性受到水资源环境承载力阈限、土地资源阈限、绿地面积及分布等的限制。与这些生态阈限相对应，城市生态系统中存在着一些关键性的因素、局部点或位置关系，构成某种潜在的安全的空间格局，称之为生态安全格局，它对维护和控制生态过程有着关键性的作用。

城市生态安全格局是指一个城市的山系、水系、植被、湿地、土地等生态要素的分布、配置比例和结构模式，对于调节城市生态平衡、减少外来种入侵、增强城市抗胁迫和可持续发展能力具有重大功能作用，它是当前人类社会面临的一个重大生态问题。随着世界范围内城市化进程的加速和生态环境问题的突出，国内外愈来愈多的城市开始注重自然生态要素对城市系统的生态安全维护功能，强调根据本地的自然资源状况与经济状况来建构可持续发展的城市生态安全格局。

基于城市生态安全格局概念，通过分析、识别威胁城市生态安全的关键因子等过程进行城市生态规划的方法被称为生态安全格局途径。安全格局途径认为生态过程对城市经济发展所带来的环境改变的忍受能力是有限的，经济发展过程对环境与资源的依赖也是不均匀的，或是阶梯状的。安全格局是各方利益代表为维护各种过程进行辩护和交易的有效战略，它在尽量避免牺牲他人利益的同时，努力使自身利益得到有效的维护。不论最终的发展与环境规划决策和共识在哪一种安全水平上达成，安全格局途径都使经济发展和环境保护在相应的安全水平上达到高效。同时，安全格局把对应于不同安全水平的阈限值转变为具体的空间维量，成为可操作的生态规划设计语言，因此具有可操作性。

生态安全格局途径具有以下几方面的特点：

第一，安全是有等级层次的和相对的，不同水平上的安全格局可以使生态或其他过程维持在不同的健康和安全水平上。

第二，安全格局可以依据生态过程的动态和趋势来定义，而生态过程的动态和趋势是可以通过趋势表面来表达的。所以，根据趋势表面的空间特性可以判别对控制过程具有战略意义的局部、点和空间联系，即安全格局。

第三，多层次的安全格局是维护生态或其他过程的层层防线，为规划和决策过程提供辩护依据，为环境和发展提供可操作的空间战略(杨志峰等，2004)。

3.1.2 生态安全格局评估技术

生态安全格局评价需要遵循科学性、整体性、层次性、可操作性、动态性等原则，构建生态安全格局评价指标体系来进行评价。

根据国内外生态评价指标体系，安全格局评价采用“压力(Pressure)—状态(State)—响应(Response)”模型(简称PSR模型)构建指标体系。“压力—状态—响应”模型(PSR)是经济合作和开发组织(OECD)与联合国环境规划署(UNEP)共同提出的。其中压力表示造成生态环境不可持续利用的一系列影响因素，状态表示资源环境在压力影响下所表现出来的特征，响应表示人类为促进生态环境可持续利用所采取克服压力、调整状态的对策，通过压力、状态、响应指标构成一条直接反映具体问题的指标链。它能够衡量生态环境所承受的压力、资源环境状态以及社会对这些状况的响应。PSR模型认为，人类从自然环境获取各种资源，同时又向环境排放废弃物，即人类活动对自然环境施加了一定的压力。因此，环境状态必然会发生一定的变化；而人类社会应当采取措施防止生态破坏或促进生态恢复，即应该作出必要的响应。如此循环往复，就形成了人类活动与生态环境之间的PSR关系，较好地反映了自然、经济、环境、资源之间相互依存的关系。通过PSR模型进行扩展，制定生态安全格局评价指标体系框架(曾晖，2010)。

3.1.3 生态安全格局构建方法

根据生态可持续发展规划总体目标，基于生态安全格局的思想，进行城市生态空间布局规划，构建保障城市快速、可持续发展的生态安全空间格局，创建适宜于人生活居住和创业发展的生态城市。保障城市的生态安全，关键在于确保各种重要自然要素的生态功能，特别是维护生态平衡的功能得到正常发挥。因此，从宏观、中观和微观，时间和空间，进行多尺度、多途径的城市生态空间布局规划和调控。基本框架如下：

从宏观尺度，基于城市空间发展战略，构建城乡一体化的景观生态安全格局。城市空间的发展受自然地理条件、基础设施和行政区划等的制约，同时还要强调保护生态环境、城市景观的协调性。随着城市经济的快速发展，对生态环境的压力越来越大，势必威胁到城市的可持续发展。城市确立“生态优先”的城市建设战略和城市空间总体发展战略，需要构建与城市总体发展战略相适应的城乡一体化的生态安全格局。

从中观尺度，通过生态分区规划，进行生态调控，保持城市生态系统支撑能力。在资源、环境要素和生态承载力分析基础上，从不同空间尺度对城市生态空间结构分异特征进行研究，并通过生态环境脆弱性和生态服务功能重要性评价以及生态活度位分析，进行生态区、生态亚区和生态调控单元的划分，提出生态调控对策。

从微观尺度，基于生态单元调控与管理，全面有效地提高生态环境质量，激发城市生态系统活力。根据生态调控单元的结构功能特征以及生态环境管理的要求，建立了一套可以量化、具有可操作性的生态调控指标体系，制定出一系列生态单元调控导则，包括资源利用、污染控制、环境质量、人口控制、开发强度控制、产业控制、生态补偿和生态建设等，使生态规划成果落到实处，具有可操作性。

从时间尺度，基于不同规划年情景目标，进行城市生态系统建设与管理，进行资源合理利用与保护规划，实现城市生态可持续发展。根据城市生态可持续发展规划总体目标和分阶段目标，加强生态系统建设与管理，对重点资源进行合理利用与保护规划。

随着城市总体发展战略的调整、城市空间布局的变化，越来越多的乡村转变为城市，城市景观和生态结构也发生了改变。为了保持生态系统的稳定、可持续利用，城市的发展不能突破生态系统的承载能力。各地区必须根据所处的区位优势和生态活度位的不同，选择合理的经济发展模式，同时，必须保持相对稳定的生态结构和模式。作为城市总体来说，从宏观上必须构建保障城市快速、可持续发展的城乡一体化的景观生态安全格局。

3.2 生态健康体系构建

生态健康指人与环境关系的健康，是测度人的生产、生活环境及其赖以生存的生命支持系统的代谢过程和服务功能完好程度的系统指标，包括人体和人群的生理和心理生态健康，人居物理环境、生物环境和代谢环境（包括衣、食、住、行、玩、劳作、交流等）的健康，以及产业和区域生态服务功能（包括水、土、气、生、矿和流域、区域、景观等）的健康。

生态健康与人类行为和切身利益休戚相关。生态健康与物质、能量的生态代谢，人居环境的生态卫生以及人的行为方式、生活习惯和文化生态关系密切。生态健康失调到一定阈值就会危及生态安全。生态安全没有保证则会殃及社会安全、经济安全和政治安全。

生态系统健康是指一个生态系统所具有的稳定性和可持续性，即在时间上具有维持其组织结构、自我调节和对胁迫的恢复能力。它可以通过活力、组织结构和恢复力等特征进行定义。生态系统健康的特征是结构和功能的完整性、具有抵抗干扰和恢复能力（Resilience）、稳定性和可持续性。生态系统健康是保证生态系统功能正常发挥的前提。生态系统健康评价需要基于生态系统的结构、功能过程来确定指标，包括生态系统的完整性、适应性和效率（海热提等，2004）。

3.2.1 生态健康体系分析

生态系统健康体系分析必须综合社会科学、自然科学和健康科学，主要的应用领域是为可持续生态系统和景观提供标准，使其持续提供满足社会需求的生态服务功能，这需要驱动生态系统和景观的生物物理过程的知识与决定社会价值和期望的社会动力学知识相结合。

（1）生态系统健康的标准

生态系统健康的标准有活力、恢复力、组织结构、维持生态系统服务、管理的选择、减少投入、对相邻系统的危害和对人类健康影响等八个方面。具体如下：

①活力。是指能量或活动性。在生态系统背景下，它指根据营养循环和生产力而能测量的所有能量。

②恢复力。是指系统在外界压力消失的情况下逐步恢复的能力，也称作“抵抗力”，即通过干扰后系统返回原来状态的能力。

③组织结构。指生态系统的复杂性，此特性随系统而变化。但一般的趋势为根据物种的数量、多样性及其相互作用(如共生、互利共生和竞争)的复杂性而伴随次生演替发生变化。

④维持生态系统服务。指有利于人类社会的功能，如消解有毒化学物质、水体净化、减少土壤侵蚀等。

⑤管理的选择。健康的生态系统支持许多潜在的服务功能，如收获可再生资源、娱乐、提供饮用水等，退化的生态系统不再具有这些服务功能。

⑥减少外部投入。所有管理的生态系统都依赖于外部的投入，而健康的生态系统不需要增加输入来维持生产力。

⑦对相邻系统的危害。许多例子表明，生态系统可以在不惜牺牲其他系统的代价下兴旺繁荣，例如，废弃物运输到相邻的系统，农业中家畜粪便管理和耕作措施通常会破坏水生系统，农田物质(包括养分、有毒物质、悬浮物)流失等。

⑧人类健康效应。生态系统的变化可通过多种途径影响人类健康，人类的健康本身可作为生态系统健康的反映。健康生态系统的特征是它们有能力维持健康的人类种群。

(2)生态系统健康的综合测度

生态健康可以从如下几方面来综合测度：

①生态资产。森林蓄积量、生物多样性、土壤成熟度、湿地、水域、大气、景观、灾害频率对健康的影响，以及环境意识。

②生态流。物质流、能量流、水流、营养流、资金流、人口流、信息流的畅通与滞竭程度。

③生态服务。生产能力、空间容纳能力、水及其他资源供给能力、废弃物净化及再生、气候调节、土壤熟化、灾害减缓、干扰缓冲、害虫调节、水土保持、交通运输、休闲游憩及科研教育功能。

④生态整合性。景观、水文、生态系统、人居环境、基础设施、体制法规及文化的完整性、延续性和系统性。

⑤生态安全格局。系统结构和功能的灾变、突变或畸变，环境容纳量及资源承载力的超载量，开发活动的生态不适宜度以及系统的整合风险。

3.2.2 生态健康体系评估技术

评价城市生态健康状态可以理解为满足城市发展的合理要求的能力和“城市社会—经济—生态—人类复合”生态系统的自我维护和更新的能力以及辨明城市发展与生态环境问题相互关系的协调发展程度。

(1)生态健康评价指标体系的构成

生态健康评价指标体系共由四级指标构成。

①一级指标(D)1个。城市生态系统健康水平，表征评价区域复合生态系统社会、经济、自然综合持续发展能力。

②二级指标(C)3个。发展状态，表征城市复合生态系统的经济发展水平、社会生活质量和生态环境质量的高与低；发展动态，表征城市复合生态系统经济增长、社会稳定、环境改善

和生态恢复速度的快与慢；发展潜力，表征城市复合生态系统经济结构、管理水平、决策能力及生态建设潜力的强与弱。

③三级指标(B)9个。包括经济水平、生活质量、生态环境状况、经济发展、社会公平性、生态环境保护、经济潜力、社会潜力及生态环境改善潜力。

④四级指标(A)26个。四级指标是整个评价体系的基础，指标的设置遵循简洁性、代表性和可操作性原则，尽量利用现有可统计指标，考虑到指标的社会、经济和环境覆盖面及状态、动态和潜力三个层次的代表性(表3-1)。

表3-1　生态健康评价指标体系

二级指标(C)	三级指标(B)	四级指标(A)	参考值
发展状态	经济水平	人均国内生产总值(元)	30000
		第三产业占GDP比例(%)	50
		城市化率(%)	65
	生活质量	城镇人均可支配收入(市区)(元)	10000
		恩格尔指数	32
	生态环境状况	区域优于Ⅲ类水体比例(%)	100
		SO_2年均浓度	0.06
		酸雨频率(%)	0
		单位GDP水耗(m^3/万元)	100
		人均公共绿地面积(m^2/人)	10
		森林覆盖率(%)	40
发展动态	经济发展	GDP增长率(%)	14
	社会公平性	城乡收入比	2
	生态环境保护	受保护地区占国土总面积比例(%)	17
		万元工业增加值废水外排放量(t)	0
		SO_2排放强度(kg/万元GDP)	5
		COD排放强度(kg/万元GDP)	5
		城镇污水处理率(%)	60
		垃圾无害化处理率(%)	100
		工业固体废物处置利用率(%)	80
发展潜力	经济潜力	高新技术产业比重(%)	70
		科技、教育经费占GDP比率(%)	5
		从事研发人员比率(%)	25
	社会潜力	高等教育入学率(%)	60
		万人人才占有量(人/万人)	1500
	生态环境改善潜力	环境保护投资占GDP比例	2.5

3.3 生态系统承载力理论(生态足迹)

生态承载力是指生态系统的自我维持、自我调节能力，资源与环境子系统可维持的经济活动强度和具有一定生活水平的人口数量的供给与吸纳能力。对于某一区域，生态承载力强调的是系统的承载功能，而突出的是对人类活动的承载能力，所以，某一区域的生态承载力概念，是某一时期某一地域某一特定的生态系统，在确保资源的合理开发利用和生态环境良性循环发展的条件下，可持续承载的人口数量、经济强度及社会总量的能力。

生态承载力包括资源承载力、环境承载力和生态弹性力。资源作为生态系统的组成部分，受到生态系统的制约，表现在资源承载力直接受控于生态系统的弹性力大小。资源承载力大小取决于生态系统中资源的丰富度、人类对资源的需要以及人类对资源的利用方式。环境承载力值取决于三个方面：环境标准、环境容量、社会经济规模与人口数量。生态弹性力是指生态系统的可自我维持、自我调节及其抵抗各种压力与扰动的能力大小。生态弹性力包含两个内容：弹性强度，指承载力高低，其重要意义在于评价区域承载力大小，也是判定区域生态系统的自我维持能力与稳定性大小；弹性限度，主要反映特定生态系统缓冲与调节能力大小。生态弹性力的意义在于：弹性度为人类的生存与发展奠定了基础，其值越高，则生态系统可承受的压力就越大，越有利于人类的生产活动(周伟等，2008)。

资源承载力是生态可持续承载的基础条件，环境承载力是生态可持续承载的约束条件，生态弹性力是生态可持续承载的支持条件。生态承载力是生态系统的根本属性，并且存在生态承载力阈值。众所周知，生态系统如同生命体一样，有自我维持和自我调节能力，在不受外力与人为干扰的情况下，生态系统可保持自我平衡状态，其变化的波动范围是在可自我调节范围内，这在生态学上称为稳态。如果系统受到干扰，当干扰超过系统的可调节能力或可承载能力范围后，则系统平衡就被破坏，系统开始瓦解。自然生态系统中，在生物的各个水平层次上，都具有稳态机制，因此最后都能达到一定的平衡。在巨大的生态系统中，物质循环和能量流转的相互作用，建立了自校稳态机制(Self-correction homeostasis)而无须外界控制。但生态系统的稳态机制是有限度的，当系统承载力超过稳态限度后，系统便发生转变，从一种稳态走向另一种稳态，但稳态的变化是渐进的。在稳态台阶范围内，即使有压力使其偏高，仍能借助于负反馈保持相当稳定，超出这个稳定范围，正反馈导致系统迅速破坏甚至崩溃。所以说，如果要使生态系统不发生剧烈变化或不超出波动范围，则压力的作用必须在生态系统的可自我维持和自我调节能力的范围内，即生态承载力阈值内，否则系统便走向衰退或死亡。而系统的衰退与死亡，就意味着生物的衰退与死亡。所以，可持续经济发展客观要求人类的经济活动必须限制在生态承载力阈值内，即生态系统的弹性范围内(刘冬梅，2007)。

3.3.1 生态足迹概念

生态足迹：指特定数量人群按照某一种生活方式所消费的自然生态系统提供的各种商品和服务功能以及在这一过程中所产生的废弃物需要环境(生态系统)吸纳，并以生物生产性土地(或水域)面积来表示的一种可操作的定量方法。生态足迹表明了一定人口的自然资源消费、能源消费和吸纳这些消费产生的废弃物所需要的生态生产性土地面积(包括陆地和水域)，表明人类社会发展对环境造成的生态负荷。生态足迹越大，对环境的破坏越大。表征生态承载力与生态足迹的指标有：

①生态容量与生态承载力。生态容量是指某一个生态系统所能支持的健康有机体维持其生产力、适应能力和再生能力的容量，并用生态承载力表征该地区生态容量。

②人类负荷与生态足迹。人类负荷指的就是人类对环境的影响规模，它由人口自身规模和人均对环境的影响规模共同决定。生态足迹分析法用生态足迹必须消费各种产品、资源和服务，人类的每一项最终消费的量都追溯到提供生产该消费所需的原始物质与能量的生态生产性土地的面积来分析。所以，人类系统的所有消费理论都可以折算成相应的生态生产性土地的面积。在一定技术条件下，要维持某一物质消费水平下的某一人口的持续生存必需的生态生产性土地的面积即为生态足迹，它既是既定技术条件和消费水平下特定人口对环境的影响规模，又代表既定技术条件和消费水平下特定人口持续生存下去而对环境提出的需求。在前一种意义上，生态足迹衡量的是人口目前所占用的生态容量；从后一种意义讲，生态足迹衡量的是人口未来需要的生态容量。由于考虑了人均消费水平和技术水平，生态足迹涵盖了人口规模与人均对环境的影响力。

③生态赤字/盈余。当一个地区的生态承载力小于生态足迹时，就会出现生态赤字，其大小等于生态承载力减去生态足迹的差数；当生态承载力大于生态足迹时，则产生生态盈余，其大小等于生态承载力减去生态足迹的余数。生态赤字表明该地区的人类负荷超过了其生态容量，相反，生态盈余表明该地区的生态容量足以支持其人类负荷。

④全球赤字/盈余。假定地球上人人具有同等的利用资源的权利，那么各地区可利用的生态容量就可以定义为其人口与全球生态标杆的乘积。因此，如果一个地区人均生态足迹高于全球生态标杆，即该地区对环境的影响规模超过其按照公平原则所分摊的可利用的生态容量，则产生赤字。这种赤字称为该地区的全球生态赤字。相反，如果人均生态足迹低于全球生态标杆，即该地区对环境的影响规模低于其按照公平原则所分摊的可利用的生态容量，则产生盈余，这种盈余称为全球盈余。全球赤字用于测量地区发展的不可持续程度，全球盈余用来衡量可持续发展程度(陈成忠，2009)。

从生态承载力与生态足迹的关系来看：①生态承载力是生态足迹的倒数。生态足迹理论与方法从定性定量两方面来研究人类经济活动对生态环境的压力。在可持续经济发展前提下，生态足迹从消费的角度描述人类占用的环境资源量，表达的是强可持续性的压力概念；而生态承载力则从供给的角度考察环境系统能够负担的人口数，表达的是强可持续性的应力概念。可以认为，一个地区的生态足迹是其生态承载力的倒数。②生态足迹是在测量生态可持续性方面对生态承载力的进一步完善。与以往对生态目标测度的“承载力”相关研究不同，承载力研究多是强调一定技术水平条件下，一个区域的资源或生态环境所能承载的一定生活质量的人口、社会经济规模。而生态足迹则是反其道而行之。一方面，它从供给面对区域的实际生物承载力进行测算，作为可持续发展程度衡量的标杆；另一方面，它还试图从需求面估计要承载一定生活质量的人口需要多大的生活空间，即计算生态足迹的大小。以此二者的比较来确定特定区域的生态赤字或盈余。

它的应用意义是通过对生态足迹需求与自然生态系统的承载力(亦称生态足迹供给)进行比较即可以定量的判断某一国家或地区目前可持续发展的状态，以便对未来人类生存和社会经济发展做出科学规划和建议。

3.3.2 生态足迹计算

基于人类生活中消费的各种自然资源和生活中产生的废弃物可以进行数量确定并可以转换为相应的生物生产性土地(或水域)来表示。所以在计算特定数量人群的人均生态足迹时可用以下公式：

$$EF = N \cdot ef$$

$$ef = \sum_{i=1}^{n} aa_i = \sum_{i=1}^{n} (C_i / P_i) \quad (式 3-1)$$

式中，i 为消费商品(资源)和投入的类型；P_i 为 i 种消费商品的平均生产能力；C_i 为 i 种商品的人均消费量；aa_i 为人均 i 种消费(交易)商品折算的生物生产性土地面积；n 为人口数量；ef 为人均生态足迹；EF 为计算中某一数量人类总的生态足迹。

由上式可知生态足迹是特定数量人口和人均消费生活商品和能源的一个函数，就是消费各种商品和吸纳净化人类在生产和生活中所产生的废弃物所需生物生产性土地或水域面积的总和。通过生态足迹的计算可以得出某一地区特定数量人口按某一生活方式所需要的生物生产性土地(或水域)的面积，如果将其与该区域所能提供的生物生产性土地面积进行比较即可以判断该地区人类生活消费是否处于当地生态系统承载力之内，就可确认该地区社会经济实现可持续发展状况(李冠国，2011)。

3.3.3 崂山区生态足迹案例

(1)青岛市崂山区生态足迹分析

本文选择青岛市崂山区为案例城市，将城市生态足迹分析方法应用于崂山区生态系统分析中，为崂山区城市生态建设及实现可持续性发展提供研究基础和背景状况。根据生态足迹的概念及其计算方法，对崂山区 2003 年生态足迹进行了实际计算和分析。崂山区 2003 年的生态足迹计算主要由三部分组成：

①生物资源的消费(主要是农产品和木材)。主要包括农产品、动物产品、林产品、水果和木材等。生物资源生产面积折算的具体计算中，我们以联合国粮农组织 2003 年计算的有关生物资源的世界平均产量资料为标准(采用这一公共标准主要是使计算结果可以进行国与国、地区与地区之间的比较)。

②能源的消费。主要计算煤、焦炭、燃料油、原油、汽油、柴油和电力等几种能源的足迹，计算时将能源转化为化石能源土地面积。采用世界上单位化石能源土地面积的平均发热量为标准，将当地能源消费所消耗的热量折算成一定的化石能源土地面积。由此我们得到崂山区 2003 年生态足迹计算中的能源账户。

③贸易调整部分。贸易调整部分主要是考虑贸易对农产品和能源消费的影响而对当前的消费额进行调整。由于崂山区商品的进出口类型缺乏明细账户，只有总分类账户，在计算消费额

时采用了简化处理的方法，将交易中分类产品按价值比例换算成相应的生物生产面积比例，然后从该类型的生物生产面积中按照比例进行扣减。同时在崂山区能供给的生物生产面积计算时扣除了12%的生物多样性保护的面积。经过贸易调整和对生物多样性保护面积的扣除，我们得到崂山区2003年的生态足迹总账户(表3-2)。

表3-2 崂山区2003年的生态足迹 单位：hm^2/per cap

土地类型	生态足迹的需求			土地类型	生态足迹的供给		
	总面积(hm^2/per cap)	均衡因子	均衡面积(hm^2/per cap)		总面积(hm^2/per cap)	均衡因子	均衡面积(hm^2/per cap)
耕地	0.015 5	2.8	0.043 4	耕地	0.015 6	1.66	0.026
草地	0.561 5	0.5	0.280 8	草地	0.007 5	0.19	0.001 4
林地	0.015 1	1.1	0.016 6	林地	0.129 4	0.91	0.117 8
化石燃料	0.196 9	1.1	0.216 6	CO_2 吸收	0	0	0
建筑用地	0.001 3	2.8	0.003 6	建筑用地	0.028 2	1.66	0.046 8
水域	4.878 1	0.2	0.975 6	水域	0.011	1	0.011
总需求足迹(hm^2)			1.536 6	总供给面积(hm^2)			0.203
				生物多样性保护(hm^2)			0.024 4
生态赤字(hm^2)			1.358	总的可利用足迹(hm^2)			0.178 6

由以上计算得知，2003年崂山区的人均生态足迹为1.536 6 hm^2(比2002年增加1.6%)，而实际生态承载力为0.203 hm^2(比2002年增加9.2%)，人均生态赤字为1.358 hm^2(比2002年增加2.4%)。生态赤字的存在表明人类对自然的影响超出了其生态承载力的范围。

根据Wack-ernagel对世界主要发达国家生态足迹的分析(图3-1)，2002年和2003年崂山区的人均生态足迹低于世界水平和广州市2000年的生态足迹，但比我国平均水平和西部平均水平要高。发达国家或地区居民的生态足迹普遍比不发达国家或地区居民的生态足迹要高。这说明生态足迹水平与经济发展水平有关，经济越发达的地区所占用的生态足迹面积也越大。

另一方面，崂山区的人均生态承载力明显低于世界和所列举的发达国家国内的平均水平，在国内也低于全国平均水平和西部的平均生态承载力水平。由此看来崂山区生态需求超出生态承载力范围而造成生态赤字的主要原因是地区生态承载力不足。

(2)对崂山区生态足迹的进一步分析

①万元GDP的生态足迹需求。为了反映区域生物生产面积的利用效率，将崂山区总人口的生态足迹除以崂山区的国内生产总值(GDP)，从而计算出各个年份的万元GDP的生态足迹需求。万元GDP越大，表明生物生产面积的产出率越低。我们根据我们以上分析得到的数据计算崂山区2002年和2003年的万元GDP的生态足迹需求分别为：1.967 hm^2 和0.771 hm^2，表明崂山区从2002年到2003年虽然生态足迹增加了，但生物生产面积的利用效率提高了。这说明崂山区总体上经济发展的资源利用方式在逐步由粗放型、消耗型转为集约型、节约型。但是生活中还应进一步注重提高资源转化率，人们生活消费也还没有迈入生态节约型的消费模式，需要进行广泛的生态文化宣传，在全社会提倡生态消费。

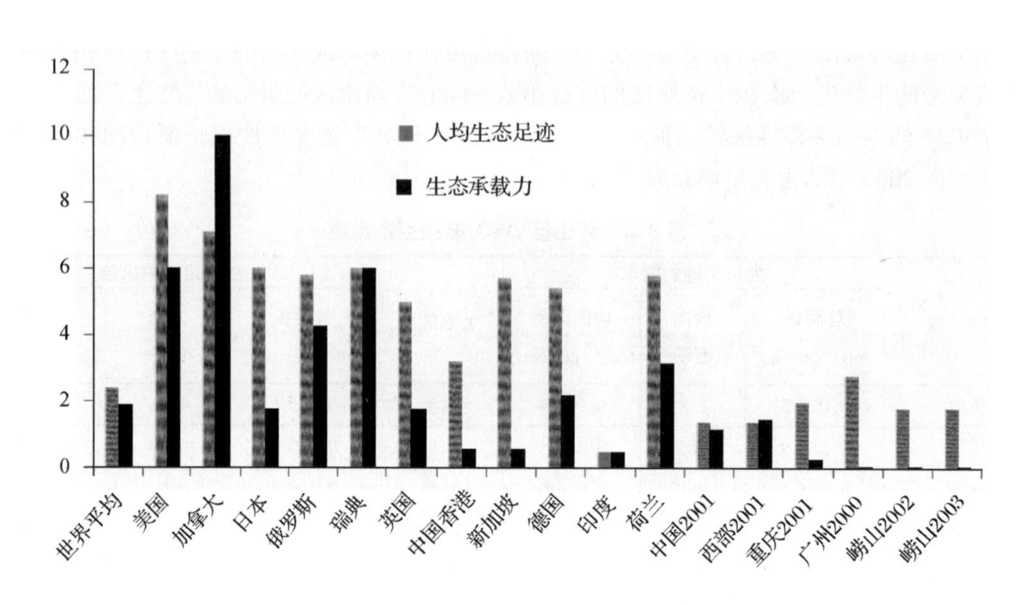

图 3-1　部分发达国家和地区与中国部分城市和地区的生态足迹比较

②生态足迹弹性系数。资源生态足迹反映了资源消费，其增长速度与经济增长紧密联系在一起。为了分析经济增长与资源生态足迹增长的关系，我们在此类比能源消费弹性系数，定义资源生态足迹弹性系数(A)：

$$A = F/G \qquad \text{(式 3-2)}$$

式中，G 表示崂山区 GDP 年增长速度；F 表示崂山区生态足迹年增长速度。资源生态足迹弹性系数反映了经济增长所要求的资源消费增长，如果生态系统不能支持经济增长所需要的资源消费，经济增长就会受到制约。我们利用以上的计算结果得出崂山区 2002—2003 年，资源生态足迹弹性系数为 0.1，这说明平均来讲增加 1% 的 GDP 产出需要增加 0.1% 的资源消费。假定未来的资源生态足迹弹性系数维持在 0.1 左右，那么如果要在未来实现 20% 的经济增长，就要实现 2% 的资源生态足迹增长率。

③生态足迹类型。照目前是否处于可持续状态、处在怎样的可持续状态可以分成四种不同的地区类型，分别为：地方可持续—全球可持续的国家或地区、地方非可持续—全球可持续的国家或地区、地方可持续—全球非可持续的国家或地区以及地方非可持续－全球非可持续的国家或地区。崂山区 2002 年和 2003 的生态赤字分别为 1.326 4 hm^2 和 1.358 hm^2 小于全球性生态阈值，属于地方非可持续—全球可持续性的地区。这表明崂山区今后的可持续发展很大一部分可能会靠区外的生态余缺的调剂来完成。

④生态适度人口。区域生态可持续人口容量估算：区域生态适度人口 = 区域生态总承载力/人均生态足迹。适度人口的估算可以从三个层次进行：

第一层次为区域现实消费水平下的适度人口，以 P1 表示；

第二层次为全国平均消费水平下的适度人口，以 P2 表示；

第三层次为全国平均生态超载水平下的适度人口，以 P3 表示。

P1、P2 是符合区域生态系统可持续发展的人口容量。P1 主要考察在不破坏生态环境稳定性的前提下，维持目前的消费水平不变，各省依靠自身技术、资源能承载的人口规模。P2 则考虑在消费水平上升并达到目前全国的平均消费水平时，在不破坏生态系统稳定的前提条件下，区域资源能承载的人口规模；P3 主要考察在人口规模已经超载情况下，以平衡生态状态、减缓部分区域生态压力为目标，区域实现人口的合理分布。

以我国 2001 年的生态足迹为参考标准，对崂山区 2001 年的生态适度人口进行估算，P1、P2、P3 值分别为 8 695 人、28 717 人、30. 3 万人。

3. 4　生态系统服务功能理论

3. 4. 1　生态系统服务功能概念

生态系统服务功能是指生态系统与生态过程所形成及所维持的人类赖以生存的自然环境条件与效用，它不仅为人类提供了食品、医药及其他生产生活原料，还创造与维持了地球生命保障系统，形成了人类生存所必需的环境条件。包括自然生产、维持生物多样性、调节气象过程、调节气候和地球化学物质循环、调节水循环、减缓旱涝灾害、产生与更新土壤并保持和改善土壤、净化环境、控制病虫害的爆发、传播植物花粉、扩散种子等。

生态系统服务功能的概念有狭义与广义之分。狭义的生态系统服务功能是指生命支持功能，而不包括生态系统功能和生态系统所提供的产品；广义的生态系统服务功能还包括生态系统所提供的产品，以生态系统功能为基础的，由自然系统的生境、物种、生物学特征和生态过程所产生的物质及其所维持的良好生活环境对人类的服务性能。

生态系统服务功能研究的对象是生态系统与人类之间的相互关系，所以生态系统服务并不能单单限制在自然生态系统范围内。其所指的服务主体也不能仅仅是自然生态系统，应该包括各种以生态过程为主的半自然和人工生态系统。因此，生态系统服务是指各种生态系统及其物种为人类生产、生活提供的物质、功能和功能性服务。可以说，正是生态系统的服务功能，才使人类的生态环境条件得以维持和稳定(梁学庆等，2006)。

3. 4. 2　生态系统服务功能分类

生态系统服务功能是构建生物有机体生理功能的过程，是维持为人类提供各种产品和服务的基础。生态系统服务功能的多样性对于持续地提供产品和服务是至关重要的。

生态系统服务功能按其形态可以分为自然资源力和环境服务力。自然资源力指土地、矿产、能源、淡水等自然资源对经济增长的作用力。环境服务力包括环境承载力、提供空间、生产生活的基本条件、环境质量、休闲和景观等。

生态系统服务功能从生态的角度可以分为四个层次共 17 项功能。四个层次是：生态系统的生产、生态系统的基本功能、生态系统的环境效益和生态系统的娱乐价值(休闲、娱乐、文化、艺术和生态美学等)；17 项功能包括：大气调节、气候调节、干扰调节、水调节、水供给、侵蚀控制和沉积物保持、促进土壤发育、保持营养循环、废物处理、受粉、生物控制、庇护所、食物生产、原材料生产、基因资源储存、休闲娱乐以及文化传承。

3.4.3 生态系统服务功能估算

生态系统服务功能的定量评价方法主要有三类：能值评价法、物质量评价法和价值量评价法。

(1)能值评价方法

能值评价法用太阳能值计量生态系统为人类提供的服务或产品，也就是用生态系统的产品或服务在形成过程中直接或间接消耗的太阳能总量来表示其能值。自然资源、商品、劳务等的多少都可以用能值进行衡量，能值方法使不同类别的产品和服务可以转换为同一客观标准的能值，从而可以进行相互之间的定量分析与比较。同时，能值分析方法把生态系统与人类社会经济系统统一起来，为人类认识社会生态经济系统提供了一个重要的度量标准。但能值分析中所主要依靠的各物质能量与太阳能之间的转化率这一参数难以精确测算，影响了能值评价法的应用。

(2)物质量评价方法

物质量评价法主要是从物质量的角度对生态系统提供的服务进行评价。该评价方法在分析生态服务功能时具有一定的优势：①该方法评价的结果比较客观、恒定，因为计算它所依据的数据资料比较客观，人为影响程度小，且不涉及价值等难以测定的因素；②运用物质量评价方法能够比较客观地评价不同的生态系统所提供的同一项服务能力的大小。但这种方法也有其局限性：①其结果不能引起人们对区域生态系统服务的足够重视；②运用物质量评价方法得出的各单项生态系统服务功能的量纲不同，无法进行加总，因而很难评价某一生态系统的综合服务功能。

(3)价值量评价方法

价值量评价法主要是从价值的角度对生态系统提供的服务进行评价。这种评价方法具有很强的优势：①运用价值量评价方法计算生态系统服务功能所得的结果都是货币值，具有较强的综合性，既能进行不同生态系统同一项生态服务的比较，也能将某一生态系统的各单项服务综合起来；②人们对货币值感知灵敏，因此，运用价值量评价方法得出的结果能引起人们对区域生态服务足够的重视，促进人们对生态系统进行维护；③生态服务价值量评价能促进对自然资源和环境的核算，并将其纳入国民经济核算体系，最终得出绿色 GDP。但这种方法也存在难以克服的缺陷：它在测算中所依据的价格指标并非直接来自市场，往往需要根据市场价格间接测算得到，有时甚至只能根据人们的意愿来确定，因而得出的结果主观性太强，难以得到人们的认可。在用价值量评价方法测算生态系统的服务功能时，可将生态系统服务价值分为直接和间接使用价值、选择价值、内在价值等，并针对评价对象的不同分别用市场价值法、机会成本法、影子价格法、影子工程法、费用分析法、防护费用法、恢复费用法、人力资本法、资产价值法、旅行费用法、条件价值法等进行评价(梁山等，2002)。

3.5 生态系统活度生态位理论

3.5.1 生态系统活度生态位概念

生态位概念应用于复合生态系统时，具有一定空间位置的复合生态系统单元与其他单元相互作用过程中所形成的相对地位与作用被称为其“生态活度生态位”。所谓“生态活度”，是对区域社会—经济—自然复合生态系统中各生态单元的经济、社会功能以及自然资源、环境功能的相对优势程度的概括度量。由于复合生态系统的动力来源于自然力和社会经济力的耦合驱动，生态活度也必须包括自然生态活度和社会经济生态活度两个方面。

3.5.2 生态系统活度生态位特征

在由自然生态活度坐标和社会经济生态活度坐标构成的二维空间中，生态活度生态位可以用二维空间中的矢量来表达。该矢量在两个维度上的分量“长度”意味着其代表的生态系统单元的自然生态活度或社会经济生态活度的强弱，反映出该单元提供生态服务的能力及其资源优势程度。“方向”则意味着该生态系统单元所具有的、由其社会经济生态活度和自然生态活度相比较而体现出来的属性，该属性可以用矢量来表达。其生态学含义则是自身所具备的两种复合生态属性，即自然属性和社会经济属性的相对强弱比较，反映出该单元在区域复合生态系统中的性质和角色。

生态活度生态位可表达为：$Ni(A_{SE}, A_N)$。其中：Ni 为第 i 生态单元的生态活度生态位；A_{SE}为社会经济生态活度；A_N 为自然生态活度。

生态活度生态位也可表达为：$Ni(L, a)$。其中：L 为矢量长度，称为总生态活度(A_T)，反映该单元的生态活度态势；a 为矢量与坐标轴的夹角(方向)，表达该单元的性质，称为生态活度生态位属性。如图3-2所示。

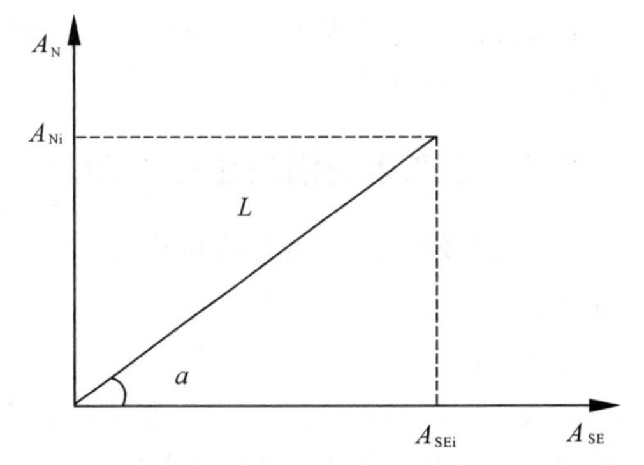

图3-2 生态系统活度生态位的几何表达

自然生态活度 A_N 由生态单元生态服务功能价值、净初级生产力、环境质量等指标合成。

社会经济生态活度 A_{SE}由经济密度(如GDP/面积土地)、人口流、人工能流、社会服务、信息流等指标合成。

自然生态活度与社会经济生态活度可以用绝对值表达，如生态服务功能价值的货币值、经济密度等，也可以对数据进行标准化处理后，用相对的无量纲量来量度。生态活度生态位的运算规则与复数相似。A_N 和 A_{SE}可看作复数的实部和虚部。总生态活度 A_T，则可看作复数的核。

总生态活度(A_T)是生态活度生态位的矢量长度(绝对值)，它是由自然生态活度与社会经济生态活度进行矢量合成得到：

$$L = \sqrt{A_{N^2} + A_{SE^2}} \quad \text{(式3-3)}$$

因此，生态活度生态位属性 a 所表达的是某一生态系统单元的自然属性和社会经济属性的相对大小。在图 3-2 中，a 越大，则表明该单元具有更强的自然属性；而 a 越小，则表明该单元具有更明显的社会经济属性。

一个区域之内，由于自然、环境、资源、社会、经济特征的空间分异以及区位条件的不同，区域内各生态单元具有不同的生态活度生态位，扮演不同的角色。例如，城市中央商务区具有强大的经济密度、人口流和强大的社会经济活力，但钢筋水泥覆盖的下垫面和植被缺乏意味着这类单元自然属性的极度削弱；而近郊的农林交错带、城乡过渡区则在具有一定强度的社会经济活动的同时，保持着一定的自然生态活度。

由于地区社会、经济、生态发展不平衡，各地区的生态活度生态位存在差异，决定了各地区在城市中功能的差异。基于市域生态活度生态位的空间分析，理论上存在两个临界角度 r_N 和 r_{SE}，如图 3-3 所示：

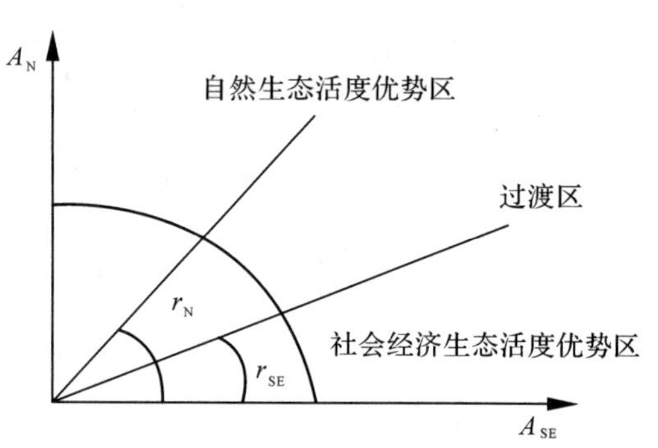

图 3-3 生态系统活度生态位的空间分析

当生态活度生态位属性 $a >$ 临界角度 r_N，为自然生态活度优势区；

当生态活度生态位属性 $a <$ 临界角度 r_{SE}，为社会经济生态活度优势区；

当临界角度 $r_N >$ 生态活度生态位属性 $a >$ 临界角度 r_{SE}，为过渡区。

因此，根据上述分析，可以对市域生态系统现状进行分区研究，明确区域内各生态单元的现状"角色"。而未来区域内各单元的发展走向以及整个区域的未来生态特征空间分异，决定于各单元的生态活度生态位的"位相"变动预期。这是利用生态活度生态位评价为规划分区提供指导的理论基础。

3.5.3 生态系统活度生态位应用

根据不同时点的生态活度生态位的"位相"变动，某一生态单元的发展模式主要有以下五种：

(1)模式 A

当 $A_{N2} < A_{N1}$，$A_{SE2} < A_{SE1}$，表明从 t_1 时点到 t_2 时点，该单元自然环境条件与社会经济条件都向不利的方向发展。如图 3-4 所示。

(2)模式 B

当 $A_{N2} < A_{N1}$，$A_{SE2} > A_{SE1}$，表明从 t_1 时点到 t_2 时点，该单元自然环境条件恶化，而社会经济条件发展，是牺牲环境发展经济的做法(图 3-5)。

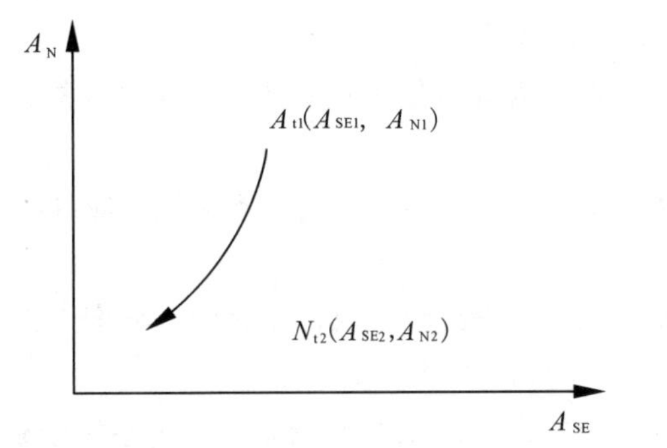

图 3-4　自然环境与社会经济条件同时退化

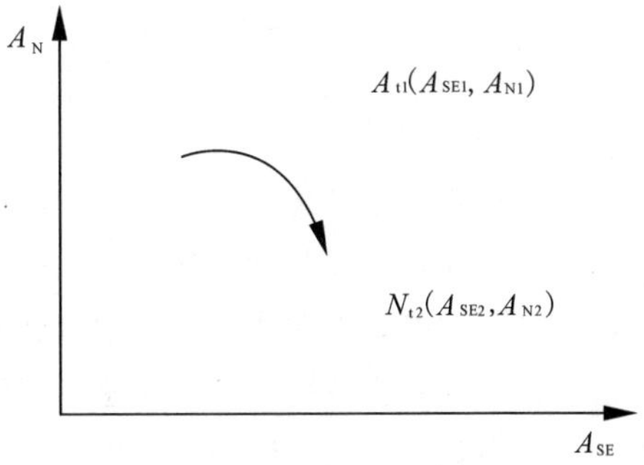

图 3-5　牺牲自然环境发展经济

(3)模式 C

当 $A_{N2}=A_{N1}$，$A_{SE2}>A_{SE1}$，表明从 t_1 时点到 t_2 时点，该单元自然环境条件保持不变，而社会经济条件发展，是在保护环境的同时发展经济的做法(图 3-6)。

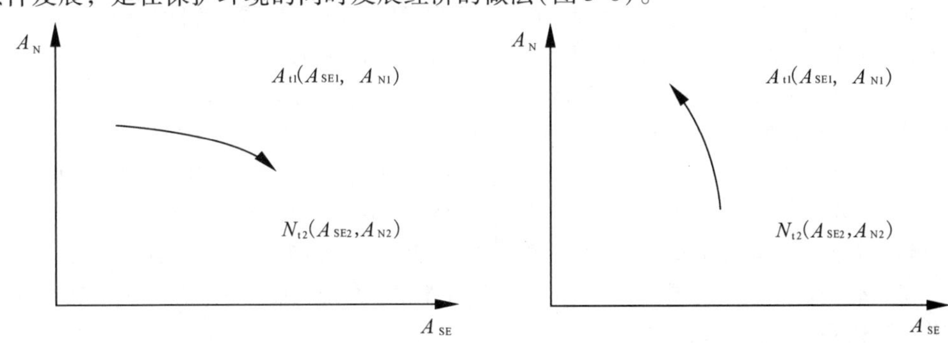

图 3-6　保护自然环境条件，发展社会经济　**图 3-7　提高自然环境，牺牲经济发展**

(4)模式 D

当 $A_{N2}>A_{N1}$，$A_{SE2}<A_{SE1}$，表明从 t_1 时点到 t_2 时点，该单元自然环境条件改善，而社会经济没有得到发展，是牺牲经济发展提高环境质量的做法。如图 3-7 所示。

(5)模式 E

当 $A_{N2}>A_{N1}$，$A_{SE2}>A_{SE1}$，表明从 t_1 时点到 t_2 时点，该单元自然环境条件和社会经济同时得到提升(图 3-8)。

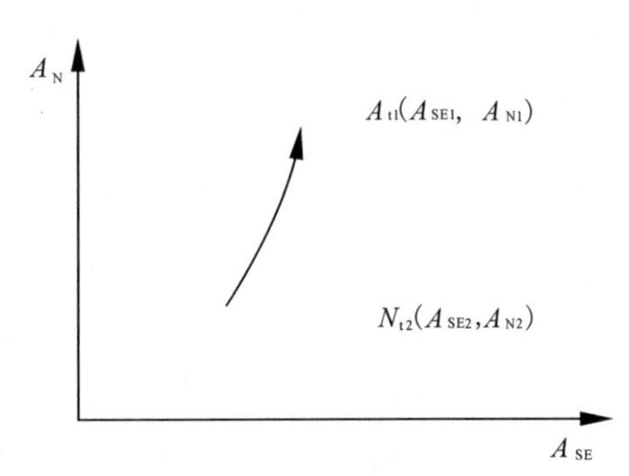

图 3-8　自然环境条件和社会经济水平同时提升

生态活度生态位“位相”变动预期，是指对自然生态活度与社会经济生态活度的变化以及生态活度生态位属性变化的预期，与生态单元的区位条件、资源潜力、资源承载力状况相关。即其变动情况将取决于其区位条件、资源潜力、资源承载力状况所确定的方向变动概率。如果向相对生态活度变大的方向发展的概率为 P，则向相对生态活度变小的方向变动的概率为$1-P$。

P(区位，资源承载力)$=P$(区位优势)$\times P$(资源承载力)

基于上述分析，可以利用生态活度生态位预期作为规划分区的依据，将规划对象划分为如下部分：

①以自然保育为主的生态管护区：a 将保持较高值而总生态活度 L 不降低，应继续作为自然保护地存在，如水源涵养林区等。

②以发展为主的生态重建区：其中现状发展区 a 将保持较小值，而总生态活度 L 将保持不降低；潜在发展区 a 将持续减小，而总生态活度 L 将持续增长。

③介于两者之间的生态控制区：生态活度生态位界于弧 $r_N > a > r_{SE}$ 之间，这些地区自然条件相对比较好，经济发展有一定基础，但仍需兼顾保护、宜适度开发(杨志峰等，2008)。

参考文献

陈成忠．2009. 生态足迹模型的多尺度分析及其预测研究[M]. 北京：地质出版社．

海热提，王文兴．2004. 生态环境评价、规划与管理[M]. 北京：中国环境科学出版社．

李冠国，范振刚．2011. 海洋生态学[M]. 北京：高等教育出版社．

梁山，赵金龙，葛文光．2002. 生态经济学[M]. 北京：中国物价出版社．

梁学庆，杨凤海，刘卫东．2006. 海洋生态学[M]. 北京：科学出版社．

刘冬梅．2007. 可持续经济发展理论框架下的生态足迹研究[M]. 北京：中国环境科学出版社．

杨志峰，何孟常，毛显强，等．2004. 城市生态可持续发展[M]. 北京：科学出版社．

杨志峰，徐琳瑜．2008. 城市生态规划学概述[M]. 北京：北京师范大学出版社．

于法稳，姜学民．2009. 中国生态经济学会2006年学术年会论文集——生态经济与资源节约型社会建设[M]. 哈尔滨：黑龙江人民出版社．

曾晖．2010. 丘陵矿区土地利用安全格局研究[M]. 北京：中国大地出版社．

周伟，钟祥浩，刘淑珍．2008. 西藏高原生态承载力研究[M]. 北京：科学出版社．

第 4 章　生态功能区划分析

4.1 生态功能区划概念与原则

4.1.1 生态功能区划概念

生态功能区划(Ecological function regionalization, EFR),就是在分析研究区域生态环境特征与生态环境问题、生态环境敏感性和生态服务功能空间分异规律的基础上,根据生态环境特征、生态环境敏感性和生态服务功能在不同地域的差异性和相似性,将区域空间划分为不同生态功能区的研究过程(郑达贤,汤小华,2007)。

生态功能区划的本质就是生态系统服务功能区划,换而言之,生态功能区划是一种以生态系统健康为目标,针对一定区域内自然地理环境分异性、生态系统多样性以及经济与社会发展不均衡性的现状,结合自然资源保护和可持续开发利用的思想,整合与分异生态系统服务功能对区域人类活动影响的不同敏感程度,构建的具有空间尺度的生态系统管理框架(傅伯杰等,1999;欧阳志云,王如松,2005;燕乃玲,2007;李建新,2007)。

生态功能区划和生态特征区划是生态区划的两大组成部分。相比生态特征区划,生态功能区划反映了基于景观特征的主要生态模式,强调了不同时空尺度的景观异质性(Merriam, 1898; Dice, 1943; Udvardy, 1975; Thayer, 2003)。景观异质性是指景观尺度上景观要素组成和空间结构上的变异性和复杂性,其来源主要是环境资源的异质性、生态演替和干扰(余新晓等,2006)。景观异质性不仅是景观结构的重要特征和决定因素,而且对景观格局过程和功能具有重要影响和控制作用,决定着景观的整体生产力、承载力、抗干扰能力、恢复能力,决定着景观的生物多样性(李晓文等,1999)。因此,通过识别生态系统生态过程的关键因子、空间格局的分布特征以及动态演替的驱动因子,就能揭示生态系统服务功能的区域差异,进而为因地制宜地开展生态功能区划,引导"区域经济—社会—生态"复合系统的可持续发展,提供了一种新的思路和途径(黄艺,2009)。

4.1.2 生态功能区划的理论基础(图4-1)

(1)生态系统服务功能

生态系统服务功能是指人们从生态系统获取的效益(世界资源研究所,2005)。由于受气候、地形等自然条件的影响,生态系统类型多种多样,其服务功能在种类、数量和重要性上存在很大的空间异质性。因此,区域生态系统服务功能的研究就必须建立在生态功能分区的基础上。同时,生态系统服务功能是随时间发展变化的,生态系统的演替过程反映了其受人为干扰影响而发生的相应变化,因而生态功能区划就必须考虑其动态性特征(李文华等,2008)。

(2)区域生态规划

区域生态规划与生态规划相比,其内涵更强调区域性、协调性和层次性。通过识别区域复合生态系统的组成与结构特征,明确区域内社会、经济及自然亚系统各组分在地域上的组合状况和分异规律,调控人类活动与自然生态过程的关系,从而实现资源综合利用、环境保护与经济增长的良性循环(刘康,李团胜,2004)。因此,区域生态规划为生态功能区划的区域尺度研究提供了直接依据。

(3)环境功能区划

环境功能区划是从整体空间观点出发，以人类生产和生活需要为目标，根据自然环境特点、环境质量现状以及经济社会发展趋势，把规划区分为不同功能的环境单元(海热提，王文兴，2004)。环境功能区划立足划分单元的环境承载力，突出了区域与类型相结合的区划原则，即表现在环境功能区划图上，既有完整的环境区域，又有不连续的生态系统类型存在。从生态系统生态学的角度而言，生态系统服务功能体现了系统在外界扰动下演替和发展的整体性和耗散性，以及通过与外界物质和能量交换来维持自身平衡的动态过程。因此，环境功能区划是研究生态功能区划原则的重要基础。

(4)景观生态区划

景观生态区划是基于对景观生态系统的认识，通过景观异质性分析确立分区单元，结合景观发生背景特征与动态的景观过程，依据景观功能的相似性和差异性，对景观单元划分及归并。景观生态区划重视空间属性的研究，强调景观生态系统的空间结构、过程以及功能的异质性。相比生态系统服务功能，景观生态区划着眼于协调资源开发与生态环境保护之间的关系，更注重发挥和保育自然资源作为生态要素和生态系统的生态环境服务功能。因此，景观生态区划为生态功能区划，尤其是流域生态功能区划，研究水陆生态系统的耦合关系提供了关键的理论指导，同时也为生态功能区划的应用提供了强有力的技术支持。

(5)生态系统健康与生态系统管理

生态系统健康是用一种综合的、多尺度的、动态的和有层级的方法来度量系统的恢复力、组织和活力(Constanza & Mageau，1999)。相比生态系统完整性，生态系统健康更强调生态系统被人类干扰后所希望达到的状态，不具备进化意义上的完整性(Scrimgeour & Wicklum，1996)。刘永和郭怀成认为，对于生物多样性非常重要的区域，可以利用生态系统完整性评价，来反映人为活动对生态系统的干扰程度，但由于很多人为活动的影响已经无法改变，因此无法以生物系统完整性作为生态系统管理的目标。更多地，应该将生态系统健康评价以及在此基础上的生态系统综合评价的结果，作为生态功能区划制定生态系统管理策略的重要基础(刘永，郭怀成，2008)。

4.1.3 生态功能区划原则

(1)发生学原则

根据区域生态环境问题、生态敏感性和生态服务功能与生态系统结构、过程、格局的关系，确定区划中的主导因子和区划依据，例如，生态系统的土壤保持功能的形成与降水特征、土壤结构、地貌特点、植被覆盖、土地利用等许多因素相关(欧阳志云，王如松，2005)。

(2)相似性与差异性原则

自然地理环境的地域分异，形成了生态系统的景观异质性。每个景观生态结构单元都有特殊的发生背景、存在价值、优势、威胁及与必须处理的相互关系，从而导致景观格局和过程会随着区域自然资源、生态环境、生产力发展水平和社会经济活动的不同，而在一定区域范围内表现出相互之间的差异性(Ehrlich，*et al.*，1986；邬建国，2000；傅伯杰等，2001；肖笃宁等，

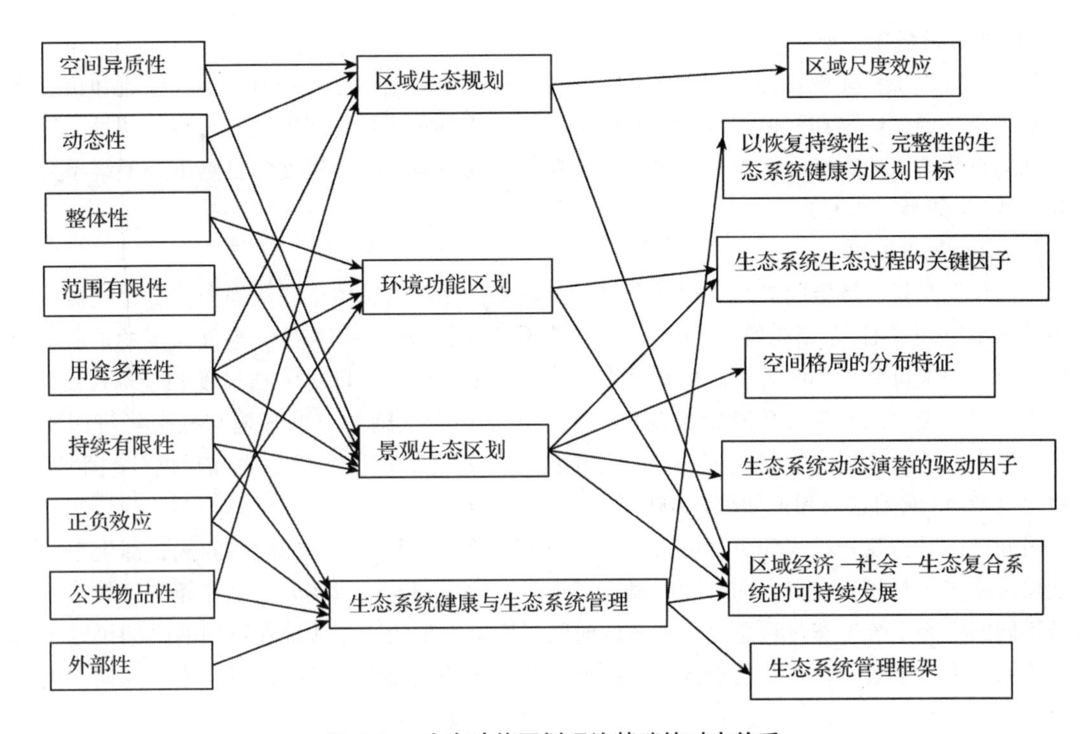

图 4-1　生态功能区划理论基础的对应关系

2003)。同时，相似性是相对于差异性而确立的，空间分布相似的要素会随着区域范围的缩小和分辨率的提高而显示出差异性。因此，生态功能区划必须保持区域内区划特征的最大相似性(相对一致性)和区域间区划特征的差异性。

(3)等级性原则

等级(系统)理论是20世纪60年代以来逐渐发展形成的。等级是一个由若干层次组成的有序系统，它由相互联系的亚系统组成，亚系统又由各自的亚系统组成，以此类推，属于同一亚系统中的组分之间的相互作用在强度或频率上要大于亚系统之间的相互作用(余新晓等，2006)。根据等级理论，复杂系统可以看作是由具有离散性等级层次组成的等级系统，其离散性反映了自然界中各生物和非生物学过程具有特定的时空尺度，也简化了对复杂系统的描述和研究(O'Neil *et al.*，1986；邬建国，1991)。Levin 指出，生态系统是典型的复杂适应系统，具有异质性、非线性、等级结构以及能量、物质与信息流等4大要素，同时这些要素形成了生态系统的自组织性(Levin，1999)。通过生态系统自组织，宏观层次上的系统特性可通过微观层次上组分间的局部性相互作用得以体现，而宏观层次又通过反馈作用影响或制约这些微观层次上的相互作用关系的进一步发展。

由此可见，任何尺度上的区域都是多种生态系统服务功能的综合体，不存在单一生态系统服务功能的生态单元。在较高等级生态系统中所表现的生态系统服务动能，与其自身的整体性、综合性并不矛盾，还反映了较高等级生态系统中存在的区域差异。因此，生态功能区划必须按区域内部差异，划分具有不同区划特征的次级区域，从而形成能够反映区划要素空间异质性的区域等级系统。

(4)生态完整性原则

生态完整性主要体现在各区划单元必须保持内部正常的能量流、物质流、物种流和信息流等流动关系，通过传输和交换构成完整的网络结构，从而保证其区划单元的功能协调性，并具有较强的自我调节能力和稳定性。因此，生态功能分区必须与相应尺度的自然生态系统单元边界相一致(李建新，2007)。

(5)时空尺度原则

空间尺度是指区域空间规模、空间分辨率及其变化涉及的总体空间范围和该变化能被有效辨识的最小空间范围(余新晓等，2006)。在生态系统的长期生态研究中，空间尺度的扩展十分必要，目前一般可分为小区尺度、斑块尺度、景观尺度、区域尺度、大陆尺度和全球尺度等6个层次。任一类生态系统服务功能都与该区域，甚至更大范围的自然环境与社会经济因素相关，所以生态功能区划的空间尺度往往立足于区域尺度(流域、省域)、大陆尺度(全国)甚至全球尺度考虑(欧阳志云和王如松，2005)。

时间尺度是指某一过程和事件的持续时间长短，及其过程与变化的时间间隔，即生态过程和现象持续多长时间或在多大的时间间隔上表现出来(余新晓等，2006)。由于不同区域或同一区域不同的生态系统生态过程总是在特定的时间尺度上发生的，相应地在不同的时间尺度上表现为不同的生态学效应，生态功能区划应结合行政地区的发展规划，提出近、中、远期不同时间尺度的生态系统管理目标，以适应处于动态变化的生态环境，从而对区域经济—社会—生态复合系统的可持续发展发挥更好的指导作用。

(6)共轭性原则

生态功能分区必须是具有独特性、空间上完整的自然区域，即任何一个生态功能分区必须是完整个体，不存在彼此分离的部分(赖明洲，2006)。在一定的区域范围内，生态系统在空间上存在共生关系，所以生态功能区划应通过生态功能分区的景观异质性差异，来反映它们之间的毗连与耦合关系，强调生态功能分区在空间上的同源性和相互联系。

(7)可持续发展原则

人类与生态环境是密不可分的。漫长的人类历史形成了一个区域特有的劳动生产方式和土地利用格局，体现了这个区域生态系统特有的生物与物理条件。生态功能区划不仅要促进资源的合理利用与开发，削减和改善生态环境的破坏，而且应正确评价人类经济和文化格局在区域内的相似性和区域间的差异性，从而增强区域社会经济发展的生态环境支撑力量，推进生态功能分区的可持续发展。

(8)跨界管理原则

生态功能区划的边界具有自然属性而非行政属性，所以区划应统筹考虑跨行政边界(跨部门职能)的冲突问题，使得区划结果能够体现相关政府部门、利益相关者以及公众协商的一致认可性，从而保证不会造成未来的生态系统管理问题。

4.2 生态功能区划内容与程序

生态功能区划是在分析研究区域生态环境特征与生态环境问题、生态环境敏感性和生态服务功能空间分异规律的基础上，将区域空间划分为不同生态功能区的过程。

4.2.1 生态功能区划内容

(1)生态环境现状评价

生态环境现状评价是在区域生态环境现状调查的基础上，分析区域生态环境特征与空间分异规律，评价主要生态环境问题的现状与演变趋势。评价内容包括区域自然环境要素(地质、地貌、气候、水文、土壤、植被等)特征及其空间分异规律，区域社会经济发展状况(人口、经济发展、产业布局、城镇发展与分布等)及其对生态环境的影响，区域生态系统类型、结构与过程及其空间分布特征，区域主要生态环境问题、成因及其分布特征。其中，区域生态系统类型、结构与过程及其空间分布特征评价，区域主要生态环境问题，成因及其分布特征评价是现状评价的重点。

(2)生态承载力评价

生态承载力是衡量一个地区发展潜力的重要指标。不同的生态区域由于资源与生产潜力的不同，其生态承载能力也存在着很大的差异。任何生态区域的承载能力都有一定的限度。因此在进行生态区划时必须对各个区域的生态承载能力进行正确的评估，从而指导区域宏观经济的发展。人口的大量增长，经济的飞速发展，对水资源的需求程度也不断地增加，水资源紧缺问题已经成为了当前人类面临的重要挑战之一；就某一特定区域而言，必须保证有维持生态系统良性循环的基本水量。“水资源承载力”即指某一区域在特定历史阶段和社会经济发展水平条件下以维护生态良性循环和可持续发展为前提，当地水资源系统可支撑的社会经济活动规模和具有一定生活水平的人口数量。作为区域合理布局可持续发展研究和社会、经济、人口合理布局的研究，水资源承载力评价是一个重要标准。

(3)生态环境敏感性评价

生态环境敏感性是指生态系统对区域中各种自然和人类活动干扰的敏感程度，它反映的是区域生态系统在遇到干扰时，发生生态环境问题的难易程度和可能性的大小，也就是在同样的干扰强度或外力作用下，各类生态系统产生生态环境问题的可能性的大小(欧阳志云等，2000)。生态环境敏感性评价是根据区域主要生态环境问题及其形成机制，通过分析影响各主要生态环境问题敏感性的主导因素，评价特定生态环境问题敏感性及其空间分布特征，然后对区域主要生态环境问题的敏感性进行综合评价，明确特定生态环境问题可能发生的地区范围与可能程度以及区域生态环境敏感性的总体区域分异规律，为生态功能区的划分提供依据。

根据我国的主要生态环境问题，生态环境敏感性评价内容包括土壤侵蚀敏感性评价、沙漠化敏感性评价、石漠化敏感性评价、土壤盐渍化敏感性评价、生境敏感性评价、酸雨敏感性评价、水环境污染敏感性评价、地质灾害敏感性评价等。我国的生态环境问题具有明显的区域差异，不同地区应根据各自面临的主要生态环境问题，进行区域生态环境敏感性评价。

(4)生态服务功能重要性评价

区域生态系统服务功能重要性评价，是针对区域典型生态系统类型及其空间分布的特点，评价区域内不同地区生态系统提供各项生态服务功能的能力及其对区域社会经济发展的作用与重要性，明确每一项生态服务功能重要性的空间分布特征以及各项生态服务功能重要性的总体区域分异规律，为划分生态功能区提供依据。

陆域生态系统服务功能重要性评价内容包括：生物多样性维持与保护、水源涵养、洪水调蓄、水土保持、沙漠化控制、营养物质保持、自然与人文景观保护、生态系统产品提供等服务功能重要性评价。海岸带生态系统服务功能重要性评价内容包括生物多样性维持与保护、海岸带防护、自然与人文景观保护、提供海港和运输通道、生态系统产品提供等服务功能重要性评价。不同区域应根据本区生态系统的特点，选择相应的生态服务功能进行重要性评价。

4.2.2 生态功能区划程序

生态系统科学认为，生态系统在时间和空间上都是按等级结构组织的，且是动态的和有弹性的复杂系统。运用整体论的研究方法，从各个尺度上——从局部到全球尺度——考察生态系统的结构完整性和功能稳定性，以及系统应付外界胁迫的能力和发展、再生与进化的能力，是一切生态系统研究和生态环境管理决策的科学前提。

按照生态系统功能的观点，对生态系统完整性进行评价，认识生态系统受到的胁迫以及胁迫产生的原因，判定生态系统完整性是否有损失，人类所期望的生态功能是否得到发挥，并采取相应的调控对策，是生态功能区划的方法论和最终目的。生态系统是一个综合体系，自然、经济和社会是其重要的组成部分，且相互联系，相互制约。用生态资本评价的方法对三者进行统一的货币化定量，从而了解区域资源分布与社会经济的发展现状，以三者之间的能量与物质的转换情况，对整个区域生态系统进行一个全面的评价，从而确定其今后的发展框架。

第一，明确区域生态系统类型的结构与过程及其空间分布特征；第二，评价不同生态系统类型的生态服务功能及其对区域社会经济发展的作用；第三，明确区域生态敏感性的分布特点与生态高敏感区；第四，提出生态功能区划，明确重点生态功能区。与之相应，我们的工作内容包括：生态环境现状评价，生态敏感性评价，生态服务功能评价，生态功能分区方案，各生态功能的特点。生态环境现状评价，是在区域生态调查的基础上，评价区域生态系统特点、空间分异规律，以及主要生态环境的现状与趋势。其次，是生态环境敏感性评价：分析可能发生的主要生态环境问题类型与可能性大小，明确生态环境敏感性的区域分异规律，主要是水土流失、沙漠化、石漠化、冻融侵蚀、酸雨、土壤盐渍化等。具体程序如图 4-2 所示。

4.3 生态功能区划方法

为了满足宏观指导与分级管理的需求，必须对自然区域开展生态系统分级区划。本书将生态功能区划体系分为三个等级。首先，从宏观上以自然气候、地理及制备特征等划分自然生态区；其次，根据生态系统类型与生态系统服务功能类型划分生态亚区；最后，在生态亚区的基础上，根据生态服务功能重要性、生态环境敏感性与生态环境问题划分生态功能区。

4.3.1 分区方法

生态功能区划的分区方法是落实和贯彻区划原则的手段，因而区划所采用的方法是与区划的原则密不可分的。区划的目的不同，所采用的方法上也有很大的差异。归纳起来，分区的方

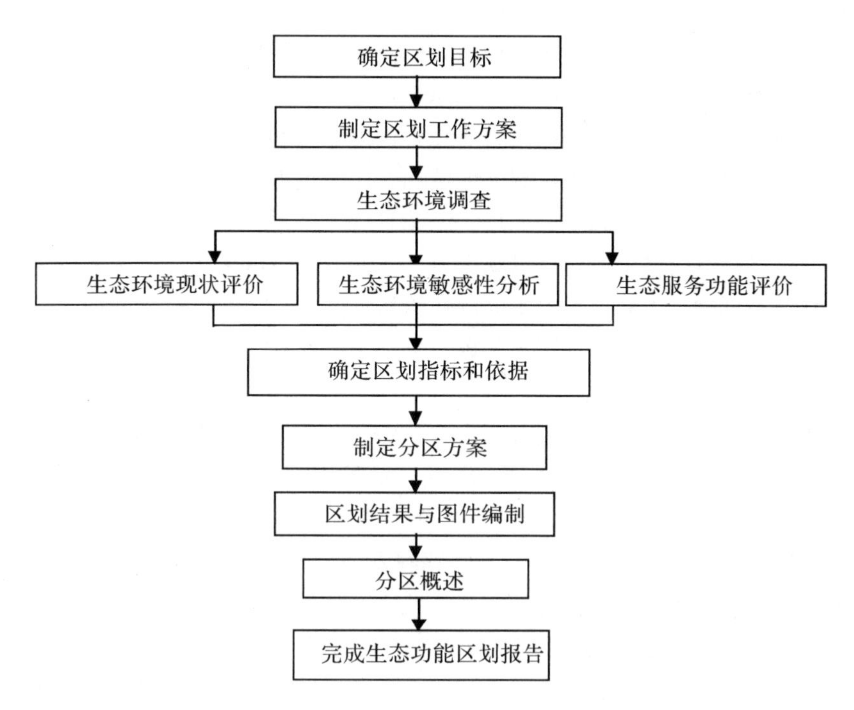

图 4-2　生态功能区划的程序

法可分为基本方法和一般常用方法两类。

(1)区划的基本方法就是指各类区划都要使用的通用方法，也就是通常所说的顺序划分法和合并法。

顺序划分法又称“自上而下”的区划方法。它是以空间异质性为基础，按区域内差异最小、区域间差异最大的原则，找出空间分异的主导因素，找出主导标志，划分最高级区划单元，再自上而下逐级划分。一般大范围的区划和区划高、中级单元的划分多采用这一方法。

合并法又称“自下而上”的区划方法。它是以相似性为基础，从划分最小区域单元开始，按相对一致性原则和区域共轭性原则依次向上合并为高级单位。多用于小范围和区划低级单位单元的划分。

(2)区划的一般方法是指根据区划的目的不同，在使用基本方法进行区划时，采用不同的技术，即形成多种多样的方法，主要包括有地理相关法、空间叠置法、主导标志法、景观制图法和定量分析法等。

①地理相关法即运用各种专业地图、文献资料和统计资料对区域各种生态要素之间的关系进行相关分析后进行区划。该方法要求将所选定的各种资料、图件等统一标注或转绘在具有坐标网格的工作底图上，然后进行相关分析，按相关紧密程度编制综合性的生态要素组合图，并在此基础上进行不同等级的区域划分或合并。

②空间叠置法是以气候、地貌、植被、土壤、农业、林业、综合自然、生态地域、生态敏感性、生态服务功能等区划图为基础，通过空间叠置，以相重合的界线或平均位置作为新区划的界线。在实际应用中，该方法多与地理相关法结合使用，特别是随着地理信息系统技术的发

展，空间叠置分析得到了越来越广泛的应用。

③主导标志法是主导因素原则在区划中的具体应用。在区划过程中，通过综合分析确定并选取反映生态环境功能地域分异主导因素的标志或指标作为划分区域界线的依据，同一等级的区域单位即按此标志或指标划分。例如，农业综合区划中常采用大于等于0℃积温和大于等于10℃的积温作为主导因子划分农业种植制度区域和农作物种植区域。

④景观制图法是应用景观生态学的原理，编制景观类型图，在此基础上，按照景观类型的空间分布及其组合，在不同尺度上划分景观区域。不同的景观区域其生态要素的组合、生态过程及人类干扰是有差别的，因而反映着不同的环境特征。例如，在土地分区中，景观既是一个类型，又是最小的分区单元，以景观图为基础，按一定的原则逐级合并，即可形成不同等级的土地区划单元。

⑤定量分析法是针对传统定性区划分析中存在的一些主观性、模糊不确定性的缺陷，近来数学分析的方法和手段逐步被引入到区划工作中，如聚类分析，它是研究如何将一组样品(对象、指标、属性等)类内相近、类间有别的若干类群进行分类的一种多元统计分析方法。它的基本思想是认为研究的样本或指标(变量)之间存在着不同程度的相似性(亲疏关系)，把一些相似程度较大的样本聚合为一类，把另外一些彼此之间相似程度较大的样品聚合为另一类。

目前在实际应用中使用最多的一种聚类方法是系统聚类法。系统聚类的基本过程可描述为：开始每个对象自成一类，然后每次将最相似的两类合并，合并后重新计算新类与其他类的距离或相近性测度。这一过程一直继续到所有对象归为一类为止。计算样本间的相似程度的分类统计量的计算方法多种多样，聚类原则也不尽相同，应用比较广泛、分类效果较好的聚类原则是离差平方和法(WARD)。WARD的基本思想是先将n个样品各自成一类，此时W(离差平方和)为0，然后每次将其中某两类合并成一类，因每缩小一类W就要增加，选择使W增加最小的两类进行合并，直至所有样品合并为一类为止。离差平方和法聚类原则要求样品间距离必须采用欧氏距离。此方法可采用SAS(Statistical Analysis System)软件来完成。

还有一种聚类分析法是模糊C均值聚类算法(FCM，Fuzzy C-Means)。模糊C均值聚类算法是由经典的模糊聚类的方法改进后得出的一种方法，该算法具有深厚的数学基础，同时在各个领域获得了非常成功的应用，是目前使用最为广泛的聚类方法之一。FCM算法的原理如下。

设 $X=\{x_1, x_2, \cdots, x_n\}$ 是 m 维欧氏空间中的待测有限集，采用误差平方和函数作为聚类目标函数，即：

$$J_m(W, Z) = \sum_{i=1}^{n}\sum_{j=1}^{n} w_i j d_{ij}^{\ 2}(x_i, z_j) \qquad (式4-1)$$

式中，$Z=(z_1, z_2, \cdots, z_c)$，其中 z_j 表示第 $j(j=1, 2, \cdots, c)$ 类的聚类中心；w_{ij} 为样本中数据点相对于第 i 个聚类中心 z_j 的隶属度；$m \in [0, +\infty]$，是加权指数；$d_{ij}(x_i, z_j) = \| x_i - z_j \|$ 表示样本点 x_i 到聚类中心 z_j 的欧氏距离，目标函数表示了各类中样本点到聚类中心的加权距离平方和。剧烈问题即是要求满足 W 与 Z，并使目标函数值最小。*FCM* 算法通过对目标函数的迭代优化来取得对数据集的模糊分类。

定参数 $c, n, m, b=0$

任意设置初始聚类中心 $Z(b)=(z_1, z_2, \cdots, z_c)$。

按如下方式更新 $W(b)$ 为 $W(b+1)$，其中 $i=1, 2, \cdots, n$；$j=1, 2, \cdots, c$。

$$\begin{cases} w_{n} = l/\sum_{k=1}^{c}\left(\frac{d_{ij}}{d_{ik}}\right)^{\frac{2}{m-1}} (d_{ij} \neq 0) \\ w_{ij} = l(d_{ij} = 0, k = j) \\ w_{ij} = 0(d_{ik} = 0, k \neq j) \end{cases}$$

根据 $W_{(b+1)}$ 和下式计算 c 个均值矢量 $z_{i(b+1)}$。

$$Z_i = \sum_{i=1}^{n} w_{ij}x_i / \sum_{i=1}^{n} w_{ij}$$

以一种合适的矩阵范数比较 Z_b 和 $Z_{(b+1)}$，若 $|Z_b - Z_{(b+1)}| < \varepsilon$，则停止；否则置 $b=b+1$，回到③。上述算法得出结果隶属矩阵 W 为最后聚类分析的依据。

⑥生态融合法。在模糊聚类定性分析的基础上，根据当地的实际状况对聚类结果进行适当的调整。当区域行政边界与模糊聚类的生态边界存在一定程度的差异时，可进行生态融合，使生态功能区域边界与行政区域边界尽量保持一致，同时对细碎斑块按照主体生态组分的特征进行融合，使区域化结果更符合生态系统的完整性和管理的需求。

上述区划方法各有特点，在实际工作中往往是相互配合使用的，特别是由于区划对象的复杂性，随着 GIS 技术的迅速发展，在空间分级基础上将定性与定量分析相结合的专家集成方法正在成为各类区划工作的主要方法。

(3)各等级功能区单位命名方法

不同等级生态功能区划等级单位的命名是区划成果的具体再现和标志，每一生态功能区的命名由三部分组成。

①一级区命名体现分区的气候或地貌特征，由地区名称 + 气候、地理、植被特征 + 生态区构成。

②二级区命名体现分区的生态系统的结构、过程与生态服务功能的典型类型，由地名 + 生态系统类型(生态系统服务功能) + 生态亚区构成。

③三级区命名体现分区的生态服务功能重要性、生态环境敏感性或胁迫性的特点，由地名 + 生态功能特点(或生态系统敏感性特点) + 生态功能区构成。

生态系统服务功能包括生物多样性保护、水源涵养、水文调蓄、水土保持、景观保护等，命名时选择其重要或典型者。

4.3.2 生态环境敏感性评价方法

区域生态环境敏感性评价根据区内主要生态环境问题及其形成机制，首先针对特定生态环境问题分别进行评价，然后对所有主要生态环境问题的敏感性进行综合评价，以明确特定生态环境问题可能发生的地区范围与可能程度以及区域生态环境敏感性的总体区域分异规律。区域生态环境敏感性评价采用定性与定量相结合的方法进行，在评价中应用遥感、地理信息系统技术和数学分析方法。敏感性评价等级一般分为 5 级，为极敏感、高度敏感、敏感、轻度敏感、不敏感。

对特定生态环境问题进行敏感性评价，具体方法和步骤如下：①通过对区域特定生态环境问题及其形成机制进行综合分析，找出主要影响因子，确定各因子的评价指标及敏感性等级并分别赋值，应用地理信息系统软件生成各因子的敏感性分布图，进行单因子敏感性评价；②根据各影响因子敏感性等级的赋值，采用等权或加权的方法，计算特定生态环境问题的敏感性综合指数，应用地理信息系统软件生成特定生态环境问题的敏感性综合评价图并进行综合评价。

(1)土壤侵蚀敏感性评价

土壤侵蚀敏感性评价是为了识别容易形成土壤侵蚀的区域评价土壤侵蚀对人类活动的敏感程度。根据目前对中国土壤侵蚀和有关生态环境研究的资料，确定影响土壤侵蚀的各因素的敏感性等级采用表4-1所列等级标准进行评价。

①降水侵蚀力因子(R)。由于与土壤侵蚀关系比较密切的降水特征参数较多，在实际工作中，一般采用综合的参数R值——降水侵蚀力来反映降水对土壤流失的影响。R值是一个地区降水冲蚀潜势的综合量度，本文根据王万忠等推算出来的R值计算公式并考虑山区的实际情况，采用如下方程：

$$R = 1.2157 \sum_{1}^{12} 10^{[1.5\log(\frac{p_i^2}{p}) - 0.8188]} \quad \text{(式 4-2)}$$

式中，R为降水侵蚀力；P_i为月降水量(mm)，P为年降水量(mm)。

②土壤质地因子(K)。土壤对土壤侵蚀的影响主要与土壤质地有关。土壤质地组成主要包括砂粒、粉粒和黏粒这3类组分，其团粒直径分别为2～0.02 mm，0.02～0.002 mm和小于0.002 mm(依据国际制土壤质地分类系统)。

③地形起伏度因子(L)。地形起伏度是坡长、坡度等地形因子对土壤侵蚀的综合影响。

④植被覆盖因子(C)。植被防止侵蚀的作用主要体现在对降水能量的削减、保水和抗侵蚀等方面。

⑤土壤侵蚀敏感性综合评价。从单因子分析得出的水土流失敏感性，只反映了某一因子的作用程度，若要将水土流失敏感性的区域变异综合地反映出来，则必须对上述各项因子分别赋值，再通过下面方法来计算土壤侵蚀敏感性指数：

$$ss_j = \sqrt{\pi_{i=1}^{4} c_i} \quad \text{(式 4-3)}$$

式中，ss_j为j空间单元土壤侵蚀敏感性指数；c_i为i因素敏感性等级值。然后根据分级标准来确定土壤侵蚀敏感性分布。根据上式利用GIS软件中的空间叠加分析功能可得到土壤侵蚀综合敏感性图。

(2)土壤盐渍化敏感性评价

土地盐渍化敏感性是指旱地灌溉土壤发生盐渍化的可能性。例如，在盐渍化敏感性评价中首先应用地下水临界深度(即在1年中蒸发最强烈季节不致引起土壤表层开始积盐的最浅地下水埋藏深度)划分敏感与不敏感地区，再运用蒸发量、降水量、地下水矿化度与地形指标划分等级。具体指标与分级标准参见表4-1。

表 4-1　盐渍化敏感性评价

要素	不敏感	轻度敏感	中度敏感	高度敏感	极敏感
蒸发量/降水量	<1	1~3	3~10	10~15	>15
地下水矿化度(g/L)	<1	1~3	3~10	10~15	>50
地形	山区	洪积平原、三角洲	泛滥冲积平原	河谷平原	滨海低平原、闭流盆地
分级赋值 S	1	3	5	7	9
分级标准 YS	1.0~2.0	2.1~4.0	4.1~6.0	6.1~8.0	>8.0

①地下水位。受气候和土壤特征的影响发生盐渍化的地下水位需根据具体情况来判断。

②干燥度。干燥度是蒸发量与降雨量之比，如果干燥度>1，这就促使溶于地下水中和土壤中的可溶性盐分随毛管水上升到地表，水分蒸发后盐分积累在土壤表层；并且蒸发量与降雨量的比值越大，蒸发盐积作用就越强，越容易发生土地盐渍化。

③地下水矿化度。地下水的矿化度是以 1L 水中含有各种盐分的总重量来表示(g/L)。

④地形。山区不会受到盐渍化的影响，而河谷平原、滨海低平原、闭流盆地等最容易受到盐渍化的影响。

(3)水环境污染敏感性评价

采用地表水及降水径流量数据，利用 GIS 系统平台，参考地表降水径流等值线图，按照表 4-2 中不同的分级标准进行水环境污染敏感性赋值，进行分区，生成水环境污染敏感性评价图。

表 4-2　水环境污染敏感性指标与分级标准

序号	区域降水径流深(mm)	水环境污染敏感性等级
1	<50	极敏感
2	50~150	高度敏感
3	150~250	敏感
4	250~350	轻度敏感
5	⩾350	一般

(4)地质灾害敏感性评价

主要就自然和人为因素共同作用下引发的滑坡、崩塌、泥石流、地震、地面沉降等 5 种地质灾害进行敏感性评价。根据现状滑坡、崩塌、泥石流、地震及地面沉降等灾害发生特征、分布规律和主要成因的分析，选择各类地质灾害发生的概率作为评价指标，利用 GIS 的空间分析功能，采用因子叠置法对每一类地质灾害进行敏感性分析，在此基础上进行敏感性分级赋值(表 4-3)，然后计算出其综合指数并根据指数大小进行敏感性分级，最后生成敏感性等级分布图。

表 4-3　地质灾害敏感性分级指标

序号	地质灾害发生概率(%)	敏感级别	赋值
1	<30	一般地区	1
2	⩾30	敏感地区	5

(5)生态环境敏感性综合评价

综合评价态环境敏感性就是综合考虑各种要素，采用取大方法(下式)，结合表4-4进行生态环境敏感性综合评价，利用地理信息系统软件绘制生态环境敏感性空间分布图。

$$S_{ij}=\max(S_1,\ S_2,\ \cdots,\ S_i)\quad i=1,\ 2,\ 3,\ 4\cdots\cdots \qquad (式4-4)$$

式中，S_{ij}为j空间单元生态环境敏感性综合指数；S_i为i因素敏感性等级值。

表4-4 生态环境敏感性综合评价

敏感性等级	综合因子等级	敏感性值
极敏感	>18	9
高度敏感	12～18	7
中度敏感	9～12	5
轻度敏感	6～9	3
不敏感	<6	1

4.3.3 生态系统服务功能重要性评价

根据主要生态环境现状，以及生态系统主要提供的服务功能，分析生态服务功能的区域分异规律及其在空间上的分布特征。

(1)生态系统生物多样性保护重要性评价

生物多样性是所有生物种类、种类遗传变异和它们生存环境的总称，包括所有不同种类的动物、植物和微生物，以及它们所拥有的基因、它们与生存环境所组成的生态系统。生物多样性包括了物种多样性、遗传多样性和生态系统多样性三个基本层次。生物多样性是人类赖以生存和发展的物质基础。生物多样性不仅为人类提供了食物、能源、材料等基本需求，同时，对于维持生态平衡、稳定环境、保持土壤肥力、保证水质以及调节气候等生态系统服务功能具有关键性的作用。

生物多样性维持是生态系统为人类提供的重要服务功能之一。生物多样性保护重要性评价主要是评价区域内不同地区对生物多样性保护的重要程度，重点评价生态系统与物种保护的重要性。评价方法如下：

①按照一定的准则，选择优先保护的生态系统类型并明确其分布。

选择优先保护生态系统时主要考虑：

优势生态系统类型：生态区的优势生态系统往往是该地区气候、地理与土壤特征的综合反映，体现了植被与动植物物种地带性分布特点。

反映地区的非地带性气候地理特征的特殊生态系统类型：此类生态系统体现了非地带性植被分布与动植物的分布特点，为动植物提供栖息地。

特有的生态系统类型：由于特殊的气候地理环境与地质过程以及生态演替，区域所发育和保存的一些特有的生态系统类型。它在全球生物多样性的保护中具有特殊的价值。

物种丰富度高的生态系统类型：指生态系统构成复杂，物种丰富度高的生态系统，这类生态系统在物种多样性的保护中具有特殊的意义。

特殊生境：为特殊物种，尤其珍稀濒危物种提供特定栖息地的生态系统，如湿地生态系统等。

②生态系统生物多样性保护重要性评价主要是评价不同地区对生物多样性保护的重要程度，重点评价生态系统与物种保护的重要性。凡属优先保护的生态系统与物种保护的热点生态地区均可作为对生物多样性保护具有重要作用的地区。依据《生态功能区划暂行规程》中的方法“生物多样性保护重要地区评价”(表4-5)及生物多样性保护现状，对生物多样性保护重要性评价采用表4-6所示的分级标准。

表4-5 生物多样性保护重要地区评价

生态系统或物种占全省物种数量的比例率(%)	重要性程度
优先生态系统或物种数量比率>30	极重要
物种数量比率15~30	重要
物种数量比率5~15	比较重要
物种数量比率<5	一般

表4-6 生物多样性保护分级标准

物种丰富程度重要性	主要范围	重要等级	等级赋值
丰富	森林公园、江湖沿岸、保护区等	极重要	7
较丰富	城市远郊农村	重要	5
较单一	城市近郊农村	比较重要	3
单一	建成区范围以内各类城市物种	一般	1

(2)土壤保持重要性评价

森林和草地生态系统具有十分显著的土壤保持功能。森林和草地的土壤保持功能主要体现在森林和草地植被拦截降雨、削减雨滴动能和枯落物层含蓄作用调节地表径流从而防止土壤溅蚀、面蚀的功能(周晓峰等，2002；欧阳志云等，2002)。森林和草地植被一旦遭到破坏，将使植被拦截降雨、减弱雨滴动能的作用降低并导致降水下渗减少和地面径流量的增加，从而引起土壤侵蚀作用的增强。

土壤保持重要性评价在考虑土壤侵蚀敏感性的基础上，分析其可能对下游河流和水资源的危害程度分级指标见表4-7。用水系图对DEM数据做AGREE校正，通过水文分析生成河流流域图。将分级的流域图与土壤侵蚀敏感性分布图叠置在一起，最终得出土壤保持重要性评价图。

表 4-7 土壤保持重要性分级指标

土壤侵蚀敏感性影响水	一般地区	轻度敏感	中度敏感	高度敏感	极敏感
干流、1 级支流及城市主要水源水体	一般地区	中等重要	极重要	极重要	极重要
2～3 级支流及城市水源水体	一般地区	比较重要	中等重要	中等重要	极重要
4～5 级支流	一般地区	一般重要	比较重要	中等重要	中等重要

(3)水源涵养重要性评价

生态系统涵养水分是生态系统为人类提供的重要服务功能之一。生态系统涵养水源功能主要表现为：截留降水、增强土壤下渗、抑制蒸发、缓和地表径流和增加降水等功能。这些功能主要以“时空”的形式直接影响河流的水位变化。在时间上，它可以延长径流时间，或者在枯水位时补充河流的水量，在洪水时减缓洪水的流量，起到调节河流水位的作用；在空间上，生态系统能够将降雨产生的地表径流转化为土壤径流和地下径流，或者通过蒸发蒸腾的方式将水分返回大气中，进行大范围的水分循环，对大气降水在陆地进行再分配。

生态系统水源涵养能力由地表覆盖层涵水能力和土壤涵水能力构成，二者分别取决于植被类型及其结构，地表层覆盖状况，以及土壤理化性质等因素。植被类型及其结构可以间接影响下渗到植被以下各层雨水的可利用量、地表层覆盖状况影响植被水分的蒸发量，从而对植被水分涵养量起调节作用。雨水进入植被下土壤的持留时间，受土壤的质地、孔隙度、有机质含量、母质土层承受水压力大小的影响。以上几方面是影响生态系统水源涵养功能大小的主要因素。

区域生态系统水源涵养重要性在于整个区域对评价地区水资源的依赖程度及洪水调节作用。可以根据评价地区在区域城市流域所处的地理位置，以及对流域水资源的贡献来评价。分级指标见表 4-8。

表 4-8 生态系统水源涵养重要性分级表

类型	干旱	半干旱	半湿润	湿润
城市水源地	重要	重要	重要	重要
农灌取水区	重要	重要	一般	一般
洪水调蓄	一般	一般	重要	重要

(4)营养物质保持重要性评价方法

维持营养物质循环是生态系统的一项重要生态服务功能。土壤在有机质的还原和营养物质的循环中起着关键作用。土壤中不同种类的微生物将特定的化合物还原成最简单的无机化合物，由有机质还原形成简单无机物最终作为营养物返回植物，有机质的降解与营养物的循环是同一过程的两个方面。土壤在 N、C、S、P 等大量营养元素的循环中起着十分重要的作用，与土壤的作用相比，植物的作用相形见绌。据估算，土壤 C 的贮量是全部植物中 C 总储量的 1.8 倍，而土壤中 N 的储量更是植物中总量的 19 倍(欧阳志云等，2002)。人类活动可能改变生态系统C、N的贮存与循环的过程，从而增加大气中温室气体的浓度，引起全球气候变化。同时，N、P的流失可能导致水体的富营养化等环境问题。因此，防止生态系统的破坏、维护生态系统营养物质保持功能，对人类社会具有重大意义。

营养物质保持重要性评价以主要水库、水源地和湖泊湿地的集水区域为评价单元，根据其集水区域N、P流失可能造成的富营养化后果与严重程度来进行评价。如城市的水源地、大型水库和重要的湖泊湿地(自然保护区和保护物种栖息地)，其集水区域营养物质保持的重要性大。根据表4-9中的评价指标及其重要性等级，应用地理信息系统软件得到区域营养物质保持重要性分布图，进行评价并表述其分布。

表4-9 营养物质保持重要性评价指标及其重要性等级

指标	重要性等级	分级赋值
城市水源地、国家级湿地保护区、国家级保护物种栖息的湖泊湿地	极重要	7
大型水库、省级湿地保护区、省级保护物种栖息的湖泊湿地	重要	5
中型水库	比较重要	3
小型水库、一般湖泊湿地	一般	1

(5)洪水调蓄功能重要性评价

洪水调蓄是区域生态系统的一项重要服务功能，位于下游的湖泊洼地调节河川径流的功能，主要表现在暂时蓄纳入湖洪峰水量，尔后缓慢泄出，从而减轻水系的洪水威胁，减少洪水和暴雨带来的更大范围的损失。江河湖泊在降水丰沛的季节，由于上游来水猛，水量大，下游地区湖泊湿地等调蓄功能发挥的正常与否直接关系沿河地区社会经济的发展。

洪水调蓄生态服务功能重要性评价主要是根据区域洪水发生的特点，对流域发生洪水时湖泊、水库、洼地发挥调蓄功能的大小重要性进行评价。根据不同湖泊、水库、洼地的自然特征及其削减洪峰作用的大小，结合人口、城市等社会经济现状，确定重要性分级标准并分别对相应湖泊、水库和洼地进行赋值，应用地理信息系统软件得到区域洪水调蓄重要性分布图，进行评价并表述其分布。

(6)自然与人文景观保护重要性评价方法

自然与人文景观是指区域内对人类文明进步具有非常重要贡献的自然景观与人文遗迹等，主要包括风景名胜区、森林公园、地质公园和自然保护区等。自然与人文景观由多种生态系统类型构成，为人类提供的服务功能十分丰富，不仅包括气候和水文调节、生物多样性维持、土壤保持、营养物质储存与循环等服务功能，而且具有景观美学与精神文化功能以及休闲娱乐服务功能。

对区域自然与人文景观保护重要性进行评价，主要根据区域各类自然与人文景观的分布，以其级别作为重要性分级依据，应用地理信息系统软件得到区域自然与人文景观保护重要性分布图，进行评价并表述其分布。

(7)生态系统产品提供重要性评价方法

生态系统的产品提供功能是生态系统服务功能的重要组成部分，也是人类赖以生存的重要条件之一。生态系统通过第一性生产与次级生产、合成与生产人类生存所必需的有机质及其产品。生态系统为人类提供的产品主要包括粮食、肉类、鱼贝类、木材、燃料、纤维、生物化学物质等，这些产品维持了人类的最基本的生活，也为其他产业的生产提供了产品基础。

不同生态系统所提供的产品不同，相似系统的产品提供能力也各有高低。评价区域生态系统的产品提供能力，可采用市场价值法进行评价，即以市场价格来确定各类生态系统的经济价值，并以其作为重要性分级依据；也可选择最直接的产品提供功能，即农林牧渔等产品的能力作为分级依据，以单位面积第一产业产值来表示区域生态系统产品提供能力的大小。根据所计算的生态系统提供产品价值或单位面积第一产业产值确定重要性分级标准后，应用地理信息系统软件得到区域生态系统产品提供重要性分布图，进行评价并表述其分布。

(8)海岸带防护功能重要性评价

海岸带防护功能重要性级别如表4-10所示。海岸带防护功能重要性评价就是综合考虑海岸带各主要防护功能，首先按表4-11对各防护功能重要性进行赋值，利用GIS软件中的空间叠加分析功能，进行叠加运算，根据公式：

$$S_{ij}=\max(S_1,\ S_2,\ \cdots,\ S_i)\quad i=1,\ 2,\ 3,\ \cdots \qquad (式4-5)$$

式中，S_{ij}为j空间单元海岸带防护功能重要性综合评价指数；S_i为i种防护功能重要性等级值。

(9)生态系统服务功能重要性综合评价

综合评价生态系统服务功能，综合考虑上述各项要素，按表4-12给各重要性等级赋值，按下式求出重要性指数：

$$S_{ij}=\max(S_1,\ S_2,\ \cdots,\ S_i)\quad i=1,\ 2,\ 3,\ \cdots \qquad (式4-6)$$

式中，S_{ij}为j空间单元生态系统服务功能重要性指数；S_i为i因素重要性等级值。

表4-10　海岸带各项生态系统防护功能重要性级别

	重要性	一般重要	比较重要	重要	极重要
防侵蚀重要性(海岸侵蚀速率)	>10 m/a				√
	3~10 m/a			√	
	2~3 m/a		√		
	0.4~2 m/a	√			
防风暴潮重要性	重要城镇、工矿附近岸段				√
	较重要的工农业区			√	
	一般工业区、养殖区、盐田区		√		
	其他地区	√			
海岸带生物多样性保护重要性	国家级自然保护区、森林公园				√
	省级自然保护区、森林公园			√	
	县级自然保护区、森林公园		√		
	其他地区	√			
地下水资源保护重要性	地面沉降速率大于10 mm/a，渗层地下水				√
	位埋深15~20 m范围内的海水入侵区			√	
	浅层地下水水位标高小于1~2m，海水潜在入侵区		√		
	其他地区	√			

表 4-11 海岸带防护功能评价

重要等级	重要性值
极重要	7
重要	5
比较重要	3
一般	1

表 4-12 生态系统服务功能综合评价

重要等级	重要性值
极重要	7
重要	5
比较重要	3
一般	1

4.4 生态适宜性分析

4.4.1 生态适宜性概念与内涵

生态适宜性是指由某一用地类型的自然属性所决定其对特定用途的适宜或限制程度(McHarg，1969)，这一概念是由美国“生态规划的奠基人” McHarg(1969)在 20 世纪 60 年代首次提出；到 20 世纪 70 年代将大量分析数据进行基于计算机辅助叠加制图方法的土地生态适宜性理论开始发展(MacDougall，1975)，如哈佛实验室开发的 SYMAP 和 GRID 系统开始包含一系列可进行土地生态适宜性评价的模块(Lyle and Stutz，1983)；到 20 世纪 80 年代，研究者开始大规模的运用生态适宜性理论来指导城市建设，如 Westman(1985)考虑了坡度、土壤排水性、土壤质地 3 个因素来评价住宅建设的适宜性；从 20 世纪 90 年代初至今为生态适宜性研究逐步向多元化和专业化阶段发展(Matthew & George，2003；Vignoli *et al.*，2009；Robert & Cynthia，2003；Vanreusel，*et al.*，2007)，如 Boyce(1999)将动物活动点与环境变量的信息相结合建立 Habitat suitability model(生境适宜性模型)，用以评价特定物种的生境适宜性、预测潜在的适宜生境及物种的地理分布。而国内的生态适宜性研究起步较晚，自 20 世纪 90 年代才逐渐开始引入生态适宜性理论。我国最早有关生态适宜性研究的文献是马大明、孟令尧(1992)有关承德市城市用地生态适宜性研究。

4.4.2 生态适宜性分析内容与原则

生态适宜性分析的目的在于寻求主要用地的最佳利用方式，使其符合生态要求，合理地利用环境容量，以此创造一个清洁、舒适、安静、优美的环境。生态适宜性分析的一般步骤如下：

①确定土地利用类型。

②建立生态适宜性评价指标体系。

③确定适宜性评价分级标准及权重，应用直接叠加法或加权叠加法等计算方法得出规划区不同土地利用类型的生态适宜性分析图。

用地性质不同，生态适宜性评价指标与评价方法有所不同。这里分别介绍工业用地、居住用地和港口用地的生态适宜性分析方法。

4.4.3 工业用地生态适宜性分析

(1)评价指标与因子分级

工业用地评价指标可分为三类，包括生态环境指标、生态限制指标和自然特征指标。每一类指标又由不同的评价因子组成。这些评价因子既包括定性因子，也包括定量因子。工业用地生态适宜性可分为三级，即适宜、基本适宜和不适宜。各评价指标及分级标准见表4-13。生态限制指标较难定量，因此在将各适宜性评价指标进行分级加权时，未包括这类指标，而仅将其用于定性评价。

表 4-13 城市工业用地生态适宜性评价指标分级标准及权重

指标类型	评价因子	分级标准			权重(%)
		适宜	基本适宜	不适宜	
生态环境指标	大气环境影响度	小	较小	大	15
	废水等标污染负荷强度	小	较小	较大	15
	废气等标污染负荷强度	小	较小	较大	15
生态限制指标	水面	无	无	有	
	保护区(自然、饮用水)	无	无	有	
自然特征指标	坡度	<10%	10% ~20%	>20%	15
	地基承载力	大	中	小	20
	土质	非耕地或耕地质量4、5级	耕地质量2、3级	耕地质量1级或一级基本农田	20

表 4-14 大气环境影响度评价因子分级指标

描述	权重(%)	不适宜	基本适宜	适宜
评分值		1	2	3
建设密度	25	大	较小	小
污染系数	50	下方位	中间	上方位
地形高度	25	高	较高	低

(2)评价因子分析

这里仅针对可定量但未在分级表中定量的五个评价因子进行详细分析。

①大气环境影响度。大气环境影响度表示某环境单元大气污染对周围环境单元的影响程度(郑爱榕，2000)，主要用于工业用地适宜性评价。大气环境影响度评价因子分级指标见表4-14，大气环境影响度分值越大，越适宜用作工业用地。

a. 建设密度。就城市自身而言，下垫面多由水泥地面、柏油马路灯反射较大的物质组成，因而大气湍流特性主要取决于下垫面性质。建设密度(道路密度、建筑密度)越大，下垫面越容易形成“反气旋”，造成热岛效应，容易导致大气污染物的光化学反应，因此越不宜作工业区。由于城市的发展适度存在空间分布不均匀，各行政单元的社会经济实力不同，基础设施状况也不同，因此采用生态城市中各行政单位的建筑密度和道路密度与全区平均建筑密度的比值作为分级判断标准。

b. 污染系数。气象条件对大气的污染输送扩散有很大的影响。以往在考虑气象条件对于工业布局的影响时，只简单地用城市主导方向的原则，即污染型工业布置在主导风向的下风向，这种布局对于全年只有单一风向的区域是适宜的，但对于全年有两个盛行风向且方向相反的区域，工业布局应该遵循最小风频原则(陈文颖等，1998；李永红，2000)，即污染型工业位于城市最小风频的上风向。为了综合表示某个方向和风速对其下风地区污染影响的程度，一般用污染系数来表示；污染系数越大，其下风方位的污染越严重，越不适宜布置工业区。

$$污染系数=\frac{风频}{平均系数} \quad (式4-7)$$

c. 地形高度。地形和地势的不同会影响风速，从而导致污染物输送能力的差异。可采用各环境单元地形高度与全区平均地形高度之比作为分级判断的标准。

在GIS支持下，采用网格叠加空间分析法，综合单指标数值，得出大气环境影响度评价结果。网格叠加空间分析法采用的公式(指数和法)为：

$$P=a_1x_1+a_2x_2+\cdots+a_nx_n \quad (式4-8)$$

式中，P为指数和；a_1，a_2，…，a_n分别为各评价指标权重；x_1，x_2，…，x_n为各评价指标分值。

②废水等标污染物负荷强度。

废水等标污染负荷强度是指某环境单元单位面积上的废水等标污染负荷。它既能反映环境单元内废水污染物的排放总量，又能反映环境单元内各种主要污染物的超标倍数以及废水对环境的总体影响或者潜在威胁程度。

废水等标污染负荷计算公式为：

$$W=\sum_{i=1}^{n}w_i \quad (式4-9)$$

式中，W为某环境单元总的废水等标污染负荷；w_i为某环境单元第i类污染物等标污染负荷；n为废水污染种类数。

废水等标污染负荷强度计算公式为：

$$D=\frac{W}{S} \quad (式4-10)$$

式中，D为某环境单元的废水等标污染负荷强度；W为某环境单元的废水等标污染负荷；S为某环境单元的面积。

③废气等标污染负荷强度。

废气等标污染负荷强度是指某环境单元单位面积上的废气等标污染负荷，它既能反映环境单元废气污染物的排放总量，又能反映环境单元内各种主要污染物的超标倍数以及废气对环境的总体影响或潜在威胁程度。计算公式与废水等标污染负荷强度的计算公式一致。

④基承载力。地基承载力是指地基负荷后弹性区限制在一定范围内，保证不产生剪切破坏而丧失稳定且地基变形不超过容许值时的承载力。

⑤土质。城市发展要占用相当数量的耕地，在进行城市建设时，应先占用质量较差的耕地，因此必须进行农用地的土地质量分级。按照农用地的土地利用高要求，选择影响作物生产力的六项土地性状(有机质、土壤类型、地貌、全氮、速效磷、速效钾)作为评价指标(聂庆华等，2000；冷疏影等，1999)，耕地质量等级评价指标参见表4-15。

表4-15　农用地质量评价指标的权重

评价指标	土壤类型	有机质	全氮	速效磷	速效钾	地貌
权重(%)	20	30	10	10	10	20

(3)综合分析

在Arcview的Modelbuilder模块下，采用权重叠加(Weight coverage)模型，根据有机质、土壤类型、地貌、全氮、速效磷、速效钾等级栅格图层所赋予的权重值，可得出生态城市土地质量等级图。等级越小，农用地的土地质量越高。

在GIS下，通过网格叠加空间分析法，将以上单因子进行综合，可获得工业用地的生态适宜性分析结构。

4.4.4　居住用地生态适宜性分析

(1)评价指标与因子分级

居住用地要求“安静、舒适、健康、优美”，除了包括部分工业用地生态适宜性评价因子外，还增加了居住生态位因子。选择的评价因子分级标准和权重见表4-16。

表4-16　城市居住用地生态适宜性评价因子分级标准及权重

指标类型	评价因子	分级标准			权重%
		适宜	基本适宜	不适宜	
生态环境指标	大气环境影响度	小	较小	大	15
	废水等标污染负荷强度	小	较小	较大	15
	废气等标污染负荷强度	小	较小	较大	15
	居住生态位	好	一般	差	15
生态限制指标	水面	无	无	有	
	保护区(自然、饮用水)	无	无	有	
自然特征指标	坡度	<10%	10%～20%	>20%	10
	地基承载力	大	中	小	15
	土质	非耕地或耕地质量4，5级	耕地质量2，3级	耕地质量1级或一级基本农田	15

注：参考郑爱榕等(1997)、宋永昌等(2000)。

(2)评价因子分析

①大气环境敏感度。大气环境敏感度是描述非工业用地(特别是居住用地及混合区等用

地)对大气污染敏感程度的生态环境因子，其值越大，表示越敏感，越不适于用作居住用地。主要因子分级指标见表4-17所列。

表4-17 生态城市大气环境敏感度评价因子分级指标

描述	权重(%)	不适宜	基本适宜	适宜
评分值		1	2	3
建设密度	20	大	较小	小
污染系数	40	下方位	中间	下方位
地形高度	20	低	较高	高
绿化覆盖率	20	大	较大	小

建设密度、污染系数、地形高度等因子评价方法在工业用地适宜性分析中已经作了介绍，在这里只介绍绿化覆盖率评价标准(表4-18)。

表4-18 绿化覆盖率评价标准

绿化覆盖率	>50%	40%~50%	<40%
分值	1	2	3

综合以上单因子数值表征，在GIS下采用网格叠加空间分析法，可得出城市大气环境敏感度评价结构。

②居住生态位。居住生态位是指影响居住条件的一切因素的总和。影响居住条件的因素很多，根据具体情况，可选择人口密度、噪声扰民度、居住生态环境协调性等指标(表4-19)。

表4-19 生态城市居住生态位评价因子分级指标

描述	权重(%)	适宜	基本适宜	不适宜
评分值		1	2	3
人口密度	40	>860 人/km^2	300~860 人/km^2	<300 人/ km^2
噪声扰民度	30	小	较大	大
居住生态环境协调性	30	好	较好	较差

a. 人口密度。人口密度是一个城市发展水平的标志，人口密度越大的地方，土地利用程度也越高。

b. 噪声扰民度。噪声扰民度表示居住用地受噪声干扰的程度，其值由某单元的噪声值确定；分值越小，噪声扰民度越小，越适合用作居住用地。

c. 居住生态环境协调性。该因子主要表征居住环境和生活条件(如交通、商场、学校、医院、水电等城镇配套设施)的方便程度以及与周边环境功能的协调性。

(3)综合分析

综合以上因子可得出生态城市居住用地生态位等级结构。

在GIS下，通过网格叠加空间分析，将以上单因子进行综合，可得出居住用地的生态适宜性分析结果。

4.4.5 港口用地生态适宜性分析

对于沿海、沿江城市，如何布置港口用地，妥善解决港口与城市的联系是搞好港口城市规划的关键。从研究资料看(王晓强，2000)，港口的选址多基于经济技术条件、自然条件、社会效益等方面因子的评价来确定，缺乏对生态环境方面因子的考虑，因此建议港口用地的生态适宜性评价可采用如表4-20所示因子。

表4-20 港口用地生态适宜度分析因子分级

影响因子(U)	因子权重(A)	评价指标	指标权值(B)
U_1 自然条件	$a_1=0.29$	u_{11}工程地质	$b_{11}=0.24$
		u_{12}航道条件	$b_{12}=0.38$
		u_{12}土地利用条件	$b_{13}=0.38$
U_2 区位交通条件	$a_2=0.20$	u_{21}中心城市对港口的辐射力	$b_{21}=0.36$
		u_{22}对海岸空白带建设的贡献	$b_{22}=0.38$
		u_{23}陆上交通运输条件	$b_{23}=0.26$
U_3基础设施条件	$a_3=0.21$	u_{31}供水供电	$b_{31}=0.40$
		u_{32}征地拆迁	$b_{32}=0.20$
		u_{33}砂石料来源	$b_{33}=0.40$
U_4社会效益	$a_4=0.15$	u_{41}对未来航运发展的适应性	$b_{41}=1.0$
U_5生态环境影响	$a_5=0.15$	u_{51}对海洋鱼类的影响	$b_{51}=0.50$
		u_{52}对城市安全与卫生的影响	$b_{52}=0.50$

考虑到许多评价因子的内涵和外延都具有模糊性，故可采用模糊多级综合评价方法，公式为：

$$U=\{U_1, U_2, \cdots, U_i, \cdots, U_m\} \quad (i=1, 2, \cdots, m) \qquad (式4-11)$$

式中，U_i为第i类影响因子评价指标子集，$U_i=\{U_{i1}, U_{i2}, \cdots, U_{ij}, \cdots, U_{in}\}$。表4-19中的评价指标权重(A与B)的确定是采用层次分析法(AHP)，根据专家咨询获得。综合评价采用加权叠加法，计算公式如下：

$$U_1=\sum_{k=1}^{n}(W_k U_{ik})/\sum_{k=1}^{n}W_k \qquad (式4-12)$$

式中，W_k为第k个指标的权重；U_{ik}为第i个因子的第k个指标评价结果。

参考文献

傅伯杰，陈利顶，刘国华．1999．中国生态区划的目的、任务及特点[J]．生态学报，19(5)：591－595.

海热提，王文兴．2004．生态环境评价、规划与管理[M]．北京：中国环境科学出版社．

李建新．2007．景观生态学实践与评述[M]．北京：中国环境科学出版社．

李文华，等．2008. 生态系统服务功能价值评估的理论、方法与应用[M]. 北京：中国人民大学出版社．

刘康，李团胜．2004. 生态规划理论、方法与应用[M]. 北京：化学工业出版社．

刘永，郭怀成．2008. 湖泊－流域生态系统管理研究[M]. 北京：科学出版社．

欧阳志云，王如松．2005. 区域生态规划理论与方法[M]. 北京：化学工业出版社．

世界资源研究所．2005. 国家环境保护总局履行《生物多样性》公约办公室编译．生态系统与人类福祉—生物多样性综合报告[M]. 北京：中国环境科学出版社．

燕乃玲．2007. 生态功能区划与生态系统管理：理论与实证[M]. 上海：上海社会科学院出版社．

余新晓，牛健植，关文彬，冯仲科．2006. 景观生态学[M]. 北京：高等教育出版社．

郑达贤，汤小华．2007. 福建省生态功能区划研究[M]. 北京：中国环境科学出版社．

Constanza R, Mageau M. 1999. What is a healthy ecosystem[J]? Aquatic Ecology, 33: 105 - 115.

Scrimgeour G J, Wicklum D. 1996. Aquatic ecosystem health and integrity: Problems and potential solutions [J]. Journal of The North American Benthological Society, 15(2) : 254 - 261.

第5章　低碳生态城市规划

建设低碳生态城市是中共十七大提出建设"生态文明"的战略部署，是城市发展的新型模式和社会共识。在城市问题日益突出、原有城市发展模式难以为继的今天，大力发展低碳生态城市，探索一条符合中国国情、文明本底的"C(Chinese Model)模式"城市发展道路，是我国当前城市发展和建设的迫切需要。我国政府明确承诺，到2020年单位GDP的二氧化碳排放量将较2005年降低40%~45%，建设低碳生态城市将成为城市发展的必然趋势。

5.1 低碳城市概念与内涵

5.1.1 低碳生态城市概念

"低碳生态城市(Low-carbon Eco-city)"概念是"低碳经济(Low carbon economy)"和"生态城市(Eco－city)"这两个关联度高、交叉性强的发展理念复合起来的综合概念。"低碳经济"的概念是在应对全球气候变化、提倡减少人类生产生活活动中温室气体排放的背景下提出的。"低碳"一词首先出现在2003年英国政府在题为《我们未来的能源——创建低碳经济》(*Our Energy Future*：*Creating a Low Carbon Economy*)(State for Trade and Industry，UK，2003)白皮书的"低碳经济"概念中，切入点是能源的利用和气候的变化。英国低碳经济的核心思想是以更少的能源消耗获得更多的经济产出。尽管地球变暖是否由人类活动引起还有争议，但是工业革命之后，人类的发展方式对气候造成的影响是不可否认的，因此提出要从能源角度和气候角度，保护地球环境，减少温室气体排放，从而提出低碳的理念，并提出城市的发展要遵循低碳理念。城市作为碳减排的关键区域，低碳城市的概念也应运而生，但对于低碳城市目前国际上尚无统一界定的内涵，一般认为：低碳城市是以城市空间为载体发展低碳经济，实施绿色交通和建筑，转变居民消费观念，创新低碳技术，从而达到最大限度地减少温室气体的排放的目的(王毅，2009；崔民选，2009)。"生态城市"是基于生态学原理建立起来的社会、经济、自然协调发展的新型社会关系。这个概念最早是1971年联合国教科文组织(UNNSCO)在"人与生物圈(MBA)"计划中提出的，计划中明确提出要从生态学的角度用综合生态方法来研究城市。

低碳生态城市不是"低碳""生态""城市"三个词的简单叠加或者说用"低碳"和"生态"限定"城市"，而是三者相结合，创造了一个新的完整的概念，并超越了原有概念的涵义。"低碳"不仅局限于降低碳排放，更延伸到经济产业、消费理念，甚至是城市的集约化发展道路上，从能源资源角度进一步强调了生态化。"生态"也不是传统意义上的生态，超越了原有单纯的学科意义，发展成为一种用于人们认识和改造自然的系统方法论。"城市"已经突破了传统意义上的城市，是在对传统城、乡辩证否定的基础上发展而来的，是城—乡复合共生系统，是人类住区发展的高级阶段(中国城市科学研究会，2011)。在以上理论研究的基础上，住房和城乡建设部副部长仇保兴把生态城市与低碳经济这两个关联度高、交叉性强的发展理念复合起来，在2009年国际城市规划与发展论坛上首次明确提出"低碳生态城市"的概念：低碳生态城市是围绕能源消耗、经济模式、环境改善等方面，将低碳目标与生态理念相融合，实现"人—城市—自然环境"和谐共生的复合人居系统(沈清基等，2010)。

5.1.2 低碳生态城市的内涵

沈清基等(2010)通过“低碳生态城市”的概念所反映的属性从哲学、功能、经济、社会、空间来认识低碳生态城市的内涵(表5-1)即：①在哲学层面上主要体现了关系和谐；②在功能层面上主要体现了流通、共生；③在经济层面上主要体现了低碳、循环、高效；④在社会层面上主要体现了协调发展；⑤在社会层面上主要体现了紧凑、复合。低碳生态城市在不同层面都融合了低碳城市与生态城市的某些内涵，体现了其作为自然系统的组成部分所应当具有的生态系统功能以及对低碳化、生态化的追求。

表5-1 低碳城市、生态城市、低碳生态城市内涵对照表

	低碳城市	生态城市	低碳生态城市
哲学内涵	主要从减碳角度考虑和处理人与自然的关系	采用综合手段实现人与自然的和谐共生	以低碳化和生态化的结合实现人与自然的和谐共生
功能内涵	消减碳排放、减少城市对自然环境的负面影响	城市与自然环境形成共生系统	通过实现低碳化、生态化，使城市成为自然生态系统中的组成部分
经济内涵	以低碳经济为核心，强调减少经济过程中的碳排放量	以循环经济为核心，强调经济过程中各要素的循环利用	以循环经济为主要发展模式实现经济的“低碳化”和“生态化”发展
社会内涵	提高社会环境意识，减少碳排放	以生态理论指导人及城市的社会生活，协调人类社会活动与自然生态系统的关系	在社会系统中倡导“生态文明”，提高全社会生态意识，通过低碳排放的社会活动，实现社会系统与自然生态系统的融合
空间内涵	强调空间的紧凑性、符合性	强调空间的多样性、紧凑性、共生性	综合了空间的多样性、紧凑性、符合性、共生性

引自：沈清基等，2010。

5.1.3 低碳生态城市的基本特征

从某种意义上来讲，低碳生态城市可理解为是生态城市实现过程中的初级阶段，是以“减少碳排放”为主要切入点的生态城市类型，也即“低碳型生态城市”的简称。“低碳生态城市”是以低能耗、低污染、低排放为标志的节能、环保型城市，是一种强调生态环境综合平衡的全新城市发展模式，是建立在人类对人与自然关系更深刻认识基础上，以降低温室气体排放为主要目的而建立的高效、和谐、健康、可持续发展的人类聚居环境(仇保兴，2009)。具有复合性、多样性、操作性、高效性、循环性、共生性、和谐性等基本特征(表5-2)。

(1)复合性

复合性特征可以从“低碳生态城市”的词源和内涵构成来分析。从词源来看，包含了两个概念，一是“低碳”、二是“生态”。将低碳城市和生态城市这两个关联度高的概念复合起来，形成了“低碳生态城市”的概念。从其内涵看来，低碳生态城市个层面都融合了低碳城市和生态城市的内涵，形成了复合体系。

表5-2　低碳生态城市基本特征分析

低碳生态城市特征类型	低碳生态城市特征	特征要义	特征解析
构成特征	复合性	既具有低碳城市的特征，又具有生态城市的特征，前者主要体现在低污染、低排放、低能耗、高效能、高效益；后者则主要体现在资源节约、环境友好、居室适宜、运行安全、经济健康发展和民生持续改善等方面	从构成要素角度说明了“低碳生态城市”的特征
行为特征	操作性	低碳生态城市的“低碳”，一定程度上为人们改善城市环境质量的行为指明了方向，提供了切入点，也相对更容易量化衡量，因而也更容易把握和实现	从实施和建设的角度说明了“低碳生态城市”的特征
目标特征	多样性	低碳生态城市作为有机体，呈现出城市“基因”的多样性、城市“物种”的多样性，城市“系统”的多样性、城市“景观”的多样性	从构成因素丰富程度和发展目标的角度说明了“低碳生态城市”的特征
	高效性	城市能源系统的高效率；城市转换系统的高效益；城市流转系统的高效率	从效率角度说明了“低碳生态城市”的目标追求及特征
手段特征	循环性	包括系统循环、物质循环和要素循环三个层次，并追求良性循环	从达成低碳生态城市目标途径的角度说明了“低碳生态城市”的特征
价值特征	共生性	是低碳生态城市要素关系生态化和城市生命力的体现。通过多系统的共生，低碳生态城市实现生态环境、经济发展、能源消耗、人居生活的可持续发展，提高城市中各系统的运营效率，减少城市内耗和对环境的破坏，最终达到人与自然的共生	从城市各系统之间、城市与外部系统之间的良好生态关系角度说明低碳生态城市的特征；是低碳生态城市生态化的体现，也是低碳生态城市的核心价值之一
	和谐性	在城市各系统共生的基础上，实现人与自然的和谐、人与人的和谐	从人与诸要素的和谐状态说明低碳生态城市的特征，是低碳生态城市生态化的底线，也是低碳生态城市的核心价值之一

“低碳生态城市”作为一个复合概念，前者主要体现在低污染、低排放、低能耗、高能效、高效率、高效益为特征的新型城市发展模式；后者则主要体现在资源节约、环境友好、居住适宜、运行安全、经济健康发展和民生持续改善等方面。同时，在内涵上，既体现了通过“低碳”手段来减少城市发展对自然生态环境的负面影响，又体现了创造“人与自然”和谐共生的关系。因此，无论从概念上还是内涵方面，低碳生态城市都具有明显的复合性特征。

“低碳生态城市”这一复合概念的提出，是可持续思想在城市发展中的具体化，是低碳模式和生态化理念在城市发展中的落实。

(2)多样性

低碳生态城市作为一个有机体，具有与生物相类似的多样性，分别表现为基因多样性、物种多样性、生态系统多样性和景观多样性。低碳生态城市的“基因”多样性最直接的反映之一。低碳生态城市倡导土地资源的集约使用，必然促进城市用地上多种功能混合，从而体现和提高城市“物种”多样性水平。城市“生态系统”多样性表现为城市内外具有生态学意义的各类子系统的独立性和丰富性程度，是各子系统发挥各自功能的基础条件之一。城市“生态系统”多样性在相当程度上受城市空间网络的多样性，即城市各物质要素之间的联系程度的影响，它反映了城市生态系统的整体性。“生态系统”多样性的表现之一为其能源系统、产业系统、交通系统、空间系统等各个系统内部的联系都将更加网络化，同时各系统之间也将形成网络联系，从而提高了城市生态系统的整体效率，有利于发挥城市多样性的积极作用。

除此之外，在空间景观格局方面，通过将城市融入周边山体、水体、农田等自然景观要素，通过城市空间布局的生态化，低碳生态城市的“景观”多样性将得以凸显。

(3)操作性

“低碳生态城市”内涵中，“低碳”与“生态”这两个概念都是在日益严重的环境威胁下提出的。如果说，“生态”的含义比较宏观、抽象、模糊；“低碳”的含义则更明确、更具有可操作性。因此，可以说，低碳生态城市的操作性特征，更多的是由“低碳”一词来体现和实施的。低碳生态城市的“低碳”，直接为人们改善城市生态环境质量的行为指明了方向，也相对更容易量化和衡量，因而也较容易把握。

操作性特征主要体现在如下几个方面。首先，从某种意义上而言，操作性反映了低碳生态城市的阶段性特征，即低碳生态城市是生态城市的前期，是实现生态城市的切入点；其次，操作性表现在低碳生态城市的量化和表征，规划和建设需要具体的、明确的方法和技术体系。至少包括：①低碳生态城市发展指标体系；②低碳经济技术和低碳能源技术；③生态技术等。

“低碳”与“生态”的复合，使低碳生态城市的规划与建设的目标更加“通俗化”、具体化、明确化。然而，“低碳”并非是低碳生态城’市的全部内涵，在认识“低碳生态城市”的操作性特征的同时，也要避免对其内涵的片面理解。

(4)高效性

城市作为一种高度集聚的人类聚居地，天然地具有较高的效率。怀特指出：“构成城市显著特点的人口和活动的集聚为高效率地使用资源和‘汇’(Sinks)提供了机会”世界气候组织的报告将“低排放、高能效、高效率”作为低碳城市的特征之一例；而生态城市的基本特征之一也为高效性。如此，低碳生态城市具有高效性是很自然的，是低碳生态城市的目标特征之一。低碳生态城市的高效性具有自身的特色，主要体现在如下方面：①城市能源利用的高效；②城市转换系统的高效益，低碳生态城市在“自然物质—经济物质—废气物”的转换过程中，自然物质投入少，经济物质产出多，废弃物排泄少，从而实现了城市转换系统的高效益；③城市流转系统的高效率，低碳生态城市以生态化的城市基础设施为支撑，为物流、能源流、信息流、价值流和人流的运动创造必要的条件，从而在加速各种流动的有序运动中，最大限度地减少了经济损耗、碳排放和对生态环境的污染。

低碳生态城市的高效性还表现在城市的生产、运行和维护成本的能耗减少并趋于最小化。在此过程中，城市物质与能量得到了更为高效的利用，城市生态系统的可持续性将大大提高。

(5)循环性

“循环性”是具有强大生命力的自然生态系统的内在原因之一，也是自然生态系统的内在运行机制之一。传统城市的缺陷之一是物质利用方面的循环不彻底性或非循环性。低碳生态城市则通过物质与能源的循环与高效利用，极大地提高了其循环性。低碳生态城市的循环性特征体现在城市各个系统和各个层面。如从城市大系统而言，可以有循环经济，循环社会和循环自然；从中观而言，有营养循环、物质循环、价值循环、废弃物循环利用等；从要素及微观角度而言，有水循环、碳循环、氮循环、磷循环等。

低碳生态城市的循环性特征具有积极意义：①提高了物质资源利用的生态效率，减少了城市对自然生态环境的不良影响与破坏，从而实现城市功能的生态化，使低碳生态城市作为子系统能够更好地融入到城市生态这个大系统中；②提高了城市的自立性，大大减少城市外部地理环境的物质能量输入。低碳生态城市的循环性特征是达成低碳生态城市发展目标的必要条件、重要途径及手段。

（6）共生性

生态学认为，各种生命层次以及各类生态系统的整体特性、系统功能都是生物与环境长期共生、协同进化的产物。生物之间、生物与环境之间，既有竞争性、又有共生；在某种情况下，共生占主导；而且，只有共生，生物才能生存。因此，共生及协同进化是生物种群构成有序组合的基础，也是生态系统形成具有一定功能的自组织结构的基础。

共生性是低碳生态城市发展的价值观的体现之一。低碳生态城市正是通过多系统的共生，实现城市生态环境、能源利用、经济社会、人居生活的可持续性，从而提高城市中各系统的运营效率和效益，减少城市内耗和对环境的破坏，最终达到人与自然的共生。

低碳生态城市的共生性与以上所述既有共性，也有个性。其共性基本同上所述，其个性主要体现在与能源使用及规划（尤其是可再生能源使用和规划）等相关方面。如能源的多级利用、将城市可再生能源规划纳入规划体系、可再生能源与城市元素的一体化、将“转废为能”作为城市可再生能源利用的重要方面、城市产业结构与节能和利用可再生能源相结合、将发展可再生能源与建设生态型城市相结合等。

（7）和谐性

低碳生态城市的和谐性特征是城市发展在更高价值观上的体现，既包涵了一定的共生性特征，又体现了在共生的基础上所达到的”和谐发展”的状态，是低碳生态城市核心内涵的体现。

低碳生态城市的和谐性，一方面反映在人与自然的关系上：人贴近自然，自然融于城市，城市结合自然发展。可以说，低碳生态城市是实现人、城市与自然协调发展的关键纽带和有效载体之一。另一方面，低碳生态城市的和谐性更主要的是体现在人与人的关系上。人类活动促进了经济增长，却未能实现人类自身的同步发展。低碳生态城市不是仅用自然绿色点缀人居环境，而是关心人、陶冶人、人与人关系和谐的社会。这种和谐性是低碳生态城市的核心特征之一。

5.2 目标、原理和策略

低碳生态规划首先应该是城市规划，那么，城市规划决策的基本驱动力是什么？叶祖达先生在其著作《低碳生态空间：跨维度规划的再思考》一书中给出了启示，这样总结现有城市规划方法，“城市规划由人口增长开始，由未来人口量，确定需要的城市土地开发规模，然后再按照增长安排各类足够的建设用地，如住宅、商业、工业、绿地等，当土地使用性质、布局和强度大概有定案后，水、电、气等设施的要求就随之而定，基本上城市增长是可以无边界、无止境的”(叶祖达，2011)。这种以经济、人口增长来驱动城市规划的工作意识根深蒂固，是长期以来引导城市发展的规划模式。目前，城市扩张而土地资源利用低效；水资源短缺而城市内涝严重；经济增长而社会矛盾加剧……这些城市超负荷运行现象，引发对现有城市发展规划模式的反思。

Ecopolis 或 Eco-city 等生态城市的概念是联合国教科文组织(UNESCO)在 20 世纪 70 年代发起的“人与生物圈”(MAB)计划研究过程中提出来的，2007 年，胡锦涛总书记在中共十七大报告中提出要“建设生态文明，基本形成节约能源资源和保护生态环境的产业结构、增长方式、消费模式”。2011 年的“十二五”规划纲要提出了 24 项指标，其中关于资源环境的 8 项指标中，有 7 项是约束性指标，体现了生态环境保护和节能减排的重要地位。

但在城市规划方面，目前大部分规划者固守旧理论，建设低碳生态城市的实质性突破很少，进展缓慢。很多专家在著作中对这些问题多有论述，对唯技术论、新城运动、概念肤浅等问题言之凿凿，但忽视了根本症结所在：是城市规划目的和出发点出了问题。

城市规划的原点问题就是要明确城市规划目的和出发点，要做什么，为什么而做。城市规划首先要做的是协调人与自然之间的利益问题，这样的利益应该是共赢，而非独占。宇宙、地球的存在和深远，远非人类想象所及，各生命种族本是一家，受地球恩惠，国家、城市发展应从人类存在的哲学角度思考。人类生存于地球之上，暂无别处可去，必须与地球共呼吸，人类创建居所需适度而行。当地球自然调节的弹簧绷紧之后，就会断掉。城市规划不能一味强调人口增长论，人类活动和城市扩张应得到控制，当城市规模限定后，其他相关问题就会有一定制约，地球才能得到喘息。

对低碳生态城市规划而言，城市规划应该从资源开始，由空间资源量确定适合的人口规模和经济发展目标，然后根据城市综合承载力系统评价，从土地资源、水资源、能源、环境、交通等要素综合分析，通过规划限制城市空间规模扩张，核心原则就是“生态环境承载力决定发展规模和布局”，城市增长应该是有界限的，资源应该是可承载的。

5.2.1 规划目标

低碳生态城市规划是围绕“低碳生态”核心思想，紧抓减少碳排、增加碳汇、自然和谐等规划目标，通过产业、交通、建筑、绿化、资源、环境等规划领域，形成发展容量、低碳产业、用地布局、绿色交通、生态建设、资源利用、节能减排等规划内容，落实到规划编制和管理等规划环节中(图 5-1)。

正是因为城市的财富(包括可持续发展的财富)蕴藏在城市的空间结构之中，所以发展低碳生态城市需要科学的规划。首先要找准目标定位，而这个目标定位应该立足当地、面向全球，立足当前、考虑长远。二是要编制科学理性、与实际紧密结合、可操作的生态城市规划，规划要符合科学发展观的要求，经得起历史的检验。三是生态城市规划编制以后应该动员一切可以动员的积极因素，为实现这个规划而做出坚持不懈的努力。除此之外，生态城还涉及市民行为的低碳化，必须进行长期并一以贯之的感化教育。这是一个同样浩大的社会工程，是一场涉及世界观转变的革命。有没有地球生态保护的意识考验着城市的良心。总体上来看，生态城市建设要遵循“三可”原则，一是目标的构成应具有可约束性，也就是说能用这个目标来动员社会各方面的力量来实践生态城，对社会各界有约束力，也体现道德和责任的双重含义。二是目标可分解性。指标体系不能停留在政府层面，必须把这个指标体系从城市的总体目标分解到社区，社区分解到家庭，以至于作为社会最基础细胞的家庭等都为绿色发展增添动力；同时从行业到企业也应该进行分解，促使各种社会活动者和全体市民都参与到生态城发展中来，这样生态城市的目标才能达成。三是指标体系的可实践性。即依据现发展阶段的国情和科学技术水平，制订合理的目标，以合理的成本和技术含量达到低碳排放和资源循环利用的目的。

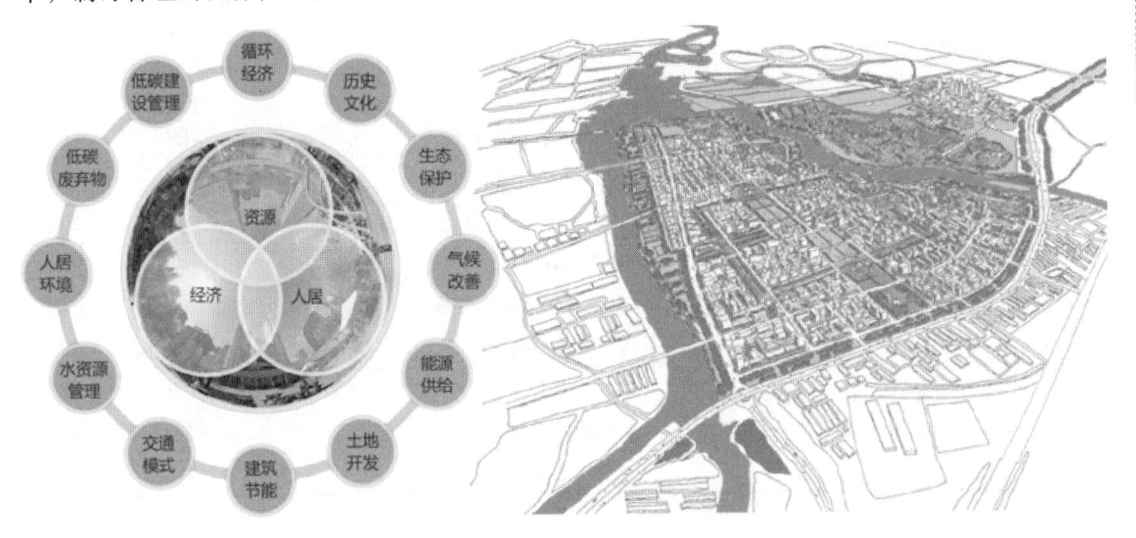

图 5-1　低碳生态城市规划

目前国内对低碳城市的研究尚处于探索阶段，且以战略层面为主。中国科学院可持续发展战略研究组在其《2009 年中国可持续发展战略报告》(中国科学院可持续发展研究组，1999) 中，提出了中国低碳城市的发展战略设想，并从经济、社会和环境 3 个层面，初步提出了低碳城市的指标体系(表 5-3)。付允等学者(2008)则从系统论的角度提出了低碳城市的发展路径，探讨了能源、经济、社会、技术的内在关系框架(图 5-2)。

表 5-3　2009—2020 年中国低碳城市发展战略目标

类别	子目标	指标	单位	全国城市	百强城市
经济	优化产业结构，提高经济效益	人均 GDP	万元	6	12
		GDP 增速	%	8	10
		第三产业占 GDP 比例	%	50	60
	资源循环利用，提高能源效率	第三产业从业人员比例	%	55	65
		万元 GDP 能耗	吨标准煤	0.5	0.45
		能源消耗弹性系数		0.5	0.3
		单位 GDP CO_2 排放量	t	0.75	0.5
		新能源比例	%	15	20
		热电联产比例	%	100	100
	加大 R&D 投入，促进技术创新	R&D 投入占财政支出比例	%	3	5

续表

类别	子目标	指标	单位	全国城市	百强城市
社会	保证低收入居民有能力负担住房支出	住房用地中经济适用房的比例	%	20	30
		人均住房面积	m^2	20	30
		土地出让净收入中，用于廉租房建设的比例	%	20	30
	提高人们的生活质量	人均可支配收入(城市)	万元	2.5	4
		恩格尔系数	%	30	25
	大力发展快速公交系统(BRT)，引导人们利用公共交通出行	城市化率	%	50～55	55～60
		到达 BRT 站点的平均步行距离	m	1000	500
		万人拥有公共汽车数	辆	15	20
环境	提升整体城市的碳汇能力	森林覆盖率	%	35	40
		人均绿地面积	m^2	15	20
	减少污染物排放量，改善城市环境	建成区绿地覆盖率	%	40	45
		生活垃圾无害化处理率	%	100	100
		城市生活污水处理率	%	80	100
	通过低碳设计，减低对气候的影响	工业废水达标率	%	100	100
		低能耗建筑比例	%	50	70
		温室气体捕捉与封存比例	%	10	15

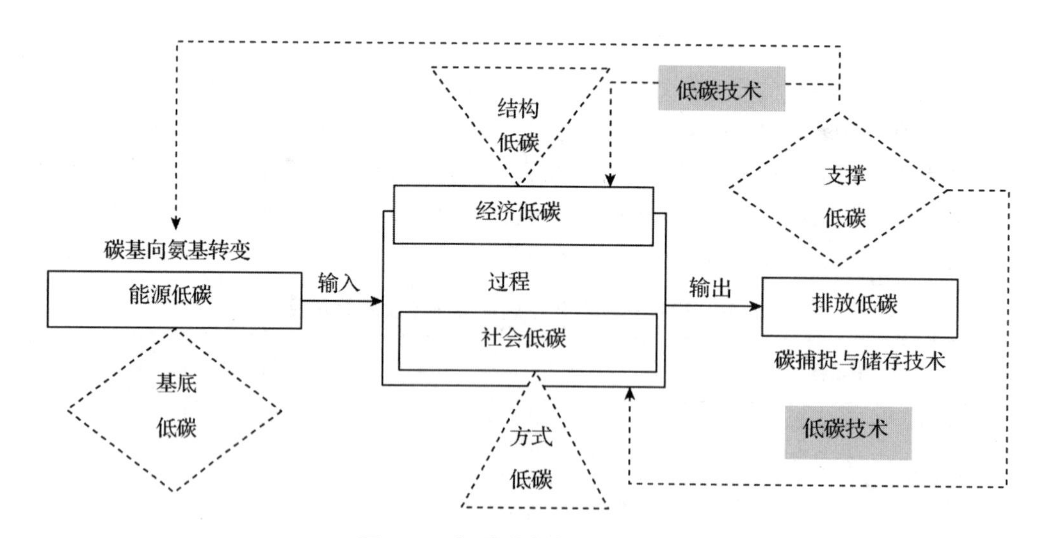

图 5-2　低碳城市发展路径框架

5.2.2　规划原理

在相关理论(表 5-4)的指导下，低碳生态城市规划的基本原理主要有(沈清基等，2010)：

表 5-4　低碳生态城市规划相关理论

方面	内容	理论在规划中的应	规划内容
自然	生态位理论	分析城市生态位，确定城市地位及水平	城市定位
	生物多样性理论	保证城镇布局功能，绿化物种多样性	功能布局
	景观生态学理论	构建生态系统结构，进行生态适应性评价	生态建设
	承载力理论	分析发展容量，确定城镇人口用地目标	城镇规模
	碳汇理论	总量增加、合理布局和结构优化，量化碳汇效果	绿地布局
	碳氧平衡理论	建立碳排放与吸收关系，控制和测算生态用地	城镇规模
经济	食物链理论	进行工业园区功能布局，形成链状企业集中布置	产业布局
	低碳经济理论	确定碳排放目标，确定城市低碳发展政策	城市策略
社会	人类生态学理论	关注弱势群体空间分布，使其利益得到保障	社会保障
空间	紧凑城市	高密度公交导向的城市模式，优化城市结构	空间结构
	新城市主义	整合公共交通与土地使用模式	交通与用地
	有机疏散	生活、工作集中布置，不经常活动场所分散布置	功能布局

(1)正向演替原理

指趋优发展及良性循环。其核心内容是指低碳生态城市要充分考虑各系统关系及城市与区域关系，从而实现发展的趋优性。具体来说，主要包含以下内容。

①系统原理。城市已经演化为“自然＋人工”生态系统，城市生态系统所具有的人工性、高强度、开放性、依赖性、脆弱性等特点，使其成为生态系统中最为复杂的类型之一，也决定了其正向演替必须考虑系统的良性运转。

一方面，规划建设内容的系统性与完整性。低碳城市的规划建设不仅是物质空间的建设，而且还应注重人的环境素质的培养，致力于经济环境与社会环境的建设、城市生态支持系统的建设和长远的发展框架建设等。另一方面，规划建设需要完善城市低碳生态系统功能。低碳城市规划建设应当运用生态学的生态系统基本功能的理论，从生物生产、物质循环、能量流动、信息传递等系统功能的角度着手，进行低碳生态城市的规划建设的组织实施。低碳系统功能的正常发挥是实现低碳生态系统与外界协调平衡的必要条件，而从低碳系统的角度进行低碳城市规划建设，将有助于实现城市系统高效、循环的“自运营”，减轻城市建设与发展对区域的生态的负担，将城市建设成为与自然生态系统和谐共生的人居系统。

②区域性原理。城市的发展是在一定区域背景下展开的，城市与其赖以生存的区域，是唇齿相依的关系。低碳城市是一定区域社会、经济、自然的综合体。城市要实现有机的生态发展，区域原理可对此发挥有益的作用。

首先，必须在城市和区域之间构筑有机、紧密的经济、社会和生态联系网络，形成复合系统。通过统一规划和建设，使水资源、市政、教育、医疗等资源能与城乡共同使用，使资源在城市和区域农村间复合循环利用，同时协调城乡基础设施投资，保证城乡更大范围的支持和覆盖；整合城乡发展，保持城市生态平衡，使城市与区域成为一个有机的、统一的共生体。其次，低碳城市的规划建设还要注意区域差别。中国的土地辽阔，地形复杂，地方的特点和历史传承等决定了低碳城市发展模式的多样性，因此，低碳城市规划与建设应尊重和保留历史的记忆，继承和发扬传统文化，根植于所在地域，适应地域自然，使用当地材料、植物和建材等。

（2）生态调控原理

低碳城市作为生态城市的先锋军，其规划建设需要以生态学原理为理论基础。

①自然原理调控。一是城市空间结构模式要结合自然。城市空间结构是城市建设的框架，决定了城市的空间分布格局及城市形态。低碳城市的空间结构要充分的结合自然，与自然环境和谐共生。包括地形地貌、地质、气象、水文等。二是基础设施建设要结合自然。低碳城市的生态调控须构建城市生态安全格局，促进生态服务功能的基础设施建设，充分利用河流、水系、森林、防护林带、公园等要素形成绿色基础设施的基本空间格局，从而保证城市生态系统与自然环境之间生物要素的流通。三是空间设计结合自然。低碳城市空间设计主要是通过空间要素的生态化规划布局达到系统自我循环和自我调节，减少对环境的消耗和污染，实现生态环境和人居环境的改善。

②双向原理。双向原理是生态调控原理的具体化，指在规划建设过程中应用“双向性”思路调控碳排放对环境的影响，采取两项基本的战略措施以减少温室气体。即“减排增汇”。尤其，城市规划在提升碳汇系统增汇功能方面具有广阔的空间。如城市空间结构与自然要素的结合布局，城市形态与自然要素的紧密结合，城市空间的合理、科学布局，城市碳汇元素的相互位置的生态化组合等。

（3）途径趋适原理

①层次原理。城市生态系统是一个庞大的网络，具有复杂的结构。实现低碳城市需要区别各层次的共性和差异，层层推进，一环扣一环。层次原理的特征之一是通过改善纵向状态促使途径趋适。低碳城市规划作为指导和协调多部门利益、优化土地资源配置、合理组织城市空间环境的战略部署，必须在各层级规划以及建筑设计和施工等层面都贯彻低碳化、生态化的基本概念，并使层次之间关系协调、层次递进。

②相融原理。通过横向融合促使途径趋适。主要表现在规划建设中遵循相融原理，充分利用现有城市规划建设体系中的精华，使低碳生态城市的新理论、新思想与现有规划建设体系以及生态城市的理论相融合。使其途径更具现实性和操作性。

（4）技术支撑原理

指应用切实可行的技术来保障低碳生态城市规划建设的实施。

①可计量原理。通过量化控制的方式提供技术支撑，主要强调定量检测和确定城市发展中的各项与碳排放相关指标的变化，以便分析原因，制定城市碳减排的相应对策。根据可计量原理，低碳生态城市规划建设的所有政策和举措等，皆要有其碳排放量的定量表征及计量的方法和手段。同时，也要对目前城市规划建设的生态效应进行评价（如碳排放状况），对各种层次规划方案的各种建设后排碳效应进行预测和评价。具体措施只要包括“碳足迹计量”和“碳排放审计”。

②生态技术原理。通过广泛应用相关技术来为低碳生态城市提供支撑。与可计量原理相比，具有更大的广泛性和多样性。具体包括经济适用、结合地方特色、重点突破、层次性等方面。实施宏观到微观多层面的生态工程，如自然保护工程、生态综合治理工程等。规划建设中不能孤立地应用生态技术，应将生态技术融入到生态工程建设中，通过生态技术应用提高生态工程的效能，从而使得低碳生态城市的规划与建设更加系统化和高效化。

5.2.3　规划策略

1. 规划理念

①价值观念。人对自然征服发展转变为人与自然和谐发展。

②发展模式。

a. 资源环境条件：由自由发展转变为设限发展；

b. 资源利用原则：由单向消耗转变为循环再生；

c. 模式选择因素：经济可行性、资源匹配性和技术适应性。

③生活方式。

a. 建筑节能：改变建筑使用模式；

b. 废物处理：垃圾分类和回收利用等；

c. 交通方式：提倡绿色出行等；

d. 日常消费：健康餐饮、节水节电等。

2. 规划方案

①模式选择：将资源节约和环境保护放在与经济发展同等或更重要地位；

②目标设定：经济高效、社会和谐、建设科学、生态健康和资源节约等；

③指标构建：促进减碳固碳、生态发展，可量化，可复制，可管控。

3. 规划策略

①城市低碳生态化发展的总体思路。大力发展低碳生态城市建设，走低能耗、低污染、低排放的城市发展道路是塑造新的国家竞争优势的重要方面。当前，我们迫切需要解决的问题是反思和改变旧有的城市建设理念和发展模式，探索符合可持续要求的城市发展道路。总的来讲，推动低碳生态城市合理、有序的发展需要从以下几方面着手(仇保兴，2009)：

a. 建立不同类型低碳生态城动态评价综合指标体系，按照可持续发展程度对低碳生态城进行分级评价，引导城市政府和市民建设生态城的创新意识，逐步推动同类城市在生态城建设方面开展友谊竞赛并实现互帮互学；

b. 建立利益相关方参与的合作机制；

c. 充分借鉴中国传统的生态思路，创建有中国特色的低碳生态城；

d. 通过良好的设计和精细的管理，使城市成为景观上具有吸引力，具备良好服务、设施齐全、社会和谐的宜居城市；

e. 通过建设成本可负担、发展模式可模仿、自身发展可持续的“先锋”城市实践，引导全国其他城市转变发展模式。

②城市低碳生态化发展的引导政策。为了落实“十二五”规划纲要提出的目标任务，国家

发展和改革委员会于2010年8月15日启动五省八市低碳试点工作，并积极推进低碳试点实施方案的制定工作；同时，近期正在组织实施"十二五"节能减排综合性工作方案，这个方案重点从强化目标责任、优化产业结构、优化能源结构、实施重点工程、加强节能低碳管理、发展循环经济、加快低碳技术研发应用、完善相关经济政策、推动五省八市试点、健全体制机制等十个方面，全面推进绿色低碳发展。2011年6月，财政部与住房和城乡建设部联合下发"关于绿色重点小城镇试点示范的实施意见"（财建〔2011〕341号），在"十二五"期间积极开展绿色重点小城镇试点示范，9月份下发了"关于开展第一批绿色低碳重点小城镇试点示范工作的通知"（财建〔2011〕867号），公布了第一批试点示范绿色低碳重点小城镇名单，推进绿色小城镇工作的组织实施和监督考核工作。

住房和城乡建设部在2010年正式启动了低碳生态城市的建设工作。2010年1月，住建部与深圳市政府共同签署了共建"国家低碳生态示范市"的合作框架协议，深圳成为全国首个"国家低碳生态示范市"；2010年7月，住建部与江苏省无锡市人民政府签署《共建国家低碳生态城示范区——无锡太湖新城合作框架协议》；2010年10月，住建部与河北省共同签署《关于推进河北省生态示范城市建设促进城镇化健康发展合作备忘录》；2011年1月，住建部成立低碳生态城市建设领导小组，组织研究低碳生态城市的发展规划、政策建议、指标体系、示范技术等工作，引导国内低碳生态城市的健康发展；同年6月，领导小组下发了"关于印发《住房和城乡建设部低碳生态试点城（镇）申报管理暂行办法》的通知"（建规〔2011〕78号），启动新建低碳生态城镇示范工作。另外，住房和城乡建设部还与美国、瑞典、英国、德国、新加坡等国家的有关部门签署了生态城市合作方面的谅解备忘录，共同开展生态城市方面的国际合作和交流。

③城市低碳生态化发展的推行步骤。低碳生态城市的推行主要包括诊断、规划、实施、运营、评估五大步骤。规划和设计之前需进行诊断，诊断城市现状的生态制约条件和价值点；建立一套综合实施体系，确保规划的有效实施。运营是一套体系措施，需要对城市运营状态实施信息监控和动态管理，及时验证、校准和调整城市规划；评估是检验基础，评估城市建设及运营状况，其结果将成为新一轮诊断依据。

在生态城规划建设过程中，我们应集中力量，突破低碳能源、低碳建筑、绿色建筑、雨洪利用、水生态修复、绿色交通、污染减排、垃圾循环利用等一批低碳生态城核心技术：

a. 太阳能屋顶计划。目前，太阳能电板价格只有金融危机前的1/3，原料价格只有原来的1/4。我国太阳能电池板的产能已居世界第一，以前主要依赖出口，此次受金融危机的影响很大，因此应该大幅度扩大内需来促进其发展。

b. 低冲击开发模式。低冲击开发模式的主要含义是让城市与大自然适应性共生。共生的概念最先是从城市的规划建设前后应不改变原地表水的径流量开始的。如果城市采用低冲击开发模式，建筑、小区、道路都可充分渗透吸收雨水，那么暴雨来临时雨水溢出要很长时间。现在有许多城市因为大部分建成区的地面完全不渗水，下雨几分钟后街道就变成了河道，雨量再大一点就会引发严重的内涝性洪水，城市内频繁出现水灾。而自然界森林从第一滴雨开始植被和土壤都能吸水，水漫出来到小溪需要三天甚至更长时间。如果城市做到这一点，无疑是模仿自然界的模范城市。

c. 分散与集中相结合的水再生利用工程与水生态修复技术。水再利用的问题不仅是水量和水质问题，有足够的水量和洁净度还要有合理的空间分布，以有利于废水的就地再生、就地利用。

d. 与绿色建筑相结合的分布式能源系统，也就是在一个小区内，把太阳能、风能、电梯的下降势能、沼气能等组合在一起，形成一个内部的可再生能源网络。这样就使居住小区从能源消费场所转变为能源的生产体，把依赖大电网的能源供给减少到最低程度。

e. 交通导向的开发模式（TOD）与“双零换乘”相结合的绿色交通。把地铁、主干道的公交与自行车的换乘紧密结合在一起，实现地铁到一般公交的零换乘，以及地铁或一般公交与自行车的零换乘，下了公交就可以租一个自行车，刷卡或投币就可骑到家或邻近的自行车停放站。这种零换乘系统建设起来后能够大大降低交通能耗，而且可以大幅度地净化城市空气，从而鼓励更多的市民骑车或步行出行，形成绿色交通的良性循环。

f. 生活垃圾分类收集与循环利用技术。生活垃圾应该强调从源头处理，走减量化、再利用、循环经济（3R：Reduce，Reuse，Recycle）的道路。所有可以化解的垃圾如肉骨头、蔬菜、鱼刺等剩菜剩饭每天由专人收集，送往小区的生物化解器，过几天就可变成肥料用于绿化。同样，报纸、杂志、纸板、木箱、玻璃瓶、建筑垃圾等也应全面分类回收，高效处理，再生利用。

g. 建立各建筑单元二氧化碳排放动态监测评价系统。用城市大型建筑能耗动态监测系统对多栋绿色建筑实现动态监测，动态、实时地观察和控制这些建筑的能耗情况，并能有针对性地解决某些超耗能建筑的问题，最终使整个城市的建筑能耗逐年减少。

5.3 规划方法

根据生态学、城市学、规划学等学科的研究理论，依据现行的生态城市发展要求与规划的基本内容，生态城市规划涉及的主要的技术方法可划分为分析评价方法、功能区划方法、规划设计方法和方案决策方法 4 部分。其详细内容如图 5-3 、表 5-5 所示。

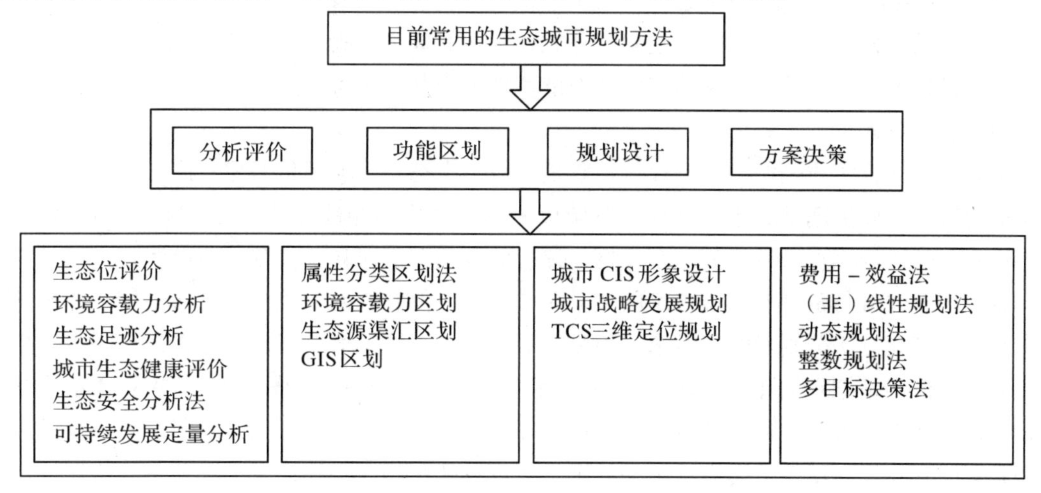

图 5-3　低碳生态城市规划技术方法的划分

表 5-5　低碳生态城市规划的技术方法

方面	内容	技术名称	对城市规划的影响
低碳生态技术	交通低碳技术	新型交通技术	考虑新型交通系统应用，并在用地布局、空间结构及详细设计上做出充分考虑
		地下交通技术	加强地下空间利用的统筹协调，纵向与横向上合理配置地下空间
		交通节能技术	指标中考虑交通节能目标
	建筑低碳技术	建筑节能技术	规定绿色建筑的比例和建筑的节能目标
	能源低碳技术	新能源利用技术	占社会总能源消耗的新能源比例及相应应对措施；划定新能源设施的位置和服务区域
	污染治理技术	水污染处理技术	确定相应的初期雨水污染控制要求，提出工程技术等方面的要求
		垃圾处理技术	垃圾分类与处理、处置方式，垃圾收集、处理、处置设施的位置、服务范围等
	资源利用技术	水资源利用技术	供水系统一体化规划方法，提出再生水利用目标；编制再生水利用规划；制定合理的雨水利用措施和目标
		废物资源利用技术	提出垃圾分类收集及回收利用指标
规划分析技术方法		“3S”信息技术方法	
		生态承载分析技术方法	
		生态特征分析技术方法	
		空间引导辅助技术方法	
		规划方案优化技术方法	

5.3.1　低碳生态城市规划的评价方法

(1)城市生态评价概念与分类

对现状的分析、评价是规划的基础，是规划成功的基本前提。生态城市规划也一样，生态城市规划目标的制定、城市发展的定位、城市发展的总体规划等内容，都依赖于科学、准确、全面的生态城市评价。

生态城市评价实质是城市生态评价，它是以城市生态系统为评价对象，以城市的结构和功能特征为依托，以生态学思想为指导，对城市生态系统中各生态要素(或细目)的相互作用以及各子系统的协调程度所进行的综合评价，评价的本质在于对评价对象价值的反映。

城市生态评价与常见的环境评价的关系非常密切，但它们的侧重点又有所不同。在环境评价中常采用理化方法分别对大气、水、固废、噪声以及土壤等污染等进行分析，有时也对生物进行分析，但多是把它们作为环境质量的指标，很少对“自然—经济—社会”的复合系统本身进行评价。而城市生态评价虽然也要应用城市环境质量评价的方法和结果，但它的重点是根据生态系统的观点，对城市生态系统中的各个组成成分的结构、功能以及相互关系的协调性进行综合评价，以确定该系统的发展水平、发展潜力和制约因素。

城市生态评价一般分为两大类，一类是城市生态因子(对外部环境)的评价，另一类是城市生态系统综合评价。前者可以看做是单要素过程评价，后者可看作系统生态关系评价。目前在生态城市规划中，主要应用的是城市生态系统综合评价，其中应用比较广泛的有生态系统健康评价、生态足迹评价、生态功能价值测算、城市可持续综合测度等。

(2)城市生态评价的基本程序和方法

一般的，城市生态系统综合评价主要通过建立评价指标体系，然后选择科学合理评估方法进行评价。其评价程序一般可以归纳为以下步骤(图5-4)：

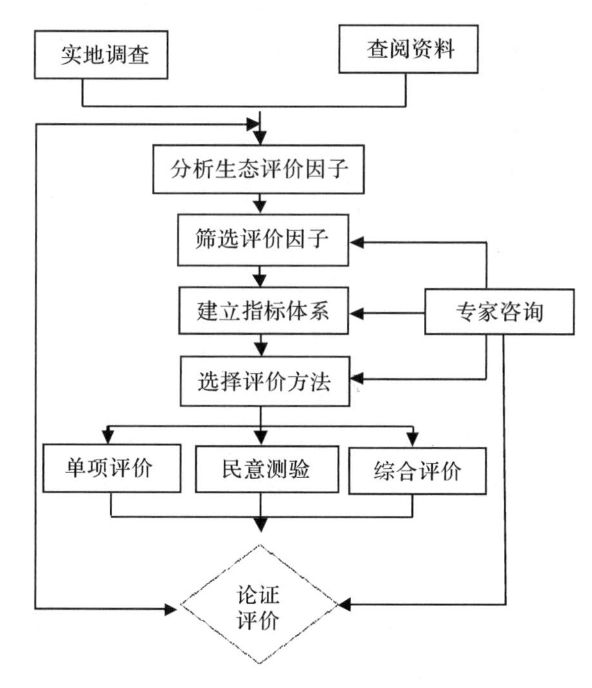

图5-4　低碳生态城市评价流程

无论是哪种类型的评价，建立科学、完善、可行的评价指标体系及选择恰当的评价标准是成功进行生态环境评价的关键。建立城市生态评价指标体系，应先从城市生态环境典型结构分析入手，找出影响和表征生态环境质量的主要因子；然后，建立指标体系，并加以量化和评价。常用的方法是层次分析法 AHP 法。

由于区域复合系统结构复杂、层次众多，子系统之间关系错综复杂，因此，设计指标体系应遵循科学性与实用性原则、主成分性与独立性原则、整体性与层次性原则、定性与定量相结合原则、简洁与聚合原则、时空耦合原则、可操作性原则。

同时，由于度量区域生态位特征的指标往往存在信息上的重叠，所以要尽量选择那些具有相对独立性的指标。同时，要在众多的指标中选择那些最灵敏的、便于度量且内涵丰富的主导性指标作为评价指标。因此在设置评价指标时，必须遵循以下原则(顾传辉，2004)：科学性、完备性、主成分性、独立性等原则。

在进行生态环境质量评价时，需要有判别的基准，即评价标准。其来源于：①国家、行业和地方规定的标准；②背景或本底标准；③类比标准；④公认的科学研究成果。通过层次分析法，结合以上原则，笔者根据城市结构、功能和协调度（或效益）指标建立生态综合水平评价体系（图5-5）。

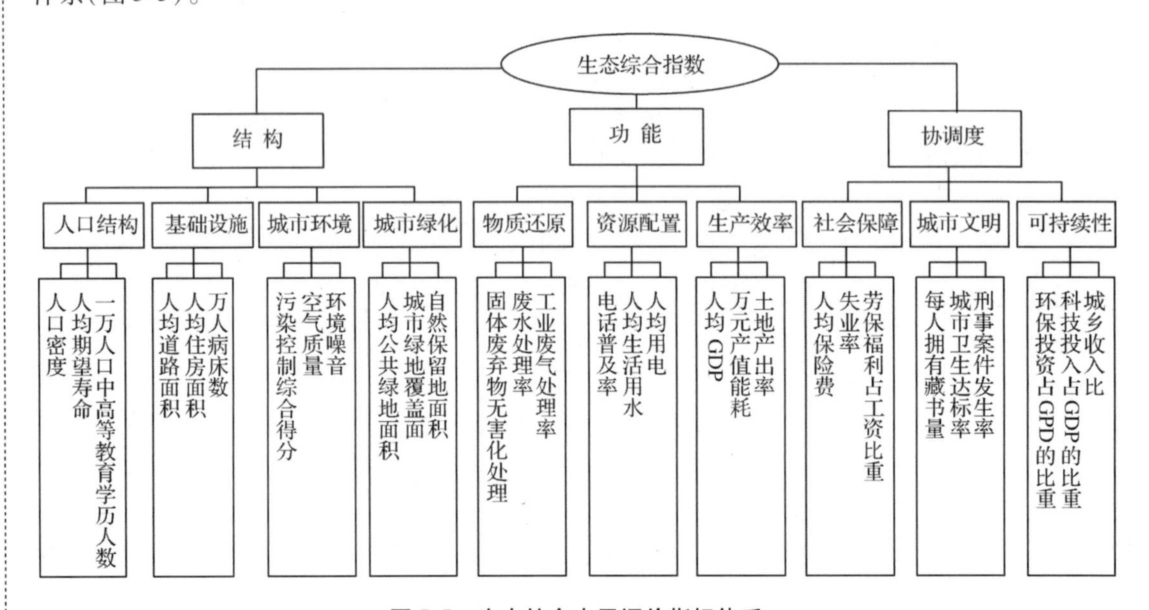

图5-5 生态综合水平评价指标体系

（3）指标体系的意义

评价，从本质上来说是一个判断的过程，即通过综合计算、观察、咨询等方法，对一定的评价对象作出判断。在评价的过程中，确立评价指标和标准是最基础，也是最重要的工作。马克思曾说过："一门科学只有在成功地运用数学时，才算达到了真正完善的地步。"评价指标体系，最核心的工作即是将评价对象的各个方面，通过一整套严密的操作程序和运算规则，落实到一系列可查、可比的具体数字上，并通过定量化的评价结果对评价对象作出分析和判断。目前，评价指标体系作为自然科学、社会科学和工程技术研究和实践中广泛用于方案优选、优劣排序等工作的重要方法，越来越受到人们的重视。

对于低碳生态城市的评价，即是通过建立科学完善的评价方法，对低碳生态城市各个子系统及整体的发展状态、过程等作出评判。低碳生态城市的评价指标体系，可以将城市的发展目标和发展过程，通过适当的评价指标，落实到具体的数字上，并通过对评价结果的分析运用，明确低碳生态城市发展的现状及与理想目标的差距，为未来发展目标的设定、发展战略、方向和路径的选择，提供直观、实用的数据支撑。因此，建立一套科学、可观的低碳生态城市三维目标—过程评价指标体系，对于监测和指导低碳生态城市的规划、建设、管理等发展过程具有重要的意义。

从城市发展过程角度来看，评价指标体系在城市发展的规划阶段，可以对建设规划预期成效进行预评价和规划目标可达性分析，根据评价结果修正和完善建设规划；在建设阶段，可以定期对建设情况进行过程评价，确保社会、经济、环境各个子系统的建设方向和进度协调可持续；在城市管理阶段，可以进行管理绩效评价，实时关注城市发展情况。

(4)指标体系的功能

一套科学、客观的低碳生态城市建设指标体系应具备以下功能：

①描述功能。从某种程度上来讲，指标体系是一种描述性工具，可以将抽象的概念和战略转换成实际的措施和定量指标，并通过严密的操作程序和运算规则对评价对象的总体和各方面状况进行定量的表达，并通过图表等可视性强的表达形式将评价对象的状态直观地呈现出来，有助于帮助在操作层面理解低碳生态城市的内涵。低碳生态城市评价指标体系，可通过各项指标的统计数据，以及对城市的生态、低碳、幸福指数和低碳生态化发展的发展度、协调度和持续度的测算，定量描述出城市生态、经济、社会各子系统的状态和总体发展态势。

②评价功能。描述与评价功能是指标体系最基本的功能。指标体系必须能够在系统、完整、真实地反映评价对象状态的基础上，对评价对象的状态做出合理的判断。低碳生态城市评价指标体系，可通过对城市总体和各子系统发展状态，以及发展度、协调度、持续度和有效发展度、区域协调发展度等评价指标的测度，根据分级标准，确定低碳生态城市发展的阶段，总结发展过程中已经取得的成绩和发现存在的不足与缺陷，揭示发展规划可能达到的效果以及未来的发展趋势。此外，还可根据历年或多个城市的数据，对低碳生态城市的发展进行纵向和横向的比较。

③导向功能。导向功能是评价指标体系最重要的功能，为评价对象的未来发展方向和路径选择指明方向。从理论上讲，低碳生态城市指标体系是对城市“自然—经济—社会”复合生态系统的全面反映，应将所有表征系统状态和性质的指标均纳入其中。但是，在实际测度中，为保证指标体系的可操作性和简洁性，只能选取那些对低碳生态城市发展具有重要作用的单项和综合指标。指标体系一旦确定，就会在城市的发展中发挥出导向作用。因此，必须慎重选择评价指标，并科学合理运用评价结果，以尽量扩大指标体系的正向导向效果，降低负向效果。

④监测功能。监测功能是指标体系对评价对象发展过程的动态反馈，可以起到“晴雨表”和指示器的作用。低碳生态城市是一个不断发展的过程，因此，在确定了发展目标、方向及路径选择之后，由于各种不确定的因素，仍可能在实际建设和管理过程中出现各种各样的偏差。这时，通过指标体系对其进行实时跟踪评价，可及时发现问题，以便在实践中及时更正，确保低碳生态城市的发展顺利进行。

⑤决策功能。决策是评价的目的，评价是为决策服务的。指标体系可以为决策者提供科学、准确的定量评价结果，避免了单纯运用定性评价方法所得结果的模糊性和主观性；并可通过同历史数据和同类对比，对评价对象进行纵向和横向的比较分析；通过图表等直观的表达方式将所需决策的目标、途径、发展趋势等形象地呈现给决策者，为决策者提供科学的参考依据。

(5)规划指标体系

建设低碳生态城市不能固守传统方法，也不能仅从生态环境的角度进行城市环境美化和生态治理，而要从低碳生态城市规划的基本驱动力出发，要求规划方法更新，建立以城市生态环境承载力为基础的规划方法。

20世纪六七十年代爆发全球性资源环境危机，人类社会面临资源环境困境，“生态环境人口容量”的概念由此提出，为“一个国家或地区的资源承载力是指在可以预见到的期间内，利用本地能源及其自然资源和智力、技术等条件，在保证符合其社会文化准则的物质生活水平条件下，该国家或地区能持续供养的人口数量”。生态环境承载力源于“生态环境人口容量”，强调地球生态环境对人口的容纳能力是有临界限度的，生态环境承载力指，在一定时期内，生态环境对人口规模和经济规模支持能力的限度，重视地域空间资源环境在城市规划中的决定性作用，重视资源承载力的有限性，以其作为城市规模及空间扩张的重要因素。

规划指标体系作为规划实施的主要控制手段，是将低碳城市由概念到可操作的关键所在（表5-6）。指标体系的构建需要注意以下几个方面的问题：一是指标范围的界定，低碳城市的指标体系不能包罗万象，主要看是否促进了减碳和固碳这一目标，尽量使指标体系简化；二是指标体系的可操作性，低碳城市规划的相关指标必须能够在城市规划管理中进行控制和操作；三是指标体系的可考评性，即通过常规的方法可进行定量分析和评价，对规划的实施与成果检验可进行有效指导；四是指标值的适应性，由于不同地区的经济社会发展水平和资源环境条件存在着较大差异，对于不同发展水平的地区应有不同的指标值，从而更有利于实施和推广。

表5-6　低碳生态城市规划指标体系

目标	资源	模式	指标	说明
1 资源节约	1.1 水资源	1.1.1 流域系统的保护	1.1.1.1 水资源保护	
			1.1.1.2 水生态的保护	
		1.1.2 水资源的利用	1.1.2.1 优化用水需求量	
			1.1.2.2 地表水的收集与利用	雨洪利用
			1.1.2.3 地下水的开发与利用	再生水的利用率
			1.1.2.4 农业灌溉方法	工业与生活用水的重复利用
1 资源节约	1.2 能源	1.2.1 控制需求	1.2.1.1 低碳规划设计	
			1.2.1.2 节能建筑设计	
		1.2.2 高效用能	1.2.2.1 能源供给	微电网、智能电网、分布式能源
			1.2.2.2 节能设备	节能灯、节能电器、节能灶具等
			1.2.2.3 能源使用方式	市场化运营、生产生活方式
		1.2.3 清洁能源	1.2.3.1 可再生能源利用比例	太阳能、风能、生物能等
			1.2.3.2 小型环保水电	
			1.2.3.3 天然气	
			1.2.3.4 垃圾能源发电	
	1.3 土地资源	1.3.1 城市规划布局	1.3.1.1 紧凑型设计	
			1.3.1.2 指标控制	
		1.3.2 合理使用建设用地	1.3.1.3 混合程度	
		1.3.3 保护耕地	1.3.2.1 建筑使用周期	
			1.3.3.1 耕地质量	
		1.3.4 保护生态林地、江河水系与湿地	1.3.3.2 耕地规模	
		1.3.5 郊野林地		
		1.3.6 宗地开发利用		

（续）

目标	资源	模式	指标	说明
1 资源节约	1.4 资源环境利用	1.4.1 生活废弃物	1.4.1.1 减少废物产生	
			1.4.1.2 废物再利用	
			1.4.1.3 废物处理	
		1.4.2 生产废弃物	1.4.2.1 减少废物产生	
			1.4.2.2 废物再利用	
			1.4.2.3 废物处理	
		1.4.3 可持续发展材料	1.4.3.1 节能材料	
			1.4.3.2 循环材料利用	
2 环境友好	2.1 卫生环境	2.1.1 空气质量		
		2.1.2 水环境质量	2.1.2.1 污水处理质量	
			2.1.2.2 生活用水质量	
		2.1.3 垃圾处理质量		
		2.1.4 噪声		
		2.1.5 光环境		
	2.2 生态环境	2.2.1 郊野生态林地		
		2.2.2 城市生态绿地	2.2.2.1 各级公园绿地	城市级、居住区级、小区级
			2.2.2.2 生态廊道	
		2.2.3 城市生态林地	2.2.3.1 碳汇林	
			2.2.3.2 生态公益林	
		2.2.4 都市农地		
		2.2.5 生态资源	2.2.5.1 生物多样性	
2 环境友好	2.3 气候环境	2.3.1 季节		
		2.3.2 温度		
		2.3.3 日照		
		2.3.4 风向		
		2.3.5 湿度		
	2.4 地理环境	2.4.1 山自然环境		
		2.4.2 林自然环境		
		2.4.3 河自然环境		
		2.4.4 湖自然环境		
		2.4.5 田自然环境		
	2.5 景观环境	2.5.1 城市绿地景观		植被、水体等
	2.6 生存环境	2.6.1 野生动植物栖息地保护		

（续）

目标	资源	模式	指标	说明
3 经济持续	3.1 经济发展	3.1.1 工业污染物排放强度		
		3.1.2 单位 GDP 能耗		
		3.1.3 单位 GDP 取水量		
		3.1.4 单位面积产出率		
		3.1.5 民营企业比重		
		3.1.6 中小企业比重		
	3.2 产业结构	3.2.1 单位 GDP 用地比率		
		3.2.2 低碳经济的发展		
		3.2.3 战略性新兴产业比重		
		3.2.4 三次产业结构		
	3.3 可持续性	3.3.1 资源利用水平		
4 社会发展	4.1 社会管理	4.1.1 医疗水平		
		4.1.2 文化设施		
		4.1.3 科研教育		
		4.1.4 收入水平		
		4.1.5 就业水平		
		4.1.6 交通便捷		
		4.1.7 城市安全		
		4.1.8 环境卫生系统		
	4.2 人居环境	4.2.1 人均居住用地面积		
		4.2.2 人均居住建筑面积		
		4.2.3 住房保障	4.2.3.1 保障性住房比率	
			4.2.3.2 住宅价格收入比	
		4.2.4 基本公共服务设施半径		学校、医院、邮局、银行、商店、派出所、消防等
		4.2.5 基层社区自制水平		
4 社会发展	4.3 城乡统筹水平	4.3.1 基础设施比较		
		4.3.2 基本公共服务体系比较		
		4.3.3 城乡空间体系		
		4.3.4 分享公共服务设施		城市与乡村
	4.4 社会组织	4.4.1 政府组织		
		4.4.2 非政府组织	4.4.2.1 行业组织	
			4.4.2.2 自治组织	
		4.4.3 社区组织		

（续）

目标	资源	模式	指标	说明
4 社会发展	4.5 社会基本服务保障体系	4.5.1 社会保障	4.5.1.1 失业保障	
			4.5.1.2 养老保险	
			4.5.1.3 医疗保险	
			4.5.1.4 生育保险	
		4.5.2 社区基本服务内容		居委会、便利店、室外健身场地、卫生所、老年活动中心、阅览室等
	4.6 人文发展			
5 创新	5.1 绿色交通体系	5.1.1 绿色交通设施	5.1.1.1 慢行系统	
			5.1.1.2 低碳公共交通	
			5.1.1.3 电动车充电站	
		5.1.2 绿色交通管理		
		5.1.3 绿色交通运营	5.1.3.1 通勤时间	
	5.2 智慧城市体系	5.2.1 数字云体系		
		5.2.2 物联网与云计算平台		
		5.2.3 电子政务、电子商务和公共服务体系		
	5.3 绿色基础设施	5.3.1 供水		
		5.3.2 供电		
		5.3.3 供气		
		5.3.4 道路交通		
	5.4 绿色工程	5.4.1 绿色建筑		
		5.4.2 绿色园林		
	5.5 绿色社区	5.5.1 绿色校园		
		5.5.2 绿色园区		
		5.5.3 绿色住区		
	5.6 城市空间布局和用地布局	5.6.1 主导功能前提下的混合社区		

根据生态环境所包含的要素，城市生态环境承载力细化为土地承载力、水资源承载力、交通承载力、环境承载力等，吕斌等把城市综合承载力分解为三个层次（表5-7）。

表 5-7　城市承载力指标体系构成及权重

目标	一级指标	二级指标	单项指标(单位)(权重 W_i)
综合承载力 A	土地承载力 B_1	土地资源满足人类活动的保障程度 C_1	建成区面积(km^2)f1(W_1)
		土地利益效率 C_2	人均建设用地面积(m^2/人)f2(W_2)
			经济密度(亿元 GDP/km^2)f3(W_3)
	水资源承载力 B_2	水资源满足人类活动的保障程度 C_3	人均可用水资源量(m^3/人)f4(W_4)
			人均综合用水量(m^3/人)f5(W_5)
		水资源利益效率 C_4	万元产值耗水量(t/万元)f6(W_6)
	交通承载力 B_3	交通的需求总量与强度 C_5	机动车保有量(万辆)f7(W_7)
			平均车流量(辆/h)f8(W_8)
		交通供给量 C_6	人均铺装道路面积(m^2/人)f9(W_9)
	环境承载力 B_4	经济活动对环境造成的压力 C_7	COD 排放量(万吨)f10(W_{10})
			能源消耗量(万吨标准煤)f11(W_{11})
		生态环境对环境的供给 C_8	人均绿地面积(m^2/人)f12(W_{12})

城市承载力测算主要是在城市建设开发的同时，不破坏原有系统(自然环境、微气候、水资源、能源等方面)的平衡，保持系统平衡状态，帮助决策者科学分析城市发展适合的规模。城市生态环境承载力评估可以从资源供应能力、排放分解能力和环境素质水平三方面分析(表 5-8)。

表 5-8　城市生态环境承载力的评估和度量

目标	指标	内容
生态环境承载力	资源供应能力	土地开发适宜度
		水资源
		能源供应
		食物生产力
	排放分解能力	空气污染
		二氧化碳排放度
		固废分解能力
		污水处理能力
	环境素质水平	生态品种丰富性、稀有性、多样性
		水质景观价值

(6)评价指标体系

评价指标体系是由一系列从各个方面揭示被描述事物的数量、质量和状态等规定性的各种指标组成的有机综合评价系统。低碳生态城市目标—过程评价指标体系的构建过程大致可包括 5 个步骤：

①确定评价目的和评价对象。前文已经明确低碳生态城市目标—过程评价的评价目的是对低碳生态城市的发展水平进行综合性评价，评价对象是低碳生态城市自然、经济、社会三个子系统的发展状态和城市发展过程所展现出来的综合态势。

②构建指标体系框架。根据前文所建立的低碳生态城市三维空间结构模型和评价数学模型，构建由定量指标和定性指标相结合的指标体系框架结构。其中定量指标由生态指数、低碳指数、幸福指数3部分组成，形成递阶层次框架结构；定性指标为表征区域协调发展的评价指标。

③评价指标选取。根据低碳生态城市的内涵和外延，定量指标在汇总整理国内外相关指标形成指标库的基础上，采用专家咨询和相关性分析相结合的方法选取各评价指标。定性指标选取在学习借鉴生态城区域协调发展指标的基础上，针对城市区域协调发展机制的实际需要确定。

④评价标准值确定。根据评价指标标准值的选取原则，结合国内外低碳生态城市实践的先进经验和评价对象城市自身特点，确定各项定量评价指标的标准值。

⑤指标权重设定。各项定量评价指标的权重采用层次分析法确定，定性评价指标采用等权重。

在指标体系构建的过程中，进行了多次的意见征询和讨论，即运用德尔菲法向城市规划建设相关领域的专家、学者、管理人员等发放调查问卷征询指标意见。由于本文对低碳生态城市的评价采用了定量和定性相结合的方法，即对低碳生态城市内部发展的目标及发展度、持续度、协调度和有效发展度进行定量评价，对低碳生态城市区域协调发展度进行定性评价，与此对应，评价指标体系应有定量指标和定性指标两部分构成(表5-9)。

表5-9　低碳生态城市目标—过程评价指标体系

定量指标	目标层	指标层	单位	标准值	权重(W)
	X生态指数	C_1 空气质量好于或等于二级标准的天数/年	天	≥310	0.3609
		C_2 城市水环境功能区水质达标率	%	100	0.3574
		C_3 区域环境噪声平均值	dB	≤58	0.2817
		C_4 建成区绿化覆盖率	%	≥40	0.3397
		C_5 林木覆盖率	%	≥25	0.3301
		C_6 湿地覆盖率	%	≥15	0.3301
		C_7 工业废气排放达标率	%	100	0.2447
		C_8 工业废水排放达标率	%	100	0.2482
		C_9 城市污水集中处理率	%	≥95	0.2554
		C_{10}城镇生活垃圾无害化处理率	%	≥95	0.2518
	Y低碳指数	C_{11}单位GDP能耗	tce/万元	/≤0.5	0.3439
		C_{12}可再生能源利用率	%	≥5	0.2815
		C_{13}单位GDP水耗	m^3/万元	≤50	0.3746
		C_{14}第三产业占GDP比重	%	≥55	0.4115
		C_{15}单位GDP碳排放量	t/万元	≤0.8	0.258
		C_{16}能源消费弹性系数	–	≤0.5	0.3305
		C_{17}年人均生活消费CO_2排放量	kg/人	≤100	0.3132
		C_{18}节能建筑占城镇住宅总存量的比例	%	100	0.3825
		C_{19}公共交通出行率	%	≥40	0.3043

（续）

定量指标	目标层	指标层	单位	标准值	权重(W)
	Z 幸福指数	C_{20}居民货币购买力指数(上一年=100)	-	≥100	0.4299
		C_{21}城市人均住宅建筑面积	m^2/人	≥20	0.3081
		C_{22}恩格尔系数	-	≤30	0.262
		C_{23}每万人口中有大学生数	人	≥500	0.3357
		C_{24}平均每个社区拥有城镇社区服务设施数	个	≥1.5	0.2696
		C_{25}拥有基本医疗服务人口比率	%	100	0.3947
		C_{26}社会服务公众满意率	%	≥80	0.3493
		C_{27}社会保障覆盖率	%	100	0.3806
		C_{28}人均应急避难场所面积	m^2/人	≥1	0.2701

定性指标	目标层	指标层	指标描述
	区域协调发展	C_{29}区域市场机制健全	通过市场价格、供求关系等政策，推动生产要素在区域内有序自由流动，实现区域分工合理、经济协同发展
		C_{30}区域规划协调一致	从区域整体和长远利益出发，确定各个子系统的规划目标和措施，使自身规划与区域的战略、规划相协调、相融合
		C_{31}区域产业循环共生	通过产业链、清洁生产、节能减排等措施，构建物质循环利用、能源高效利用、信息流通顺畅的区域产业共生体系
		C_{32}生态补偿公平长效	以培养地区自我发展能力为重点，提高被补偿地区的生产能力、技术含量和管理组织水平，增强地区可持续发展能力
		C_{33}区域联合治污到位	通过制定区域污染物排放标准，建立区域环境监测合作网络平台和排放权交易市场等措施，实现区域环境质量的共同改善

5.3.2 功能安排与运行方法

(1)生态环境区划

①概念。生态环境区划是在对生态系统客观认识和充分研究的基础上，应用生态学原理和方法，揭示各自然区域的相似性和差异性规律，从而进行整合和分异，划分生态环境的区域单元。由于自然界的复杂性，除生态学外，生态区划还必须结合地理学、气候学、土壤学、环境科学和资源科学等多个学科的知识，同时考虑人类活动对生态环境的影响以及经济发展的特点，因此，生态环境区划是综合多个学科，充分考虑自然规律和人类活动因素的综合生态环境研究。

②目的与作用。其目的就是对区域资源进行合理开发利用和环境保护，即区域经济的可持续发展提供可靠的科学依据，从而减少人们在经济活动中的盲目性以及片面追求经济效益的短期性。由此可见，生态区划是关系到国计民生的长远的发展战略，其作用概括如下：生态环境区划是实施生态环境保护的重要手段；生态环境区划是协调经济社会发展与生态环境保护的重要手段；生态环境区划是改善环境质量、防止生态破坏的重要措施。

③原则。生态环境区划主要着眼于合理地进行区域性自然资源的保护和开发，把开发利用和保护之间的矛盾统一起来，使自然资源得以永续利用，从而保证区域性经济的可持续发展。而划分生态区域的理论基础，就是对生态系统的认识理解。生态区划的任务就是充分认识生态区域的相似性和差异性。同时，由于作为主体的人类与生态环境是一个有机的整体，所以生态区划必须考虑人类活动在资源开发利用和生态环境保护中的作用和地位。因此，进行生态环境的综合区划，一般应遵循如下原则：a. 区域分异原则；b. 区域内结构的相似性与差异性原则；c. 综合分析与主导因素相结合的原则；d. 发展与环境保护统一性原则。

④基本划分。根据生态库一般理论，我们可以把城市生态环境区划为：生态源区、生态渠（流）区、生态汇区。生态库理论最早由刘建国（1988）提出，其概念为：能为目标生态系统贮存、提供或运输物质、能量或信息，并与其生存、发展、演替密切相关的系统。生态库可分三类：源生态库、汇生态库、渠生态库。

一般提供人类社会存在和发展的基本生态源动力，可以称为生态源区，包括水源区、自然保护区等；相反的，对生态源进行消耗的区域称为生态汇区，包括工业区、农业区和商贸生活区等；生态渠则是生态源和生态汇之间的纽带，是两者之间的能量、信息、资源传递的通道，一般包括交通要道、主要河道、城市绿带、生态廊道等。

（2）生态功能区划

①概念。生态功能区划是在分析区域生态环境空间分异规律、明确各生态区的生态服务功能、经济功能特征的基础上进行的地理空间分区。生态功能分区与区域经济开发、生态环境规划和生态系统管理有更直接的关系，是实施区域生态系统有效管理的基础单元。

在功能区划时应综合考虑地区生态要素的现状、问题、发展趋势及生态适宜度，提出工业、生活居住、对外交通、仓储、公建、园林绿化、游乐等功能区的划分以及大型生态工程布局的方案，充分发挥各地区生态要素的有利条件，及其对功能分区的反馈作用，促使功能区生态要素朝着良性方向发展。

②目的与作用。生态功能区划的基本目的是为了能进行更好的规划建设。就是通过对生态区的服务功能、经济功能合理分区，反映出区域中的各单元和部门在自然环境、资源条件、生产力水平与需求、生活质量和经济地位等多方面的相互作用、相互制约关系及其规律；指出各区域和部门的生态优势、关键性的限制性因素和所存在的突出问题，从而为整个区域资源的永续利用、生态经济系统的良性循环、工农业的合理布局、生态环境的综合治理服务，为实现因地制宜、扬长避短，为区域发展与资源优化配置以及生态环境建设保护提供科学依据。

因此其作用可概括为：

a. 明确区域整体功能、制定生态环保措施；

b. 发挥城市产业优势、实现资源优化配置；

c. 为城市建设规划提供方向和依据，实现城市可持续发展。

③原则。生态功能区划不同于生态区划。生态区划是通过揭示自然区域的相似性和差异性规律，对自然环境划分的区域单元。生态区划虽然也考虑生态系统的结构、过程和功能，但其着眼点是生态系统的区域特征，是以生物或者生态系统为区划的主要标志。而生态功能区划则着重于区分生态系统或区域为人类社会的服务功能，以满足人类需求的有效性为区划标志。

根据以上认识，生态功能区划遵循以下原则：功能突出的原则；区域分异原则；连续性和兼顾性原则；可持续发展原则；环境敏感性原则；环境容载力原则。

④一般划分。一般城市功能区划往往由自然保护区、工业区、农业区、旅游区、商业区等功能区组成。

(3)区划的一般方法

①顺序划分与合并法。该方法即为自上而下和自下而上的两种区划方法。自上而下法是根据对生态环境区域异分因素的分析，按区域的相对一致性，在大的地域单位内从大到小逐级揭示其存在的差异性，并逐级进行划分的。自下而上的生态区划方法，是根据地域单位的相对一致性，按区域的相似性，通过组合、聚类把基层的较简单的生态区划区域单位合并为比较复杂的区域的方法。

②类型制图法。是根据生态系统类型或人类活动造成的生态环境污染和生态环境破坏的类型图，利用它们组合的不同类型分布图式的差异来进行生态区划的方法，它与生态系统类型的同一性原则相对应。

③要素叠置法和要素相关分析法。由于现代生态环境是一个复杂的社会、经济、自然复合生态系统，自然要素叠加人类活动的深刻影响，单一要素的生态环境要素的区划肯定不能反映生态环境的全貌。利用各种生态环境要素叠加的方法进行生态区划，才能反映生态环境系统的综合状况。生态环境要素相关分析法主要是运用各种专用地图和文献资料、统计资料和对生态环境要素之间的相互关系作相关分析之后进行区划的方法，或采用模糊数学的方法进行归类区划，如聚类分析、主成分分析、主坐标分析和逐步判别分析等。

④主导标志法。在生态环境区划时，要选取反映生态环境地域分异主导因素的某一指标作为确定生态环境区界的主要依据，并且强调在进行某一级分区时，必须按统一的指标来划分。这是生态区划中较普遍使用的一种方法。

⑤生态功能区划的基本流程。具体的流程如图 5-6 所示。

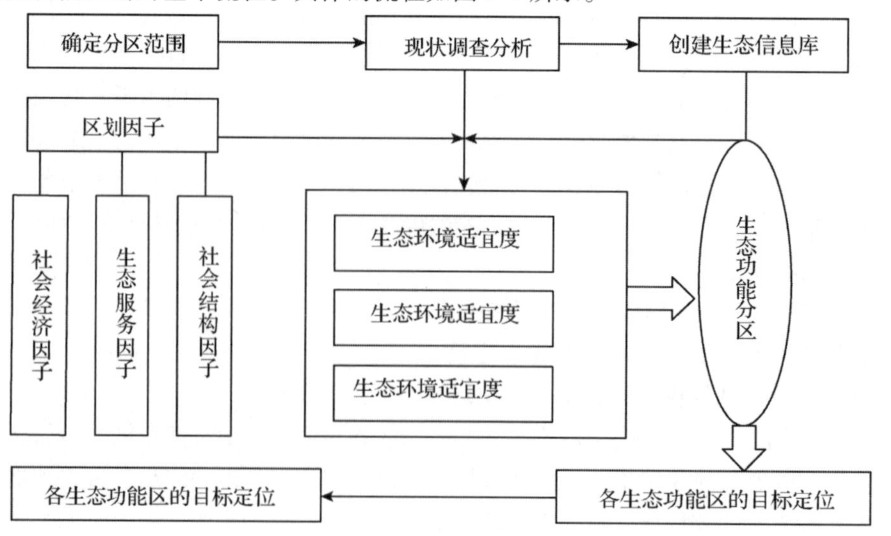

图 5-6　生态环境功能区划流程

5.3.3 空间布局与利用方法

低碳城市空间规划作为优化配置土地资源、合理发展空间布局的一种创新机制，是三化两型背景下地方政府规划引导城市发展的重要控制手段，也必然是快速城市化过程当中增强城市竞争力的直接手段。本章从区域空间协调发展、生态安全网络格局、紧凑有序的空间结构三个面向入手，探讨城市空间低碳化发展的具体措施。同时根据规划方案碳排放情景模拟审计计量，制定符合西山新区发展的政策目标与行动计划，以期对西北地区乃至其他同类型地区低碳城市空间的构建有所裨益。

(1)宏观考虑大区域背景，注重区域层面的空间协调发展

①功能协调。总体规划有以下几个方面的功能定位：中心城区、中心城区发展备用地、联结的纽带、生态绿核、水源保护地。因此，示范片区在功能上应主动接受中心城区的经济、人口及服务的辐射，承担片区联系的纽带、功能提升依托的功能，发展次区域综合服务中心，强化基础设施和公共服务设施配套能力，提高副中心的综合服务功能。同时，提升旅游服务、文化服务等服务功能，既增强该片区的区域辐射能力、提升其城市建设品质，又能更好的实现与上位规划的功能对接。

②产业协调。解读上位规划产业发展，老城区主要发展城市游憩商业和城市生产性服务业；部分新区重点发展国际商贸业、保税物流业、出口加工业等新兴产业；其余新区将重点发展精细化工产业；经济技术开发区的主导产业有装备制造业、食品加工业、生物医药产业；剩下的新区将重点发展教育培训业、科技研发业、高新技术产业和现代物流等相关服务业。因此，示范区产业发展以市产业发展战略为导向，立足于产业基础，重点推进高端办公服务、科技研发业、文化创意产业、战略性新兴产业、现代物流和休闲旅游等相关服务业，既能实现产业的错位化发展，又能和相关产业形成互补与对接，有利强化规模效应。

③交通体系。一方面，形成与城市组团格局相协调、以集约化为导向的多元低碳交通发展模式，大力优先发展公共交通。示范区新区和老城区的联结点，随着示范区的建设发展，其城市功能和福射范围将大大提升，示范区的对外交通联系要求增强，内外交通衔接要求更加便捷和通畅。规划应改变单一的常规公交层次体系，大力发展快速公共交通网络，构建功能层次分明的公交系统，引导形成以公共交通为导向的低碳交通发展模式；重视绿色慢行交通和生态型旅游休闲交通模式的构建；适度引导个体机动车的使用，保持合理的机动化发展水平。另一方面，完善道路等级结构和网络布局，提高道路系统运行效率。示范区道路网络延续网格状格局，规划城市快速路、主干道满足示范区南北向用地扩张的需要。随着示范区组团的开发建设，提高组团间联系道路等级，保持组团之间的便捷道路联系，促进组团开发和城市功能的疏散，逐步形成与用地布局相协调的交通网络布局。同时，重视道路骨架系统建设，明确道路功能层次。加强与周边区域贯穿道路等级和建设标准，集约利用通道资源；改善道路网络的瓶颈地段，打通断头路，改善道路交叉口渠化，增强局部路网微循环。区内交通设施主要通过快速路和交通性主干道路分别与老城和高铁新城相对接，与市域交通干道和公交线网相连通。而在新区内部，主要通过生活性主干道和次干道与工业园、新镇的干道相连接，形成完善的干道网络。

(2)评估区域内生态环境现状条件，构建生态安全网络格局

主要通过生态多样性指标來评估区域内的生态环境现状条件，区域内生态多样性分为：生态多样性丰富、生态多样性一般、生态多样性单一3个级别，生态多样性丰富的区域位于生态园、湿地水域周围和主体灌渠沿线；生态多样性—般的区域位于农业用地及退耕还林草地带；而城市建成区生态环境因人类活动干扰，生态多样性单一。

①主要生态要素识别。城市生态系是一个自然、经济、社会复合的生态系统。生态空间布局的优化应从区域层面构建良好的生态网络格局。生态网络格局由生态系统中的某些关键地段或斑块和生态廊道等要素组成。那么，构建生态网络格局首先应该对这些主要的生态要素进行识别。

“生态源”主要是一些大的面状生境，是各种生态流的集散点，通过生态廊道连接各个生态斑块，对整个生态格局具有决定性作用。生态园从其斑块的类型、位置、面积与生态功能来看，在区域乃至城市中扮演着重要的作用，并与城市各功能区均发生着密切的关系，是区域的生态源。

“生态廊”主要包括河流水系生态廊道和道路交通等形式，是“生态源”与“生态斑块”之间的连接线，是格局支撑的骨架，通过廊道串联斑块可以有效扩大生态空间，发挥着生态流的输送功能。生态廊道不但是城市的重要自然景观体系，而且是城市的绿色通风走廊，可以将城市郊区的自然气流引入城市内部，为炎热的夏季城市的通风创造良好的条件，而在冬季可降低风速发挥防风作用。新区结合区域功能布局以及场地原有生态机理，构建退耕还林、还草带、水渠等自然生态廊道，同时结合规划区内主要绿色交通走廊和高压走廊、天然生态缓冲带，构建区内人工生态廊道，形成自然与人工有机结合的生态廊道网，将生态核与周围区域的生态系统相连。

“生态斑块”是指被城市用地围合的块状生态绿地。生态斑块是动物迁移的重要跳板，也是居民活动的重要公共空间，对于改善城市生态环境，丰富城市生物多样性以及确保区域生态格局的连续性、完整性有着重要的作用。规划区域内的生态斑块包括保留的自然散状山体地形、水库周边、水渠拐点及分流点等关键控制点周边区域。

②生态系统网络的构建。通过对区域现状自然生态要素的识别，确定需保护的核心生态源，水库、水渠、水渠拐点等散状生态斑块以及现有的自然生态系统。分析现状生态网络格局可以看出，区域内主要水渠走向的生态廊道是否缺乏不同走向的。同时现有生态斑块是否形成网络。因此，在构建生态网络格局时建议增加缺少的生态廊道走向、强化已有生态廊道，同时适当增加尚具潜力的生态斑块。具体可以采取恢复和塑造采空区、天然冲沟生态缓冲带、高压线生态廊道以及绿色交通走廊等人工生态系统。最终，在生态城市内部形成以生态核为中心，以生态廊为链条，以生态斑块为串珠的“绿核＋绿廊＋绿网”式的生态系统格局。

③生态源、生态斑块的保护与建设。生态源及生态斑块可以有效维持和保护物种的多样性。规划区域主要的生态源有生态园、现代农业生态园，生态斑块有山体及采空区周边用地斑块、水库及其周边用地斑块、水渠拐点及分流点周边地斑块。各种斑块通过生态廊道与生态源相互交叉形成网络。

④生态廊道的控制。新区生态廊道由3级廊道组成。一级生态廊道是指沿绕城高速(铁

路）、快速路、高压线走廊、冲沟护坡以及水渠两侧的生态防护林带形成的，具有一定宽度的防护绿地，绿地总宽度一般在1000 m以上。一级生态廊道可结合周边用地形成收放有序的楔形绿地，在放大地段可结合公园绿地、防灾减灾等绿地综合布局，作为城市的风道，同时为居民提供休憩、遮阴、娱乐等服务，并能发挥调节城市小气候的作用；二级廊道可结合城市组团间的道路，沿两侧布置绿地，廊道总宽可控制在50 m左右；三级廊道可沿城市主、次干道两侧布置绿地，廊道总宽可控制在25 m左右。

（3）以城市公共交通为导向，构建紧凑有序的空间结构

基于公共交通导向的城市空间结构及土地开发是一个不断反馈的相互作用过程。在具体规划时，首先应根据城市区域空间结构，确定分区规划的空间结构和干线公共交通网络的方案，通过不同交通方式选取及线网布局的多方面比较优化，从而得到一个与城市交通网络系统相协调发展的、有序增长的城市空间结构。

5.3.4 城市规模与扩张方法

这一类型的低碳生态城市实践是指在既有建成区以外，以低碳生态发展模式开展新城的建设。相对来讲，低碳生态新城实践受到的现状约束性因素较少，规划设计和建设发展的余地较大，可以通过制定指标体系等手段来相对完整地应用低碳生态城市有关的规划设计理念和技术，全方位地开展建设活动，但同时也存在依靠政府投资、建设成本相对较高、人口集聚、产业集聚、需要依托周边城市辐射力等方面的缺点。目前中国所进行的低碳生态城市实践多数属于这种类型（吕斌等，2008）。

扩张类型的低碳生态城市实践也属于新城建设，有别于原址改造型的最大特点是与主城区距离不远，属于主城区扩张发展的范围。如厦门市结合当前“统筹城乡发展，加快岛内外一体化建设”的发展战略目标，在集美、翔安、同安、海沧等四个新城的建设中，启动了低碳生态新城规划，逐步实现城市建设由岛内转向岛外，推动厦门进入“全域特区”时代（中国城市科学研究会，2011）。

城市化是一个国家经济增长过程中必然经历的历史阶段，随着城市化发展阶段的不同，城市人口规模对生态环境的影响也将发生相应的变化。随着我国城市化进程的不断加快，大规模的城市用地开发已经成为人类活动改造自然环境的主要方式之一。1992—2008年我国耕地大幅度减少、建设用地和林地显著增加，土地利用结构变化对城市空气环境产生显著影响。

由于大量人口涌进，清除单位污染的影子价格上升，清除的边际收益下降，但是清除的收益仍然大于清除的成本，这时存在某个时点，在这一时点上，城市达到最佳规模，即城市化发展的最优水平。在城市达到最佳规模后，一旦人口还继续涌入城市，城市就会处于超规模状态，此时清除污染的边际成本远大于边际收益，人们将不会采取任何，环境将恶化下去，除非人们采取不经济的治理措施，即不顾清除的成本，决心将环境变好。我国应当充分利用人口集聚所形成的规模优势，提高城市公共管理水平、充分发挥城市交易效率优势，在城市人口规模扩大的同时保持运行有序、管理有方，走高效率低污染的城市化之路。

有效率的城市人口规模在一定程度上可以实现环境友好型城市化，在城市人口扩张的同时避免生态环境的严重恶化。判断何种规模的城市具有效率优势的关键是看它是否有利于生产力

发展，是否有利于人民生活水平提高，是否有效地利用了规模经济和集聚经济的利益环境。库兹涅茨曲线(EKC)理论认为，随着城市收入水平的提高，社会更加重视保护生态环境，因此，污染、排放与人均GDP之间成倒U型关系。生活水平的提高不仅包括经济增长带来的物质生活的满足，而且包括生态环境改善形成的优美的人居环境给人们带来的愉悦。因此，我国在城市化进程中应当注重生态承载力和环境容量的约束，把城市人口规模建立在资源承载力基础上，实现区域、生态、经济、社会多元复合系统的最佳耦合发展，使城市更加适合可持续发展的要求。

从现代城市土地发挥的作用来说，城市土地很珍贵。由于社会经济的快速发展，人口数量急剧增长，导致城市规模的盲目扩大和城市用地的乱占滥用现象，已经产生了种种社会矛盾以及建设与环境的矛盾。因此急需编制科学的城市用地规划和加强城市用地管制工作，而提供城市用地现有规模和扩张面积数据及图件成果是这两项工作最重要的基础资料。本文介绍了如何运用高科技的遥感手段监测城市用地现有规模以及其扩张情况。

(1)监测方法

①总体技术流程。制作监测城市市级辖区的数字正摄影像图(简称DOM)作为监测底图，套合土地利用现状图标注的城市建成区界线，室内初步判读城市用地范围，结合外业调查核实城市用地现状，监测城市用地规模的扩展。

②DOM制作。制作DOM的基本方法是：以满足精度要求比例尺的数字栅格地形图(Digital raster graphic，DRG)、土地利用数字栅格图(Landuse digital raster graphic，LUDRG)或土地利用数据库以及高精度外业控制点为控制资料，利用数字高程模型(Digital elevation model，简称DEM)对卫星数据进行正射纠正、配准和融合，叠加图名、图幅号、千米格网、注记、行政境界等制图整饰内容。DOM比例尺要保证遥感数据可以实现的最大比例尺，影像范围包括整个监测城市的市级辖区范围。

③城市用地信息提取。

a. 提取旧建成区界线。以基期土地利用现状图为基础资料，根据土地利用现状图上标注的城市用地代码或符号，来勾绘旧的建成区界线。对于分片布局的城市应分片勾绘，用紫色边框表示。

b. 提取新增城市用地图斑。新增城市用地图斑及开发区界线的提取主要运用人工目视判读的方法来实现。目视判读首先要弄清成像机理与遥感影像的关系，以及遥感过程对影像的影响，再从分析影像的性质入手，区分出不同地物目标，了解或推测地物的形状。

④外业调查并提取开发区界线。通过室内目视判读提取的城市用地信息，需要外业调查的实地核实。在外业调查底图上，所有手工勾绘的新增城市用地图斑按照从左到右、从上到下的顺序编号进行核实，特别是可疑图斑。

⑤成果后处理。根据外业调查结果在计算机上重新处理外业前所提取的城市用地图斑层内容。删除非城市用地图斑；修正范围不准确的图斑；补充监测遗漏图斑，特别是在外业前无法提取的城市开发区界线；合并所有邻接图斑，形成新的城市用地图斑层。对于开发区的处理，要坚持开发区独立存在的原则，并在属性表中注明是开发区。当开发区与非开发区城市用地相邻时，不将两者合并；当与非开发区城市用地有重叠部分时，将该部分图斑划为开发区用地；

当开发区被包含在非开发区城市用地内，应将开发区抠出。这样可以单独计算出城市开发区面积大小。同样对所有处理后城市用地图斑层建立拓扑关系，生成图斑属性表。

(2)监测成果

①制作城市用地遥感监测图。在城市市级辖区范围内，以监测使用的高分辨率遥感影像为底图，并保证其原始分辨率，其上放置提取的合并后城市用地图斑、开发区界线及相关地理参考信息，使用最大出图比例尺，就制作出了监测城市的城市用地遥感监测图。监测图提供了直观的城市空间信息和城市用地范围，为城市规划工作提供了首需的基础图件资料。

②获取现有城市用地面积。运用 GIS 软件提取的城市用地图斑均可自动获取其图斑面积。在监测成果后处理阶段，所有相邻图斑合并形成的新城市用地图斑层中，将处理前的许多琐碎小图斑合并为几个独立的大图斑，这样通过将这些大图斑面积累计即可获取监测城市的现有城市用地面积数据。

③明确城市空间扩展模式。由于我国城市增长的空间过程主要在于城市蔓延、郊区城市化和卫星城建设，所以空间扩展主要有轴向扩展和外向扩展两种形式，其具体扩展形态特征包括：a. 圈层式；b.“飞地”式；c. 轴向充填式。

5.3.5 产业引导与持续方法

在目前过渡阶段，传统城市规划向低碳生态规划转变需要一定的过程，也需要现实地探讨其如何结合的问题。很多优秀的规划项目已经从传统规划发展出新的规划思路，如北京城市规划设计院在其“北京长辛店低碳社区概念规划”项目中，就从经济振兴、城市发展、气候改善、生态修复、建筑节能、能源供给、水资源、交通模式等八大方向探讨了城市规划新思路，突破了传统的功能分区、土地利用、公共服务设施、交通规划、景观规划、开发控制等模式，低碳生态城市规划在满足城市系统基本要求的基础上，从更高视角把控规划设计。

但还应看到，真正的低碳生态城市规划设计应该是从规划基本驱动力上，从根本上突破传统设计束缚，目前的低碳生态规划还处于过渡阶段(图 5-7)。今后的规划设计，将从碳审计、气候环境、循环经济、资源承载力、节能减排、热岛效应等角度更加深入诠释低碳生态城市，目前，对这些方面在城市规划中的实用性应用研究应是关注的重点，逐步突破，最终形成全面地低碳生态理论，这也是符合事物发展规律的。

这一类型的低碳生态城市实践主要是指对原有城镇进行的低碳生态化改造，其特点是根据当地的现状发展水平和特色，兼顾低成本、高效益的原则，利用适宜的低碳生态技术，逐渐改变原有不合理的发展方式和生活方式，实现经济、社会、环境效益的共赢。如浙江安吉充分利用当地“竹乡”的资源禀赋，形成了从竹产业的原料供应，竹制品的初、深加工到竹产品的销售这样一条循环、高效、完整的产业链；北京的延庆、密云地区结合当地气候特点和实际需求，在国家相关政策的财政补贴和技术扶持下，在新能源利用(太阳能、生物质能、风力发电等)、生态修复、垃圾分类处理、循环产业等方面进行了建设示范和应用。相对于新建地区的低碳生态城市实践，这一类型的低碳生态城市实践见效慢，需要政府加强扶持和引导，但我们应当意识到，既有的改造的低碳生态城市实践是我国当前最应重点推进同时也是未来发展前景最为广阔的一种类型(巩文，2002)。

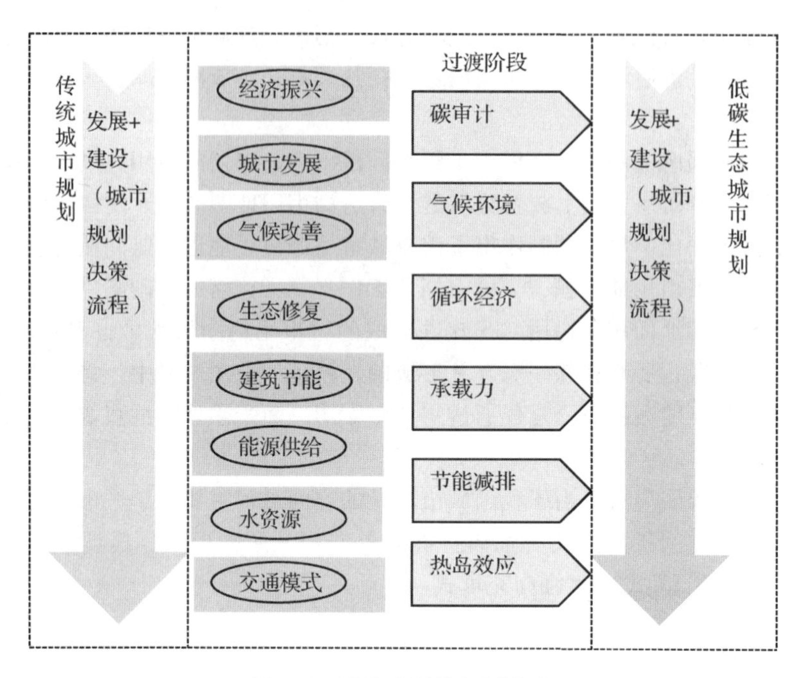

图 5-7　过渡阶段的规划方法

(1) 基本原理

自然生态系统与社会生态系统都有着某些相应的动态规律。这些动态规律反映了系统内各组分间的相互依赖、相互制约的矛盾关系。生态城市规划就是要协调系统的各种生态关系，把系统设计调控到最优运行状态，这是解决人与环境关系问题的根本性措施。

①高效的功能原理。生态系统的物质代谢、能量流动和信息传递关系，不是简单的链和环，而是一个环环相扣的网，其中网结和网线各司其能，各得其所。一个高效的生态系统，其物质能量得到多层分级利用，废物循环再生，各部门、各行业间共生关系发达，系统的功能、结构充分协调，系统能量损失最小，物质利用率最高。其生态原理包括：

a. 循环利用原理。生物圈中的物质是有限的，原料、产品和废物的多重利用和循环再生是生态系统长期生存并不断发展的基本对策。为此，生态系统内部必须形成一套完整的生态工艺流程。其中，每一组分既是下一组分的“源”，又是上一组分的“汇”，没有绝对的“因”和“果”、“资源”和“废物”之分。物质在其中循环往复，充分利用。循环利用原理包括生态系统内物质的循环再生，能量的多重利用，时间上的生命周期、气候的变化周期等物理上的循环，以及信息反馈、关系网络、因果效应等事理上的循环。

b. 开拓边缘原理。开拓边缘原理在人与环境相互关系的处理上，反映了生存斗争的策略。要尽可能抓住一切可以利用的机会，占领一切可以利用的边缘生态位。人类要用现有的力量和能量去控制和引导系统内外的一切可以被开发利用的力量和能量，包括自然的和人工的，使它们转向可以利用的方向，从而为系统的整体功能服务。

c. 共生原理。共生关系是生物种群构成有序组合的基础，也是生态系统形成具有一定功能的自组织结构的基础。对城市生态系统来说，共生的结果使所有的组分都大大节约了原材料、能量和运输，使系统获得多重效益。相反，单一功能的土地利用、单一经营的产业，条条块块分割式的管理系统，其内部多样性程度很低，共生关系薄弱，生态经济效益就不会高。

②最优的协调原理。使城市生态系统协调发展是规划的核心。它包括城市各项人类活动与周围环境相互关系的动态平衡，即城市的生产与生活，市区与郊区，城市的人类活动强度与环境的负载能力以及城市的眼前利益与长远利益，局部利益与整体利益，城市发展的效应，风险与机会之间的关系平衡等。维持生态城市平衡的关键在于增强城市的自我调节能力，这需要把握好调控的如下基本原理。

a. 最适功能原理。生态系统是一个自组织系统，其演替的目标在于整体功能的完善，而不是其组分结构的增长。城市自我调节能力的高低取决于它能否像有机体一样控制其部分组分的不适当增长，以和谐地为整体功能服务。一切生产部门，其产品功能或服务目的是第一位，而生产是第二位的。随着环境的变化，生产部门应能够及时修正产品的数量、品种、质量和成本；比如一个房建公司，盖房只是其手段，为城市居民提供方便、舒适的居住条件才是目的。因此它必须将设计、施工和使用部门联成一个信息反馈网络，在外部条件允许的范围内尽量地为改善居住条件而生产。

b. 最低限制因子原理。能量流经生态系统的结果并不是简单的生与死的循环，而是一种螺旋式的上升演替过程。其中虽然绝大多数能量以热的形式耗散了，但却以质的形式储存下来，记下了生物与环境世代“斗争”及长期相互作用的信息。在长期生态演替过程中，只有生存在与限制因子上、下限相距最远的生态位中的那些生物种，其生存的机会才最大。也就是说，处于最适生态位的物种有最大的生存机会。因此，现存的物种是与环境关系融洽、世代风险最小的物种。

城市密集的人类活动给社会创造了高效益，但同时也给生产和生活的进一步发展带来了风险。要使经济持续发展，生活稳步上升，城市也必须采取自然生态系统的最低限制因子对策，即使各项人类活动处于距限制因子的上、下限风险值距离最远的位置，使城市长远发展的机会最大。城市的人类活动如果超过某项资源或环境负载能力的上、下限，就会给系统造成大的负担和损害，从而降低系统的效益。若能通过调整内部结构，将该项活动控制到风险适中的位置，则城市的总体效益和机会都会大大增加。

(2)产业群落的概念及产业协作的含义

产业群落(Industrial community)重点研究城市产业要素关系。这一概念借用了生态学中“群落(Community)”的含义，指具有直接或间接关系的多种生物种群的有规律的组合，具有复杂的种间关系。生物群落的形成受生态环境影响，各物种间具有较固定的营养关系。产业群落对此概念进行了扩展，是指产业上具有直接或间接关系的多个村庄群体之间形成较为密切的联系，受村庄“生态环境”(包括自然地理环境、历史文化变迁、人口生活习惯、经济社会要素、产业发展动力、行政边界以及特殊因素等多方面内容)影响，呈现出一种“产业营养关系”或“产业协作关系”。

在产业群落中，城市自身条件的差异使其拥有不同的地位。一些资源优势明显、产业动力充足的村庄，在产业群落中往往处于核心地位，对周围的城市也能构成一定的辐射力。而条件相对落后的城市在产业发展上往往缺乏自主性，容易产生“盲从”状态，简单复制优势城市产业，思路局限，结果发展效果不佳，甚至构成恶性竞争，造成资源浪费等。因此，产业引导规划的主要目的是通过分析产业群落的动力因素，预测产业发展方向，梳理产业群落内部关系，试图通过规划明确并强化分工关系，建立稳定的产业群落协作机制，促进地区产业的综合发展。

(3)产业群落特征分析及产业协作引导规划策略

城市体系规划进行产业专题研究，以城市特殊的生态条件为基础，以生态涵养与保护环境为前提，以商业经济产业为发展核心，逐步建立"生产、生活、生态"三生一体化的产业发展目标。

产业引导规划对所有产业发展情况进行详尽的数据调研，并通过 GIS 进行了产业空间布局分析，发现城市产业发展围绕一些关键性要素形成不同的空间形态特征和集聚效应。

首先，围绕一些大型环境资源形成产业群落，这种"环境依赖型"产业群落中，特殊环境资源构成了产业发展的直接动力，但城市产业发展与环境资源之间的关系可分为几类：产业依存资源关系、产业与资源相互影响关系、产业与资源并列发展关系。因此对其产业引导策略也应当不同。

比如在产业依存资源关系下，产业发展必须以保护资源为首要前提，产业发展的自主选择性相对少一些，更多是服务资源类的产业发展策略；而在产业与资源相互影响关系下，产业发展主要是借助资源而发掘自身特色，具有一定的自主性，但产业发展应兼顾资源的合理利用，在开发资源的同时注意保护资源，这样才能形成良性循环；在产业与资源并列发展的关系下，产业发展与资源相互影响较小，产业自主性较大，因此产业发展应将资源优势纳入产业发展条件中，从而充分发展产业。每个产业群落内部，各城市产业类型相似，彼此依存关系较弱，但竞争关系较强。因此规划应注重对产业合作的引导，围绕特殊资源建立产业群落合作体系，比如以区级政府或民间协会等为主导建立"产业协会"，加以科学系统化的产业管理，一定程度上整合资源，整体提升基础设施水平和产业经营水平。此类产业群落模式及规划引导策略见表 5-10。

表 5-10 围绕特殊环境资源的产业群落模式及引导策略

产业群落特征	产业群落与资源关系模式图	产业引导策略
产业依存资源关系	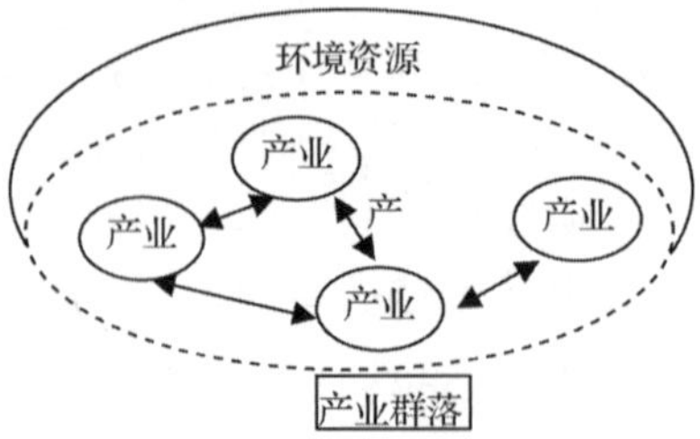 环境资源 产业 产业 产 产业 产业 产业群落	以环境资源保护为前提，依托资源发展产业。产业发展严格受到限制，包括建设，规范经营模式等，产业引导以旅游服务类为主

（续）

产业群落特征	产业群落与资源关系模式图	产业引导策略
产业与资源相互影响关系		产业发展与资源保护形成共生系统。合理利用环境资源，发掘产业潜力和多样化产业类型，产业引导以旅游服务类为主，有一定结合环境资源的项目开发
产业与资源并列发展关系		以环境资源为契机，重点打造自身产业特色，形成与环境资源并列发展的关系。产业引导以扶持特色产业类为主，兼顾旅游服务类产业

参考文献

崔民选. 2009. 中国能源发展报告[M]. 北京：社会科学文献出版社.

巩文. 2002. 略论生态区划与规划[J]. 甘肃林业科技，27(3)：28－32.

顾传辉，陈桂珠. 2004. 生态城市评价指标体系研究[J]. 环境保护(11)：24－25.

李迅，刘琰. 2011. 中国低碳生态城市发展的现状，问题与对策[J]. 城市规划学刊(4)：23－29.

吕斌，孙莉，谭文垦. 2008. 中原城市群城市承载力评价研究[J]. 中国人口. 资源与环境，18(5)：53－58.

仇保兴. 2009. 我国城市发展模式转型趋势——低碳生态城市[J]. 城市发展研究(8)：1－6.

沈清基，安超，刘昌寿. 2010. 低碳生态城市的内涵，特征及规划建设的基本原理探讨[J]. 城市规划学刊(5)：48－57.

王毅. 2009. 中国可持续发展战略报告——探索中国特色的低碳道路[M]. 北京：科学出版社.

吴志强，蔚芳. 2004. 可持续发展中国人居环境评价体系[M]. 北京：科学出版社.

叶祖达. 2011. 低碳生态空间：跨维度规划的再思考[M]. 大连：大连理工大学出版社.

中国科学院可持续发展研究组. 1999. 1999中国可持续发展战略报告[M]. 北京：科学出版社.

Dti U K. 2003. Energy White Paper：Our energy future － creating a low carbon economy[J]. DTI，London.

第 6 章　城乡绿地生态规划

6.1 城乡绿地系统概念及特性

6.1.1 城乡绿地系统概念

绿地，在《辞海》中释义为“配合环境创造自然条件，适合种植乔木、灌木和草本植物而形成一定范围的绿化地面或区域”。但“城乡绿地”并非一个含义固定的专有名词，目前国内对“城乡绿地”概念使用没有一个公认的定义。“城乡”顾名思义涵盖城市和乡村两块内容，从空间角度对某一些需要发展和实施的绿地给予的一个统称。城乡绿地是指城乡地域范围内凡是生长植物的用地，不论是自然植被或人工栽培的，是构建完整的绿地系统规划的基础，包括农林牧生产用地及园林用地，均可称为绿地。它涵盖了所有被植被覆盖的土地，包括：城市公园、自然风景保护区和农业生产用地等由树木花草等植物形成的绿色地块。这是由于绿地系统规划的工作重心随着中国城市化发展已开始从建成区向整个市域扩展，规划对象也正在从城市绿地向城乡绿地转变。以规划对象的转变为契机，对城乡统筹背景下绿地系统规划进行探讨具有重要的理论与现实意义。

城乡绿地是城市可持续发展中不可缺少和不可替代的自然资本，担当着生命支持以及人类健康与福利功能中的重要角色，在城市可持续发展中起着关键作用。城乡绿地生态系统是城乡生态系统中最重要组成部分之一，我们把由一定数量和质量的各类绿地组成的绿色有机整体，具生态服务功能、产业服务功能和社会服务功能，能为居民提供室外游憩、交往和观赏、集会等空间场所，统称为城乡绿地生态系统。它包括城市内部的绿地和城市外部广大范围的农业生态系统、自然保护区、郊野公园、山川河流等绿地形态。城乡绿地各要素具有多种重要的生态服务功能，农业生产用地与林业生产用地为人类提供食物、木材与纤维等；城市绿地具有调节空气的温度和湿度、改变风速等小气候调节功能，固碳释氧、减污滞尘、杀菌减噪等净化功能，涵养水源、保持水土等维护功能；城市森林、湿地等生态系统具有维持生物多样性、促进养分循环、防护减灾等生态安全与生命支持功能，还具有景观美学价值、休闲娱乐以及社会文化等功能。

6.1.2 现代绿地规划的新进展

(1)开敞空间

开敞空间(Open space，也有译为开放空间)，是研究市域绿地系统过程中重要概念，始于英国伦敦1877年制定的《大都市开敞空间法》(*Metropolitan Open Space Act*)，在《开敞空间法》中被定义为“任何围合或是不围合的用地，其中没有建筑物，或者少于1/20的用地有建筑物，其余用地用作公园或娱乐、或是堆放废弃物、或是不被利用”。凯文·林奇对开敞空间是这样描述的：“只要是任何人可以在其间自由活动的空间就是开敞空间，开敞空间可分为两类：一类是属于城市外缘的自然土地；一类是属于城市内的户外区域，这些空间由大部分城市居民选择来从事个人或团体的活动”。因此，林地、农田、滩地、山地、江河湖泊、待建与非待建的敞地、城市的广场和道路等一切自然要素及人工要素都是开敞空间研究的对象。

绿地空间(Green space)多被理解为城市绿地或绿化用地。车生泉等对绿地空间定义为“城市中保持着自然景观，植物覆盖较好的城市待用地，包括城市区域内的各类公园、道路绿化、单位绿地、居住区绿地、生产防护绿地、风景名胜区、林地、农地、墓地等”。李锋等认为“城市绿色空间是由城市森林、园林绿地、立体空间绿化、都市农业用地和河流湿地等构成的绿色网络系统”。还有部分学者认为“城市绿色空间是指城市公共外部空间，包括自然风景、公共绿地、休憩空间、广场道路等”。

(2)绿色基础设施

绿色基础设施(Green infrastructure，GI)是公园体系、绿道、绿带、生态基础设施等概念的延续，1999年美国保护基金会(Conservation Fund)与农业部森林管理局联合组建了政府与非政府组织的工作组将其定义为：由森林、农场、牧场、野生动物栖息地、湿地、水道等自然区域，绿道、公园等保护区域，以及其他维持原生物种、自然生态过程和提供生态服务功能的荒野和开敞空间所组成的相互连接的网络。绿地基础设施是一个包括网络中心(Hub)、连接廊道(Corridor或Link)和站点(Site)的网络系统。其本质是城市系统所依赖的生态基础设施，它包含了各种天然生态系统和人工恢复景观要素。网络中心通常指较少受外界干扰的大片自然区域，包括森林、公园、湿地和可重新修复或开垦的垃圾填埋场等，是动植物稳定的繁衍和栖息地，其形态和尺度也随着不同层级有所变化；连接廊道是线性的生态通道，包括铁路、公路两侧绿带、沿河流发展的线性绿道、农田防护林网等，它将网络中心和站点连接起来形成完整的系统，是动物迁移、生态物质和信息流动的通道；站点是在网络中心或连接廊道无法连通的情况下，独立于大型自然区域的小生境和游憩场所，供动植物迁移或人类休憩的生态节点。

绿色基础设施一是强调系统内部的连接性和与外部体系的连通性，例如，通过建立水道、公路等廊道网络结构，连接自然遗留地与公园等系统，这样既有利于维持、恢复生态连续性，发展整体系统风景，维持其生态过程，发挥整体生态功效，减少发展造成的生态系统功能和服务的不利影响，又利于生物多样性保护及随着时间空间变化的自然及生态过程的持续，使绿色基础设施网络得以正常运转；二是注重整体性，在整体城乡范围内建立布局结构，综合考虑市域、规划区、村镇之间各个层次的绿地要素，在区域、地方、社区乃至宗地尺度上分层解析绿地要素，使之形成良好的连续性和整体性，将城市、郊区、荒野景观衔接起来，为城市未来的发展提供框架。

(3)绿道理论

绿道理论(Greenway theory)是将城市公园、植物园、林荫道和河道湿地等多种类型的城市绿地整合成一个连续的系统。奥姆斯特德主持规划的波士顿公园系统，以河流廊道为基础，将原有的波士顿公地(Boston Common)等3座城市公园与新建的查尔斯河滨公园(Charles bank park)等6座城市公园串联为一个整体，形成了绵延16 km的翡翠项链(Emerald necklace)波士顿市内绿道。查理斯·莱托(Charles Little，1990)认为绿道就是沿着诸如河滨、溪谷、山脊线等自然走廊或沿着已经转化为娱乐用途的废弃铁路线、沟渠、风景道路等人工走廊所建立的线状开敞空间，它包括所有可供行人和骑车者进入的自然景观线路和人工景观线。绿道作为绿地景观的一种形式，不仅具有久远的发展历程，也具有持续发展的良好前景。在大尺度多目标的基础上，世界各地已经广泛展开了多功能、多尺度的绿道研究，特别是最近二十年，由于绿道对于保护区域自然环境、丰富居民郊游体验、保护历史文化遗产等方面均能起到突出的作用。绿道是以保护功能为基础的，同时具有保护、游憩以及促进经济发展多种功能的线性绿色开敞空间。绿道可以是一条野生动物活动迁徙和物种交换的生态廊道，也可以是一条遏制城市无序蔓延、为城市提供紧急缓冲区的绿色廊道，也可以是狭长的充满个性的游憩娱乐廊道，也可以是历史遗迹保护廊道，还可以是绿色非机动车通勤的风景大道。我国对绿道的研究多从绿道在生物多样性保护、城市空间形态塑造和水资源保护等某一方面的功能着手，例如，绿色廊道、自然或绿道、绿色走廊等。这些研究多数是从景观设计角度研究城市滨水区开发，都属于小尺度绿道规划的案例。

(4)绿地生态网络

绿地生态网络(Greenway network)是指除了建设密集区或用于集约农业、工业或其他人类高频度活动以外、自然的或植被稳定的以及依照自然规律而连接的空间，主要以植被带、河流和农地为主，强调自然的过程和特点。欧洲学者罗伯·乔曼(Rob H. G. Jongman)认为："绿地生态网络是由核心区、缓冲区、生态廊道、屏障等一系列自然保护地及其连接体构成的系统，包含生态和人文的因素，目的在于将破碎的自然连接成为整体，并以此为生物多样性提供支持，同时优先考虑自然和文化相互之间的作用关系"。杰克·艾亨(Jack Ahern)在2009年第46届风景园林师联合会(IFLA)世界大会上认为美国的绿地生态网络建设已经进入注重综合功能发挥、建设综合性绿地生态网络的阶段。保尔·奥普丹(Paul Opdam)认为绿地生态网络是从生物保护功能出发，通过生物流的运动联系起来的斑块体系，研究的是如何能使物种的空间过程与景观格局相联系，以及如何依据这一思想指导规划设计。因此，欧洲绿地生态网络构建目标以生物栖息、生态平衡和流域保护为重点，绿地规划实践的关注重点是对高强度开发的土地减轻人为干扰和破坏、保护生态系统和自然环境，尤其是对河流的生态环境恢复、野生生物栖息地的保护和生物多样性的维持。北美的绿地生态网络规划实践中，多数是以游憩和风景观赏为主要目的，对自然保护区、历史文化遗产、国家公园、乡野土地、未开垦土地等开放空间的绿地生态网络建设。

针对当前全球气候变化等环境问题的巨大威胁，绿地生态网络作为解决环境生态存在的重大问题的一个古老而崭新理论和技术，引领生态规划步入"城乡一体、城绿联动、生态为先"的绿化时代。

(5)城市森林

城市森林(Urban forest)概念起源于加拿大，但对城市森林内涵的理解上仍然存在分歧。2003年，《中国可持续发展林业战略研究》将发展城市森林确立为中国可持续发展林业战略之一。目前对城市森林的概念相对被认可的定义是：在城市地域内以改善城市生态环境为主，促进人与自然协调，满足社会发展需求，由城市的植被及其所在的自然环境所构成的森林生态系统，是城市生态系统的重要组成部分。城市森林生态系统规划思路，是从优化结构与布局入手，把城市及其周边的森林绿地作为是一个多功能生态系统，强调其自然的过程和连接性，通过生态廊道建设将城市森林连成一个完整的生态系统，重点提高城市森林建设的质量，充分发挥城市森林的生态、景观和文化等多种功能，促进人与自然协调，满足社会发展需求，在更宏观的尺度上平衡各种资源利用的关系。城市森林不是局限于城市的建成区和城乡结合部，而是涵盖整个市域范围内以树木为主体的植被及其所在的环境所构成的森林生态系统，以改善城市生态环境为主，把市区、郊区及远郊区作为一个整体来考虑而规划建设的城市森林生态系统。

我国的城市森林规划具有以下特点（刘滨谊，2008）：①按照从现状调查开始，确定规划指导思想、原则、依据，制定规划目标，确定规划结构、进行总体布局，确定重点建设项目，进行分期建设规划，制定实施措施；②重视空间结构布局，提炼出清晰的城市森林结构，重视城市森林建设用地的落实；③注重与城市其他规划的衔接，规划内容一般都会结合城市绿地系统规划，规划期限一般与城市总体规划相对应；④以重点建设工程为着力点，带动城市森林建设，制定了规划实施措施。

城市森林规划的方法：①明确规划对象，完善规划内容，从单纯注重林地数量的方法，向林地和植被的数量和质量兼顾的方向转变；②建立城市森林规划综合指标体系，从偏重于定性的描述向定性与定量相结合的方向转变；③加强遥感和 GIS 技术的运用，采用现代规划技术提高规划的科学性；④注重公众参与，探索符合中国国情的公众参与方式。

6.1.3 城乡绿地系统的特性

①主导性。城乡绿地系统的规模决定了城乡绿地系统的主导性。城市周边的农业和林业用地与城市的发展息息相关，并且已参与到了城市生态系统循环中，成为城市发展利用的一部分，但城市绿地系统规划并不涵盖此类用地。因此在城乡绿地规划中，将其纳入城乡绿地的规划范围，使城乡绿地系统成为城乡复合生态系统的主体性构成要素，对城乡产业结构、空间布局、生态环境保护、景观特色塑造等多个方面均有主导作用。

②多样性。主要表现为绿地用地的功能多样性和景观形态多样性。从用地功能上看，城乡绿地系统规划与林业、农业、水利、土地、文物、交通等多个行业与部门具有交叉关系，分布于建设用地和非建设用地，因此绿地系统规划的综合性和系统性特征更加明显；从景观形态上看，绿地系统与各类建设用地形成的镶嵌关系多样，人工、半自然与自然并存，乔、灌、草分别占主体的类型均有，要求绿地系统规划不仅要关注二维的用地，也要重视用地上多维的景观形态。

③多功能性。城乡统筹的绿地系统规划在保障区域的城乡生态安全前提下，还要强化地域景观特色、满足人们生产生活、闲暇观光等需求，更要在优化与调整城乡产业结构中发挥重要的作用，即充分发挥绿地系统提供的生态功能、景观功能、使用功能、经济功能等功能，为城乡社会经济发展服务。

④多元性。城乡绿地系统的多功能性决定了绿地消费过程中的二重性：一方面，绿地系统的生态功能属于公共物品，具有公益性；另一方面，绿地系统的景观功能、使用功能和经济功能则存在排他性和竞争性，由于乡村绿地以耕地、林地、湿地等不同形式存在，投资渠道和实施主体多元化，对应的城乡绿地系统可以属于私人物品、俱乐部产品和准公共物品。

⑤动态性。包括城乡绿地系统范围动态性、功能动态性和绿地景观动态性。城乡空间的发展和社会的需要一直呈现出一种动态变化，要求绿地系统规划范围和功能必须要改变当前静态的规划模式，建立适应于城市化进程的、动态的绿地空间演化图景。

6.1.4 城乡绿地规划的问题及调控途径

我国绿地系统规划的现状及存在的问题，源自我国绿化特有的国情。由于现有城市绿地系统规划都是计划经济时代的产物，受到当时的社会经济以及政治环境的影响，城市绿地系统规划侧重于建成区，行业标准《城市绿地分类标准》重点对建成区内的绿地进行了细分，而对建成区外围面广量大，形式多样的各类绿地则笼统地称为"其他绿地"。并且绿化多以城市公园等点状、面状的绿地建设为主，以绿道为主的线性带状绿地建设十分薄弱。到20世纪90年代初期，在建设部的指导下，在全国范围内开始掀起热潮城市绿地系统规划，但当时的绿地系统还基本上局限在城市建成区，由于不可能在城市建成区拿出大片的土地来建设绿色开放空间，城市土壤资源紧张，城市中原有的绿色开放空间被蚕食掉，城市生态环境衰退和越来越恶化，单靠城市建成区内部日益脆弱的绿色开放空间，已不能保证人们的生态人居环境，不能满足改善城市生态环境及休憩娱乐的要求。大市域范围的绿化建设实施较少，缺乏绿地网络建设，更无法考虑绿地的生态服务功能。

面对当前愈演愈烈的城市化浪潮，城市建成区外围仍有大量没有城镇化的空间区域和发展空间，有大片的农田、森林、水面等绿色开放空间，这为发展城乡绿地生态网络建设提供了广阔天地。对城乡绿地进行统一规划，充分利用天然河流和湖泊水面，均衡安排各种公园、绿地林荫道，在城市中形成一个完整的绿地系统，不仅可以十分经济有效的满足改善城市生态环境的要求，同时又可以为人们提供健康休闲游憩的绿色空间场所。这就需要对绿地的用地性质更有效地管理控制，通过城乡绿地系统规划，向市域或更大范围的区域扩展，为城市提供良好的物质效益和生态服务，为城市的可持续发展奠定坚实的基础。

城乡绿地系统存在的主要问题如下：①土地严重退化。多年来，由于大量地施用化肥、频繁地机械耕作、过度耕种等原因造成农业绿地水土流失、耕层变薄、物理性状恶化，地力明显下降。②水土污染严重。有的地区水土污染已超过土壤的自净能力。③城区内原有绿地被破坏或侵占。近些年来，这些绿地遭到了极大的破坏，昔日的景色已荡然无存，取而代之的是钢筋混凝土的构筑物和沥青路面。

因此，针对国情，城乡绿地规划应从以下3大方面展开：

(1)寻求未来百年的空间结构及其优化方向

针对快速城镇化的国情，编制出具有超前眼光、百年以上的绿地生态网络的规划是首要研究的问题。以大自然的地理地貌为背景，绿地生态网络规划建设在空间上必须是区域、市域、地方多层面、大尺度的，在时间跨度上则是十年、百年以上。国际上百年前规划的，而今天仍发挥作用的此类规划建设表明：今天的决策，将左右百年后的成败。

良好和合理的结构有助于提升绿地生态网络的效率。绿地生态网络的规划和实施不是将保护重心从保护地斑块转移到生态廊道，而是将保护地斑块和生态廊道连接起来，形成一个空间完整、结构良好的系统。同时，绿地生态网络结构的优化完善与诸多功能的实现都有赖于连接性的提高，这种线性绿地空间以较高的土地利用效率，赋予城市中绿地的最理想用途，这也正是绿地生态网络规划的突出特征。

多空间尺度的衔接和多时间尺度衔接是绿地生态网络结构无法回避的定量化问题。现代技术手段为生态网络的多实践空间尺度规划提供了可能。“国际—国家—区域—社区”已成为国外绿地生态网络规划中经常用到的空间尺度；千年、百年、半个世纪、十年、五年是其时间尺度。针对中国发展的时空，合理把握规划的时空尺度成为绿地生态网络规划和实施中必须解决的问题。规划中应当选定某一具有可操作性的层次作为规划研究的对象，并同时考察这一层次之上和之下的系统，协调好各层次之间的衔接，尤其在涉及不同的行政级别和行政区域时。

(2)寻找城乡其他用地与绿地的互动方式途径

针对人多地少的特点，寻求城乡规划其他用地与绿地生态网络用地的互动，使之相辅相成、互助互赢，变“争夺”为“融合”。为此，需要改变传统的就绿地论绿地的规划模式。传统绿地建设往往将绿地与其他城乡用地并置而孤立于城市之中，结果必然是不断被蚕食而日渐消亡。根据网络渗透互相作用原理，更为有效的绿地布局应当是绿地与其他用地相互耦合，达到互为图底，相互依存，难以取舍。这种“耦合”是城乡绿地生态网络规划建设的重要问题之一。

绿地生态网络与城乡其他用地的耦合使其功能得到大大扩展，涉及城乡环境、产业、文化、卫生、健康、教育、风貌、艺术等诸多方面，其功能的不断拓展和互动发展使其作用日益扩大，其中，最为值得重视的扩展作用是借助于广泛的公众参与，大大拓展公众对于绿地生态网络的认知，进而提高全民的环境绿化意识。当各行各业都关注绿地生态网络之时，也就是绿地生态网络深入各类城乡用地环境之日。绿地生态网络与城乡其他用地的耦合中，绿地的变化相对稳定，而城乡建设用地的变化则随时而变，不断发展。因此，与欧美发达国家相对稳定的开发建设相比，绿地生态网络如何“跟随”变化、“应对”变化，也是中国特有的一个难题。

尽管我国的市域绿地系统规划在近年来已经取得了一定得进步，但还属于起步阶段，从规划层次管理机制到救赎层次还不完善，还面临这诸多的问题，存在着各种各样的障碍性因素，因此有必要对这些影响市域绿地系统规划的障碍性因素进行剖析，采取相应的措施，从而提高规划的科学性、规范性和可操作性，促进市域绿地系统规划和建设顺利实施和健康发展。

6.2 城乡绿地系统分类

6.2.1 城乡绿地系统的结构

广义上把城市建成区之外的各种绿色开敞空间都认为是城乡绿地系统。如水域、林地、园地、牧草地、湿地，这些都是维持城市正常运作的生态资源。但我国城乡在生态环境等存在着明显的二元化，即城、乡在生态环境的结构、功能、质量等方面的不平衡状态及发展趋势。城市绿地规划中把绿地系统局限在城市园林绿地建设，造成了建成区内部大量的绿色空间为现有的规划管制体系所忽视，更多是被排除在现有的规划管制体系之外而逐渐萎缩和消失。城乡绿地生态规划就是针对生态环境的现实问题和生态建设的迫切性，在生态理念指导下将生态规划相关理论、方法运用到城乡绿地系统规划中，强调的是城乡各类绿地的有机结合，自然生态过程的畅通有序。通过加强宏观、中观、微观层面上城乡绿地的结构与功能、形态与要素间相互关系，来解决当前中国城市面临着经济增长、土地开发和生态保护多方面且复杂的问题，在生态目标导向下对现有空间规划理论、技术方法等进行改进与更新，从生态(尤其是自然生态)的角度来探索作用于空间规划的理论(图6-1)。

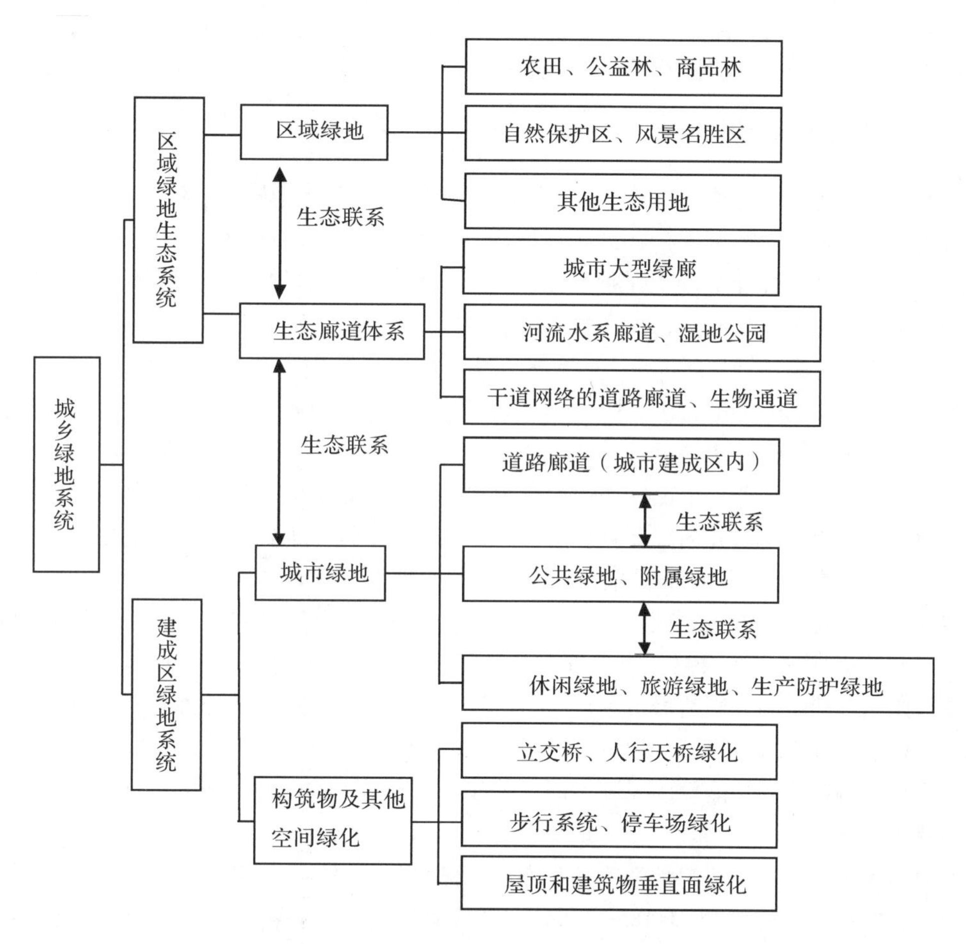

图6-1 深圳市绿地系统规划体系一览图(王富海等，2005)

《中华人民共和国城乡规划法》自2008年1月1日起施行。它打破建立在城乡二元结构上的规划管理制度，改变了以前规划体系只考虑城镇而不考虑农村的实际状况，规定了“协调城乡空间布局，改善人居环境，促进城乡经济社会全面协调可持续发展”的城乡一体化时代。这使规划体系从乡镇到村庄得到规划控制，对城乡规划相关的法律、法规、规划控制范围以及规划技术产生新影响，促成体系内部的改进及组合优化。城乡一体化是城市与乡村之间协调发展的动态过程，涉及社会经济、生态环境、文化生活、空间景观等各个方面，学科不同，对其概念的理解也有偏差(景普秋等，2003)。城乡一体化的绿地系统的结构发生了巨大的变化，让绿地系统规划承担起城市开敞空间总建设的指导职能，区域内林地、农田、园地、水域等生态用地作为生态改善的积极因素纳入规划，从宏观到微观实现对区域绿色开敞空间的全覆盖，并重视与其他类型的各项开敞空间规划相协调。绿地系统结构上包括二大类：第一大类是城乡生态绿地，包括农业生态绿地、河流湿地、生态防护林地、风景游憩林地、经济生产林地，强调发挥生态效益，以展现城郊森林的景观特色为主，在兼顾游憩需求的基础上，重点突出其经济生产功能；第二大类是建成区绿色空间，主要包括公园绿地、附属绿地、生态防护林以及高架桥、立交桥、屋顶绿化、停车场等城市绿地系统规划，强调改善城市生态环境和景观，以满足居民日常或紧急避难需要、提升居住环境品质为目标。

6.2.2 城乡绿地分类

关于城乡绿地系统分类一直是学者、城市建设管理者探讨的热点。随着对城乡生态系统及城市绿地功能认识的不断深入，在区域范围内，对城市绿地、乡(镇)、村的各类绿地系统分区分类，有利于进行合理布局，保护利用，构成城乡一体化、绿化空间网络化的生态安全格局，使其充分发挥城乡绿地生态系统的生态、游憩、景观、防灾等各项生态功能效应，促进城乡协调、稳定、健康发展，形成一个完善的人居环境保障系统。

2002 年 9 月 1 日《城市绿地分类标准》(CJJ/T85—2002)经建设部审查确定为行业标准正式实施。标准采用分级代码法将绿地分为大类、中类、小类 3 个层次，共 5 大类、13 中类、11 小类。其中 5 大类绿地为：公园绿地、附属绿地、生产绿地、防护绿地和其他绿地。但由于人居城乡绿地系统规划的研究内容和侧重点不同，在针对不同层面的绿地系统规划中并不能完全套用，五大类分类法已经不能满足城镇集聚的城乡绿地系统规划的需要。

城乡一体化就是统筹兼顾城市与农村，从这个角度看，作为指导城乡绿地系统规划和管理的《标准》也应兼顾城市与农村。事实证明，城郊绿地系统在恢复自然、整体维护城市生态系统、提供休闲游憩空间、塑造城市景观、保护历史遗产和文化资源等方面都有重要作用。在实施《城乡规划法》的大背景下，城乡绿地系统规划要遵循城乡一体化的建设思想，以延续性、城乡一体化、协调性和功能性为原则，即要关注城市建成区的绿地，更要关注城市外围大环境地区的绿化生态建设。

刘颂等提出了重新进行绿地系统分类方法，保留公园绿地和附属绿地的定义和范围，细化丰富《城市绿地分类标准》(CJJ/T85—2002)中"其他绿地"的内容，以突出绿地功能为出发点，提出将城乡绿地分为公园绿地、附属绿地、风景游憩绿地、生态保护绿地、经济生产绿地和生态恢复绿地等 6 大类，28 中类和 30 小类的调整方案，见表 6-1(刘颂等，2009)：

表 6-1 城乡绿地分类表

类别代码			类别名称	内容与范围	备注
大类	中类	小类			
G1			公园绿地	向公众开放，以游憩为主要功能，兼具生态、美化、防灾等作用的绿地	同《城市绿地分类标准》CJJ/T 85—2002 中的 G1 类绿地
	G11		综合公园	内容丰富，有相应设施，适合于公众开展各类户外活动的规模较大的绿地	同 CJJ/T 85—2002 中的 G11
		G111	全市性公园	为全市民服务，活动内容丰富、设施完善的绿地	同 CJJ/T 85—2002 中的 G111
		G112	区域性公园	为市区内一定区域的居民服务，具有较丰富的活动内容和设施的集中绿地	同 CJJ/T 85—2002 中的 G112

（续）

类别代码			类别名称	内容与范围	备注
大类	中类	小类			
G1	G12		社区公园	为一定居住用地范围内的居民服务，具有一定活动内容和设施，为居住区配套建设的集中绿地	不包括居住组团绿地，同 CJJ/T 85—2002 中的 G12
		G121	居住区公园	服务于一个居住区的居民，具有一定活动内容和设施，为居住区配套建设的集中绿地	服务半径：0.5－1.0 km，同 CJJ/T 85—2002 中的 G121
		G122	小区游园	为一个居住小区的居民服务、配套建设的集中绿地	服务半径：0.3－0.5 km，同 CJJ/T 85—2002 中的 G121
	G13		专类公园	具有特定内容或形式，有一定游憩设施的绿地	同 CJJ/T 85—2002 中的 G13
		G131	儿童公园	单独设置，为少年儿童提供游戏及开展科普、文体活动，有安全、完善设施的绿地	同 CJJ/T 85—2002 中的 G131
		G132	动物园	在人工饲养条件下，移地保护野生动物，供观赏、普及科学知识，进行科学研究和动物繁殖，并具有良好设施的绿地	同 CJJ/T 85—2002 中的 G132
		G133	植物园	进行植物科学研究和引种驯化，并供观赏、游憩及开展科普活动的绿地	同 CJJ/T 85—2002 中的 G133
		G134	历史名园	历史悠久，知名度高，体现传统造园艺术并被审定为文物保护单位的园林	同 CJJ/T 85—2002 中的 G134
		G135	风景名胜公园	位于城市建设用地范围内，以文物古迹、风景名胜点（区）为主形成的具有城市公园功能的绿地	同 CJJ/T 85—2002 中的 G135
		G136	游乐公园	具有大型游乐设施，单独设施，生态环境较好的绿地	绿化占地比例应≥65%，同 CJJ/T 85—2002 中的 G136
		G137	其他专类公园	除以上各种专类公园外具有特定主题内容的绿地，包括雕塑园、盆景园、体育公园、纪念性公园、墓园等	绿化占地比例应大于等于65%，同 CJJ/T 85—2002 中的 G137
	G14		街旁绿地	位于城市道路用地之外，相对独立成片的绿地，包括街道广场绿地、小型沿街绿化用地等	绿化占地比例应≥65%，同 CJJ/T 85—2002 中的 G15
G2			附属绿地	城市建设用地中绿地之外各类用地中的附属绿化用地。包括居住用地、公共设施用地、工业用地、仓储用地、对外交通用地、道路广场用地、市政设施用地和特殊用地中的绿地等	位于城市、镇、乡村建设用地内，包括 CJJ/T 85—2002 中的 G4 类绿地
	G21		居住绿地	城市居住用地内社区公园以外的绿地，包括组团绿地、宅旁绿地、配套公建绿地、小区道路绿地等	同 CJJ/T 85—2002 中的 G41
	G22		公共设施绿地	公共设施用地内的绿地	同 CJJ/T 85—2002 中的 G42
	G23		工业绿地	工业用地内的绿地	位于建成区内，同 CJJ/T 85—2002 中的 G43
	G24		仓储绿地	仓储用地内的绿地	同 CJJ/T 85—2002 中的 G44
	G25		对外交通绿地	对外交通用地内的绿地	同 CJJ/T 85—2002 中的 G45
	G26		道路绿地	道路广场用地内的绿地，包括行道树绿带、分车绿带、交通岛绿地、交通广场和停车场绿地等	同 CJJ/T 85—2002 中的 G46
	G27		市政设施绿地	市政公用设施用地内的绿地	同 CJJ/T 85—2002 中的 G47
	G28		特殊绿地	特殊用地内的绿地	同 CJJ/T 85—2002 中的 G48

（续）

类别代码			类别名称	内容与范围	备注
大类	中类	小类			
G2	G29		立体绿化	依附于建筑墙体，高架桥体，驳岸墙体等建构筑物进行的绿化	其折算比例有待研究
	G30		屋顶绿化	在建构筑物顶面进行的绿化	
G3			生态防护林地	以保护和改善城市生态环境，维护生态平衡，抵御不良环境因子的影响，保存物种资源，保护生物多样性，保护自然资源为主的林地	包括 CJJ/T 85—2002 中的 G3 类绿地
	G31		自然保护林地	以保存物种资源，保护生物多样性，保护自然资源为主的林地	
	G32		安全防护林地	对城市相关设施具有安全防护作用，抵御或减弱不良环境因子侵害的林地	
		G321	道路防护林地	对铁路、公路具有防护作用的林地	
		G322	堤岸防护林地	对城市水体如河流、湖泊、水库、海洋等堤岸进行防护的林地	
		G323	高压走廊林地	对城市高压走廊进行防护的林地	
		G324	农田防护林地	位于农田中，一般按一定的距离间隔种植，对农田进行防护的林地	
		G325	水土保持林地	对土壤易受侵蚀的地段进行防护，以保持水土，减少水土流失，预防滑坡和泥石流等灾害影响的林地	
		G326	防风固沙林地	保护城市免受风沙侵害或减弱风沙危害的林地	
		G327	水源涵养林地	以净化和涵养水源为主的林地	
	G33		环境隔离林地	保护城市环境，具有卫生、隔离作用的林地	
		G331	城乡隔离林地	在城市及周边范围内，对居民居住或工作区域进行隔离保护，免受不良环境如噪声、粉尘影响的林地	
		G332	卫生隔离林地	位于污染源周边，防止污染物扩散的林地	
	G34		湿地	指天然或人工、长久或暂时性的沼泽地、泥炭地或水域地带，静止或流动的淡水、半咸水、咸水体，包括低潮时水深不超过6m的水域	
G4			风景游憩林地	具有一定设施，风景优美，满足人们游憩活动需求的区域	
	G41		自然风景区	自然风景资源集中，环境优美，具有一定设施和游览条件的区域	
		G411	风景名胜区	风景名胜资源集中，经县级以上人民政府批准，可以开展游憩活动的区域	
		G412	自然保护区	指为了自然保护的目的，把包含保护对象的一定面积的陆地或水体划分出来，进行特殊的保护和管理的区域	

（续）

类别代码			类别名称	内容与范围	备注
大类	中类	小类			
G3	G41	G413	风景林地	是指具有一定景观价值，在城市整体风貌和环境中起作用，但尚没有完善的游览、休息、娱乐等设施的林地	
	G42		郊野公园	近郊或远郊，向公众开放，以游憩为主要功能，兼具生态功能的林地	
		G421	森林公园	以森林资源为依托，具有一定游览设施，可以开展游憩活动、进行科学研究、文化教育等活动的林地	
		G422	野生动物园	依托自然环境，以放养为主，保护野生动物，供观赏、普及科学知识，进行科学研究和动物繁育，并具有一定游览设施的林地	
		G423	野生植物园	依托自然环境，进行植物多样性保护，开展科学研究和引种驯化，并供观赏、游憩及开展科普活动的林地	
		G424	湿地公园	具有湿地的生态功能和典型特征的，以生态保护、科普教育、自然野趣和休闲游览为主要内容的林地	
		G425	游乐园	以森林为依托，具有丰富游乐设施，环境优美的林地	森林覆盖率>65%
	G43		休闲度假林地	依托自然环境，具有休度设施，可以供人们住宿、停留、休闲、娱乐的区域	
G5			经济生产林地	以生产经营为主的林地	位于建成区内或建成区外，包括CJJ/T 85—2002中的G2类绿地
	G51		农业绿地	农田、蔬菜保护地，综合园艺场等	
	G52		苗木基地	为城市森林建设提供苗木、花草、种子的森林类型，包括苗圃、花圃、草圃等圃地	
	G53		林副产品林地	以生产果品和其他林副产品为主的林地	
		G531	果园	指生产果品的各种果园	
		G532	其他产品林地	指生产油料、工业原料、饮料、调料、药材、饲料等为主的林地	
	G54		用材林地	以生产木材为主的林地，如木材生产林、薪炭林的林地	
	G55		牧场	指通过耕种或自然生长方式长期用于生长木本饲料作物的区域	
G6			生态恢复林地	利用荒地、废地等各种弃置地进行生态恢复，改善生态环境的林地	
	G61		荒地恢复林地	在各种荒地上进行种植的林地	
	G62		工业废弃地恢复林地	在工业废弃地上进行生态恢复的林地	

6.3 城乡绿地规划的方法

6.3.1 城乡绿地系统规划定位

城乡一体化绿地系统规划为城市绿地系统规划引入新的规划层次，依托区域生态基础设施，强调城乡各类绿地的有机结合，把规划区内森林、公园、湿地、农田、旅游风景区等纳入规划的范畴，充分整合所有绿色空间，通过保护森林、农田、湿地等关键性生态斑块，有效地保护乡土生境和本地野生动植物，实现人工与自然生态过程的畅通有序的绿地规划，解决城市生态和人居环境问题。大大地缓解城乡矛盾和城乡差别，从宏观尺度上实现了“重城轻乡”向“城乡统筹”的转变，对优化城乡人居环境，改善城乡绿化面貌，提高人们生活质量，促进城乡可持续发展。同时注重中观时空尺度区域绿地系统生态过程，解决生态破坏、景观破碎化、景观孤岛化、生物多样性降低问题，并且还加强微观时空尺度来思考局部绿地系统生态过程，解决绿地系统的结构与功能、形态与要素、资源破坏与浪费、生产污染与过度消费、创造生态设计。

针对不同的城乡绿地系统规划的空间对象，其解决方案也不相同。城乡绿地系统规划已经打破了城市和乡村的界线，规划要素的多元性决定了城乡绿地系统规划更加需要注重城乡绿地基础设施（园林绿带、农田和自然植被等）、蓝色网络（水体）、灰色斑块（矿山、垃圾场等）间的相互耦合，合理地配置各类要素。因此，城乡绿地系统规划的基本定位是明确绿地系统规划和城市总体规划的关系。明确市域绿地系统规划的规划定位是城市总体规划下的一项专项规划，纳入城市城市总体规划中，明确城乡绿地系统规划结构与布局和分类发展规划，构筑以中心城区为核心，覆盖整个市域，城乡一体化的绿地系统。这样可以极大地促进了城乡绿地系统规划的发展，形成完整的市域范围内的城乡绿地规划体系，使城乡绿地系统规划的规划编制走向规范、科学和深入。最大程度地保护农地、林地、湿地等生态用地，保证城乡绿地系统建设的顺畅、有序的进行，进而促进了城乡绿化建设的发展，对完善当前绿地系统规划与建设理论研究具有重要意义。

6.3.2 城乡绿地系统规划的思路

传统的绿地系统规划思路是对绿地所处的区域和地点进行分类规划，这主要是有利于行政管理的需要。但城乡绿地系统作为区域土地利用的一种方式，同时具备了生态性、景观性和人文性三重功能，并且根据每一类绿地所处的地点不同而对其功能要求也不相同。建成区更注重景观功能和人文功能，郊区则侧重于生态功能和景观功能。因此，我们可以把城乡绿地系统分解为生态型绿地子系统、游憩型绿地子系统、景观型绿地子系统三大部分，从绿地的生态性、人文性和景观性三大功能入手，依据对不同区域绿地系统功能要求侧重点，科学、系统地构筑多层次、多结构、多功能的绿地系统，发挥绿地具有的生态、景观和人文的复合功能和系统效应。

(1)非建设用地保护和营造

首先在定量和半定量研究的基础上，通过科学的城乡绿地分类以及对不同类型绿地规划内容的限定，来解决规划在市域范围内的均衡性问题。根据区域绿地系统规划内容存在的问题，规划提出建设由“区域绿地—生态廊道体系—城乡绿化空间”组成的生态绿地系统，在全面维护和提高生物多样性的同时，“区域绿地-生态廊道体系”构筑的连续生态绿地系统和建成区建设用地相耦合，构成城乡发展的基本生态框架和生态红线。同时，通过补充完善相关配套的市政工程规划内容，来实现绿地系统的综合功能，如增加视觉景观规划、游憩规划、绿化产业规划方面的专项内容，进一步改善城市的大气、水和声环境质量。

例如，在深圳市域城乡绿地系统规划中，首先构建市域绿地系统层面的生态型绿地。规划了18条大型绿廊作为大型通风走廊，既改善城市空气污染状况，又承担大型生物通道的功能，从空间上为野生动物迁徙、筑巢、觅食、繁殖提供保障(图6-2)。它包括了加强市域范围内交通干线网络绿色通道和区域内道路廊道建设，利于机动车空气污染的稀释和交换，降低市域内道路污染程度和雾霾现象发生的几率；提高了生物通道建设要求，强化高等级公路和大型桥梁穿越区域绿地和大型生态走廊时，设置建立生物迁徙、觅食和物种交换的通道；构建河流水系绿色廊道网络，在确保防洪防涝标准的前提下，维持自然河道形态，并采用生态护坡改造方式改造和治理河岸。其次构建了建成区内部的生态型绿地系统。依据生态学中种群迁移可达性原理，以“公园”的方式在城市中规划建设新生境，设计成物种迁移过程中的栖息地和踏脚石；集中使用绿地，减少“单位附属绿地”的分量，将分散到各单位大院内部的小块绿地用地指标交给公共绿地、生态景观绿地等城市绿地类型集中使用，用以建设大面积的城市公园、各种防护林带以及城市的通风廊道，构成较高密度城市生态绿地系统的基本骨架，大大提高了绿地系统的生态服务功能。

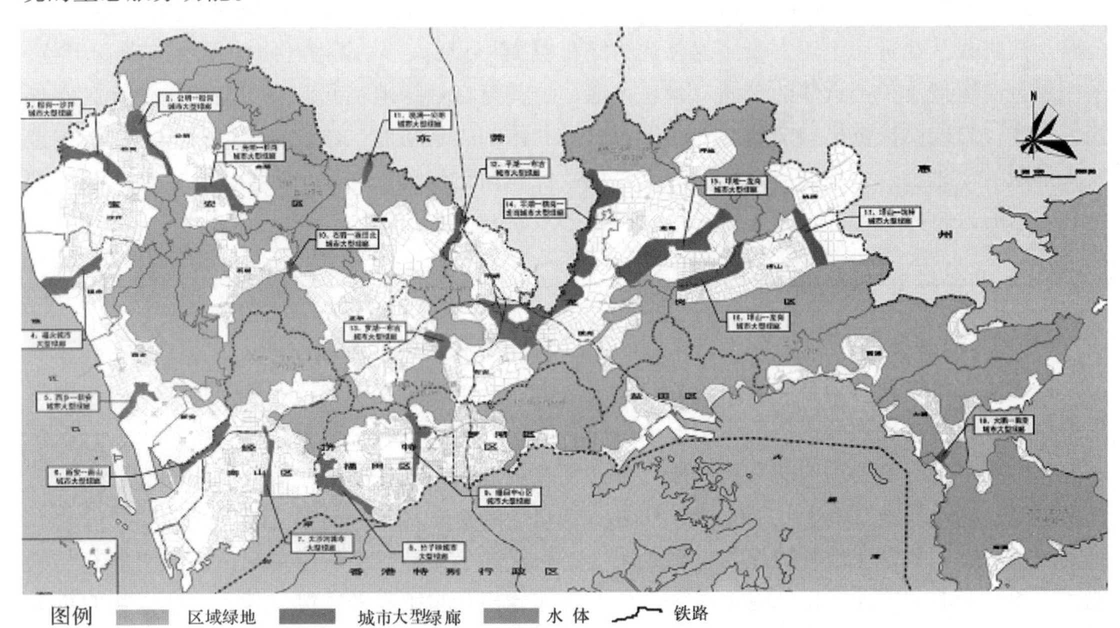

图6-2　深圳市区域绿地与大型生态廊道规划(王富海等，2005)

（2）游憩型绿地系统规划

居民在闲暇时间对健康和运动的关注度越来越高，对游憩地的需求越来越大。在掌握该城市游憩活动发展趋向和余暇生活特征的基础上，增加游憩型公共绿地的供给面积，成为绿地系统规划中重要问题。这就需要掌握作为日常游憩活动场所潜力高的城市公园，能步行到达的住区基干公园和儿童游园等的绿地建设情况和主要功能。在规划中，既要以更加宏观的时空尺度来思考问题，需要解决公园分布不均衡的问题，也要加强中观、微观层面的落实，把握绿地在特定城乡地域环境上的结构与功能，形态与要素，将原来基于行政管理方便的"市—区—居住区级"公园体系，改变为"郊野公园—城市公园—社区公园"体系。

例如在深圳市域城乡绿地系统规划中，①充分考虑市民康乐游憩的实际需求，充分利用深圳市域范围内生态绿地等开敞空间资源，以人为本地建设郊野公园，为市民提供游憩和运动空间，将区域绿地和生态廊道体系内的适当区域，通过增设适当的康乐游憩设施，有限度地为市民提供公共游憩康乐场所。在保证生态系统稳定和良性循环的前提下，在传统城市公园规划的基础上，强化了"郊野（海岸）公园"规划，满足居民长假期、每周出行的游憩康乐活动需求，让城市的绿地资源最大限度地向市民开放。②强化社区公园的规划。采取"复合绿化"、"广场绿地化"建设社区公园的策略，按照500 m半径形成的六边形服务区，缓解城市内部拥塞地区的"热岛效应"，解决居民每日游憩康乐等活动对就近使用绿地的迫切性需求。

（3）景观型绿地系统规划

为了保护和创造区域内具有代表性的、特征鲜明的或提供舒适感的景观，景观型绿地规划不仅选择必要的视点和绿地，还要掌握景观特征等，包括城市代表性景观、地区或社区良好的景观、优美景观的眺望点、作为地标的场所、周边要素、需要创造城市景观的场所，分析评价今后需要的绿地位置和特色。加强城市交通空间和重要公共活动设施和空间的绿化规划。引入绿色道路的概念，实现市域内交通空间的整体绿化，构成了景观型绿地系统的主体。包括高速公路、铁路及其他货运干道，采用森林式的绿化隔离屏设计，隔离相互间的视线、噪音干扰。采用绿色通道概念，把近邻的公园、绿色大道、公共与自然绿地空间、多功能的居住社区等连接为一体，为居民提供机动交通之外的出行方案和休闲娱乐功能。建设并形成行人走廊，构造较大范围的绿色步行系统，通过全面的人性化设计和绿化建设，创造一个安全、舒适的用于健身和娱乐的人行环境。

6.3.3 城乡绿地规划原则

（1）整体性原则

将绿地系统作为一个整体来考虑，充分利用由道路廊道、水系廊道、空中廊道以及各网络中的核心斑块构建规划区稳定的生态安全格局。城乡绿地在城市中分布很广，潜力很大，城乡绿地作为城市所有功能用地的有机组成部分，更确切地说，是不同功能用地之间的黏合剂。这就要求城乡绿地系统在布局上应置于"社会—人口—经济—环境—资源"这一城市发展的大系统中加以考虑，城乡绿地系统作为整个区域生态系统这个大系统中的子系统，必须明确其与其他系统和因素的相关关系，把绿地系统每个组成部分相互联结起来，保持其连续性，从而更大程度发挥其效益。因而，有必要关注绿地系统的布局形式与自然景观、地形地貌和河湖水系的协调以及与城市功能分区的关系，从整体上考虑。城乡绿地系统应发挥整体大于局部之和的优势，统筹兼容多要素、多类型、多功能内容的多元特征，多途径地满足人对自然的各种需求，有效把握并控制人与自然协调发展的主线。

(2)连续性原则

所谓连续性就是要把深入到城市聚集区的市区、生活区、生产区和工业区中的绿地成分通过绿地组成一个连贯紧凑的绿地系统。通过建立充分的绿色、蓝色走廊把城市中每一处公园、街头绿地、庭院、河流、山地、田地等都纳入景观结构之中，使大面积的公园绿地等通过林荫大道、景观道路、滨河绿带相互串联。绿地系统规划中要注重与现有的城市总体规划、旅游规划、风景名胜区规划的衔接，将文物古迹保护、风景名胜区保护、旅游资源开发纳入绿地系统中，统筹考虑。

(3)特色性原则

我国地域广大，幅员辽阔，各城市的自然条件差异很大，地区性较强。同时，城市的现状条件、绿化基础、性质特点、规划范围也各不相同，即使在同一城市中，各区的条件也不同。所以，绿地系统的规划布局必须结合当地特点，因地制宜，从实际出发，合理布局，体现城市特色。不同区域绿地系统有不同结构、格局和生态功能，应针对绿地系统的实际情况，规划其适合的用途。

(4)均衡性原则

城市中各类绿地有不同的使用功能，规划布置时应将公园绿地在城市中均衡分布，并联成系统，做到点(公园、花园、小游园)、线(街道绿化、江畔滨湖绿带、林荫道)、面(分布面广的小块绿地)相结合，使各类绿地连接成为一个完整的系统，以发挥园林绿地的最大效用。

(5)生态性原则

保护自然景观资源(林带、湖泊、自然保留地等)和维持自然景观过程及功能，是保护生物多样性及合理开发利用资源的前提，也是景观资源持续利用的基础。一个城市的绿地只有在依照一定的科学规律加以沟通、连接，构成一个完整有机的系统，同时保证这一系统与自然山系、河流等城市依托的自然环境以及林地、农牧区等相沟通，形成一个由宏观到微观，由总体至局部，由外向内渗透的完整绿化体系时，才能充分发挥其改善城市环境，维护城市生态系统平衡的生态功能。因此，我们在进行城市绿地系统规划时，首先要以生态观念为指导、以“生态优先”为前提、以“生态平衡”为主导，从城市整体空间体系的角度出发，使其生态效益得到最大限度的发挥。

(6)以人为本原则

人是城市构成的主体，是自然的产物。城市人对理想的绿元配置都希望有庭院、宅旁绿地、街旁绿地、厂区绿地、区级公园、郊野风景区、自然保护区、城郊森林公园、郊外度假村、旷野农田等绿元。绿地布局应把人类对环境的需求体现出来，既满足城市人群“与自然和谐”的心理愿望，又满足人类“回归自然”的野趣追求，为人服务，让最广大的人们感受到绿地的“关怀”，并尽量提高绿地的可观赏性、可参与性、可介入性，供人们休闲、游憩、娱乐、活动，给人们的生活带来方便。

（7）网络系统化原则

绿色网络强调自然的过程和特点，它通过绿色廊道、楔形绿地和结点等，将城市的公园、街头绿地、庭院、苗圃、自然保护地、农地、河流、滨水绿带和山地等纳入绿色网络，点、线、面、片、环、楔、廊相结合，构成一个自然、多样、高效、有一定自我维持能力的动态绿色景观结构体系，促进城市与自然的协调。

（8）前瞻性原则

城市是动态发展、复杂的，而不是简单、静止的，故我们要用发展的眼光来进行绿地系统规划，根据分析城市的发展趋势，把握城市布局的发展方向，在未来城市化突出地带预先规划，留出城市绿地建设和保护空间，并且由于环境的提前建设又可以引导城市的发展方向往人们更加需要的方向进行，要建设能指导城市绿地在不断发展的城市中起积极作用，形成城市发展的推动力和引导者的绿地系统布局结构。

6.3.4 城乡绿地规划目标和途径

绿地规划目标是是人类行为的动机和标的，主要体现在规划行为的功能价值取向、生态价值取向与社会的经济、文化及美学价值的取向。从宏观上说，绿地系统规划目标是通过构建市域内绿地空间结构，营造人与自然和谐统一的理想境界。包括保护自然生态环境，修复废弃退化土地；构建绿地网络体系，引导城市空间发展；创造宜人生活环境，提供游憩休闲场地三大方面。在规划实践中，可以落实到对城市绿地总量、形态和布局方面的详细要求，通过指标来进行定性和定量的总量控制。①设定城乡绿地的总量指标，明确城乡绿地系统规划目标的总量控制，包括人均公园绿地面积、城市绿地率等；②对各类各级绿地指定相应的面积指标，可以帮助城市绿地系统且明确的指标分类，更为细致的控制城市绿地的形态，更好地发挥各项功能；③有效地引导城乡绿地的科学合理布局，避免绿地过于分散或过于集中的状况。因此城乡绿地系统规划的目标是构建经济、社会、环境效益最优化的格局，满足城乡绿地系统的生态保育、视觉景观、休闲游憩、防灾防护四大主要功能，形成可操作性的规划，保证规划管理部门的建设实施，并符合城乡发展的目标。

城乡绿地规划就是通过建立完整生态基础设施的途径，来保障关键自然和文化过程的安全和健康，维护大地景观的生态完整性和地域特色，并为城乡居民提供可持续的生态服务。而生态基础设施是通过三个尺度来实现：宏观、中观、微观。宏观尺度注重总体空间发展格局，包括非生物的雨洪管理过程、生物多样性保护过程、乡土文化遗产和文化景观保护与游憩过程，是地带性宏观生态和区域性中观生态特征的相互融合。中观尺度注重控制性规划，包括城乡分区规划和地段控制性规划，包括明确生态基础设施的具体位置、控制范围（划定绿线）、生态廊道或斑块。中观尺度特征是具有整体性、完整性和独立性的地方生态格局和过程，并建立了与外部宏观生态体系有机联系。微观尺度注重区域内实现生态服务功能，完整系统地形成小尺度生态格局和过程，并将区域和中观尺度生态基础设施的生态服务功能，导引到城市肌理内部，惠及到每位城市居民。在宏观、中观和微观的生态格局中，绿地规划的宏观生态建设目标是通过中观和微观生态体系实现的，通过微观生态规划设计构建宏观和中观生态体系的基础和可操作性的技术途径，微观生态途径的是城乡绿地规划重要体现（表6-2）。

表6-2　通常状态下的生态尺度与特征

对比项目	宏观生态特征	中观生态特征	微观生态特征
空间尺度	全球化和国家尺度空间	区域尺度空间	地方、局部及场地尺度空间
生态过程	全球性和地带性生态过程	区域性生态过程	地方和局部生态过程
生态依存	国家或国际大尺度空间生态单元、大流域生态空间之间地带性生态特征与生态依存	区域与区域之间、以及地带性内部生态差异形成的生态区域之间、城乡之间的生态依存关系	小尺度区域、地方生态空间、微地貌单元、景观组合、居住空间等之间形成复杂共生的生态依存关系
生态特征	宏观生态呈现出大尺度的生态空间和过程，宏观生态的整体性、完整性、共同性是宏观生态的主要特征	地带性生态中呈现出的生态差异性和多样性。在区域内部生态的共性大于生态的差异性，同时是大地景观多样性的重要特征	微观生态是空间小尺度独立生态过程复合交织的产物，是生境多样性、景观多样性、物质多样性的重要体现
生态问题	全球变化 自然灾害加剧，恶性灾害频繁发生，灾害后果日益严重	生态破坏 景观破碎化 景观孤岛化 生物多样性降低	人本主义与主宰行为 资源破坏与浪费 生产污染与过度消费 创造生态与过度设计
建设重点	地带性生态特征的继承，园林生态城市建设的生态本底特征	区域景观生态的完整性和整体人文生态系统的个性特征，生态过程与生态联系的保护	格局—过程—界面 物种—通道—生境 扰动—足迹—健康
比较体系	宏观生态的主导性和可持续战略；宏观生态实现的微观途径	区域生态的整体性和可持续目标，区域生态管理的可操作性与生态桥梁	微观生态设计的科学性、实用性和经济性，通过个体的生态追求实现宏观生态的可持续目标。微观生态从属于宏观生态

注：引自王云才等，2008。

6.3.5　城乡绿地系统规划技术路线

城乡绿地系统规划目标是通过构建市域范围内空间结构，营造人与自然和谐统一的理想境界即：保护自然生态环境，修复废弃退化土地；构建绿地网络体系，引导城市空间发展；创造宜人生活环境，提供游憩休闲场地。在这个目标指导下，可以根据图6-3的技术框架，以专题研究形式，对影响市域范围内的城乡绿地系统的关键因素进行专项研究，制定该市域城乡绿地系统规划的具体内容。

6.3.6　城乡绿地系统规划的内容

城乡绿地系统规划不仅要从空间和生态环境的角度强调绿地资源布局的合理性，还要保证绿地资源分配和享用的公平性。这要求城乡绿地系统规划以资源的承载力和环境容量为依据，对区域空间发展方向进行统筹规划，合理布局居住建设空间、产业发展空间、农田保护空间、

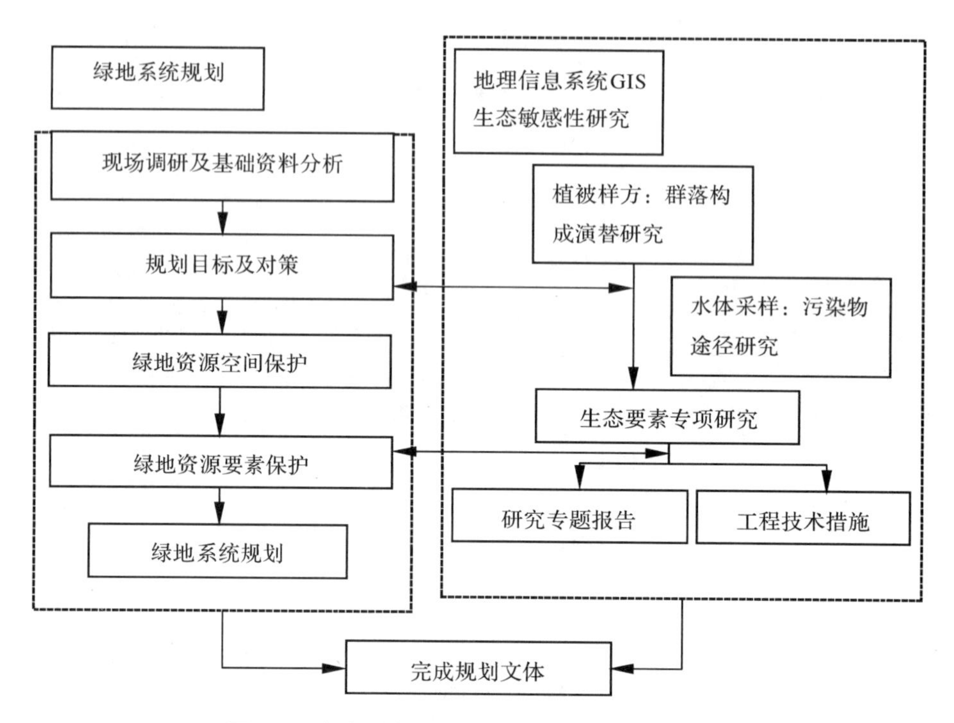

图 6-3 市域绿地保护技术路线(殷柏慧，2013)

生态保护空间和公共基础设施配置，有效整合城乡资源，优化城乡绿地空间布局，推动城乡绿地资源要素合理流动，促进经济、人口、资源在空间布局上协调。

城乡绿地系统总体规划的主要内容是在深入调查研究的基础上，建立具有重要性梯度变化的绿地空间结构；制定城乡绿地的总体发展目标以及各类绿地的发展指标，包括数量指标与质量指标；协调城乡绿地子系统之间的空间与功能关系；协调城乡绿地系统与市域内其他要素的空间与功能关系；合理安排各类绿地建设的空间布局；划定需要重点保护的区域。其他规划内容包括生物多样性保护与建设规划、树种规划、分期建设规划和规划实施措施等。针对一些特殊的地区，可以适当增加规划内容，如绿地游憩网络规划、应急避难绿地规划、绿地生态文化规划等。

自《城乡规划法》颁布以来，城乡一体化规划已经成为一种趋势，把城市和乡村绿地系统纳入统一的规划管理体系。《城乡绿地系统规划》作为城乡总体规划的专项规划，需要在不同尺度与深度上建立一种与城乡规划互补的城乡空间与土地资源管控体系，这不仅关注建设用地，可以与城乡规划对接，覆盖非建设用地，与其他部门及规划对接。城乡绿地系统规划的任务是通过建立：宏观、中观、微观尺度的生态基础设施，阐明城乡绿地系统规划结构与布局和分类发展规划，保障关键的自然和文化过程的安全和健康，维护大地景观的生态完整性和地域特色，为居民提供持续的生态服务。

(1)现状调查。

主要通过收集地形地貌、水文、环境、生物、土地利用现状、植被、文化背景等资料，在RS、GIS 的支持下，利用生态学原理对区域的生态资源和要素进行辨析，形成包含各类生态景观信息的数据库，在此基础上了解区域的景观构成及景观格局，甄选出对区域生态环境有重要影响的生态要素及景观类别，并解析生态要素的分布规律及区域。主要调查内容包括：①环境背景调查，明确影响植物生长的生态因子，辨识限制因子；②基本生态状况调查，明确现有群落类型、结构、种类组成、植被的位置、林龄、面积、长势、卫生状况、景观效果等，分析存在的问题；③植被特征调查，认知地带性植被和隐域植被，以借鉴其群落结构、树种组成等特征；④社会经济环境调查，人口、工业与能源、历史沿革、土地利用、公共交通运输设施、文物与景观、公害发生状况、总体规划和相关规划等。一般在区域总体规划时已经开展过调查，可共享资源。

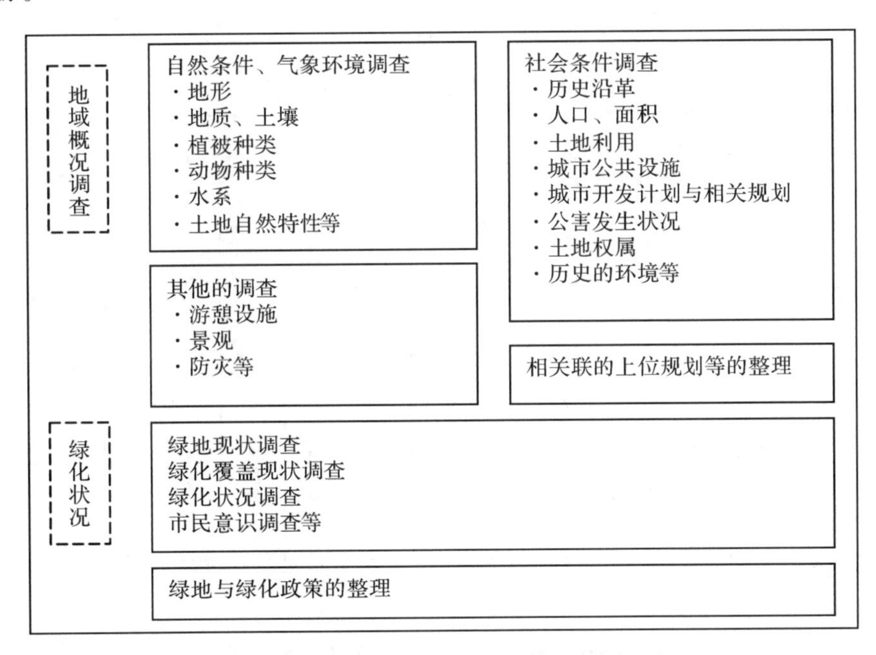

图6-4　日本绿地系统规划需要考虑的调查项目(戴菲等，2010)

(2)生态敏感性和适宜性分析

进行生态敏感性的基础分析，判断区域内各生态因子的生态敏感和适应能力。根据生态敏感性综合判断，温度水文条件、地形条件和土地利用条件是3个重要的影响因素，选择的主要评价因子是汇水、坡向；一般影响因子是坡度、高程，同时根据用地类型进行综合评价。用地类型、汇水、坡向、坡度、高程各因子的权重，分别是25%、25%、25%、15%、10%。根据加权结果，对生态敏感性进行分级，分为3级，分别是生态环境良好区、生态环境一般区、生态环境脆弱区，进行分类规划控制。

对区域自然景观资源及特征进行系统的分析，确定区域的主要的景观斑块及廊道，在规划设计中，保留这些反映区域生态特征的斑块和廊道；另外，科学的设计廊道网络，包括道路绿化、水系和绿化林带等多种形式，构成区域能流、物流和信息流的通道，把各个破碎的自然斑块联系起来，形成完整畅通的廊道体系。综合两方面的设计，构建出城市生态功能区的区域性生态网络体系，为维护自然景观格局、保护生态资源提供充分可能性。

生物过程采用ERDAS软件对TM遥感影像数据进行分析，计算出归一化植被指数(NDVI)，NDVI >0.4为植被条件好的天然林地区，NDVI >0.3为植被覆盖较好的人工林地区，NDVI >0.2为植被覆盖较差的人工林地区，NDVI <0.2的为植被覆盖差的灌丛、草地或裸地等。人文过程以土地利用现状为依据进行识别，建设用地是人为影响较剧烈的地区，其生态建设的适宜性较低，得分也较低；有林地等生态用地，生态系统保持较好，生态建设适宜性较高，得分也较高；耕地、果园、茶园等农业用地类型，其人为活动的干扰介于两者之间。

对区域野生动物的生境的适宜性评价见表6-3。用Arcgis软件进行因子叠加的办法进行综合评价。生态建设适宜性(S)得分越高，表明在生态过程中的地位越重要，生态服务需求也越高。

表6-3　区域生态建设适宜性评价表

生态基础设施建设适宜性															
生态过程重要程度(0.8)												生态服务需求程度(0.2)			
自然过程(0.6)					生物过程(0.2)				人文过程(0.2)			生境保护(0.25)	水土保持(0.25)	水源涵养(0.25)	污染调节(0.25)
河流	平原	丘陵	低山	中山	植被覆盖好	植被覆盖较好	植被覆盖较差	植被覆盖很差	建设用地	农业用地	林地用地	自然保护	水土保持	水源涵养林	分布密度最低地区

(4)生态功能区划

生态功能区划(Ecological function regionalization，EFR)本质是生态系统服务功能区划，它是在分析研究区域生态环境特征与生态环境问题、生态环境敏感性和生态服务功能空间分异规律的基础上，根据生态环境特征、生态环境敏感性和生态服务功能在不同地域的差异性和相似性，将区域空间划分为不同生态功能区的研究过程。生态功能区划是以恢复区域持续性、完整性的生态系统健康为目标，从生态服务功能上对市域用地进行生态功能分区。针对一定区域内自然地理环境分异性、生态系统多样性、以及经济与社会发展不均衡性的现状，结合自然资源保护和可持续开发利用的思想，整合与分异生态系统服务功能对区域人类活动影响的不同敏感程度，构建的具有空间尺度的生态系统管理框架(蔡佳亮等，2010)，有助于明确重要生态功能保护区的空间分布，有利于从宏观上把握自然资源开发利用的合理规模、绿地系统的保护和建设。生态功能区划目的在明确各类用地不同的生态功能的基础上，为制定区域生态环境保护与建设规划、维护区域生态安全以及资源合理利用与工农业生产布局、保育区域生态环境提供科学依据。

生态功能区划是反映景观特征的主要生态模式，综合区域未来发展趋势和生态系统的自身演替规律，以及环境保护的要求，基于流域划分的基础上，对市域范围内进行生态功能区的划分，将特定区域划分成不同生态功能区的过程。它强调不同时空尺度的景观要素组成和空间结构上的变异性和复杂性，其来源主要是环境资源的异质性、生态演替和干扰，通过识别生态系统生态过程的关键因子、空间格局的分布特征、以及动态演替的驱动因子，就能揭示生态系统服务功能的区域差异，进而因地制宜地开展生态功能区划，引导“区域经济—社会—生态”复合系统的可持续发展。市域生态功能分区可分为重点生态保护区、生态控制区、生态引导区、生态重建区等不同开发类型的区域，选取重要的流域分水岭、水系等作为区域的廊道系统，明确不同区域的生态性质、主要的生态功能、适宜的建设项目以及环境整治的方向和途径，划分区域生态功能分区，针对不同的生态功能区，根据生态保护和规划的强度，制定各异的开发及保护策略。生态功能区划的研究方法框架如图6-5所示。

依据自然地域分异和相似性理论，生态功能分区的方法大致可分为两大类：主导标志的顺序划分合并法，要素叠置的类型制图法。

主导标志的顺序划分合并法：在进行生态区划时，首先根据对象区域的性质和特征，选取反映生态环境地域分异主导因素的指标，作为确定生态环境区界的主要依据，并强调同一级分区须采用统一的指标。选定主导指标后，按区域的相对一致性，在大的地域单位内从大到小逐级揭示其存在的差异性，并逐级进行划分；或根据地域单位的相对一致性，按区域的相似性，通过组合、聚类，把基层的生态区划单元合并为较高级单元的方法。

要素叠置的类型制图法：是根据生态系统及人类活动影响的类型图，利用它们组合的不同类型分布差异来进行生态区划的方法。实际应用中，一般利用GIS的多要素叠加功能，进行多种类型图的相互匹配校验，能够反映生态环境系统的综合状况。

6.4 宏观层面——绿地系统的布局

6.4.1 绿地系统的布局元素

从世界各国城市绿地布局形式的发展来看，绿地系统要素空间形态类型可分为：点(块、园)、线(带)、面(片、区)，环(圈)、楔、廊(轴)。它们分别代表了一定的绿地类型。

点、线、面相结合的城市绿地系统空间结构是绿地系统规划普遍采用的结构，在此基础上，将城市绿地系统空间要素划分为点、线、面、环、楔五大类型，有利于城市绿地系统空间结构复合化的实现，对于城市绿地系统空间要素类型和用地载体来说，可以明确其中点、线、面、环、楔五大类型空间要素的用地对象，在城市绿地系统规划编制过程中，便于安排和落实相应规划(表6-4)。

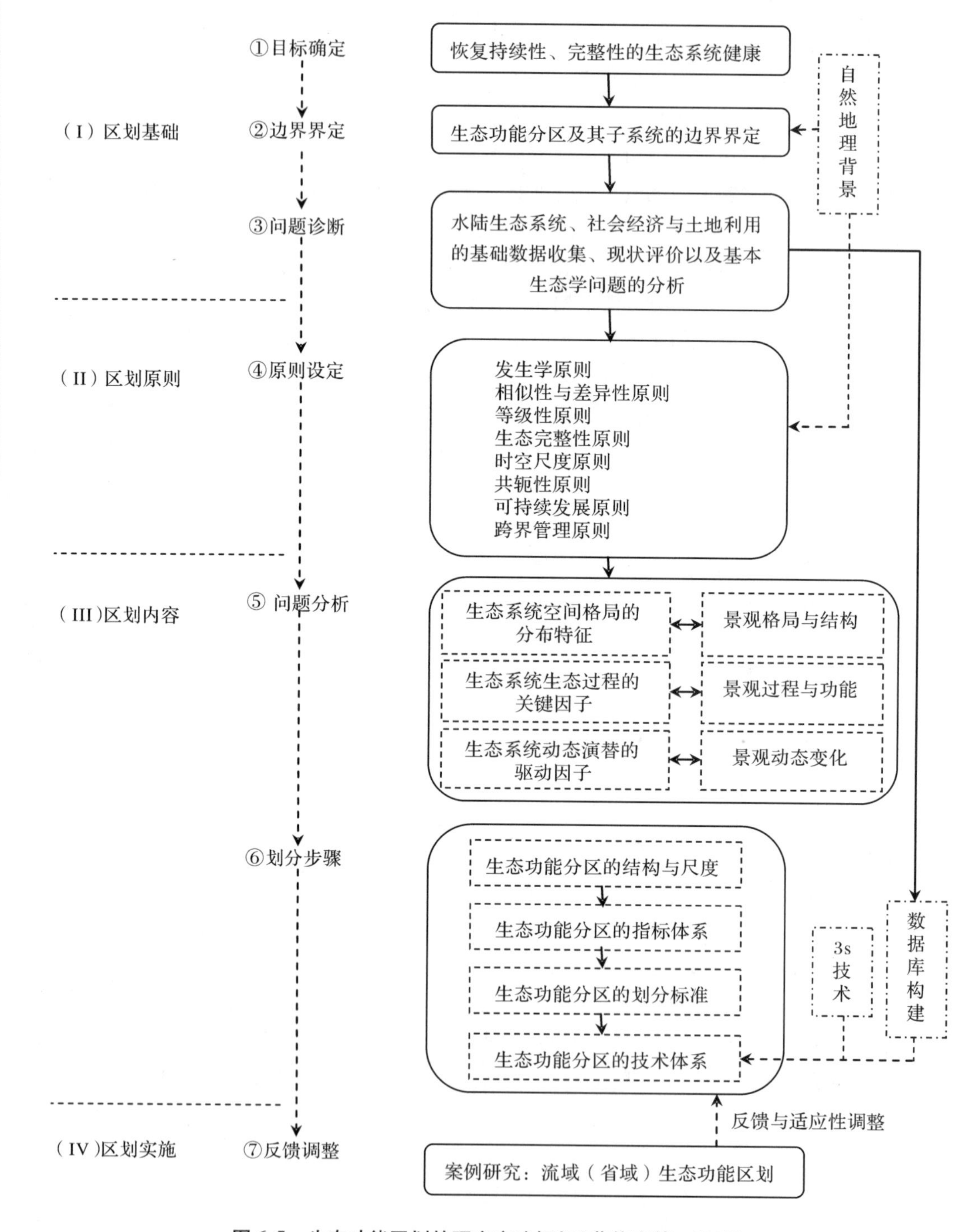

图 6-5　生态功能区划的研究方法框架（蔡佳亮等，2010）

表6-4 城乡绿地空间要素类型、功能及其对应典型载体

空间要素类型	功能作用	代表理论	对应绿地系统中的典型载体
点（块、园）状要素	服务周边区域或设施，形成绿地系统基本格局	景观生态学中的“斑块”、绿色基础设施中的“场地”等	城市公园、单块城市绿地、风景区、郊野公园、保护区等
线(带)状要素	在点状要素和面状要素间建立联系与沟通，促进连接对象之间物质、信息和能量流动	景观生态学中的“廊道”、绿色基础设施中的“连廊”等	生态廊道、城市道路、河流水网、郊野林带、铁路公路、绿篱等
面（片、区）状要素	区域整体协调与控制、维持系统整体稳定性	景观生态学中的“基质”、绿色基础设施中的“网络中心”等	林地、农田、绿色片区、缓冲区等
环(圈)状要素	对城市内部的生态环境起到一定的围合、防护的作用	景观生态学中的“基质”、绿色基础设施中的“连廊”等	环城绿带、环厂区隔离带等
楔（廊、轴）状要素	将城郊的生态环境引入市区	景观生态学中的“廊道”、绿色基础设施中的“连廊”等	山川、森林、湖泊、河流、绿地、郊野风光以及铁路、道路绿带

6.4.2 城乡绿地系统空间布局方法

(1)以城市发展模式为主导的布局方法

该布局方法是在充分尊重城市设施的空间分布和城市基本格局中起重要作用的关键要素组成的前提下，以城市发展形成的基本形态作为市域绿地系统结构布局的主要依据，来决定市域绿地系统的布局方式。例如，丹麦首都哥本哈根手指形态的城市结构布局规划。哥本哈根市根据城市自身的结构特点，在城市郊区铁路电气化基础上，由城市中心沿铁路交通线路向外进行轴向开拓，形成五根“手指”由中心区向外延伸，犹如手掌形状的城市布局，如图6-6所示。绿地系统规划注重在“手指”与“手指”间楔入绿地及农田等绿色基础设施，形成指状绿地布局形态。

(2)以自然空间为主导的布局方法

该布局方法是运用绿色廊道等途径，把规划区内限定的自然空间(包括：山脉、河流、溪谷、水域等)主要空间要素联系起来，形成绿色网络体系。例如广州市城市绿地系统规划的布局，以山、城、田、海等自然特征为基础，以负山、通海、卧田为广州城市发展的基本生态格局，依“云山珠水”，构筑“山、城、田、海”的山水型生态城市的基本构架。为控制城市的无序蔓延，维持生态系统的良好结构，建立了“三纵四横”的七条生态主廊道，共同构成了多层次、多功能的复合型网络式生态廊道体系，以实现建设“山水中的城市，城市中的山水”的山水城乡一体化生态格局的目标(图6-7)。

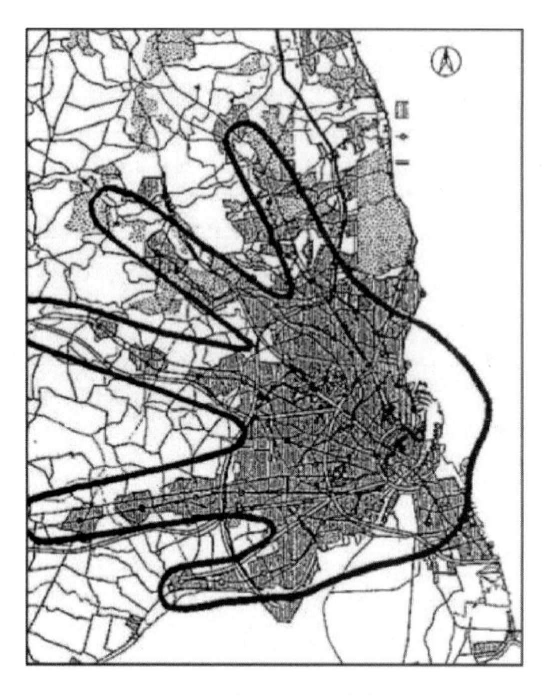

图 6-6　哥本哈根城市手掌状布局

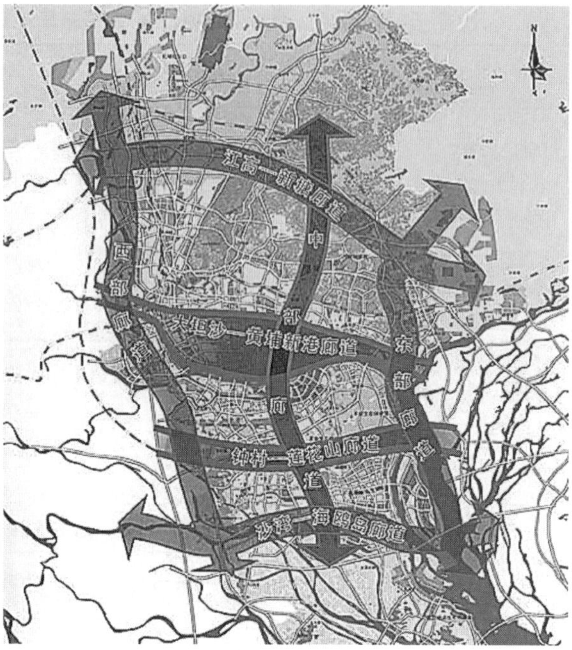

图 6-7　广州市市域绿地系统规划

(3)以绿地功能为主导的布局方法

该布局方法是采用楔形控建绿地的形式引导城市发展的空间走向，强调其相对城市的均匀分布，依据绿地的功能和不同绿化要素在生态、景观、游憩、经济等方面的作用，进行科学匹配和有机组合，发挥不同功能类型绿地的合力，形成绿地系统的最佳结构。例如，长沙市的绿地系统布局采用该布局方法。绿地规划布局突破了传统绿地系统规划中的“点、线、面”布局方式，从绿地的生态性、休闲性和景观性三大功能入手，在市域和城市两个层面上将城市绿地系统分解为“区域绿地—生态廊道体系—城市绿化空间”所组成生态型绿地子系统,、“郊野公园—城市公园—社区公园”等组成游憩型绿地子系统，地区文化特色的风景名胜、人文景点、历史遗迹等组成景观型绿地子系统三大部分，构筑多层次、多结构、多功能的市域绿地系统(图 6-8)。

(4)以整体空间为主导的布局方法

该布局方法是依托市域整体空间特征，通过对市域各类自然要素进行综合分析，按山区、平原和城区的空间层次进行布局，构筑科学合理的市域绿地空间结构，促进区域生态合作建设、山区平原协调发展、城市乡村共同繁荣、综合满足大众需求、实现城乡可持续发展。例如，北京市域绿地系统就是采用整体空间布局方法，根据区域自然地势和城乡空间，划分为山区、平原区和城市建设区三个层次，采用了山脉平原相拥山脉平原相拥(西北挡、东南敞)；城市绿楔穿插(绿隔加楔形)；三道屏障环绕(山区、平原、城市)；点(城镇)、线(廊道)、面、(绿色空间)环(圈层)相结合的绿地系统结构(图 6-9、图 6-10)。实现绿地空间布局上的均衡、合理配置。山区绿地规划主要包括：燕山水源保护林建设区域、太行山水土保持林建设区

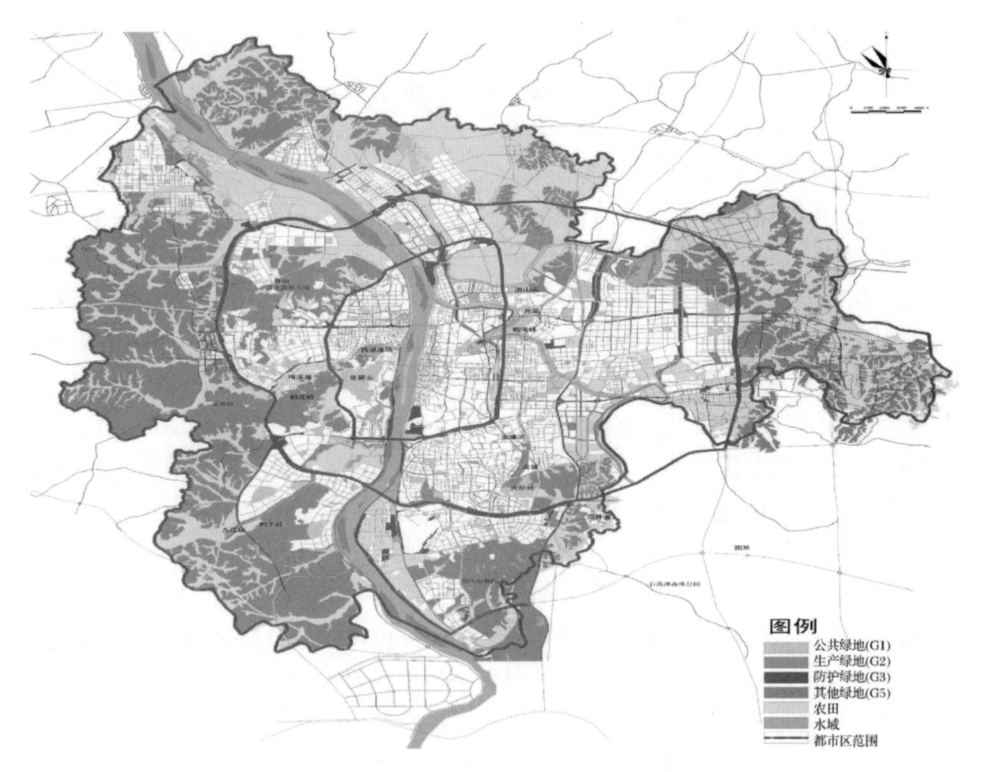

图 6-8　长沙市区绿地与大型生态廊道规划

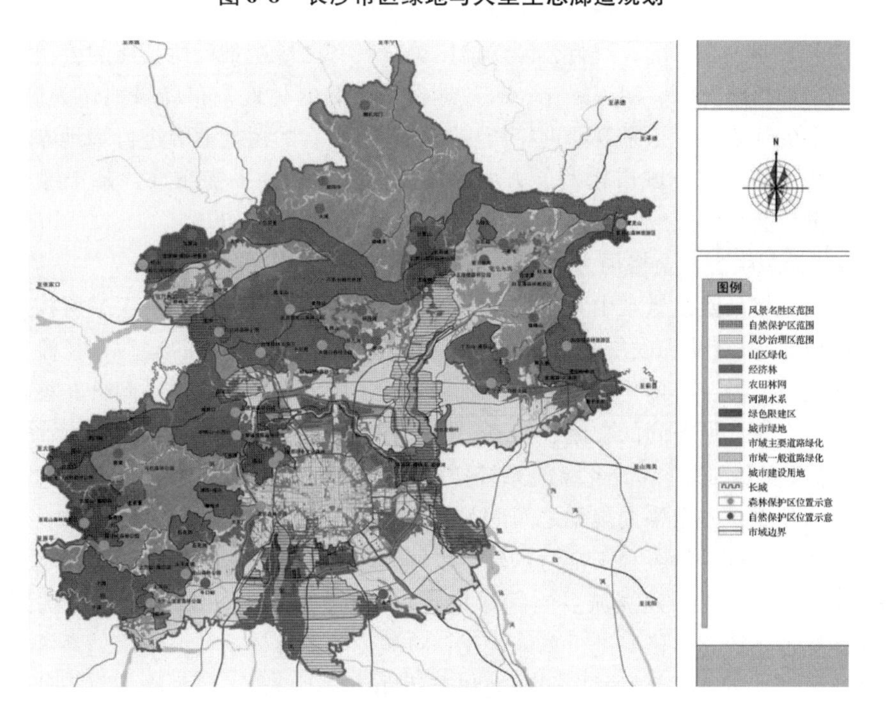

图 6-9　北京市域绿化系统规划

域、城郊(前山脸)风景林建设区域；平原绿地主要包括：森林公园、郊野公园、风景名胜区、城市绿化隔离地区、五河十路绿化带及其他林带、湿地及自然保护区、风沙治理区等重点绿化区域以及林果花卉苗圃等各类圃地；城区绿地主要包括：城市屏障绿地、楔形廊道绿地、环城绿地、大、中、小斑块绿地、城市绿网等。

(5)以绿地网络空间结构为主导的布局方法

该布局方法是一种通过保护和恢复整体景观格局来实现生态可持续发展的思路。其核心目标是保护这些物种的栖息地，通过保护各种自然过程以及野生动物的栖息地和迁移路径，包括大面积生态保护地、乡土景观、具有生产功能的土地、公园和公共空间等的“关键枢纽”，以及连接整个系统的景观连接、保护性生物廊道、绿道等，以保障其生态功能发挥的“连接廊道”，由“枢纽”和“廊道”组成的网络空间结构有利于保护高质量的核心栖息地，同时又可以减少景观破碎化，增加景观连接性，从而起到保护生物多样性的目的，是一种高效的绿地系统。

例如，日本福冈的绿地系统规划在布局中贯彻相互连接绿地网络结构的方针，充分考虑满足环境保护、游憩、景观塑造、防灾等功能要求的网络结构基础上，以城乡山地丘陵、森林、河流、海岸等自然要素为绿地系统骨架，新建设城镇绿地、道路绿化带、河流防护林、滨水湿地等都纳入网络结构去布局，形成野生动物栖息地、乡土植物生长地等的森林、湿地、农田等网络结构来满足保护珍稀野生动物栖息地、缓解城市热岛现象等环境保护功能；合理布局公园绿地，对提高公园绿地系统游憩功能的同时，采用道路绿化、绿道布局、滨水绿地设置等技术方法构建以公园为节点的绿地网络系统，私人的高尔夫球场、游园地、私家庭院、企业绿地以及建成区的农田等设施也纳入绿地网络系统；重视公园绿地具有的防灾功能，即要考虑周边交通等环境条件和公园设施状况，进行公园功能区分，具有区域避难场所功能的公园要邻接城市主干道，还要增加道路宽幅、河流绿化，有效地保护山麓的林地，布局绿地作为区域防灾带；对构成城乡特色的代表性乡土景观绿地、历史文化遗产结合的树林地等进行绿地布局规划。综合的绿地布局规划中，结合城市化发展方向、城市公园建设的平衡布局，基于绿地等布局方针，进行综合分析叠加，形成综合的绿地布局网络结构规划(图6-11)。

(6)以构建景观生态安全格局为主导的布局方法

景观生态安全格局是由景观中对于生态过程具有的关键性影响的景观组成所构成(俞孔坚，1999)。景观格局及其变化和发展是自然、生态和社会的分布、动物的运动、径流、侵蚀等生态过程和边缘效应。城乡一体化的景观结构要素中的基质、斑块和廊道空间分布格局直接决定着城乡结构是否合理，城乡间的物流、能流、信息流是否畅达有序，决定生态系统是否平衡。根据俞孔坚的“反规划”理论，城乡绿地系统空间布局突破当前以建成区为中心的模式，以整个区域范围内绿地系统安全格局规划之间的关系为对象，通过建立生态基础设施，以维护区域自然、生物及人文过程的健康和安全为基础，以城镇生态源地、骨干生态基础设施廊道、生物缓冲区等为主导的基质上，建立城乡空间绿化景观格局，来分析区域绿地系统构建的合理方法，并对区域绿地系统总体格局进行总体优化，将城郊防护林体系与城市绿地系统相结合，通过楔形绿地、环城林带等将乡村的田园风光和森林气息带入城市，保护和恢复湿地系统，维护和恢复河流和海岸的自然形态，维护和强化整体山水格局的连续性和完整性，实现城乡之间生物物种的良好交流，建立和保护多样化的乡土生境系统，保障关键的自然和文化过程的安全和

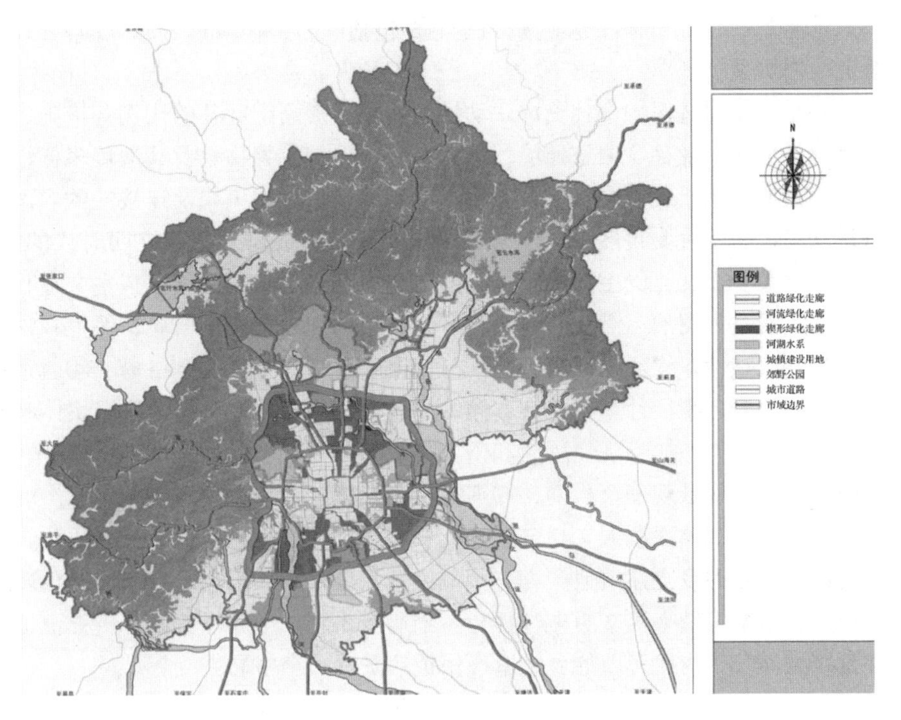

图 6-10　北京市域廊道绿地系统规划

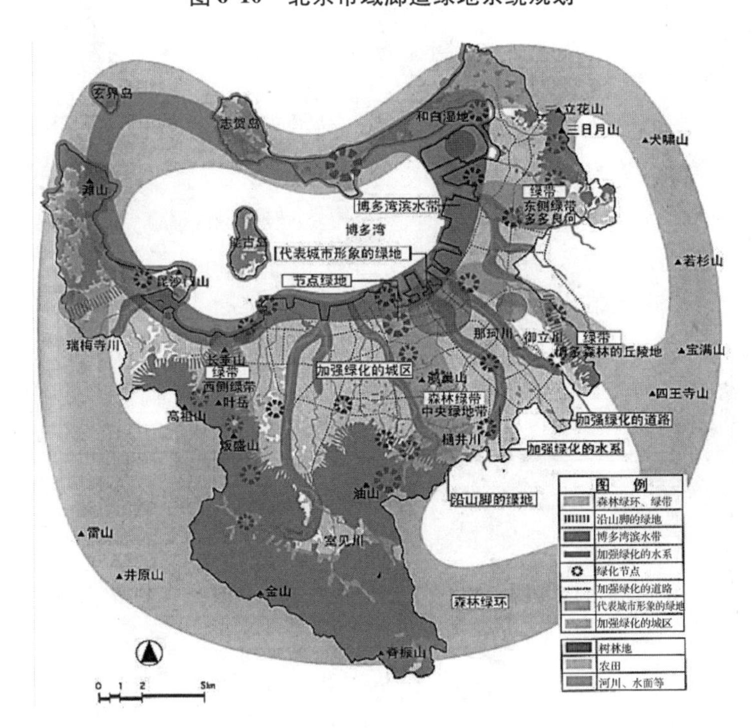

图 6-11　福冈市未来绿地愿景

健康，维护大地景观的生态完整性和地域特色，促进城市生态环境的提高和改善，并为城市居民提供持续的生态服务。

主要内容包括：①通过保护森林资源、动植物资源，提高阔叶林的比例等措施，为各种动植物、微生物提供良好的生存、栖息环境，从而有效地保护生物物种及其遗传多样性，维护生物过程与城市生物栖息地景观安全格局；②通过规划建设大型的斑块及连接性的生态廊道，建设生态型游憩网络，联系重要自然绿地与人工绿地景观，形成符合生态文明时代的游憩方式，维护对自然生态以及乡土文化的主动体验过程的游憩安全格局；③通过模拟水文过程，分析低洼地、湿地、河流网络和湖泊、潜在的湿地和滞洪区来判别洪水安全格局，保护和恢复城市河道水系的连续性、完整性，构建区域水涝过程与城市水涝过程景观安全格局；④通过城市用地功能布局与合理游憩服务半径计算，结合自然山水、湖泊湿地分布情况，呈嵌块体状布置面积较大的核心林地，形成生态、景观、游憩和防灾等综合功能的城市公园和公共开敞空间系统，构建防灾与防护绿地系统景观安全格局；⑤围绕生态文化建设，重视历史文化遗产的人文景观以及遗产周边的自然景观，强调人文与自然特色景观并重，避免地域性特征同质化，通过把蕴含丰富多彩的民俗文化的乡土建筑遗产，与城市的带状公园、社区公园、河流绿色廊道、道路绿带等连接起来，给游客带来人文历史过程与乡土遗产系统，形成体验城市历史记忆的遗产廊道网络，并延续至城郊，构建完整的乡土遗产保护的景观安全格局。

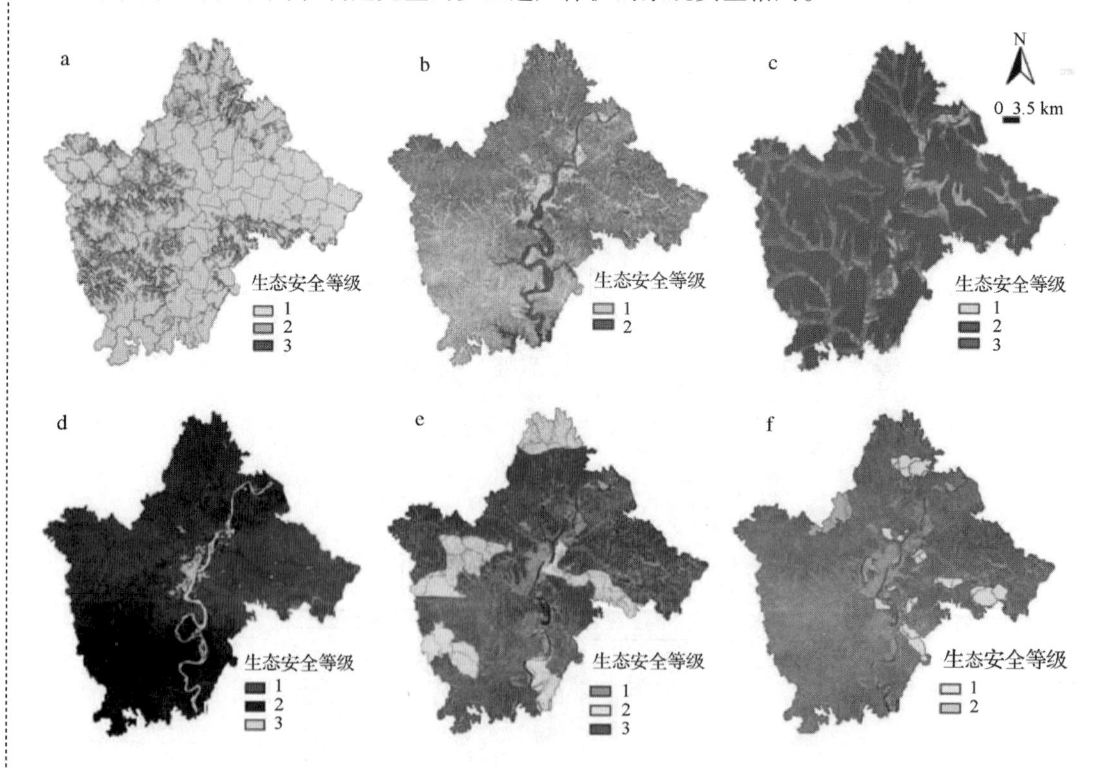

图 6-12 南充市地形条件(a)、洪水危害(b)、土壤侵蚀(c)、植被覆盖(d)、地质灾害(e)和生物多样性保护(f)下的安全等级分布

叠加和整合这五大过程的景观安全格局，形成具有综合功能的城市生态基础设施，再与其他建设用地规划进行对比、调整，落实各项用地范围和控制要求，在宏观层面上形成可实施的绿地系统的空间格局。

例：李绥等对南充城市扩展中的景观生态安全格局的研究，基于景观生态安全格局理论和RS、GIS技术，选择地形条件、洪水危害、土壤侵蚀、植被覆盖、地质灾害和生物保护6个要素（图6-12）作为城市空间扩展的生态约束条件，以生物栖息地、主要生态保护用地和大面积林地作为保护源地，以生态安全评价要素作为源地保护的阻力因素，将各阻力因子进行叠加分析。

从南充市综合生态安全等级的空间分布分析，高生态安全水平区域主要分布于南充市域的东北部和西部，这些区域地势相对平坦、植被覆盖度较高、水土流失较少，有一定面积的生态保护用地，并且能够通过支流水系和林地形成生态廊道，起到联通与防护的作用，形成安全的景观格局；低生态安全水平区域较集中地分布于市区南部的嘉陵江下流区域和城郊西部山地，属于生态敏感区和生态脆弱区。

依据最小积累阻力模型（图6-13、图6-14），景观流阻力较大的区域位于城乡结合部的北部和西部，该区是受自然生态因素制约较严重的地带，也是景观格局需要优化的关键区域；城市发展用地阻力最小值集中在现有市区的东北部和东部，这部分区域可作为研究区的最先发展区域；受自然生态因素制约，西部和南部的阻力值较大，扩展空间很小。生态廊道和生态节点等来加强生态网络的空间联系，生态廊道是通过水系与沿河绿地结合的方式来实现的，生态节点是景观流运行最低耗费路径和最大耗费路径的交点，对景观功能稳定性影响较大，因此，在结合研究区的具体景观特征，将主要生态节点与各源地之间的生态廊道紧密联系起来，形成了南充市景观生态安全格局的整体空间分布和构成要素（图6-15）表现为，以东北、东南、西、北部地区山地森林为主要的生态源，以分散于市区周边的风景区和小型林地为斑块，以嘉陵江为主要生态轴线，通过沿支流水系、沿河绿化带等线性元素建立的生态廊道，优化了南充市整体生态基础设施的空间布局，有力改善景观格局和提升生态服务功能。

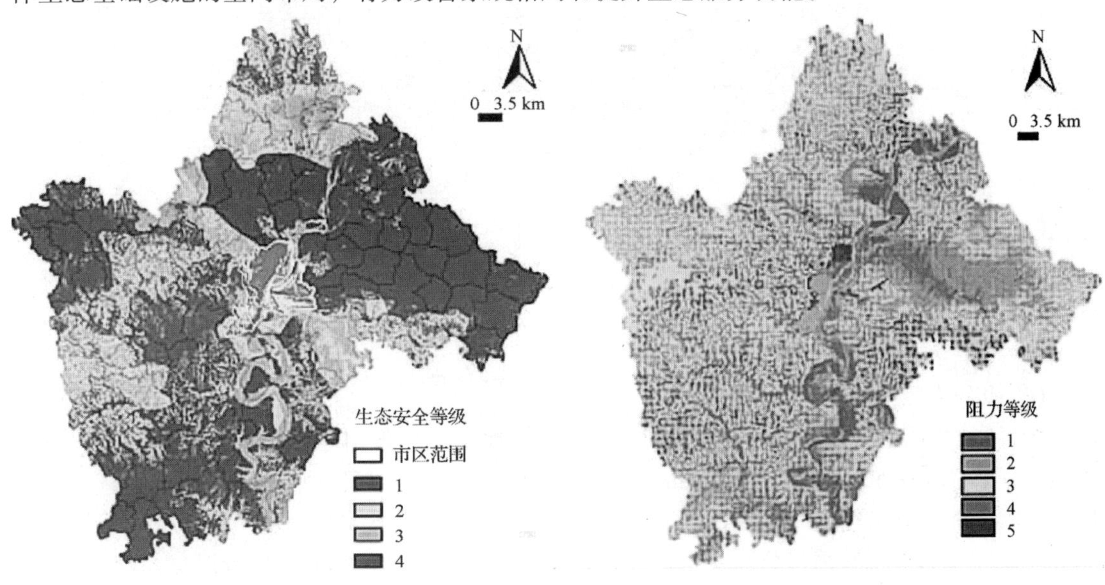

图6-13　南充市综合生态安全等级的空间分布　　图6-14　研究区景观格局累积阻力的空间分布

6.5 中观层面——绿地的分类规划

6.5.1 绿地指标体系

从国内外发展趋势来看，绿地系统指标体系作为一个综合周密的指标体系，其发展主要体现在三个方面：一是从衡量和评价绿色植物生态效益等功能角度，不少研究者提出了“绿量”的概念；二是从绿地的生态服务功能分布的角度，对指标进行了拓展和细化，提出了服务半径和可达性等指标；三是提出了区域绿地和开敞空间等概念，区域绿地包括廊道隔离绿地和郊野公园，还包括郊区生产绿地等。

(1)绿量

绿量是指植物茎叶所占据的空间，包括平面绿量、复层绿量和三维绿量。平面绿量主要指传统的绿地率、绿化覆盖率等；复层绿量指单位面积上的叶面积——即叶面积指数；三维绿量指单位土地面积上树冠的体积。绿量指标的提出，从传统的二维角度迈向了三维角度，使城市绿化朝着提高生态功能的方向发展。但是绿量作为指标存在着本身不稳定、计算难度大等不利因素。

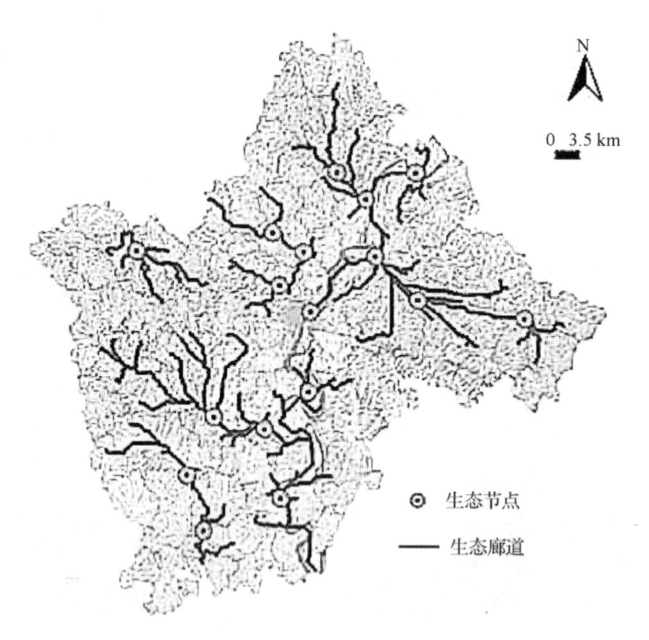

图 6-15 研究区景观生态节点和廊道的空间分布

(2)服务半径

新版《城市用地分类与规划建设用地标准》对绿地单项建设用地提出了指导性标准：郊区绿地服务半径 30 ~ 50 km(机动车 30 min)；城市中心绿地服务半径 5 ~ 10 km(自行车 30 min)；城市组团绿地服务半径 1 ~ 3 km(步行 30 min)；社区绿地服务半径 300 ~ 500 m(步行 5 ~ 10 min)。美国华盛顿特区国家公园与休憩协会制定的《国家公园游憩和绿地标准》，对千人指标、服务半径都有相当高的要求(表 6-5)。

(3)景观可达性

该指标可以合理反映城市绿地分布空间格局的指标，在指导和评价城市绿地的分布格局上为现有的指标做出了补充。生态效益密度作为景观可达性指标的平行层次，可确切反映绿地分布均匀度和生态效益水平的指标。两者可以作为绿地服务半径指标的补充，评价和指导绿地系统的均匀分布。

(4)区域绿地

区域绿地指人居环境中所有能发挥生态平衡功能与人类生活密切相关的绿色空间，主要的区域绿地包括郊野公园、廊道绿地和城郊生产绿地。这些用地不计入城市建设用地，但同样发挥着绿地的服务功能。城郊绿化是城市生态环境改善的重要组成部分，而城乡一体化发展理念也为绿地向郊外发展提供了理论支撑。因此，区域绿地纳入绿地系统指标体系已经成为趋势所在。

我国目前绿地系统指标采用人均公园绿地面积、绿地率、绿化覆盖率三大基本指标，参照《国家生态园林城市标准(暂行)》(2004年)和《国家园林城市标准》(2005年)。

从指导规划实践出发，根据绿地功能，针对绿地系统的功能目标，从生态保育、视觉景观、休闲游憩、防灾防护四个方面定性与定量相结合入手，进行指标项的筛选与体系构建，构建切实可行的城市绿地系统规划指标体系，并提出具有可操作性和指导性的措施(表6-6、表6-7)。

表6-5 美国公园设施标准表

公园分类	千人指标(hm^2)	面积(hm^2)	服务人口A	服务半径
儿童游戏场		0.2~0.4	500~2500	近于邻里
小游园		0.2~0.4	500~2500	近于邻里
近邻游园	1	2~8	2000~10 000	400~800 m
地区公园(区域城市)	1	8~40	10 000~50 000	800~5000 m
大型城市公园	2	≥40	500 000	30 min 车程
区域公园	8	≥100		1 h 车程

表6-6 国家生态园林城市生态环境指标表

序号	指标	标准值
1	综合物种指数	≥0.5
2	本地植物指数	≥0.7
3	建成区道路广场用地中透水面积的比重(%)	≥50
4	城市热岛效应程度(℃)	≦2.5
5	建成区绿化覆盖率(%)	≥45
6	建成区人均公共绿地(m^2)	≥12
7	建成区绿地率(%)	≥38

表 6-7 国家园林城市基本指标表

指标	地域	100 万以上人口城市	50～100 万人口城市	50 万以下人口城市
人均公共绿地（m^2）	秦岭淮河以南	7.5	8	9
	秦岭淮河以北	7	7.5	8.5
绿地率（%）	秦岭淮河以南	31	33	35
	秦岭淮河以北	29	31	34
绿化覆盖率（%）	秦岭淮河以南	36	38	40
	秦岭淮河以北	34	36	38

该指标体系分为两级指标控制，一级指标是对应总体目标的细分的指标，二级指标是城市绿地系统规划实践中可落实的指标。由于不同目标而提出的二级指标落实到城市用地中会有所重叠，在实际中需近一步筛选和整合，指标中间过程指标项和汇总表（表 6-8）。

由于目前各级规划并未与城市绿地系统指标建立良好的衔接，现行的城市绿地系统指标又未对各层面的绿地系统规划工作内容与深度做出明确的规定，因而存在一定的空缺。引入明确的分级指标体系，可以直接对应各个层面的规划与设计工作，有利于解决这些问题。在统一指标体系的指引下，绿地系统规划的结果必然与规划目标一致，减少工作上的重复（图 6-16）。

表 6-8 基于绿地功能的城市绿地系统指标汇总

	目标层	一级指标	二级指标
城市绿地系统指标体系	生态	生态格局指标	城市组团绿化分隔带宽度
			城市组团绿心面积
			绿道宽度
		自然要素指标	乔灌木覆盖比率
			本地木本植物指数
		综合定量指标	绿地面积/人均绿地面积
			绿地率
	景观	景观视觉指标	景观形象质量品级
			景观管控分级
	游憩	服务总量指标	人均公园绿地面积
			万人拥有综合公园指数
		服务水平指标	公园绿地服务半径
			公园绿地面积服务率
			公园绿地分布均匀度
	防护	防护指标	防护绿带宽度
			防护绿地占城市绿地比重
		防灾指标	防灾绿地服务半径
			防灾绿地容量

6.5.2 公园绿地规划

公园是城市绿地系统的重要组成部分，是城市重要的绿色基础设施和体现城市生态风貌的重要节点，具有改善城市生态环境、组织构建城市景观空间、城市美学以及防灾避险的功能，因此，公园作为城市主要的公共开放空间，成为城市居民活动赏景的重要场所。这就要求公园绿地的规划是一个结构上合理、功能上多效的绿地系统，满足改善城市整体生态环境、居民日常生活锻炼和游憩休闲、丰富城市景观多样性的需求。

公园绿地的规划布局时，把公园绿地作为生态斑块进行充分考虑，即从构建生态安全格局方面“战略点”的概念来考察斑块，选择景观聚集度最高、景观类型多样、生态服务功能效益最大、景观形状指数较为复杂、生物多样性丰富的斑块作为“战略点”进行保护。将楔形绿地、郊野公园等作为城市的节点，成为维持景观多样性，提高与其他公园绿地间的连接度，实现城乡之间物种迁移和传播的“踏脚石”，达到提高和改善城乡生态环境质量的目的。由于面积大的公园绿地面积服务半径也相对较大，在涵养水源、维持物种数量与健康、规避干扰等方面作用更大，更有利于维持物种多样性及生态系统的稳定性。

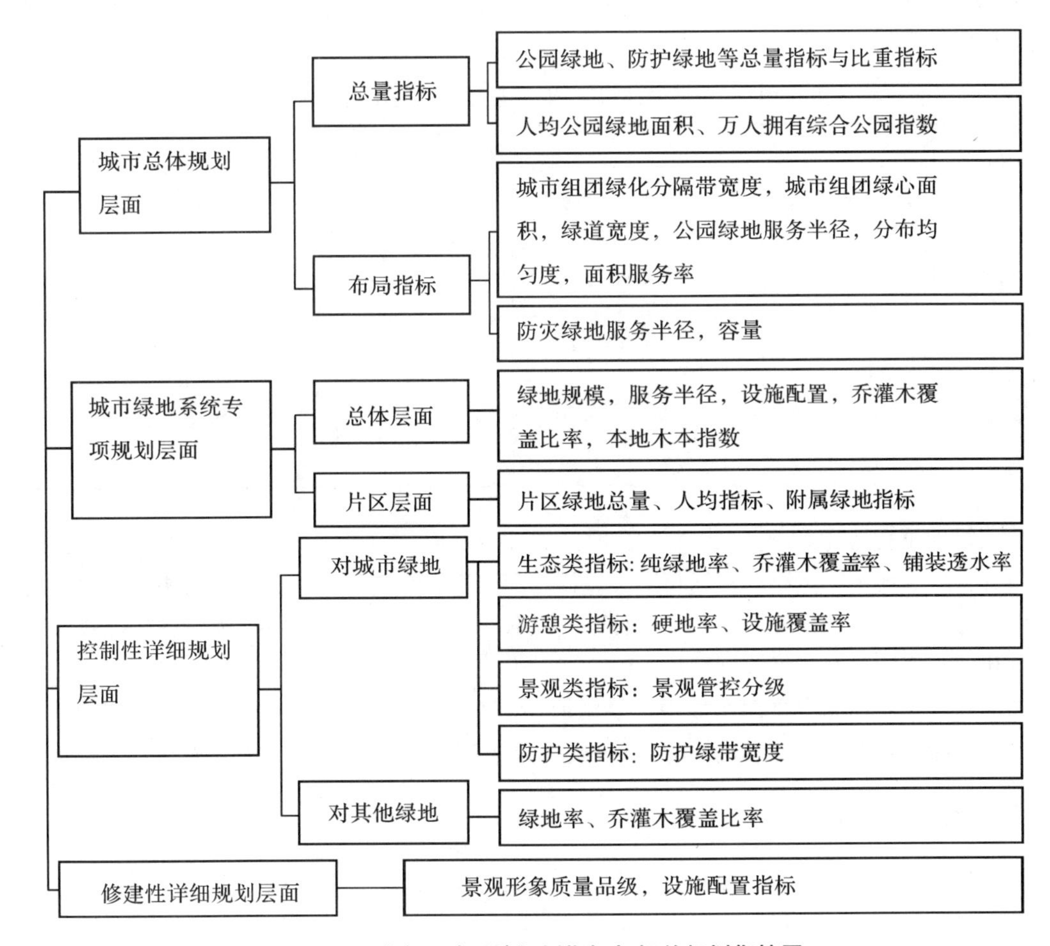

图6-16 城市绿地系统规划指标与相关规划衔接图

表 6-9　部分绿地生态斑块的服务半径

斑块类型	服务的最小半径(m)	最小面积(hm^2)
住宅绿地	150	1
近邻绿地	400	10(包括 5 hm^2 公园)
地区绿地	800	30(包括 10 hm^2 公园)
市区级绿地	1600	60(hm^2)
城市绿地	3200	>200(hm^2)(小城市)
城市森林	5000	>300(hm^2)(大城市)

依据我国《公园设计规范》(CJJ 48—1992)对各类公园绿地的要求：综合性公园应包括多种文化娱乐设施、儿童游戏场和安静休憩区以及游戏型体育设施，面积不宜小于 10 hm^2；儿童公园面积宜大于 2 hm^2；动物园应有适合动物生活的环境，游人参观、休息、科普的设施，安全、卫生隔离的设施和绿带，公园面积宜大于 20 hm^2；植物园应创造适于多种植物生长的立地环境，体现本园特色，面积宜大于 40 hm^2；其他专类公园要有名副其实的主题内容，公园面积宜大于 2 hm^2；居住区公园和居住小区游园，应设置儿童游戏设施和老人的游憩设施，面积宜大于 0. 5 hm^2。

表 6-10　《公园设计规范》对各类公园绿地比例要求(%)

陆地面积(hm^2)	公园类型								
	综合公园	儿童公园	动物园	植物园	专类植物园	其他专类公园	居住区公园	带状公园	街旁游园
<2		>65			>65			>65	>65
2~5		>65			>70	>70	>75	>65	>65
5~10	>70	>65			>70	>75	>75	>70	>70
10~20	>75	>70			>75	>80		>70	
20<50	>75		>70	>85		>80		>70	
≥50	>80		>75	>85		>85			

公园绿地植物选择要遵循“少人工管理，多自然形成”的自然循环规律，以稳定的自然绿地群落为主。绿地植物组成以常绿与落叶、慢生与速生、乔木与灌木、阳性与阴性、净化与美化相结合方式，优先选择地带性乡土树种，同时兼顾具有生长健壮抗污性强，有较强吸收有害气体的树木，实施乔灌草复合型种植方法。通过人工营造与自然生长的结合，建造以地带性绿地类型为目标，后期完全绿地布局中，要采取“小群落、大混交”景观与生态兼顾型方式；绿地植物景观设计，要考虑色彩斑块的“点—线—面”特点，选用观花、观叶、观果型的树种。

6. 5. 3　生态廊道规划

城乡生态廊道是连接城乡能流、物流和信息流的通道，是实现人类活动以及生物、非生物运动的重要组成部分，具有生物多样性保护、为野生动物提供迁徙的流动空间和栖息地、维护景观水平过程的连续性、提供令人舒适的游憩场所和丰富的景观、调节区域气候条件、减少环境污染等功能。生态廊道要按照“统一规划、因地制宜、经济适用、景观协调”的原则，结合宏观层面中生物栖息地景观安全格局及城镇水系景观安全格局优化内容进行规划。生态廊道有水系、道路交通、绿带(或林带)等形式。水系廊道在城乡的自然生态系统中被称为蓝色的生命线，是连接城乡的自然纽带。水系的畅达度、清洁度对城乡经济的发展和城乡生态平衡起着积极的促进作用或严重的制约作用。道路交通是人类连接城市和城乡之间经济活动的通道，道路交通为城乡经济的发展提供保证的同时，也增加了某些动植物横向穿越的障碍，等级越高的道路，动植物穿越阻力系数越高。绿带(或林带)，可为某些动植物提供迁移和扩散的通道，特别是环城绿带是城市与乡村衔接的交错带，即可以实现城市与乡村的合理过渡，提高城市中生物多样性和自然属性，使得乡村景观向城市进行有力的渗透，形成城市与乡村相互包容、相互渗透的城乡一体化景观格局。

生态廊道的主要目的是保护生物多样性，但影响廊道保护生物多样性功能的最主要因素是廊道的质量和宽度。生态廊道的质量指廊道植被结构合理，包括物种、垂直、水平与年龄等结构，对廊道中保护的物种数量有较大影响。廊道宽度对生境质量和物种数量都有影响，由于廊道为线性结构，在满足其最小宽度要求的基础上，廊道规模越宽越好。宽度增加，廊道内环境异质性也增加，进而造成物种多样性增加。因此生态廊道的宽度是规划中最受关注的问题。生物迁移廊道的宽度随着物种、廊道结构、连接度、廊道所处基质的不同而不同，在缺乏对场地进行详细研究的情况下，只能结合场地实际情况并根据相似案例确定较适宜的宽度值。(朱强等，2005)总结了部分已经有研究结果(表6-11)。

表6-11 生态廊道的适宜宽度

宽度(m)	生态廊道功能及特点
3~12	廊道宽度与草本植物和鸟类的物种多样性之间相关性接近于零，基本满足保护无脊椎动物种群的功能
12~30	对于草本植物和鸟类而言，12 m是区别线状和带状廊道的标准，12 m以上的廊道中，草本植物多样性平均为较狭窄地带的2倍以上。12~30 m能够包含草本植物和鸟类多数的边缘种，但多样性较低，满足鸟类迁移，保护无脊椎动物种群，保护鱼类、小型哺乳动物
30~60	鱼类、小型哺乳动物、爬行和两栖类动物，30 m以上的湿地同样可以满足野生动物对生境的需求；截获从周围土地流向河流50%以上的沉积物；控制氮、磷和养分的流失，为鱼类提供有机碎屑，为鱼类繁殖创造多样化的生境
60~100	对于草本植物和鸟类来说，具有较大的多样性和内部种，满足动植物迁移和传播以及生物多样性保护的功能；满足鸟类及小型生物迁移和生物保护功能的道路缓冲带宽度；是许多乔木种群的最小廊道宽度
100~200	保护鸟类、保护生物多样性比较合适的宽度
≥200	能创造自然的、物种丰富的景观结构，含有较多植物及鸟类内部种；通常森林边缘效应有200~600 m宽，森林鸟类被捕食的边缘效应大约范围为600 m，窄于1200 m的廊道不会有真正的内部生境；满足中等及大型哺乳动物迁移的宽度从数百米至数十千米不等

注：资源来自朱强等，2005。

(1)水系廊道规划

水系廊道是指河道及其两侧防护绿地共同构成的生态廊道，包括河流、河漫滩、间歇性的支流、沟谷和沼泽、滨河林地、湿地以及河流的地下水系统以及潜在的或实际的侵蚀区(如陡坡、不稳定土壤区)，是纯自然资源、是生物繁衍生存的场所，具有保持水温、提供生物栖息、动物迁徙廊道、过滤有害污染物的作用。水系廊道是城乡规划是最重要的生态廊道，是构成区绿地系统网络的骨架，也是绿地系统发挥保护自然水系的作用的根本保障。

①水系廊道规划程序。水系廊道规划：a. 要调查清楚水系的关键生态过程及功能；b. 确定廊道的空间结构，将河流从源头到出口划分为不同的类型；c. 将最敏感的生态过程与空间结构相联系，确定每种河流类型所需的廊道宽度；d. 应该保留自然式河床，通过土壤的渗透作用和植物的吸收作用减少河水径流量，从而达到防洪防汛的目的。

②水系廊道常用宽度。水系廊道宽度越大其连通性越好，越有利于河岸生物迁徙和营造栖息地，有利于防洪减灾、减轻水土流失。但由于受人类活动干扰，河道因人为填埋和占用而导致河道断面越来越小，大大缩小了河道容蓄水量。因此，水系廊道规划时将紧邻的适宜性较好的土地划入水系廊道范围，增加廊道的宽度保证基本的生态宽度阈值。研究表明，河流廊道达到7～12 m时，对物种起到明显的保护作用；单侧河岸植被廊道宽度达到9～20 m时，可以有效保护无脊椎动物种群。水系廊道规划水系防护绿地宽度原则上不小于 30 m，有条件的地段可以根据情况适当增加宽度，使防护绿地与自然河道一起形成规模较大的水系廊道，以确保河流防护绿地连续性而形成整体。若水系绿道遭遇城市道路的阻断，则需要设计小而密的“踏脚石”斑块供动物迁徙或人类通行。

③水系廊道常用空间结构。

a. 带状结构。带状结构是贯穿城乡水系绿道的基本结构类型。主要发挥水系廊道的纵向连通功能，形成以主河道为带状核心，连接城乡内不同功能区的绿地系统，构成滨河的生态游憩走廊。

b. 鱼骨状结构。整合具有鱼骨状结构的主河道廊道空间内的所有资源，发挥主河道的生态功能，支流渠道的游憩功能。将汇入主河道的支流、排洪沟等均纳入绿廊体系，使水系廊道的影响力向城市内部延伸。

c. 毛细血管结构。在小范围区域，对城区内部河道进行统一的整治规划，构成毛细血管结构的水系绿道，重点是连通河道、治理环境污染和生态退化问题，构建局部区域的毛细血管结构的绿色基础廊道设施。

④生态护岸的构建。

a. 生态护岸的作用。自然河道是水、沙、土、生物共同相互作用的产物，承担着物质循环和能量流动的功能，形成一个不断变化的生态系统。出于用地紧张、安全因素和使用功能的考虑，在城市范围内多数河道是用混凝土或砌石等刚性结构固定和加固而“渠化”，这种河道既不生态，也不安全。生态护岸是强调水体与水岸的联系，改变传统“管道化”和“快速输送”思想，改善水质并降低流速，恢复它们之间的水分养分交换作用，强调生态护岸的净化作用、水分和泥沙的滞留作用和动植物栖息地的作用，改善水岸区域的生物多样性，增强护岸的景观性和可达性，提高城市滨水区的吸引力。

b. 植被恢复。植被群落可以吸收部分雨洪能量，减缓雨水对河岸的直接淋洗以及地表径流对土壤的冲刷，吸收以氮和磷等污染物，并缓慢地向土壤和河道释放水分，通过滞洪和阻力作用，减缓对河岸的冲击，使河道更具自然野趣和观赏性。生长在河岸和堤坝上植被群落，对河岸土壤产生覆盖和遮蔽的效果，增加河岸的稳定性，防止水流对河岸的冲击产生裂缝和塌陷。一是浅根性植被对于河岸表层土壤的稳固作用更大。稳固河岸的植被群落构建过程中，河岸植被优先选用乔灌草高低搭配的群落，避免单一使用深根性植物群落。二是植被种植在紧邻水流的区域时，形成掏空区的现象。掏蚀作用产生的掏空区内水流缓慢，从而减缓水流继续侵蚀土壤的进程并最终达成一种自然的动态平衡，并且掏空区还是水生动物的良好栖息地。

c. 生态工程。恢复河岸植被本身具有局限性，特殊情形下应适当采取生态工程措施与植被恢复措施相结合的方法。如：当水流速较大和河岸坡度较大而导致侵蚀力过强时，无法在短时期内依靠植被群落形成稳固的根基，需要采用砾石堆砌、石笼等工程结构对植被群落的根部区域进行加固，先种植速生植被，为慢生植被赢得生长时间。

(2)道路交通防护绿地规划

道路交通包括公路、铁路，是连接城市之间、城乡之间的重要交通干道，具有网络状的分布形态，是纯人工化的、嵌入自然的构筑物。它与河流网络形态不同，河流具有自然属性，承担着区域范围内的生态廊道骨架的重任，而公路、铁路是切断、分割自然的工具，使原本联系在一起的自然空间相分离。公路交通防护绿地规划应满足生物运动、迁徙的功能要求，同时避免其被城市建设侵占。根据国内的实践经验公路两侧的防护绿地不能够小于 100 m，例如，上海外环隔离带 100 m 为林带，400 m 为绿带。铁路防护绿地的建设与公路有所不同，国外对铁路防护绿地的概念已不再停留在防护、隔离上，而是重视其廊道作用。Stuart Hall 等认为“铁路的价值远不仅仅是交通工具，更重要的是为人们提供了沿线观赏风景，为野生动物提供了绿色的生存廊道和栖息场所”。因此，铁路防护绿地规划在其沿线两侧划定不低于 200 m 的保护带，保护带内的绿地建设以当地最适宜的自然状态为主，人工改造作为辅助手段。以骨干树种为主，在有限的空间内用乔、灌、草构建出绿色廊道，连接其他城镇绿地，色彩和造型变化丰富，车移景异。

(3)生态廊道

生态廊道是针对野生动物活动过程中的公路、铁路、水渠等大型人为建筑所设置的生物通道，包括路上式、路下式、涉水涵洞和高架桥等形式，供野生动物的移动与扩散，主要目的是为了保护生物多样性，减缓物种灭绝而设立具有一定宽度的生物保护廊道，把破碎化的生境连接起来，生物廊道实现是野生动植物保护的新思路。生物廊道功能上把破碎化而产生的两个或多个植被斑块连接起来，有利于动植物迁移，使物种适应随时发生的外界环境变化。

建立生态廊道的位置取决于动物的行为规律、植被和地形地貌特征、周围的土地利用方式等。①要查清动物的行为规律；②调查生物廊道周围的植被类型及其不可取代性、植被覆盖度、区域生境网络的保护现状、生境转化原因和土地利用的潜在压力等相关问题；③根据廊道所连接的生境斑块的位置来最终确定生物廊道的位置。

生态廊道的连接度是定量描述不同生物群体单元或生物栖息地之间在生态过程上的联系。连接度较大时，生物群体在廊道中迁徙、觅食、交换、繁殖和生存比较容易，受到的阻力较小，物种丰富度较大；当连接度较小时，生物群体在廊道中迁徙、交换和觅食将受到更多的限制，运动的阻力较大，生存困难。廊道连接度的衡量与廊道所连接的区域类型、廊道长度、宽度、内部生境情况、以及所研究的物种有关，还需要大量的数据以及长期的监测。

道路、生境的退化或破坏通常是影响生物廊道连接度的重要因素，因此生物廊道规划与设计中的一项重要工作就是通过各种手段增加连接度。通常我们采用设立关键点或踏脚石(Stepping stone)的方式来解决。关键点或踏脚石一般是廊道中受到人类干扰以及将来的人类活动可能会对自然系统产生重大破坏的地点，有很多属于物种的潜在分布区，将这些区域划入生物廊道将大大改善生物廊道的生境质量，同时节省成本，对森林和野生动物类型的自然保护区来说尤为重要。

生态廊道的宽度和内部构成与生态廊道的功能发挥存在重要关系。生态廊道的宽度直接影响着物种沿廊道和穿越廊道的迁移效率。一般认为廊道越宽越好，但随着生态廊道宽度的增加，环境异质性会增加，多数物种可实现沿廊道迁移。但过宽的廊道会增加生物在廊道两侧内部的运动，降低生物到达目的地的效率，且增加了土地利用方式等矛盾。生物廊道宽度应根据规划目的和区域的具体情况来确定，如进行保护区设计要针对不同的保护对象，仔细分析保护对象的生物、生态习性。Rohling 认为保护生物多样性的生物廊道的宽度在 46 ~ 152 m 较为合适。生物廊道的内部构成包括生物廊道的物种和生境两个层次，包括各组成要素及其配置和尽可能多的环境梯度，它不仅应该由乡土植物组成，而且应该具有层次丰富的群落，并与其相邻的生物栖息地相连。连接自然保护区的生物廊道除了由乡土植物种类组成，还要与作为保护对象的残遗斑块相近似。如上海在 2009 年在《上海市基本生态网络规划》中，按照中心城绿地、市域绿环、生态间隔带、生态廊道、生态保育区等生态空间类型，提出了生态空间控制引导。表 6-12 是上海市嘉宝生态廊道管制导则。

表 6-12　上海市嘉宝生态廊道管制导则

分类	生态廊道									
功能定位	对上海市生态环境保护，促进生物多样化，避免区域建设的无序蔓延									
土地使用性质	允许在区域生态建设区内规划郊野公园、科研教育、体育用地等对生态环境影响较小的土地使用类别。禁止建设污染工业、大型商业商务中心、以及对环境产生严重影响的交通设施和市政设施									
用地比例	耕地(%)	30	林园地(%)	31	湿地(%)	15	瞻仰景观用地(%)	2	建设用地(%)	22
生态控制指标	复垦比(%)	44	森林覆盖(%)	33	生态建设控制面积(km^2)	3.11	建设高度(m)	24	绿地率(%)	50

6.5.4　森林系统规划

(1)森林系统规划特征

森林系统规划与绿地系统规划是不同类型的城乡绿化系统规划，在规划范围和内容等方面

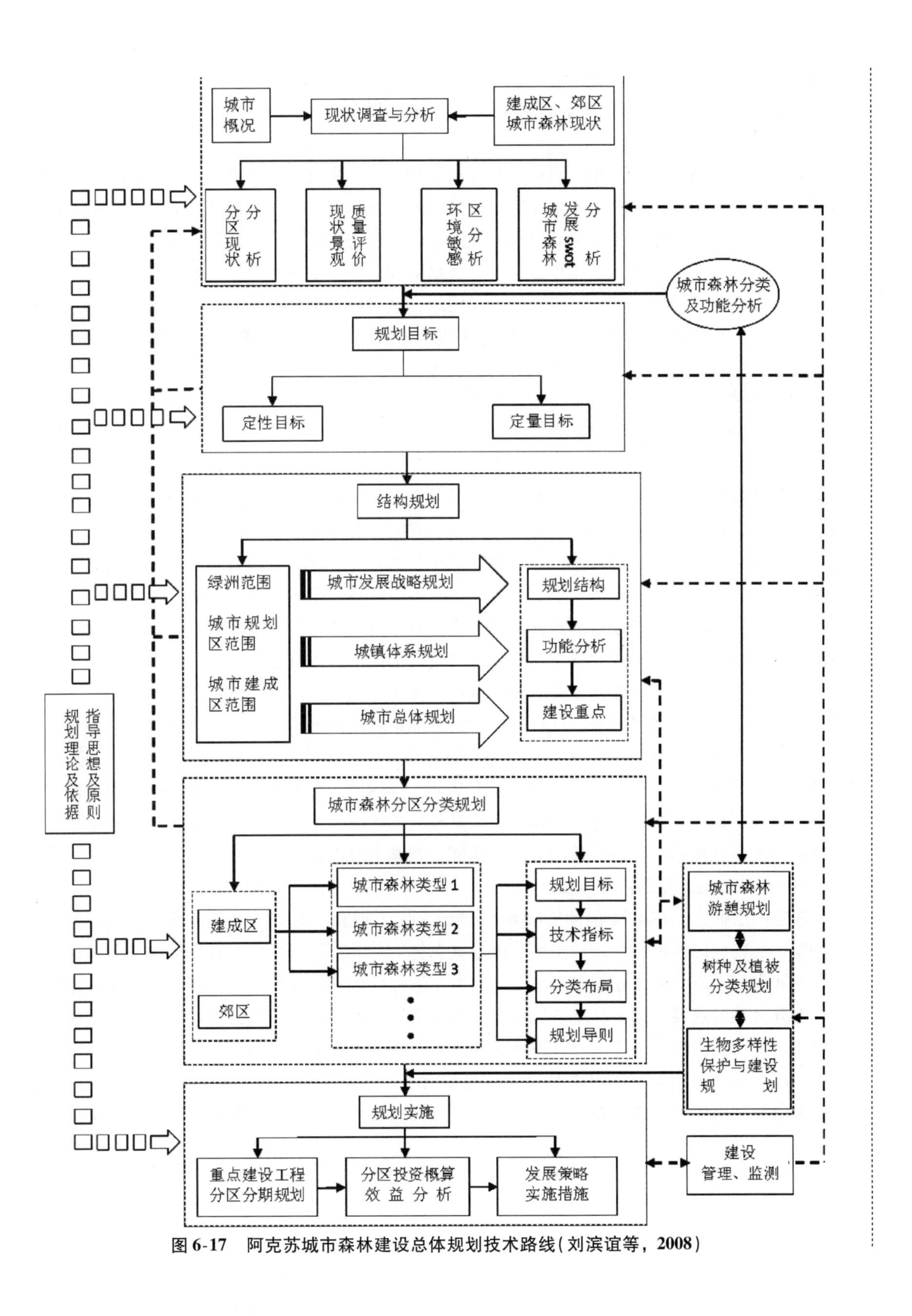

图6-17 阿克苏城市森林建设总体规划技术路线（刘滨谊等，2008）

各有侧重，现实中上海、无锡、沈阳等许多城市在制定了绿地系统规划的基础上，又制定了森林系统规划，规划重点放在建成区外，建成区内可以利用绿地系统规划的成果，进行适当深化。

森林系统是城乡绿色开敞空间中最重要的组成部分，它既要与城乡建设布局相适应，满足区域对生态服务功能的需求，又要支撑城市持续发展的建设与管理。因此，森林系统规划具有以下几个特点：①遵循理性的规划过程，开展现状调查与分析，确定规划指导思想以及原则和依据，制定规划目标，进行总体布局，确定规划结构，确定重点建设项目和分期建设规划；②重视区域森林空间结构，落实城乡森林建设用地，进行森林经营与管理的分类以及林地的控制范围；③注重与其他规划的衔接，重点是与总体规划相对应，规划内容结合城市绿地系统规划；④以林业重点建设工程为着力点，进行分期建设规划，带动森林系统建设。图 6-17 为阿克苏城市森林建设总体规划技术路线(刘滨谊等，2008)。

(2)森林系统的分类

对森林分类，各国在编制城市森林规划的侧重点不同。美国当前的森林主要是更新改造的问题，森林规划侧重于树木管理，对森林类型一般不做明确的区分。英国森林规划常采用分区规划的方法，对林地也不做具体的类型划分。目前国内有多种分法，何兴元等从功能和植被的角度，将城市森林分为风景游憩林、道路防护林、附属庭院林、生态公益林和生产经营林 5 种类型；也有分为：水源涵养林、水土保持林、休闲景观林、生态防护林、城市氧源林、城市保健林、动物栖息林、生产绿地苗圃林、教学科研林。但这些分类方法都存在：林地概念与植被概念混用、分类标准不一致、城乡森林用地的差别重视不够等问题。

城乡一体化背景下的森林分类应按照城乡一体化原则、层次性原则、实效性原则，采用城乡并重、适应各层面规划需求、具有可操作性。如湖北荆州海子湖生态文化旅游区总体规划中对城乡林地所进行的分类，采用了“三分法”的林地分类方法(表 6-13)：第一大类是建成区内，包括公园绿地和附属绿地；第二大类是城乡林地，包括风景游憩林地、生态防护林地、经济生产林地，强调森林景观特色建设，以确保其发挥生态效益；第三大类是生态绿地，包括农业防护林网和水系森林廊道，突出其经济生产功能，兼顾游憩需求。

(3)森林系统规划的内容

在空间层面上，在市域范围内对森林系统进行结构性的控制，实现规划对象、内容与深度的均衡，从建成区向镇、乡、村拓展，覆盖城乡林地系统，研究城乡森林发展的功能构成、规模和空间发展状态，协调好相邻区域之间的城市森林保护和建设的关系，对具体地块控制与引导，提升林地的建设质量。在规划层次上，当务之急是增加城乡林地详细规划层次，根据林地的类型，编制控制性详细规划和修建性详细规划。在技术规范上，明确各空间层面、各规划阶段应完成的目标、任务和作用以及具体的规划内容，编制相应的技术规范，合理配置植被类型，确定树种组成与结构，处理好远期发展与近期建设的关系，指导城市森林合理发展。

表6-13　海子湖生态旅游区林地分类表

名称	中类代码及名称	内容与范围	与城乡用地分类的对应关系	实施主体
城市绿地	公园绿地	位于旅游综合服务区及村镇建设用地内，向公众开放，以游憩为主要功能，兼具生态、美化、防灾等作用的绿地	建设用地	政府、企业
	附属绿地	除公园绿地、各类林地及生态绿地之外的其他用地中的附属绿化用地	建设用地	政府、企事业
城乡林地	生态防护林地	以保护和改善旅游区生态环境，维护生态平衡，抵御不良环境因子影响为主的林地	建设用地和非建设用地	政府、企事业
	风景游憩林地	位于旅游综合服务区及村镇建设用地外，具有一定设施，风景优美，满足人们游憩活动需求的林地	建设用地和非建设用地	政府、企事业
	经济生产林地	以生产经营为主的林地，包括经济林、果园、花卉苗圃等	建设用地和非建设用地	企业、个人
生态绿地	农业防护绿地	包括农田防护林网，一种为农业生态绿地，另一种为发展备用区内的农业生态绿地	非建设用地	企业、个人
	湿地廊道林地	指天然或人工、长久或暂时性的沼泽地、泥炭地或水域地带的防护林地，带有静止或流动的淡水、半咸水、咸水体，包括湿地公园	非建设用地	政府、企业

森林系统总体规划的内容包括：

①掌握区域整体自然资源和城乡规划建设状况，调查城区绿地、城乡森林、道路和水系廊道发展现状，分析森林存在问题、制约因素、自然生态过程、发展条件及潜力，划定环境敏感地区和视觉景观敏感地区，明确规划需要解决的问题。

②确定城乡森林总体规划期限、编制范围、空间层次、发展理论、规划编制依据，确定规划的发展理念、指导思想和原则，制定规划期内城市森林发展目标和指标。

③确定城乡森林的结构布局规划。分析区域森林生态系统与其他空间资源的关系；提出与相邻区域森林发展的空间布局、需要保护的区域、确定森林发展的空间结构和功能构成、提出城市森林发展战略；确定各类森林用地的比例关系。

④分区安排各类森林用地，制定分区规划的目标和指标，确定各类城市森林的空间布局，建立与结构规划相协调的空间结构体系。

⑤根据城乡森林的功能构成，进行林地和植被分类，明确树种名录。根据分类选择的植被类型，确定各类植被的树种组成、不同类型树种、植被的比例关系；对现状森林提出保护、改造或综合利用的发展方向和相应措施。

⑥城乡森林游憩规划，在规划区范围内构建城市森林游憩网络。

⑦生物多样性保护与建设规划，对自然保护区、湿地保护区、森林公园、生物廊道等多层次构建生物多样性保护网络。

⑧重点建设工程及分期建设规划，确定重点建设的项目，安排建设时序，提出近期建设的目标、内容和实施步骤。

⑨进行综合技术经济论证，进行投资估算和效益分析。

⑩提出保障城乡森林可持续发展规划的实施措施和政策建议。

森林总体规划的成果包括规划文本、图纸及附件（说明、研究报告和基础资料等）。其中图纸包括：区位图；遥感影像图；土地利用分析图、环境敏感性分析图、森林现状图、景观敏感性分析图；森林规划结构图、森林功能分析图、森林总体规划图；森林规划分区图；现状风景游憩林地服务半径分析图；新增林地规划图、各类城乡森林规划图（可分区绘制）；风景游憩林地服务半径分析图、森林游憩网络规划图；生物多样性保护与建设规划图、城市森林重点建设工程规划图；部分规划效果图。

6.5.5 湿地系统规划

湿地是地球上水陆相互作用形成的独特的生态系统，是自然界最富有生物多样性的生态景观和人类最重要的生存环境之一，具有无可替代的重要价值，被称为“地球的肾”“生命的摇篮”和“鸟类的乐园”。遵循湿地原有的自然地貌、生态环境、植物组合，把湿地系统恢复、保护和合理利用有效地结合起来，突出湿地的自然生态特征和地域景观特色，维护湿地生态系统结构和功能完整性、保护栖息地及其生物多样性。

把湿地建成人与自然和谐相处的湿地公园是目前较好的处理方式。通过人工适度干预，维护湿地生态过程，最大限度保留原生湿地生态特征和自然风貌，保护湿地生物多样性，有利于动植物繁衍生息和人们亲近自然，并融生态保护、科普教育、文化展示、休闲度假、观光旅游等多功能一体的滨水湿地公园。

（1）湿地公园规划的原则

湿地公园规划首先考虑系统保护、合理利用与协调发展相结合，注重生态保护优先，合理利用资源，保护湿地的生物多样性，维持功能平衡。即由湿地生态系统的“生产—转化—分解”的代谢过程和生态系统与周边环境之间的物质循环及能量流动关系，实现湿地生态系统的生物连贯性、湿地环境的完整性以及湿地资源的稳定性。这就要求遵守以下规划原则。

①生态保护原则。

a. 保护湿地的自然属性。对规划区的生态现状进行充分分析，最大限度地保留原有地貌特征，保护生态基础设施，避免人工设施的大范围覆盖，节约成本。

b. 保护生物多样性。为各种湿地生物的生存提供最大的生存栖息空间，并营造适当的发展空间。对生境的改造控制在最小的程度和范围内。

c. 保护湿地系统的完整性。通过公园的合理布局，保持湿地系统水环境和陆地环境的完整，保护湿地的循环体系和缓冲地带，将公园多项功能融为一个有机的整体，避免环境的过度分割和退化，减少对湿地环境的人为干扰。

d. 保持湿地资源的稳定性。保持湿地水体、生物、环境等各种资源的平衡与稳定，确保地球湿地系统的可持续发展。

②合理利用原则。

a. 合理利用湿地系统中动植物的经济与观赏价值。

b. 合理利用湿地系统提供的水资源、生物资源和矿物资源。

c. 合理利用湿地系统开展休闲与浏览活动。

d. 合理利用湿地系统开展科研与科普活动。

③协调建设原则。

a. 湿地系统的整体景观格局与湿地特征相一致，体现自然景观价值。

b. 建筑风格与湿地系统的整体景观格局相协调，体现地域特征。

c. 采用利于湿地保护的环保材料和施工工艺。

d. 限定湿地系统最小的保护面积，控制各类管理服务设施的数量、规模和位置。

（2）湿地系统规划内容

湿地系统规划在充分调查的基础上，进行合理功能分区。一般湿地公园规划大体上可划分为5个区（表6-14）。根据不同湿地情况可以因地制宜做出相应的调整。

①湿地保护区。以保护湿地植物、鸟类、底栖动物、土壤等的相关生物环境及非生物环境为主要目的，采用“最小干预”或“最小干扰”，保持湿地的自然特征。主要是创造适合鸟类栖息的各种条件，以达到引鸟、招鸟的目的。主要措施有：a. 形成自然森林、湿地林地、开阔性湿地、灌丛、草滩、浅滩沼泽、水面、岛屿等不同栖息地类型，并与相适应的鸟类对应。b. 形成满足鱼类繁殖与生长、鸟类捕食栖息等活动所需不同水深的要求。c. 种植鸟嗜植物群落，为不同鸟类提供食物来源。d. 人与鸟类的接触距离不小于50 m，有河岸、密林作为分隔。

表6-14　湿地公园规划的功能分区

功能分区	规划项目
湿地保护区	湿地植物、湿地鸟类、湿地动物、湿地土壤环境等相关保护
湿地利用区	湿地生产与利用、湿地旅游、湿地园林、湿地苗圃、湿地的污水净化与处理功能利用、湿地新农村
湿地缓冲区	湿地水陆消落带绿化、湿地保护区与利用区的绿化、湿地与城市之绿化隔离带
湿地管理区	湿地系统监测管理、旅游管理中心、接待服务中心、教育培训中心、科技交流中心
湿地展示区	湿地植物园建设、湿地博物馆、标本馆、科普馆、生态交流中心、水文化展示中心

②湿地利用区。湿地利用是通过净化水质、湿地旅游和湿地生产来实现的。利用建造人工湿地处理污水，主要采用香蒲、再力花、石菖蒲、泽泻、千屈菜、慈姑、茭白、美人蕉、芦苇等湿地植物，净化城市生产生活污水，实现净化功能；根据湿地公园的承载力和生态系统的敏感度规划湿地旅游，发挥湿地的社会效益和经济效益。湿地生产是开展湿地养殖和湿地种植，包括适度的网箱养鱼，各种湿地经济作物的种植。

③湿地缓冲区。为更多的生物提供栖息的空间，减轻人为干扰。主要采用创建人工群落交错区，增加植被缓冲带，建立湿地与周围区域的绿地系统的连接廊道。主要措施：a. 乡土特性：缓冲区的植被优先选择乡土植物；b. 增加廊道数量，多一条廊道就相当于为物种的空间运动增加了一个可选择的途径；c. 廊道有足够的宽度，越宽越好，必须与种源栖息地相连接；d. 尊重自然的本底，廊道应是自然的或是对原有自然廊道的恢复。

④湿地管理区。湿地管理区的职能是对游客管理、对生物安全管理、对湿地水质量监测等进行管理，是在湿地公园规划中必不可少的一个规划项目。包括湿地公园自身的旅游管理和接待服务，湿地公园中生物和非生物环境的监测任务。

⑤湿地展示区。湿地展示区是开展湿地科普教育和提升湿地公园的内涵重要组成部分。包括：湿地功能展示馆、湿地群落主题馆、水禽科普馆、湿地水文化展示厅、湿地博物馆等。如成都市活水公园就是以水为主体的环境科学公园，公园通过展示人工湿地系统处理污水新工艺，从厌氧沉淀池到戏水池可以清晰地看到污水在各工序中逐渐变清的过程，使游客充分体会湿地把“死水”变成“活水”的全过程。

6.5.6 生物多样性保护规划

城乡生态规划是为了更好地保护动植物资源，创造良好的景观多样性，构建物种丰富、结构稳定、自我调控能力强的复合生态系统，这都要依赖于城市生物多样性的保护。

目前，我国生物多样性就地保护场所主要有自然保护区、森林公园、风景名胜区、地质公园四大类，这四种就地保护场所均属于广义的保护地范畴，也是我国生物多样性保护的最重要基地。就地保护是指在原生境中对濒危动植物实施保护，维持了物种所在的生境及其所在区域生态系统中能量和物质运动的过程，保证了物种正常发育与进化过程以及物种与环境间的生态学过程，保护了物种在原生环境下的生存能力和种内遗传变异度，在生态系统、物种和遗传多样性 3 个水平实现了最充分、最有效的保护。

（1）生物多样性评价的约束性指标

生物多样性评价约束性指标的建立是一个十分复杂的过程。国家住房与城乡建设部于 2010 年颁布的《城市园林绿化评价标准》（GB/T 50563—2010）中，设定了 8 项生物多样性相关约束性指标。

（2）生物多样性保护途径

保护生态系统和保护物种是生物保护策略的两条途径。

保护生态系统途径是依据景观生态学理论“斑块—廊道—基质”模式，强调景观系统和自然地的整体保护，通过保护景观多样性实现生物多样性保护，这是以景观生态学的原理和方法为生物多样性保护提供了新思路（表 6-15）。主要通过以下三种作法：一是以公园绿地、居住区绿地等人工斑块，有意识将动植物引入城市地区形成的局部生态系统，随斑块面积增加而物种多样性增加，为大型动物提供核心生境作为栖息地，或作为物种传播的踏脚石；二是以乡土植物为主，通过环带、放射带、交叉带的绿地结构与城郊自然环境之间建立廊道，把城乡各绿地斑块连接起来形成绿地网络化，不仅为生物提供了更多栖息地，又在一定程度上抵消景观破碎化对生物多样性的影响，并且有利于城郊自然环境中野生动植物向城区绿地迁移，可以极大地提高野生生物多样性；三是通过人为手段修复退化生态系统结构，缩短生态恢复的时间过程，恢复其生态服务功能并实现系统自我维持状态，促进城乡生态系统稳定健康而达到保护城乡生物多样性的目的。

表6-15 生态园林城市生物多样性相关指标

类别	评价内容名称	单位	指标
绿地建设	建成区绿化覆盖率	%	≥40
	建成区绿地率	%	≥35
	城市人均公园绿地面	m^2/人	
	人均建设用地小于80 m^2的城市	m^2/人	≥9.5
	人均建设用地在80～100 m^2的城市	m^2/人	≥10
	人均建设用地大于100 m^2的城市	m^2/人	≥11
	建成区绿化覆盖面积中乔灌木所占比率	%	≥40
	城市各城区绿地率最低值	%	≥25
	城市各城区人均公园绿地面积最低值	m^2/人	≥11
建设管控	古树名木保护	%	≥98
生态环境	本地木本植物指数		≥0.9

保护物种途径是强调对濒危物种、稀有物种本身的保护。通过建立植物园和动物园，作为乡土植物和外来植物的活标本园，作为植物资源种和品种的集聚地，是植物迁地保护的主要场所。在足够详尽的物种及其相关信息的前提下，保护物种途径是目前最有效和科学的生物保护途径。植物园和动物园虽然在城乡生物多样性保护中起到了重要作用，但有一定的局限性，一是动植物与自然生境隔离，削弱了物种生态特性，降低物种的遗传多样性；二是收集、保存超量的某一物种遗传多样性标本需要较高的经济支撑，对于政策和资金依赖性导致保护结果不确定性等。

尽管生物多样性保护规划途径不同，但许多学者认为保护生物多样性的空间战略是普遍有效的。肖笃宁等总结这些空间战略包括：①建立绝对保护的栖息地核心区；②建立缓冲区以减少外围人为活动对核心区的干扰；③在栖息地之间建立廊道；④增加景观异质性；⑤在关键部位引入或恢复乡土景观斑块；⑥建立动物运动的踏脚石，以增强景观的连接性；⑦改造栖息地斑块之间的质地，减少景观中的硬性边界频度以减少动物穿越边界的阻力。

(3)生物多样性保护规划编制的方法

生物多样性保护规划编制的方法主要有2种：就地保护和迁地保护。“就地保护”是通过建立自然保护区、国家公园、森林公园等生物多样性保护措施，把将各种有价值的自然生态系统和野生生物生境类型保护起来，保护和促进生态系统内生物的繁衍和进化，维持系统内的物质能量流动与生态过程，这是一种最有效地保护方式。“迁地保护”是通过建立植物园、树木园、动物园、水族馆和基因库等将生物多样性组成部分移到它们的自然环境之外进行保护。

(4)生物多样性保护规划编制内容

我国现阶段生物多样性保护规划包括省、市、县3级保护规划，主要是城市绿地系统和城市园林规划的生物多样性保护规划。按规划内容可分为：生物多样性保护规划、植物多样性保护规划。按规划性质不同可分为以下3种类型：一是生物多样性保护规划，大部分是为保护该区域内的生物多样性而专门制定的，该规划是以区域为范围，内容充实，能够较好地指导城乡生物多样性保护工作的开展；二是依据《城市绿地系统规划编制纲要(试行)》中的生物多样性保护规划相关框架结构进行编写，内容比较简单；三是城市绿地系统规划中所包含的生物多样性保护的相关内容，主要包括生物(植物)多样性保护和古树名木保护2个部分，是针对城市绿地系统内的生物(植物)多样性实施的保护规划。

城乡生物多样性保护规划编制的主要内容包括：生态本底调查、现状与问题分析、建立生物多样性保护空间格局、明确保护目标与保护内容、生物多样性资源保护的生态功能分区、生物资源条件制定资源专项保护规划。空间布局规划包括核心专项规划体系(动、植物多样性保护规划)、城市生物多样性特色规划体系(生物资源、城市性质)、支撑体系(法律法规、政策体系、科研、重点项目)、为城市生态环境建设服务的应用专项规划体系等四个体系。主要专项规划包括：城市动植物多样性保护规划、珍稀濒危物种与古树名木保护规划、城乡生物多样性保护的重点项目和工程规划、城乡生态脆弱区生物多样性保护、受损弃置地生态恢复、河湖自然湿地资源保护等专项规划。城乡生物多样性保护规划工作的技术路线示意图6-18。

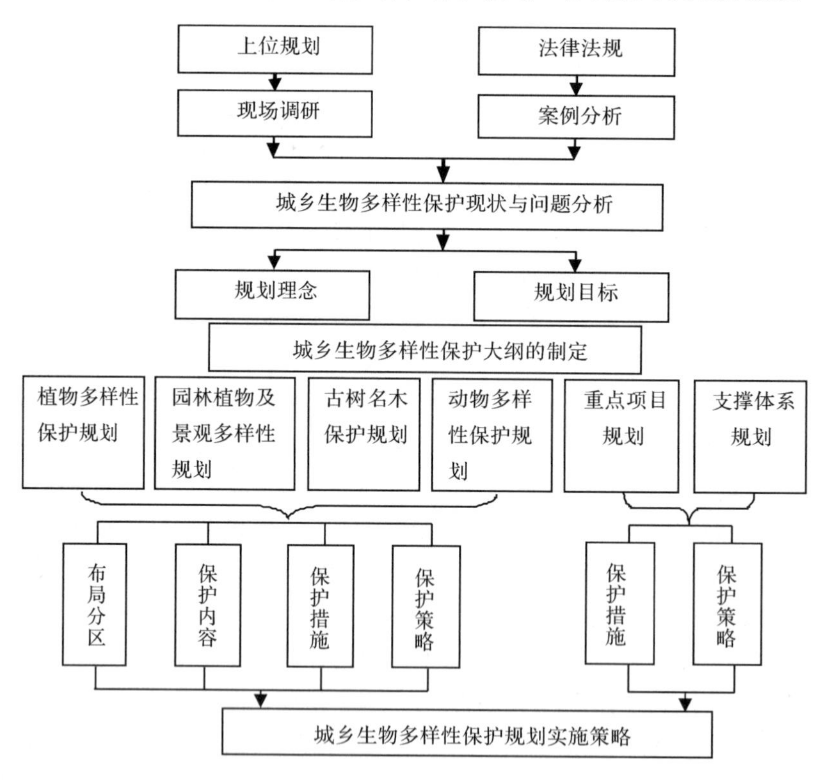

图6-18　城乡生物多样性保护规划技术流程图

6.6 微观层面——微观设计

6.6.1 树种规划

(1)树种选择原则

①以乡土地带性树种为主，恢复地带性植被。地带性植被还能使当地的多样的物种得以生存、延续和繁茂，对促进地域生态平衡、保护物种资源，维持生态系统稳定性有重要作用。地带性植被具有丰富的物种多样性、年龄结构上的多样性、资源利用上的多样性、以及为物种提供了多样的生存环境等，这些多样性为多种动植物的生存提供了各种机会和条件。注重保护生物多样性，注重创建野生动物栖息地环境，正是由于地带性植被群落植物树龄交错，喜光与耐阴协同生长，乔、灌、草立体交叉等多样性，满足鸟类、昆虫、真菌以及野生动物等喜欢利用地带性植被和不同物种的生境需要，从而吸引多种物种生存和繁衍，形成自然种潜在的共存性，构成大自然的绚丽风光与现代都市生活和谐地融为一体的城市风貌。

②适地适树，符合植被区域自然规律。考虑到规划区域的各种自然条件，如气候、土壤、地理位置、自然和人工植被等因素的同时，充分注意城市景观中由大型建筑或建筑群形成的局部小气候环境多种多样，考虑树种选择要分析主导性立地条件因素和限制性以及分析自然因素和树种关系，特别是植物对光线、温度、水分和土壤等环境因子的要求各不相同，优先考虑立地适应性强、抗逆性强、抗病虫害能力强的树种。对特定的土壤、小气候条件规划相适应的树种种类。

③树种的合理搭配。绿地系统树种多样性是提高绿地系统生态效益的基础。生物多样性和稳定性占有重要地位，多样的植物种将促进城市绿地物种多样性、增加食物链结构的复杂性，促进绿地系统的稳定性有利于生态功能的发挥。树种的合理搭配是实现树种多样性最有效的手段，目前常用的方法：一是速生树种与慢长树种相结合，常绿与落叶相结合；二是增加观果树木的配植，考虑与鸟类食源的关系；三是以乔木为主，不同生活型的乔木、灌木和草本植物组合，合理配置的种植模式。

④群落学理论配置树种。按照生态位理论，借鉴地带性植被群落的生态学规律，模拟地带性群落的结构特征，以群落为树种规划的基本单位配置树种，构建相对稳定的、合理植物群落结构和复层群落结构模式，尽量向近自然群落结构方向调控，构建体现自然植物群落内的植物种类及其层片结构。主要考虑物种在耐阴性、个体大小、叶型、根系深浅、养分需求和物候期等方面差异较大的植物，避免种间直接竞争，确保植物群落空间结构、营养结构和树种结构的合理性。

(2)植物配置评价指标

目前国内外还没有一套完整的评价绿地植物配置的指标体系。因此需要遵循全面反映植物配置的综合性原则，能够反映植物配置的主要方面和特征的代表性原则以及能够直接反映植物配置优劣状况的可评价原则和可测量、可比较、较易获得的实用性原则。根据我国城市绿地现状和评价指标体系(表6-16)，以植物配置状况作为总目标，从三层次的评价指标体系结构，来评价植物配置的优劣程度。一级指标作为准则层，是植物配置状况优劣的直接表现，由植物个体特性、植物群体特性、植物配置美感度、群落服务功能、本地物种与外来物种的比例组成。二级指标值(Pi)作为指标层，是由可直接度量并能体现各准则层的指标构成，主要代表植物配置特征，共20项。

(3)群落树种规划的方法

制定绿地生态系统规划的群落树种规划方法：

①结合绿化用地环境和性质特点，在对目标地带性群落的树种组成、结构特征和垂直结构等充分分析研究的基础上，参考模拟当地稳定自然植物群落生活型谱的组成比例，依照地带性天然植被树种间数量关系和树种数量比例，科学地确定城乡人工群落树种间的比例关系，使绿地系统更稳定，更能发挥最大生态效益。

②确定目标地带性群落类型及其树种组成。绿地人工群落树种选择和配比还需确定一个地带性群系(Zonal formation)作为主要的模拟设计的蓝本，建群种或共建种相同，一个群系的结构、区系组成、生物生产力以及动态特点都相似，这些特征可以指导一个具体的人工群落设计。在确定城市地带性植被型后，对组成地带性植被型的群落类型调查，从群系层次角度弄清地带性群落类型，参考群落的生境类型、功能特点、景观效果等，结合城市绿地的类型、性质，综合确定城市绿地系统建设模拟的目标地带性群落类型。

③树种来源以地带性树种为主，以反映地带性特征的树种为辅，确定拟建设的城市人工群落的树种种类，使地带性树种成为人工绿地建设的主体。例如，长沙市目标地带性的顶级植物群落有冬青群落、樟树群落、栲树群落、青冈群落、苦槠及樟树群落、苦槠及台湾冬青群落等，群落在较长的时期内保持世代更新，具有较强的调节功能，能够维持自身的营养平衡。因此，构建长沙城乡人工植被群落时，优先选择樟树、栲树、苦槠、台湾冬青等常绿阔叶群落的树种。在坚持以地带性树种为主的前提下，可适当选择具有地带性特征的外来树种。例如，从国外或邻近地区纬度相似的地域引进外来树种，特别是已被证明在本地区具有很好的适应性的外来树种。

④确定人工群落种间联结(表6-17、图6-19)。通过参考目标地带性群落种间结合关系的密切程度来确定。依据目标群落树种间相关的性质及水平，安排人工群落乔木、灌木、草本植物种间的组合，使人工群落生态位重叠少，种间、种内关系协调；参考目标地带性群落树种密度来确定人工群落树种数量，并结合绿地面积大小，确定不同树种的数量。根据目标地带性群落生活型谱来确定城乡不同类型绿地乔木与灌木、针叶与阔叶、常绿与落叶等树种之间的比例。例如，广水市绿地植物配置比例，裸子植物与被子植物的比为1:15；常绿树种与落叶树种比例为1:1.5；乔木与灌木的比例为1:1；木本植物与草本植物的比例为2:1（指面积）；乡土树种与外来树种比定为4:1；速生与中生和慢生树种比为1.5:1.2:0.8。

表 6-16 植物配置状况评价指标体系

综合指标	一级指标	二级指标	计算方法
植物配置状况	植物个体生长情况	个体年生长量(P_1)	直接测量，乔木用胸径或地径的年增长量来代替；灌木用冠径的年增长量来代替；草本植物不进行测量
		个体开花结果的多少(P_2)	目测估算已进入开花结果年龄的乔灌木的开花和结果数量与正常植株开花和结果数量之比
	植物群落特性	群落的层次(P_3)	目测
		群落地上部分生物量(P_4)	对于乔木和大灌木采用平均标准木法，对于小灌木和草本植物采用样地收获称重法
		乔灌木的覆盖率(P_5)	在不同的季节里，用对角线法来测定
		植物种类多样性指数(P_6)	利用 Shannon-Wiener 多样性指数进行计算
		病虫害(P_7)	1 年内发生的，能够用肉眼辨别出影响群落外貌特征和景观效果的病虫害发生的次数和强度
		落叶乔灌木与常绿乔灌木的比例(P_8)	落叶乔灌木个体数量与常绿乔灌木个体数量之比
	植物群落的美感度	出现鸟类的频率(P_9)	鸟类出现的次数/观测次数
		视觉美(P_{10})	问卷调查
		生态美(P_{11})	问卷调查
		联想美(P_{12})	问卷调查
	植物群落的服务功能	夏季的遮阴度(P_{13})	同乔灌木的覆盖率、测定方法
		夏季的降温效应(P_{14})	用温度计测定群落内部的温度与无植物对照地温度的差值
		对人们的吸引力(P_{15})	不同季节，1 天内的不同时间所观测到的在群落内部的人数平均值/适合人活动的面积/人均占有面积
	植物配置的经济状况	建设费用(P_{16})	建设养地群落所消耗的资金，如果没有直接数据，可以用群落建设年限和现有植物大小来推断当时建设费用(全部折算为当前价格)
		维护费用(P_{17})	1 年内为维护次群落所花费的人力和物力
		植物群落所生产的直接经济效益(P_{18})	群落的植物如若全部当做木材或苗木出售所获得的资金
	当地植物种类与外来植物种类的比例	当地乔木数量与外来乔木数量之比(P_{19})	直接点数
		当地灌木数量与外来灌木数量之比(P_{20})	直接点数

表 6-17　我国不同城市模拟的目标地带性群落蓝本

城市	目标植被型	主要群落类型
上海	常绿落叶、阔叶混交林	白栎群落、白栎苦槠群落
北京	针阔混交林	油松、栓皮栎、槲栎、槲树等为主的松栎混交林
长沙	常绿阔叶林	冬青群落、樟树群落、栲树群落、青冈群落、苦槠及樟树群落、苦槠群落
吉林	针阔混交林	枫桦群落、蒙古栎红松群落、赤松群落、曲柳红松林群落
沈阳	落叶阔叶林	油松栎林群落、油松林群落
南京	常绿、落叶阔叶混交林	苦槠群落、南京椴群落、朴树群落、枫香群落、栓皮栎群落、白栎群落、锥栗群落、麻栎群落
桐城	落叶阔叶林	枫香群落、化香群落
大理	半湿润常绿阔叶林	元江栲群落
伊春	针阔混交林	红松枫桦群落、红松椴树群落
常熟	落叶阔叶林	麻栎群落、朴树群落、白栎群落

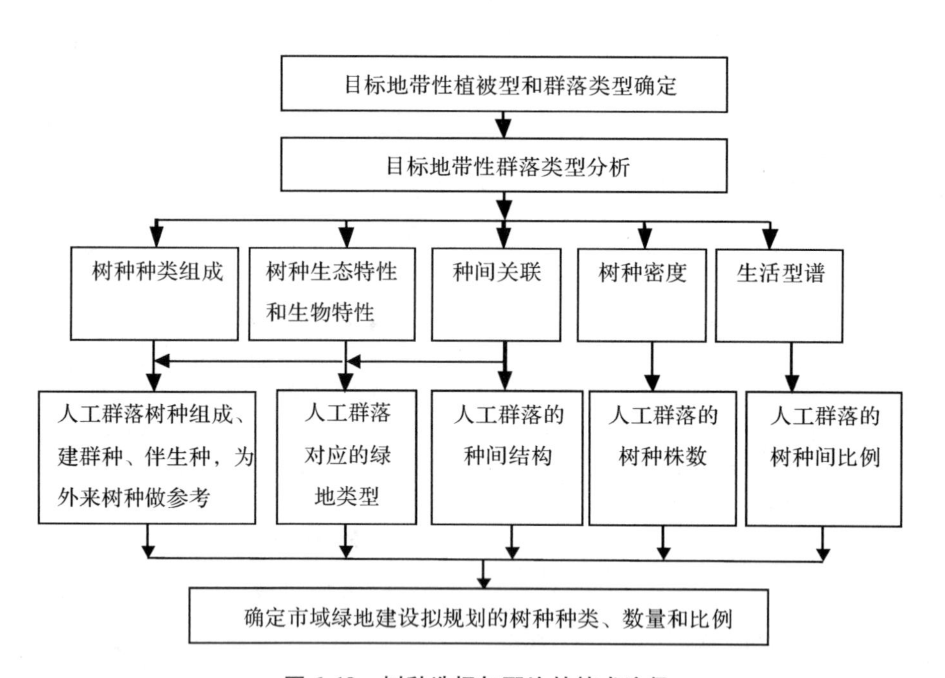

图 6-19　树种选择与配比的技术途径

6.6.2 "近自然"景观调控

"近自然"群落景观调控技术是在综合天然次生林群落物种组成、生境条件和空间结构的基础上，根据"尊重自然、探索自然、模仿自然、恢复自然、高于自然"的植被景观改造理念，结合近自然植物群落评价模型的指标及指标值，提出人工林近自然群落景观调控技术。选择具有地带性特征乡土树种的顶级植物群落中的主要乔、灌木种类，通过人工营造与植被自然生长的完美结合，低造价地建造以地带性植被类型为目标，群落结构完整、物种多样性丰富、生物量高、趋于稳定状态、后期完全遵循自然规律的“少人工管理”绿地。采用“近自然”群落建设措施，使演替时间缩短至几十年，建成稳定的亚热带常绿阔叶林的自然植被。

(1)树种选择

按当地现有的或潜在的自然顶极植物群落植被确定城市森林的拟建目标绿地类型，要选择具有地带性特征的顶级植物群落的建群树种及优势树种，配以常绿灌木树种及少数落叶树种。如常绿阔叶林地带的青冈林、石栎林、润楠林、木荷林、闽楠、樟树、红豆杉等常绿乔木；油茶、茶、冬青、山矾、鹅掌楸、女贞、冬青、含笑、海桐、山茶、杜鹃、八角金盘等常绿灌木；枫香、枫杨、苦楝、乌桕、白檀、白玉兰、亮叶桦等落叶乔木。从各乡土物种的选材和育苗阶段起，做到乔灌草藤复层结构的合理配置。

(2)立地改良

为了使群落植物能正常生长，需对地形作适当处理，按自然地植被地形特点和园林艺术要求，将地形整理为缓坡地；并对土壤条件进行改良，如有必要可以采用挖大穴、客土改善立地条件，增加有机腐殖质，提高土壤中的 N、P、K 和水分的含量；调整土壤的酸碱度，使其值 pH 调节到中性或微酸性(4.0~7.0)，适宜常绿阔叶林生长的程度。

(3)物种组成

近自然化改造需要注重：乔木种类数、活地被种类数、乡土植物比例、径级数目、分层盖度之和、群落更新数等指标，通过优化和增加植物种类，特别是顶极适应的乔木、灌木和草本，适当添加藤本植物，并将其缠绕、攀缘于群落中的高大乔木和灌木上，使空间和资源的利用最大化，同时增加耐湿乔灌的栽植。

(4)空间结构

增加一些杆高径粗、冠浓荫密的高规格、高等级大乔木树种，结合群落功能提高林冠的郁闭度、叶面积指数，从而减少透光性，形成夏日遮阴蔽日。优化常绿和落叶物种的比例，既要保证冬季的植物景观又要满足游人对阳光的需要。

(5)造林模式

一般采用三角形配置，也即沿等高线成行，上下不成列，以利树冠的完整发育和水土保持。为使森林景观自然优美，方便施工，在主要树种原则上采用机械(定距)配置的基础上，伴生树种可以采用不定距配置，也即种植点在造林地上的分布呈随机点状或小群团状，后者伴生种集中成小群团，使林木早期形成团状植生组，可增强抵抗不良环境因子尤其是杂草的作用。景点周边的营造宜采用园林手法，点状孤植、群植、片植相结合。

(6)人工促进改造

根据人工促进改造的方式与强度，分为补植改造、抚育改造二类。其中补植改造包括补植抚育改造和疏伐补植改造，抚育改造包括疏伐抚育改造、劈抚抚育改造和封禁管护。

补植造林树种的选择主要考虑与原有树种的种间关系。一般情况下，凡适宜造林的树种均可用作补植造林，但在上层树木郁闭度比较大时，应选择耐阴树种，还需考虑原有地类和相邻地类的现状。常绿乔木树种有：樟树、细叶香桂、深山含笑、乐昌含笑、红楠、刨花楠、闽楠、秃瓣杜英、中华杜英、杜英、红花木莲、木莲、栲树、甜槠、苦槠、青冈、细叶青冈、石栎、短尾石栎、木荷、实生杨梅、女贞、石楠、花榈木、冬青等。

6.6.3 宫胁法造林

宫胁法造林是国际著名植被生态学家、原国际生态学会会长宫胁昭博士发明的。宫胁法造林是指造林过程中以潜在植被和演替理论为基础，强调运用乡土树种建造乡土森林，快速恢复自然植被的方法，在日本、巴西及东南亚等国家得到广泛的应用。该方法特别重视乡土树种的应用，提倡应用顶级群落的组成种，采用土壤种子库天然更新等模拟自然的手法和技术，营造在种类组成、结构、抗干扰能力、功能等方面和天然森林基本类似的森林，实现人工营造与植被自然生长的完善结合，超常速、低造价地建设以地带性植被类型的目标。宫胁法造林完全遵循自然循环规律的"少人工管理型"的"近自然森林"，从造林到森林形成，通常只需要 20 ~ 50 年，时间比正常的自然演替缩短了 3/5 ~ 4/5。宫胁法造林所形成的森林接近当地的天然森林(Quasi-natural forest)，采用的树种为乡土优势种类，土壤动物也得以恢复。

(1)宫胁法造林的优点

宫胁法造林与传统的造林，以及与自然演替恢复的森林相比较，有以下不同：一是用该方法营造的森林是环境保护林，而不是用材林和风景林；二是造林用的种类是乡土种类(Native tree species)，主要是建群种类(Canopy tree species)和优势种类(Dominant species)，强调多种类、多层次、密植、混合，这也是造林法的特征和重点；三是成林时间短(To shorten the time span)，用 1/5 之的时间完成自然森林演替过程，这对森林仍然遭到破坏的情况下，缩短时间就是加速环境改善，就是节约费用；四是管理简单，造林开始的 1 ~ 3 年进行除草、浇水等管理，以后就允许树苗自然生长，优胜劣汰，适者生存，不管理就是最好的管理(No management is the best management)。

(2)宫胁法造林的主要程序

①进行植被调查。通过调查，查明当地的现存植被，推断当地的潜在植被，并绘制相应的现存和潜在植被图。同时调查生境特征，包括气候、地质、地貌、土壤、人为干扰历史和干扰程度等。

②树种确定。根据植被调查确定的植被类型，选用造林树种，重点是建群种类和优势种类，也包括灌木和草本种类，通常种类不少于 10 ~ 20 种。

③采集种子和育苗。在秋季或果实成熟时采集种子。当种子落地后马上收集，或直接从母树上采集。采集到的种子经过挑拣，去除未成熟和受虫害者(可放在水中过夜，闷死幼虫，吸水发芽)。播种后，当种子萌发 2 ~ 6 片叶子时，从苗床移栽到营养钵中(直径 10 ~ 12 cm，高 10 cm)或者直接从母树林中采集幼苗移栽到营养钵中。钵内盛有接近天然林地的土壤，有机质丰富，通气良好。2 ~ 3 年后，幼苗高达 30 ~ 50 cm，根系发育良好，即可以用于野外栽植。

④整地。在需造林的地方进行人工整地，土壤条件十分恶劣、瘠薄而干燥的地方一般要加 20 ~ 30 cm 厚的土层。倾斜地要打桩(木桩、竹桩、石桩等)，加挡板(竹板、木板、条板、铁网等)，防止土壤被雨水冲刷。此外，在土层瘠薄、岩石裸露或新建公路等地段，需要开挖 V 形槽沟，以增加土层厚度，同时也要打桩加挡板。

⑤栽植。将营养钵中育好的树苗根部(同营养钵一起)放入水中浸泡 15 ~ 30 s，去掉钵，挖约为钵直径 1.5 倍大小的坑，将树苗栽上，填土压实。密度大约 3 ~ 4 株/ m^2。栽植时注意种类混合和密植，任意栽植，使其接近自然状态，适当密植也利于幼苗在小气候环境下生长，长

到一定程度则开始竞争。

⑥覆盖。全部栽植完后，用稻草或腐烂秸秆覆盖并用草绳将覆盖物压住，防止风吹和干燥。适当进行洒水，保墒防火，提高苗木成活率，也利于土壤养分分解、释放。

⑦管理。栽植后的 1 ~ 3 年内，进行除杂草、浇水、施肥等简单管理，然后任树苗自然竞争和淘汰。通常 1/3 ~ 1/2 苗木到不了乔木层，或死亡。15 ~ 50 年后（根据土壤条件和降水条件而异），即可发育成类似天然林的森林（图 6-20）。

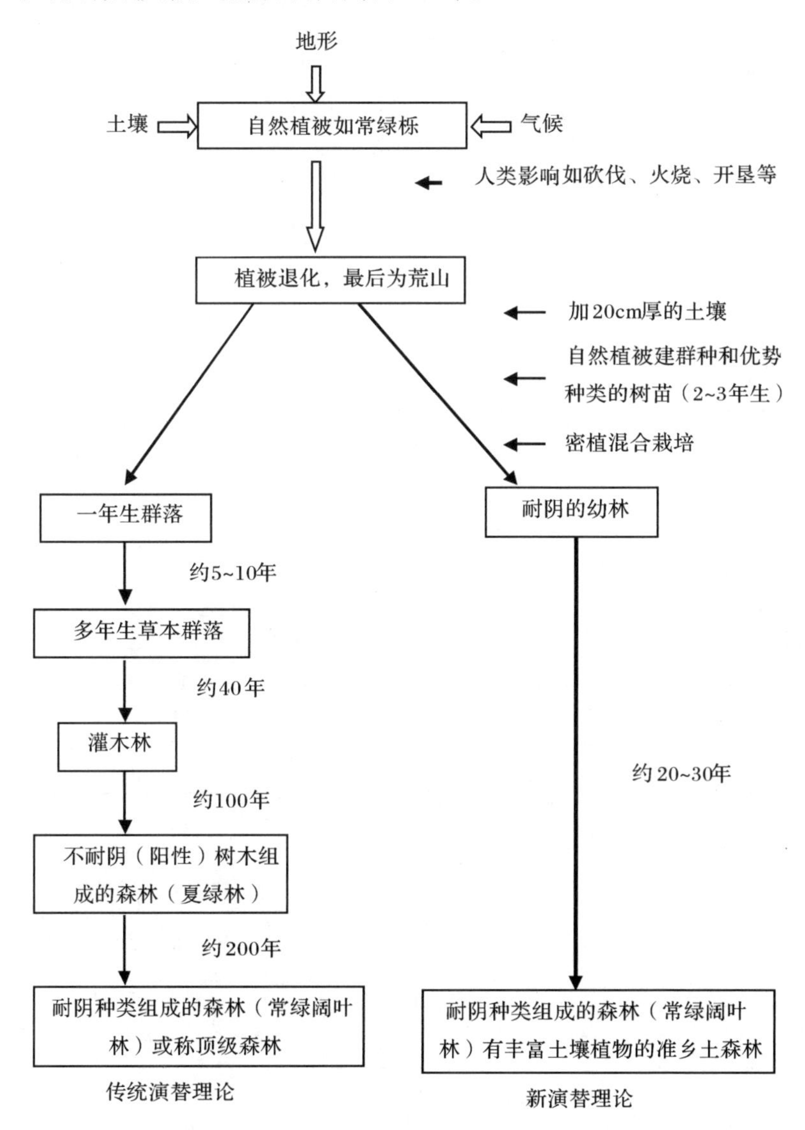

图 6-20　宫胁的造林理论和传统演替理论图示（王仁卿等，2002）

（3）宫胁法造林注意事项

由于观念、生境、资金、管理等方面的差异，我国推广宫胁法造林应注意以下问题：

①种类选择。根据各地的实际情况选择造林树种。由于建群种多为耐阴种类，增加一些阳

性树种是必要的，特别是演替早期的先锋种类。

②苗木培育。我国北部西部降雨量少，土壤贫瘠，造林苗木应当选择3～5年生或更大些为佳，营养钵也相应增大，直径15～30 cm，使根系更加发达，提高抗干旱的能力。

③造林时间。宫胁法更适于在多雨湿润的季节和地区造林。在北方少雨的地区最好在雨季造林，和春季造林应注意保墒。同时，树坑也相应大些(30～50 cm^3)。

④管理。由于生境条件差，加上人为的破坏，管理时间宜更长些，适当延长至3～5年。

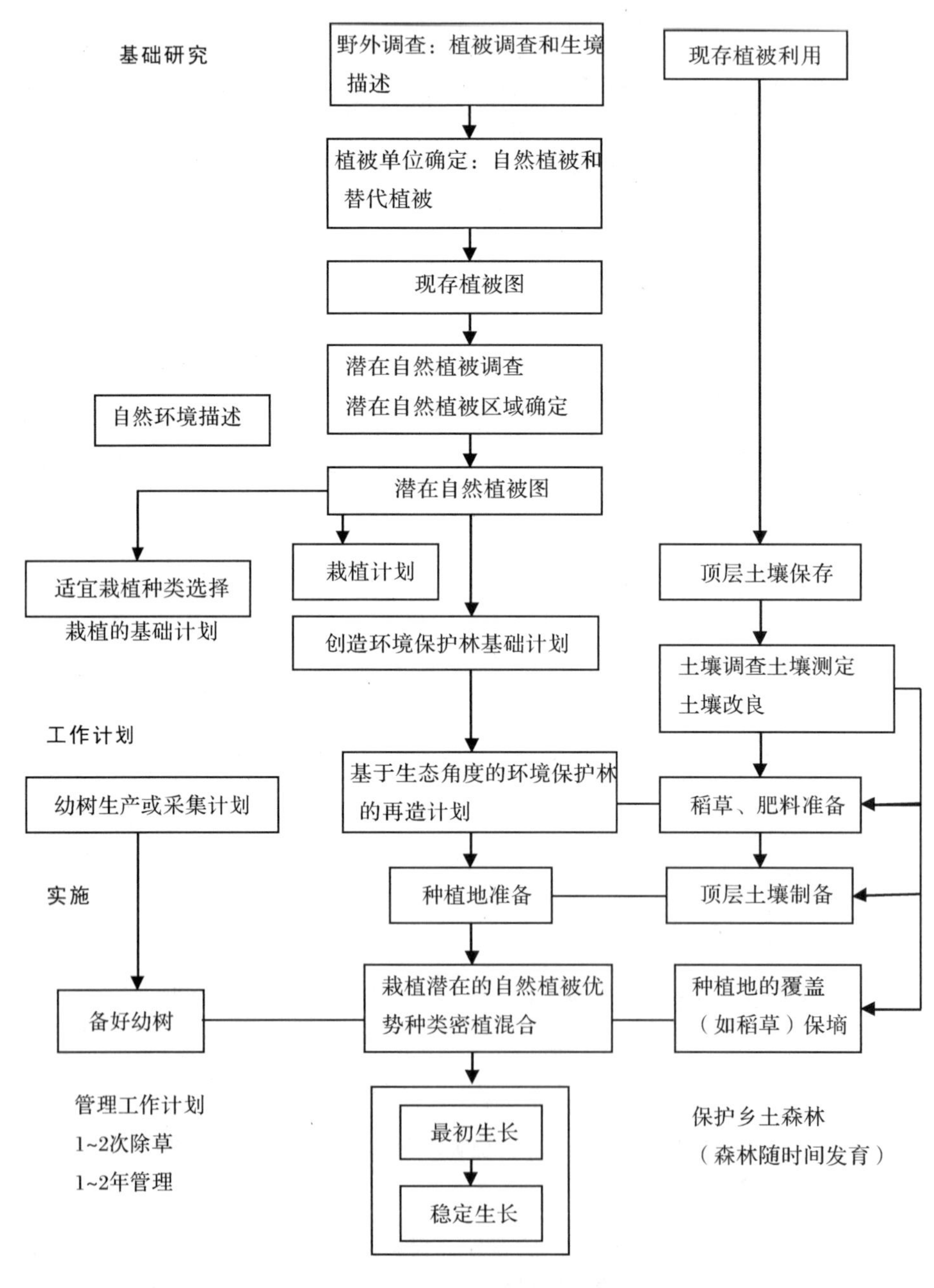

图6-21　宫胁法造林流程图(王仁卿等，2002)

参考文献

蔡佳亮，殷贺，黄艺．2010. 生态功能区划理论研究进展[J]. 生态学报，30(11)：3018－3027.

车生泉．1999. 城乡一体化过程中的景观生态格局分析[J]. 农业现代化研究，20(3)：140－143.

曹勇宏．2001. 论长春市绿地生态系统的建设措施[J]. 环境与开发，16(2)：10－12.

陈晋．2009. 浅析城市绿地景观建设[J]. 现代园艺(9)：27－29.

戴菲，艾玉红．2010. 日本城市绿地系统规划特点与案例解析(上)[J]. 中国园林(8)：83－87.

胡文芳，李雄，董丽．2011. 城市生物多样性保护规划相关问题探讨[J]. 黑龙江农业科学(5)：111－114.

贾良清，欧阳志云，赵同谦，等．2005. 安徽省生态功能区划研究[J]. 生态学报，25(2)：254－260.

杰克·艾亨，周啸．2010. 论绿道规划原理与方法[J]. 风景园林(5)：104－107.

姜允芳，石铁矛，赵淑红．2011. 区域绿地规划研究——构筑绿色人类聚居环境[J]. 区域绿地规划研究，35(8)：27－36.

景普秋，张复明．2003. 城乡一体化研究的进展与动态[J]. 城市规划，27(6)：30－35.

金云峰，周聪惠．2013. 城市绿地系统规划要素组织架构研究[J]. 城市规划学刊(3)：86－92.

凯文·林奇．2001. 城市意象[M]. 方益萍，等，编译．北京：华夏出版社．

刘滨谊，温全平，刘颂．2008. 城市森林规划的现状与发展[J]. 中国城市林业，6(1)：16－21.

刘滨谊，王鹏．2010. 绿地生态网络规划的发展历程与中国研究前沿[J]. 中国园林：1－5.

刘颂，姜允芳．2009. 城乡统筹视角下再论城市绿地分类[J]. 上海交通大学学报(农业科学版)，27(3)：272－278.

李绥，石铁矛，付士磊，等．2011. 南充城市扩展中的景观生态安全格局[J]. 应用生态学报，22(3)：734－740.

林晓，栾春风．2009. 城市湿地公园功能分区模式的探讨[J]. 安徽农业科技，37(36)：18244－18246.

彭从虎．2011. 深圳市绿道建设意义与设计要点分析[J]. 城市道桥与防洪(6)：5－11.

孙卫红．2007. 城市绿色网络系统与防灾系统规划探讨[J]. 农业科技与信息(现代园林)(11)：55－58.

王成，蔡春菊，陶康华．2004. 城市森林的概念、范围及其研究[J]. 世界林业研究，17(2)：23－27.

王富海，谭维宁．2005. 更新观念重构城市绿地系统规划体系[J]. 风景园林(4)：16－22.

王仁卿，藤原绘，尤海梅．2002. 森林植被恢复的理论和实践：用乡土树种重建当地森林——宫胁森林重建法介绍[J]. 植物生态学报，26(增刊)：133－139.

王云才，胡玎，李文敏．2009. 宏观生态实现之微观途径——生态文明倡议下风景园林发展的新使命[J]. 中国园林：41－45.

温全平．2013. 城乡统筹背景下绿地系统规划的若干问题探讨[J]. 风景园林(12)：144－148.

温全平．2013. 城郊大遗址旅游区总体规划编制方法探讨—以湖北荆州海子湖生态文化旅游区总体规划为例[J]. 规划设计，29(7)：32－39.

夏征农，陈至立．2001. 辞海[M]. 第6版．上海：上海辞书出版社．

宣功巧．2007. 运用景观生态学基本原理规划城市绿地系统斑块和廊道[J]. 浙江林学院学报，24(5)：599－603.

殷柏慧．2013. 城乡一体化视野下的市域绿地系统规划[J]. 中国园林(4)：76－79.

杨滨章．2009. 哥本哈根“手指规划”产生的背景与内容[J]. 城市规划，33(8)：52－59.

俞孔坚. 1999. 生物保护的景观生态安全格局[J]. 生态学报, 19(1): 8-15.

周煦, 金云峰. 2012. 绿地系统的规划目标及指标研究[C]. 2012 国际风景园林师联合会(IFLA)亚太区会议暨中国风景园林学会 2012 年会论文集: 696-699.

朱强, 俞孔坚, 李迪华. 2005. 景观规划中的生态廊道宽度[J]. 生态学报, 25(9), 2406-2412.

Charles L. 1990. Greenways for America[M]. Johns Hopkins University Press, Baltimore, MD.

Jongman R H G, Kulvik M, Kristiansen I. 2004. European ecological networks and greenways[J]. Landscape and Urban Planning, 68(2-3): 305-320.

Udvardy M D F. 1975. A classification of the biogeographical province of the world[J]. Occasional paper, (18). Morges: International Union for Conservation of Nature and Natural Resources.

Thayer R L. 2003. Life place: Bioregional thought and practice[M]. Berkeley: University of California Press.

Yu X X, Niu J Z, Guan W B, Feng Z K. 2006. Landscape ecology[M]. Beijing: Higher Education Press.

Huang Y, Cai J L, Zheng W S, *et al.* 2009. Research progress in aquatic ecological function regionalization and its approach at watershed[J]. Chinese Journal of Ecology, 28(3): 542-548.

第7章　景观生态规划

景观生态规划(Landscape ecological planning)是20世纪50年代以来从欧洲和北美景观建筑学中分化出来的一个综合性应用科学领域(Laurie，1985)，涵盖地质学、地理学、生态学、景观生态学、景观建设学以及社会、经济和管理等学科领域(张惠远，1999)。随着景观生态学向应用领域的拓展，景观生态规划作为其主要应用方向，已形成一套完整的方法体系(Haber，1990；Naveh *et al.*，1994)。本章将概述景观生态规划的有关概念、理论、方法和设计。

7.1 景观生态规划概念和内容

在可持续发展研究中，人们可选择全球、大陆、区域、景观和生态系统等不同等级空间尺度。全球(或生物圈)是最高等级的空间尺度，这一等级的持续性虽对低等级的持续性有重要影响，但生物与人类的生存更依赖于较小尺度的持续性。大陆有明显的边界，其中包含着极不相似的土地利用类型。区域是反映气候、地理、生物、经济、社会和文化等综合特征的景观复合体，在空间上存在明显的生态差异。广义的生态系统虽然包含了不同的空间尺度，但其实是将生态系统作为一个相对同质性系统来研究的。由于生态系统受自然或人为干扰而不断发生变化，真正的同质生态系统是小空间尺度上的，虽然可以被规划和管理，但不适合进行可持续发展规划。因而，景观是可持续发展规划中最适宜的尺度。

7.1.1 景观生态规划概念

景观生态学①②，是一门新兴交叉学科，不同学者对景观生态规划的理解各异。在社会制度不同的发达或发展中国家，由于文化、政治、经济及技术的差异，景观生态规划的侧重点有所不同。在欧洲，景观生态学是在土地利用规划和管理等实践任务的推动下发展起来的，荷兰和德国景观生态规划与设计多集中在土地评价、利用和土地保护与管理，以及自然保护区和国家公园规划上，强调人是景观的重要成分并在景观中起主导作用。在北美，区域景观设计、环境设计和自然规划是具有一定意义的景观生态规划，注重宏观生态工程设计，强调以生态学观点制定环境政策，特别是土地利用方式和政策。我国学者傅伯杰(2001)认为：景观生态规划是应用景观生态学原理及其他相关学科的知识，通过研究景观格局与生态过程以及人类活动与景

---

① 景观生态规划、景观规划：景观生态规划(Landscape ecological planning)、景观规划(Landscape planning)二者既有差异，又有共同点。当景观不作为科学概念，仅具有风景、景色等含义时，景观规划指的是对小尺度的空间和建筑单体的规划和设计。而当Forman将景观定义为由多个生态系统组成的空间异质性地理单元后，在景观生态学中，景观规划与景观生态规划已是同一概念。景观生态规划注重中尺度的景观单元配置、能流、物流和整体优化。在本书中，除引用的文献外，将景观规划与景观生态规划视为同一含义。

② 景观生态规划、景观生态设计：景观生态规划(Landscape ecological planning)和景观生态设计(Landscape ecological design)二者内容不尽相同，既相互联系又各有侧重。景观生态设计更多地从具体的工程或具体的生态技术配置景观生态系统，着眼的范围较小，往往是一个居住小区、一个小流域、各类公园和休闲地的设计；而景观生态规划则从较大尺度上调整或构建新的景观格局及功能区域，使整体功能最优。景观生态规划强调从空间上对景观结构的规划，具有地理科学上区划研究的性质，通过景观结构的区别，构建不同的功能区域；而景观生态设计强调对功能区域的具体设计，由生态性质入手，选择其理想的利用方式和方向。景观生态规划和景观生态设计是从结构到具体单元，从整体到部分逐步具体化的过程。在一个具体的景观生态规划与设计中，规划和设计是密不可分的。但从目前的文献看，二者较为混淆，有时很难断定其含义是否截然分开，这是读者应注意的。

观的相互作用，在景观生态分析、综合及评价的基础上，提出景观最优利用方案、对策及建议。王仰麟(1995)认为，景观生态规划是以生态学原理为指导，以谋求区域生态系统的整体化功能为目标，以各种模拟、规划方法为手段，在景观生态分析、综合及评价基础上，建立区域景观优化利用的空间结构与功能的生态地域规划方法，并提出相应的方案，对策及建议。因此，景观生态规划是实现景观持续发展的有效工具。

至目前，景观生态规划在学术界尚无公认的确切定义。但总结人们对景观生态规划的认识不难发现，其核心内容均是一致的，即都承认景观生态规划是景观尺度上的一种实践活动，规划的目的在于从景观的结构与功能两方面入手，对景观进行优化利用，其目标均是尽力维持景观的异质性，实现景观整体功能最优，达到人与自然的协调发展。

从理论上讲，景观生态规划是景观生态学原理、方法的具体运用，其含义包括以下几个方面(赵羿等，2005)：

① 景观生态规划涉及景观生态学、生态经济学、人类生态学、地理学、社会政策法律等相关学科的知识，具有高度的综合性；

② 景观生态规划通过对景观进行分析、综合和评价，建立景观生态系统优化利用的空间结构和模式，最终建立一个结构合理、功能完善、可持续发展的景观生态系统。

③ 景观生态规划注重景观多重功能价值(经济的、社会的、生态的、文化的和美学的价值)的整体优化，使其景观功能和服务效益总体达到最大化。

④ 景观生态规划由格局的静态研究转向动态研究，强调空间格局对过程的控制和影响，关注景观结构、过程与功能之间的维系。注重物流、能流和信息流的水平运动和垂直传递，尤其强调景观格局与能流和物流水平运动的关系，并试图通过格局的改变来维持景观功能的健康和安全。

⑤ 景观生态规划是景观管理的重要手段，通过对规划在实施过程中及以后的不断调整、修改，对景观采取一种时间延续的动态管理，以保证景观的可持续利用，实现人与自然的协调发展。

7.1.2 景观生态规划的原则

由于景观利用和管理有不同的目标，需要为景观生态规划制定明确的、具体的、可操作的指导原则。借鉴总结国内外景观生态规划的理论和实践，景观生态规划应遵循以下基本原则：

(1) 自然优先原则

相对于人工生态系统，自然生态系统最为稳定，有更强的抵御风险的能力和优越性。因此，在景观生态规划中应把自然优先原则放在首位(赵羿等，2005)。它包含四层含义：①有效地保护和恢复自然景观资源(原始自然保留地、历史文化遗迹、森林、湿地……)，维持自然景观生态过程及功能，这是保持生物多样性，合理开发利用资源的前提，是景观持续性的基础。②模拟自然状态，建设与自然生态系统相似的人为生态系统。该系统最适合人类生存，能最大限度满足物种适应周围环境的要求。同时，依据自然生态系统和生态过程进行景观规划设计，可减少投入，形成优化的景观，实现生物和环境之间的和谐统一(Bradshaw，1980)。③显露自然景观生态系统的美学价值。在规划设计中，通过再现复杂多样的自然生态过程，使隐藏的生态系统和过程得以显现，并能为人们所理解，同时能让人类充分认识人与自然的联系，及人类自己在景观上留下痕迹的关注。这种自然意识的加强和升华，自然景观中的水与火不再被当做灾害来看待，而是作为一种维持景观和生物多样性所有必需的生态过程。④强调人与自然过程的共生与合作关系，尽力发挥自然生态系统的功能。自然生态系统为人类提供的服务是全方位、多层次的。“生态设计的最深层的含义就是为生物多样性而设计”（Lyle，1994），即是要大力保护生物多样性、保护多种演替阶段的生态系统、尊重各种生态过程和自然干扰（包括火烧、洪水等）。对自然灾害人类要限制其危害的程度，即使是对洪水这样危害极强的自然灾害也应顺势利导，而不是仅用围堵的方法加以控制，更不应该完全按人的意愿加以铲除（Ryn. *et al.*，1996；Lyle，1985；Thayer，1998；俞孔坚，2001）。

（2）可持续性原则

可持续发展是指既满足当代人的需要，又不对后代满足其需要的能力构成危害的发展。景观的可持续性可以认为是人与景观关系的协调性在时间上的扩展，这种协调性应建立在满足人类的基本需要和维持景观生态整合性之上（Forman，1995）。因此，景观生态规划以可持续发展为基础，立足于景观资源的可持续利用和生态环境的整体改善，保障经济社会的持续发展。它包括两个方面的含义：其一，景观生态规划必须建立在可靠的生态学基础之上，保证生态系统在区域、景观和生态系统水平上的整体结构、功能和过程的可持续性；其二，在景观生态规划中，把景观作为一个整体考虑，对整个景观资源进行综合分析并进行多层次的设计，使规划区域景观利用类型的结构、格局和比例与自然环境特征和经济社会发展相适应，谋求生态、社会、经济三个效益的协调统一，使景观的整体功能最优。

（3）综合性原则

景观是自然与文化的载体，其结构异常复杂。景观生态规划不仅涉及景观本身的自然属性（地质、地貌、水文、土壤、气候、岩石、生物、生态系统等），还涉及社会、经济、文化条件以及人为和自然干扰因素等各个方面，必须综合研究才能取得成效，单一的专业人员很难胜任这种多学科交叉的研究项目，并对景观内部的复杂关系作出合理的决策。因此，景观生态规划需要包括林学、生态学、土壤学、地理学、动植物学、景观规划、土地和水资源规划以及经济学等各学科专业人才的协同合作，对内在的景观结构、景观过程、社会经济条件、经济发展战略和人口问题等诸多问题进行深入地综合研究，并妥善提出调整景观规划的意见，才能保证规划成果具有科学性、前瞻性和应用性（刘茂松等，2004；赵羿等，2005）。

（4）整体优化原则

景观是由异质生态系统组成的具有一定结构和功能的整体。因而，规划的重点应为整个景观，局部规划应与整体规划相结合，对全部生态系统的组合、平衡和协调进行规划，实现景观生态系统的整体优化，而不必苛求且限定于局部的或部分的优化（刘茂松等，2004；赵羿等，2005）。

（5）多样性原则

景观多样性是描述景观中嵌块体复杂性的指标，反映了景观的复杂程度。它包括斑块多样性、景观要素类型多样性和景观空间格局多样性。多样性对于景观的生存、稳定与发展具有重要意义，它既是景观规划与设计的准则，又是景观管理的结果（刘茂松等，2004）。

（6）异质性原则

异质性是景观的最重要特性之一，是景观保持稳定和生物多样性的基本条件。景观空间异质性的维持与发展应是景观生态规划与设计的重要原则。如在城市这个高度人工化的景观中，以水泥建筑斑块和廊道占绝对优势，若用人工方法增加绿地廊道及绿地斑块，合理确定其最佳位置、面积，并在绿地设计中实行乔、灌、草混合配置，可扩大和增强城市景观的空间异质性，为居民生活创造一个良好的生态环境，对维护城市景观生态平衡和持续发展具有重要意义（赵羿等，2005）。

（7）景观针对性原则

每一景观在结构与功能上都有与其他景观不同的个体特征。因此，景观生态规划要因地制，体现当地景观的特征，这也是地理学上地域分异规律的客观要求。因此，具体到某一景观生态规划时，针对规划目标应选取不同的景观现状分析指标和分析方法，采用不同的评价及规划方法（刘茂松等，2004）。

（8）环境敏感区保护原则

环境敏感区是指对人类具有特殊价值或具有潜在自然灾害的地区。可分为生态敏感区（河流水系、滨水地区、山峰海滩、特殊或稀有植物群落、野生动物栖息地等）、文化敏感区（文物古迹、革命遗址、古人类遗址、古生物化石产地等）、资源生产敏感区（涵养城市水源地、新鲜空气补给地、土壤维护区等）、自然灾害敏感区（可能发生洪患的滨水区、土质上的构造断裂带、地震多发区、空气严重污染区等）（刘悦秋，2002）。它们往往因人类不适当的开发活动而极易导致环境负效应，且大多属不可逆变化，一旦失去稳定将会给景观带来重大的隐患。同时，它们还具有极为重要的生态、科研、人文等方面的价值。因面，在进行景观规划时，对这些景观应加以绝对的保护（赵羿等，2005）。

（9）人性景观原则

人是景观的主体。景观规划设计的最终目的是满足人类的生存和发展。因而，任何空间环境设计都应体现出对人的关怀，即把人性景观规划作为出发点。具体表现为：①处处体现对人生命的关注与尊重；②体现人类的创造力和情感表达，展示健康、愉悦、幸福、平等、博爱的思想；③从游憩活动到美学观赏、从功能服务到提供物质能量，均能满足人们多样化的需求；④表现出人与自然平等的主题和协调发展的方式；⑤呼应人类的审美生存观和艺术化人生体验，作为人类高品质生活状态的外显（周向频，2003）。

（10）因地制宜原则

任何景观生态规划均有明确的具体区域和对象。由于不同地区的景观结构、格局和生态过程不同，以及其传统文化和社会条件也存在差异，因而，规划的目标和要求也要适应这种情况妥善确定。一般包括以下三个方面：①规划时要尊重当地的传统文化，学习当地的乡土知识；②应顺应天时，以当地自然生态过程为依据，将当地的能流、物流的流通过程融合在所设计的景观生态过程内；③选用的材料尽量以当地生物资源为主。这不但可以减少投入、减轻规划者的工作，而且对保护当地的生物多样性和景观的健康发展均具有重要的意义（赵羿等，2005）。

（11）经济合理性原则

经济合理性原则要求景观生态规划时，要进行经济可行性论证，避免因缺乏必要的经济分析，给经营者带来经济损失，进而危害景观的整体可持续性。经济可行性分析要遵循市场经济规律和企业经营经济规律，在可靠的经济预测基础上，充分考虑一定时间尺度上的近期利益和长远利益(郭晋平等，2006)。

(12) 文化叠加和美化景观原则

当今景观的美学价值日益受到人们的青睐，也成为景观规划时创建新景观的一项重要任务，不仅要具有自然的美，还要包含人类产生的文化品味。景观的美学价值包括景观的自然美(如自然山水、地质遗迹等)、文化的叠加(岩壁上的绘画、雕刻等)以及传统和习俗形成的各种人为建筑或生产方式(赵羿等，2005)。努力使设计的景观形态优美，多样性丰富，结构复杂，增加可视性，与人类的美学要求相一致(赵羿，李月辉，2001；刘悦秋，2002)。

以上12大原则对任何一个景观生态规划均适用，所不同的是侧重点不同。如自然保护区规划，最为重要的是保护濒危、稀有物种、景观和生物多样性；对农业景观的规划，重点是调整好林地、农田、道路、居民点等的布局，保证景观生态系统的稳定性，以提高农业生产的产量和品质；而对城市景观生态规划，主要考虑以人为主体，尽量满足城市居民对回归自然、美学享受、高生活质量等各方面的追求。因而，由于规划的对象不同，景观生态规划的特殊要求也不同，这应是规划师在规划之前必须慎重考虑的问题。

7.1.3 景观生态规划目的和任务

景观生态规划的目的是通过对景观及景观要素组成结构和空间格局的现状及其动态变化过程和趋势进行分析和预测，以充分利用景观的多种功能，使其生态、经济、社会、美学和娱乐等五方面的价值得以充分发挥，最终实现景观功能稳定、美学价值得以改善、自然灾害降低、生产力提高、人与自然和谐共生、当地经济和社会持续发展的目标(赵羿等，2005)。

为了实现规划的目标，需对规划对象进行系统诊断、多目标决策、多方案选优、效果评价、和反馈修订等程序的综合分析和决策，提出景观生态规划成果并付诸实施。概括而言，景观生态规划的任务有以下几个方面：

① 社会经济分析和自然评价，即评价景观现状及其适宜性；

② 发现制约景观稳定性、生产力和可持续性的主要因素；

③ 确定景观的最佳利用结构、格局；

④ 对景观生态进行合理的规划与设计，即对景观结构和空间格局进行调整、恢复、建设和管理的技术措施；

⑤ 提出实施景观管理和建设目标的外部环境保障条件(如资金、政策等)；

⑥ 负责景观生态规划与设计成果的实施。一方面，对实施过程中发现的问题及时进行反馈，对已有的规划方案进行修改完善；另一方面，对改进后的规划方案进行验证，以保证规划的最新成果能得到实施(傅伯杰，1991；王仰麟，1996；徐化成，1998；郭晋平，2006)。

7.1.4 景观生态规划内容与程序

景观生态规划涉及规划区内景观生态调查、景观生态分析、景观综合评价与规划的各方面。其内容包括景观生态调查、景观生态分析、规划方案分析评价三个相互关联的方面，一般应遵循以下 8 个具体的步骤(图 7-1)。

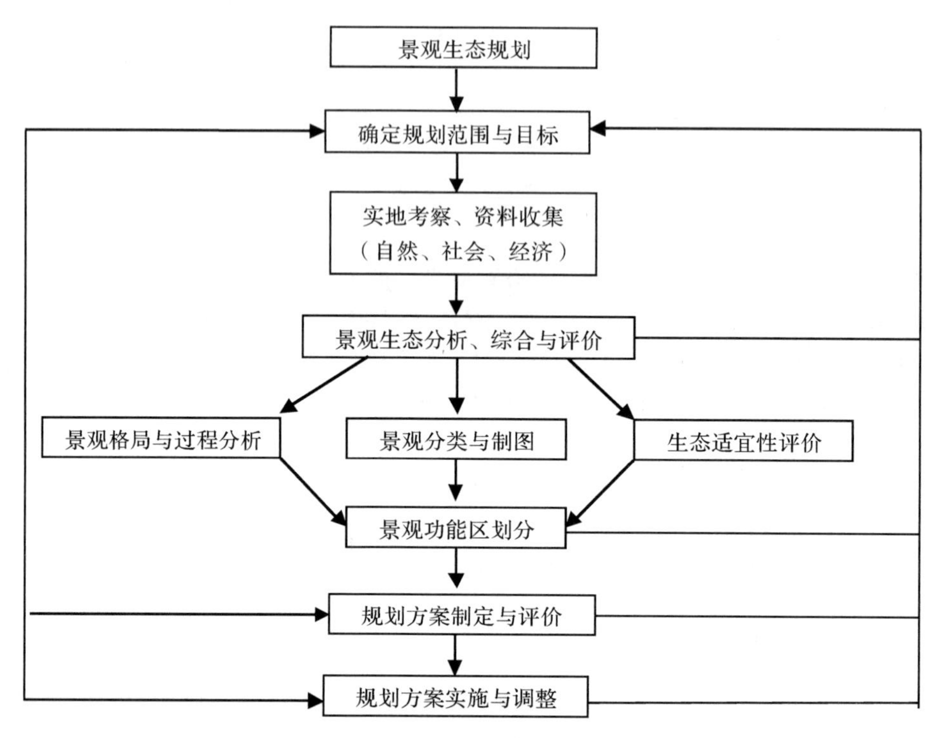

图 7-1 景观生态规划流程(刘康等，2004)

(1)确定规划范围、对象与规划目标

① 规划范围。规划范围由政府有关部门提出，按尺度大小分为：a. 大尺度(区域)；b. 中尺度(城镇、自然保护区)；c. 小尺度(公园、景区等)。

② 规划对象。规划对象有多种分类方法，最为常见的分为：a. 自然保护区；b. 城市景观；c. 农业景观；d. 矿山复垦景观；e. 自然(景观)资源综合开发区；f. 景观结构调整或优化区；g. 小流域治理；h. 园林风景区。

③ 规划目标。规划目标依对象和目的而有所不同，一般可分为 3 类：a. 自然保护区规划(以生物多样性保护为主要目标)；b. 自然资源开发利用规划(以自然(景观)资源合理开发为主要目标)；c. 景观结构调整规划(以调整不合理的景观格局(土地利用)为主要目标)。

以上三类规划目标仍然较大，还要将此逐级分解成具体的任务，并明确各分项目标之间以及各级目标之间的关系。如城市景观规划的目标是改善城市景观结构、功能，提高环境质量，实现城市生态稳定性、通达性、舒适性和美观性，要达到这一目标还必须有确定的指标规定，如：经济的增长率、绿地的百分比、大气粉尘的减少率、人均运动场地的面积等，只有如此，才能真正成为规划过程的基础。

(2)景观生态调查和资料收集

组织跨学科团队调查和收集规划区域的资料与数据，了解规划区域的景观结构与自然过程、生态潜力、社会经济及文化情况，获得对规划区域的整体认识，为以后的景观生态分类与生态适宜性分析奠定基础。具体调查内容如下：

① 自然地理因素。

a. 地质：基岩层、土壤类型、土壤的稳定性、土壤生产力等。

b. 水文：河流分布、地下水、地表水、洪水、侵蚀和沉积作用等。

c. 气候：温度、湿度、雨量、日照、降雨及其影响范围等。

d. 生物：生物群落、植物、动物、生态系统的价值、变化和控制。

② 地形地貌因素。

a. 土地构造：水域、陆地外貌、地势、坡度分析。

b. 自然特征：陆地、植被、景观价值。

c. 人为特征：区界、场地利用、交通旅游、建筑设施、公共建筑等。

③ 文化因素。

a. 社会影响：规划区财政力及发展目标、居民的态度和需求、历史价值、邻近区域情况。

b. 经济因素：土地利用构成、土地价值、产业结构、税收结构、地区产值及居民收入、地区增长潜力等。

c. 政治和法律约束：行政范围、分区布局、环境质量标准等。此外，还要尽量收集研究地区有关景观生态过程、生态现象及其影响和控制因素的研究成果、基础数据和图面资料。

调查和收集资料方法一般分为：历史调查、实地考察、社会调查、遥感及计算机数据等4种。调查时不仅要重视现状、历史资料及遥感资料，还要重视实地考察，取得第一手资料。

(3)景观格局与生态过程分析

按照景观受人类活动影响的程度，景观可分为自然景观、经营景观和人工景观三大类。它们具有明显不同的景观空间格局，如：自然景观具有原始性和多样性特点；经营景观种群单一而且面积大，常与道路、防护林网、自然的或人工的河道、水体、残存的森林等共同构成景观格局；人工景观表现为大量人工建筑物完全取代了原有的地表形态和自然景观，人类系统成为景观中主要的生态组合。景观格局可以用景观优势度、景观多样性、景观均匀度、景观破碎化度、网络连通性等一系列指标衡量，它们在不同方面反映了景观结构特点及人类活动强度。

景观中的生态过程包括能流、物流和有机体流，它们通过风、水、飞行动物、地面动物和人类(Forman & Godron，1986)等五种驱动力的作用，以扩散(Diffusion)、传输(Transportation)和运动(Movement)方式在景观尺度上迁移，从而导致能量、物质和有机体在景观中的重新集聚和分散，形成不同的土地利用方式。除自然景观外，由于人类经济活动的影响，景观中生态系统能流、物流过程带有强烈的人为特征，通过对规划区生态过程(物流、能流)分析，可深入认识规划区景观与当地经济发展的关系。

因此，对景观和格局和生态过程进行分析，可进一步加深对规划区景观的理解，有助于在规划中合理制定、调整或构建新的景观结构方案，增强景观的异质性和稳定性。

(4)景观生态分类与制图

景观生态分类和制图是景观生态规划及管理的基础。由于景观生态系统是由多种要素相互关联、相互制约构成的，具有有序内部结构图复杂地域综合体，所以不同的景观生态系统具有相异结构和功能。景观生态分类是以功能为出发点，根据景观的结构特点，对景观进行类型的划分。通过分类，全面反映景观的空间分异和内部关系，揭示景观的空间结构和生态功能特征。

景观生态分类包括分类单元的确定和类型的归并两个方面。分类单元的确定，可从景观的结构和功能两个方面考虑。从景观结构方面着手，为结构性分类，是以景观生态系统的固有结构特征为主要依据，侧重于对系统内部特征的分析，主要目的是揭示景观生态系统的内在规律和特征。从景观功能方面着手，即功能性分类，是根据景观生态系统的生态功能属性(生物生产、环境服务和文化支持)来划分归并类群，主要目的是区分景观生态系统的基本功能类型。由于景观生态系统本身具有多层次性，因而，划分的单元也要相应隶属于某一层次。在实际工作中，由于规划的目的不同、规划的区域范围大小不同，所确定的单元的层次的等级也就不同。

在确定了分类(个体)单元后，就可按照一定的属性特征和指标，对各层次单元进行类型归并。在选取分类指标时，一般是选取能代表景观整体特征的几个综合性指标。至于具体指标的选取，则要根据收集到的资料和规划区景观格局与生态过程的分析，综合考虑规划区域的自然、社会经济条件和人类需求，依据规划目标和一定的原则，选取最能揭示景观的内部格局、分布规律、演替方向的指标作为分类体系。

景观生态分类一般包括3个步骤：

①根据遥感影像，结合地形图和其他图形文字资料，加上野外调查成果，选取并确定景观生态分类的主导要素的指标，初步确定个体单元的范围及类型。

②详细分析各类单元的定性和定量指标，表列各种特征，通过聚类或其他统计方法确定分类结果。

③依据类型单元指标，确定不同单元的功能归属，作为功能性分类结果。

根据景观生态分类的结果，客观而概括地反映规划区景观生态类型的空间分布模式和面积比例关系，就是景观生态图。景观生态图的意义在于它能划分出一些具体的空间单位，每一单位具有独特的非生物与生物要素以及人类活动的影响，独特的物流、能流规律，独特的结构和功能，针对每一个这样的空间单位，可以拟定自己的一套措施系统，以求得在保证其生态环境效益的前提下，获取经济效益和社会效益的统一。

地理信息系统在景观生态制图中优势明显，能节约许多时间和精力，它可以将有关景观生态系统空间现象的景观图、遥感影像解译图和地表属性特征等转换成一系列便于计算机管理的数据，并通过计算机的存储、管理和综合处理，根据研究和应用的需要输出景观生态图。

(5)景观生态适宜性分析

景观生态适宜性分析是景观生态规划的核心，它以景观生态类型为评价单元，根据景观资源与环境特征、发展需求与资源利用要求，选择有代表性的生态特征(如降水、土壤肥力、旅游价值等)，从景观的独特性、景观的多样性、景观的功效性、景观的宜人性或景观的美学价值入手，分析景观要素类型的资源质量以及与相邻景观类型的关系，确定景观类型对某一景观利用方式的适宜性和限制性，划分适宜性等级。

景观生态适宜性分析方法主要有因子叠合法、整体法、数学组合法、因子分析法和逻辑组合法五类。具体分析程序、方法详见第4章的介绍。

(6)景观功能区划分

在景观生态适宜性评价的基础上，按照景观结构特征、景观的生态服务功能、人类的生产和文化要求，将区域景观划分不同的功能区，以形成合理的景观空间结构，有利于协调区域自然、社会和经济三者之间的关系，促进区域的可持续发展。

每一种景观类型都可能有多种的利用方式，在提出功能区分建议时，还要考虑如下问题：①目前景观或土地利用的适宜性；②现有景观的特征和人类活动的分布；③改变现有利用方式是否可能、技术上是否可行；④寻求其他供选建议的可能性、必要性和可行性。

(7)景观生态规划方案编制和评价

基于以上步骤可以对区域景观的利用提出多种可供选择的规划方案与措施。但这些方案是否合理可行，是否满足可持续发展的要求，还要对其进行深入的分析评价。

① 成本—效益分析。规划方案与每一项措施的实施都需要有资源与资金的投入，同时实施的结果也必然会带来经济、社会和生态效益。因而，必须对各方案开展“成本—效益”分析，进行经济上的可行性评价，以选择投入低、效益好的方案。

② 持续发展能力评价。方案的实施必然会对当地和相邻区域的生态环境产生影响，有的方案与措施可能带来有利的影响，有的方案可能会损害当地或邻近地区的生态环境。要对这种影响进行评价，分析其影响是有利的还是不利的(影响方向和影响程度)，以确保方案的实施能提高区域的可持续发展能力。

(8)景观生态规划方案的实施和调整

为保证方案的顺利实施，需要制定详细的景观结构和空间格局调整、重建、恢复和管理的具体技术措施，并提出实现规划目标所需的资金、政策和其他外部环境保障条件。同时，根据外部环境条件的变化，还应及时对原规划方案进行补充和修订，达到对景观资源的最优管理和景观资源的可持续利用。

以上介绍了景观生态规划的基本步骤，具体到某一规划时，未必都要面面俱到，根据具体情况有所侧重。Forman(1995)认为，一个合理的景观生态规划方案应具有以下几个特征：

①考虑规划区域较大的空间背景；②考虑保护区较长历史背景，包括生物地理史、人文历史和自然干扰；③规划中要考虑对未来变化的灵活性；④规划方案应有选择余地，其中最优方案应基于规划者明智的判断，而不涉及环境政策，这样可供选择的折中方案才能清晰，明确。同时，景观生态规划中5个要素必不可少：时空背景、整体背景、景观中的关键点(Strategic point)、规划区域的生态特性和空间特性。

7.2 景观生态规划途径与模型

7.2.1 景观生态规划主要途径

(1)博弈论与可辩护规划模式

景观是由多种要素组成的极为复杂的系统。哈佛大学 Steinitz(2000)认为，人们编制的规划应适应这种复杂性，考虑生态、经济、社会等诸方面因素，综合不同利益集团的看法，通过

"博弈"产生最后的效果(赵羿等，2005)。为此提出了景观规划的研究框架，分为六个层次组成(图 7-2)：

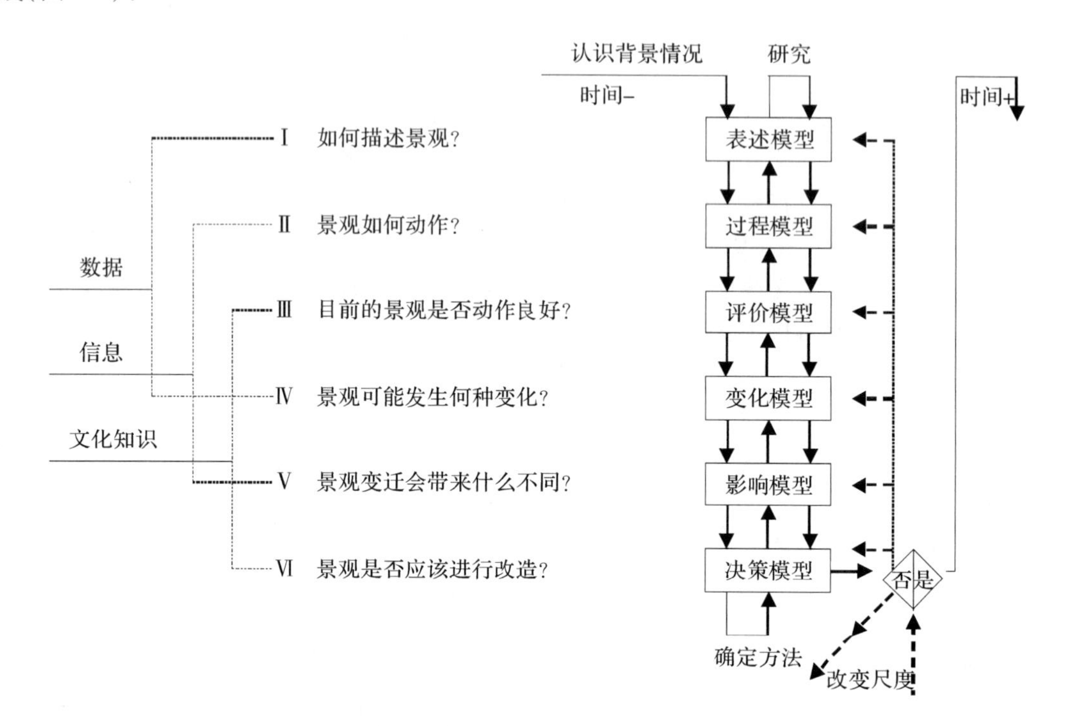

图 7-2 景观规划设计研究框架(Steinitz，2000)

① 对景观的内容、边界、空间和时间的描述问题，涉及景观表述模型。

② 景观运行与各要素间的功能关系和结构特征，建立景观过程模型。

③ 景观评价的标准直接与景观运行的好坏相关，这包括景观的健康、美景度、管理景观的花费、能流与物流以及用户的满意程度，建立景观评价模型。

④ 景观动态以及对景观变化的时间、空间预测，建立景观动态模型。景观变化由两个方面的原因引起，一是自然变化；二是人为的建设活动，后者可由投资的多少、政策的变动、规划设计的实施等原因引起。

⑤ 景观变异带来的不同点，直接影响到景观的运行，建立景观影响模型。

⑥ 景观改造问题，不同的改造方式对景观的影响评价，基于知识和文化，建立景观决策模型。

以上六个层次是按对客观事物的认知有序排列的。但若从后面的模型开始反向推敲，则可以更有效地进行景观生态规划研究和方法研究：

① 决策。能够决定提出改造计划或能够进行改造(或不改造)，需要知道如何比较不同的方案；

② 影响。能够比较不同的方案，需通过模拟变化来预测影响；

③ 改变。能模拟变化，需明确(或设计)模拟何种变化；

④ 评价。能明确潜在的变化(如果有的话)，需对目前情况进行评价；

⑤ 过程。评价现有景观，需要理解景观如何运行；

⑥ 表述。理解景观如何运行，能表述景观。

在各层次上，需要根据框架中上一级模型来确定该层次需要完成的结果；然后，再从上向下逐层进行规划项目问题的提出和适当模型的检验；最后，做出“是”或“否”的决定。“否”意味着反馈，即需要改变上层条件。为保证规划的优化，上述6个层次，往往均会成为反馈过程中的焦点。该方法的多次反馈为最终规划的优化奠定了基础(Steinitz，2000)。

(2)LANDSEP规划理论和方法体系

景观生态规划理论与方法体系(Landscape ecological planning，LANDSEP)是由捷克景观生态学家Ruzicka和Miklos首先提出的。他们在研究区域规划、开发和对人工生态系统进行优化设计过程中，逐渐形成了一套景观生态规划的理论和方法体系(LANDSEP)，成为国际景观生态学中比较成熟和有代表性的流派(肖笃宁，2003)。

在LANDSEP体系方法中(图7-3)，包括景观生态数据和景观利用优化两大核心，强调景观的优化利用与其生态条件相适应、相协调，在维持景观生态健康的同时，获得长期的经济效益。包括以下两个主要过程：

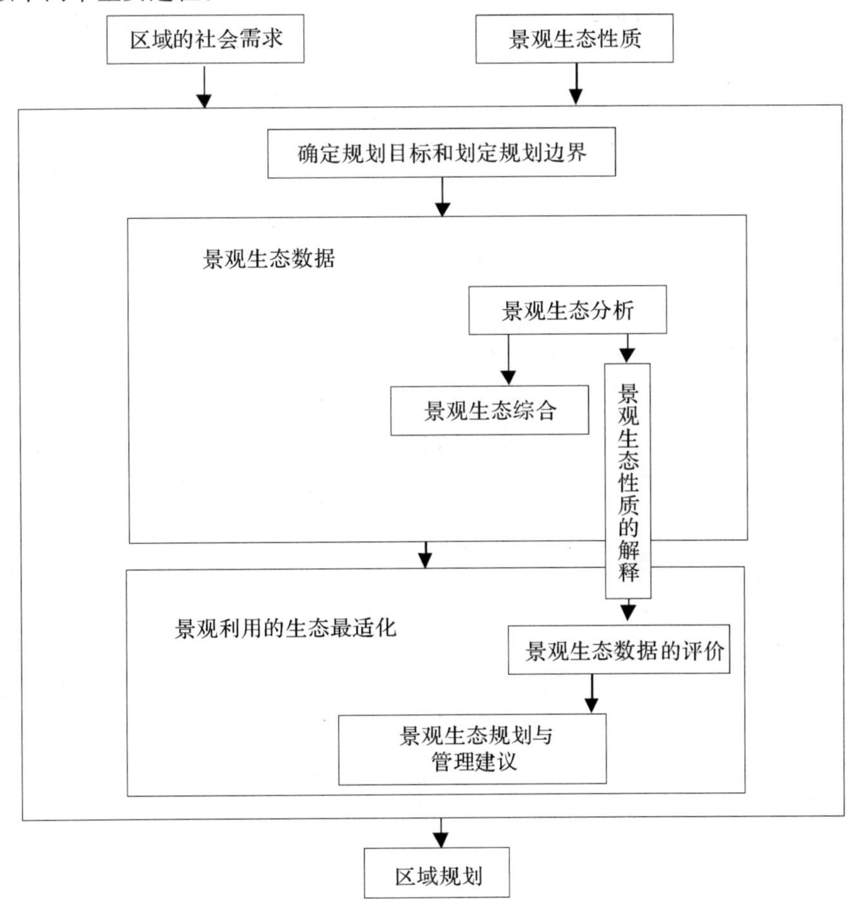

图7-3　LANDSEP的研究体系与内容(赵羿等，2005)

① 景观生态数据的分析、综合和翻译。常用的分析指标有非生物因子(区域地质特征、成土母质、土壤和地下水、地形、水文、气候条件等)、生物因子(潜在和现状植被、动物区系和生境)、景观结构、生态过程、社会经济状况等。

在采用数据的基础上，对其加以综合，运用图层叠加等手段建立同质生态的景观基本空间单元(LETs)，并利用分类、分区和一些区域分析指数为规划提供可靠的空间结构状况。

景观生态数据的解释是将基本景观生态学指数转变为可服务于景观优化的形式，即赋予通过分析和综合得到的景观生态数据相应的生态意义以及这些生态含义所基于的理论依据。可以说，这一步骤既是景观生态数据与景观生态规划间的桥梁，也是景观生态学理论和景观规划间的纽带。

② 景观利用优化。将综合后的景观数据、指标与选定的人为活动进行比较，提出评价和建议。评价又分为3个方面：确定加权系数；解释景观生态功能的适宜性；求得每一景观生态类型对人为活动的总适宜性。对每一种人为活动，评价、解释功能适宜性的标准有：实现某种活动在技术上的可行性；在经济上和地理上(如距离远近和位置)的可能性；对当地多方面影响有益性，其中也包括对特殊的景观生态学性质(如生物种群平衡和生态稳定性)的影响。总适宜性是由它的各种功能适宜性的累积求出来的。然后提出建议，以使景观的生态学特征与社会经济发展相协调。

7.2.2 基于适宜性评价的规划途径

(1)麦克哈格的“千层饼”模型

20世纪60年代以来，McHarg的*Design with Nature*一书的出版及其规划实践活动，对于生态规划的发展起了很大的促进作用，所建立的“千层饼模型”(图1-2)曾经一度成为景观生态规划的金科玉律，即便在今天的景观生态规划设计中，仍具有积极意义。

McHarg认为土地适宜性是由所在区域的历史、物理和生物过程三个方面来确定。基于适应性原理，在每一自然地理区域内，由于气候、地质、水文及土壤条件的差异，通过漫长的演替过程，形成各自最适合的生物群落。所在系统都追求一种生存与成功，这种状态可以描述为负熵—适应—健康，其对立面是正熵—不适应—病态。要达到前一种状态，系统需要找到最适宜环境。因此，我们应判别生态系统和土地利用的合适环境，也就是由土地适宜性决定的人类最佳土地利用模式。这种环境或者模式，体现了最大效益-最小成本的法则。它使我们在最小投入的同时，达到生态、经济和社会的最佳效益(刘勇，2003)。

该规划方法分为7个层次进行(Steiner，2000)：

①确定规划的目标与规划范围。规划目标和范围决定了工作量的大小及选定尺度，这是整个规划工作的前提和基本保证。

②生态因子调查与区域数据的分析。调查的项目包括地理、地质、气候、水文、土壤、植被、野生动物、土地利用、人口、交通、文化、居民分布状况等自然与人文资料，并将其尽可能地落实到地图上。之后，对各因素进行相互联系的分析。

③适宜性分析。“生态因子”数据收集完成后，对各主要因素及各种资源开发利用方式进行适宜性分析，确定适宜性等级，并标示到同一比例尺图上。然后将相关的单因子分析图叠加

表7-1 ESA模型

自然灾害敏感区			
火灾多发区	地质灾害多发区	水灾多发区	暴风雨多发区
包含有燃料、天气、地形等诸多起火因素的区域	地震带；构造断层带、火山活动区	1. 50年一遇洪泛区	1. 暴风雨多发区；高、中、低或均有可能
	活火山或死火山 滑坡区 沉陷区 严重水土流失区 土壤液化区 矿区	2. 100年一遇洪泛区	
生态敏感区			
野生生物栖息地	自然生态区	濒危、数量有限和地方的物种区	科学研究区
1. 联系通道 2. 植物多样性较高的特定区域	独特的或罕见的生态系统	1. 重要的野生动物栖息地 2. 原始水生群落分布区	1. 地质科考区 2. 森林科考区
3. 典型植被类型分布区	水资源净化区	3. 濒危的植物和动物物种(国家名单)分布区	3. 植物学科考区
4. 动物繁殖区(筑巢和产卵区)	水源地	4. 已经列入或正在考虑列入全国濒危状态的植物或动物物种分布区	4. 生态科考区
5. 动物越冬聚集地	污染净化区域	5. 濒危的、受到威胁的、数量下降或未定的动物种类(州名单)分布区	5. 孤立的、隔离的或孑遗物种残留区
6. 迁徙物种中途停留区		6. 处于数量变化极限的物种分布区	
7. 古树和(或)巨树或特有种分布区		7. 数量有限的和地方的物种分布区	
8. 视觉和文化敏感区			
科学研究区	野外娱乐区	历史的、考古的和具有文化价值的区域	
1. 研究方法上有创新的风景区	1. 娱乐区：徒步旅行、野营、漂流区	1. 场地被列入或可能被列入国家级或州级历史场所名册上 2. 场地包含重要的考古或历史资源 (1)美国历史建筑名单上的建筑或可能被列入的建筑 (2)对当地居民的生活方式颇为重要的场所	
自然资源临界区			
农业土地资源区	水资源区	矿产资源区	木材资源区
1. 基本农田 2. 独特的农田 3. 具有州级重要性的其他农田	1. 回灌区 2. 开采区 3. 蓄水区 4. 重要的地表水资源分布区 5. 重要的地下水资源分布区 6. 含水层	1. 适于采矿的区域	1. 适于林木生长的林区

注：引自赵羿等，2005。

分析和综合，得到景观分析综合图。在这一过程中，常用的方法有：地图叠置法、因子加权评分法、生态因子组合法等。该层次是McHarg“千层饼模型”方法的核心。

④方案的选择。新产生的景观分析综合图，表示了具有不同生态特征的区域，每个区域都暗示了最佳的土地利用方式。根据规划研究的目标，针对不同的社会需求，选择一种与实施地适宜性结果矛盾最小的方案，作为规划地的最佳利用方式。

⑤规划成果的落实。使用不同的策略、手段和过程以实现所选择的方案。

⑥规划的管理。在规划结果得以落实之后，进一步的管理势在必行。这可由政府有关机构的工作人员或市民委员会来完成。

⑦规划的评价。随着时间的延续，原来规划时段的一些基本的社会、经济入环境参量将会发生变化。如果规划不做相应的调整，将会影响到规划方案的正确性。因此，必须适时评价规划的效果，并据此做一些必要的调整。

该方法的不足在于单纯追求景观单元“垂直”方向的“匹配”，而忽视“水平”方向能量与物质流动所形成的景观单元间的相互影响。由于缺少水平生态过程与景观格局之间关系的认识，就很难实现景观功能的整体优化。

虽是如此，大量学者以McHarg的方法为基础，基于适宜性分析方法对景观生态规划进行了大量实践探索，并加以改进，使之更加符合实际情况(欧阳志云，王如松，1995)。

(2)生态敏感区(ESA)模型

为了将土地适宜性更加具体和适用，McHarg的学生Steiner提出了环境敏感区域(Environmentally sensitive Areas，ESA)模型。ESA是指在景观和区域尺度上对生物多样性、土壤、水或其他自然资源的长期维护起至关重要作用的场地。该模型将限制或禁止人类居住和开发的土地分为4类，即：自然灾害敏感区、生态敏感区、视觉和文化敏感区、自然资源敏感区。又将各区的指标做了总结归纳(表7-1)，将ESA模型具体化(刘勇等，2003)。

ESA与千层饼模型的操作方法和程序完全一致，只是对McHarg的生态规划模型进行了扩展和补充。由于ESA着重生态敏感区的规划，直接关系到人们的生产和生活，实用性更强。

7.2.3 系统分析与模拟的规划途径

以系统分析方法进行大尺度的景观规划是景观生态规划研究的一个重要途径。

(1) 区域生态系统模型

E. P. Odum(1969)基于生态学中的分室模型(Compartment model)，提出了区域生态系统模型(图7-4)。在该模型中，根据区域中不同土地利用类型的生态功能，将区域分成4个景观单元类型：①生产性单元，主要为农业和生产性的林业用地；②保护性单元，指对维护区域生态平衡具有关键生态作用的景观单元，如防护林、自然保护区等；③人工单元，指城市化和工业化用地，对自然生态过程有明显的负面影响；④调和性单元，指前述各单元类型中在生态系统中起协调作用的景观单元。

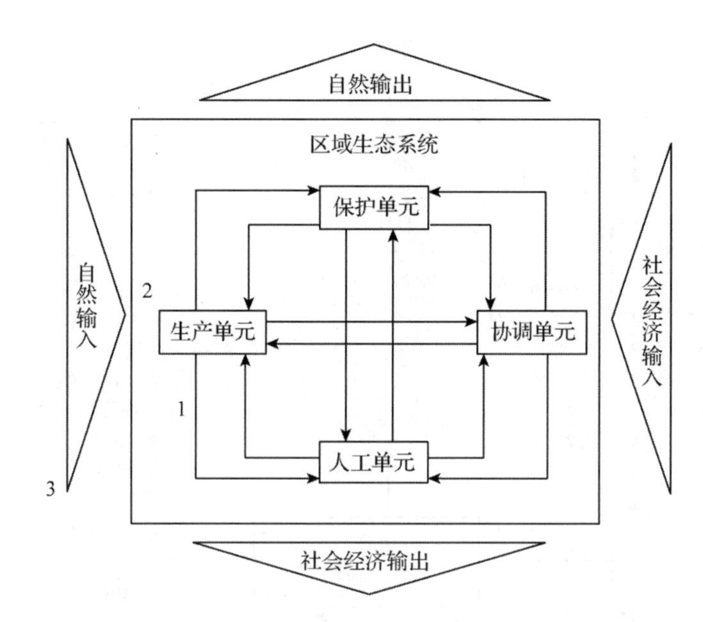

图 7-4　区域系统模型的概念框架(傅伯杰等，2001)

1. 单元内部研究；2. 单元间相互作用研究；3. 区域策略研究

上述 4 类景观单元构成区域生态系统模型第一层次研究的主要内容；第二层次侧重于各单元类型间物质和能量流动、转移过程和机制的研究；第三层次则主要以区域生态系统的整体为对象，研究自然和社会经济输入、输出的调控机制，为区域土地利用的合理分配提供决策依据。

(2) 空间直观(LANDIS)模型

20 世纪 90 年代以来，空间直观模型(Spatially explicit landscape model)发展更为迅速(Baker，1989；Mladenoff, *et al.*，1996)。LANDIS 模型的出现为模拟生态、景观过程在时空尺度上的行为，探求过程与景观格局关系开辟了一条新途径。

LANDIS 模型用来模拟大时空尺度下森林景观的变化，主要的模块为森林演替、种子传播、风和火烧的干扰和收获。它采用 GIS 图形的栅格数据，每个单元为一个空间目标，其中包括物种、环境、干扰和收获的信息。

该模型用面向对象的 C++ 语言进行程序设计，具有良好的地理信息系统接口，直接用遥感影像数据来分析大尺度、异质性景观的变化。

以树种年龄级(并非个体)10 年为时间间隔，模拟优势群落的扰动和物种水平的演替。该模型还模拟景观过程，包括森林演替、种子的传播、风干扰和森林的采伐等(Mladenoff *et al.*，1996；He, *et al.*，1999)。其基本结构如图 7-5 所示。

下面以种子传播与定居过程为例来说明 LANDIS 模型的建模过程。分三步进行：

① LANDIS 通过物种的成熟年龄确定景观中存在的种源，种子以此处向其四周传播。LANDIS 定义了种子传播的两个距离：有效传播距离和最大传播距离。在有效传播距离的范围内，种子的传播概率为 95%；在最大传播距离以外，种子传播的概率几乎为零(概率值 < 0.001)。

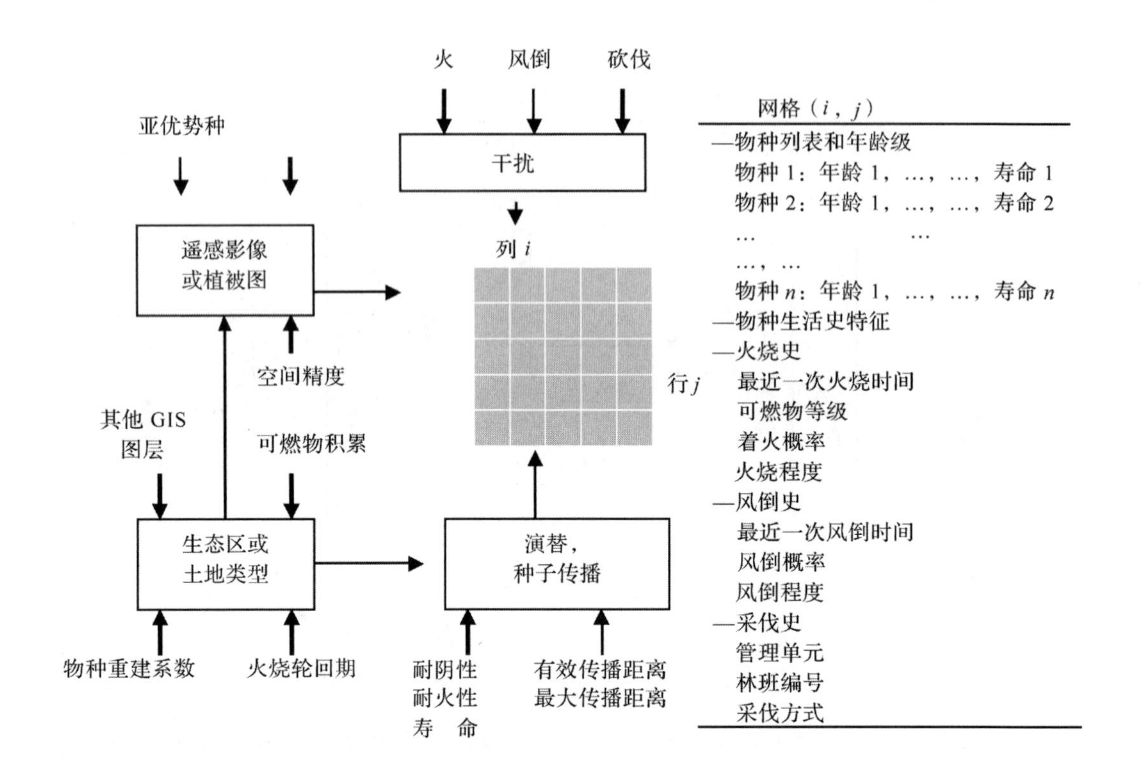

图 7-5　LANDIS 结构（He *et al.*，1999）

在有效传播距离和最大传播距离之间，种子的传播概率可由下公式确定：

$$P = e^{-b(x/Dm)} \qquad D_e < x < D_m \qquad \text{（式 7-1）}$$

式中，P 为种子传播的概率；D_e为有效传播距离；D_m为最大传播距离；x 为传播的目标点离种源的距离；b 为系数。

②当种子到达目的点后，模型便开始执行光照条件检查的程度。LANDIS 把各个物种的耐阴性分成 5 级。1 级物种的耐阴性最低，5 级最高。到达物种的耐阴性等级不同，检验的方法各异。当到过物种的耐阴性小于或等于 4 级时，如果目的点上存在耐阴性比到达物种低或相等的物种，则通过光照条件检查。当到达物种的耐阴性为 5 级时，如果目的点最近一次干扰的时间间隔超过某一特定年限，则通过光照条件检查。因为只有超过此年限后，才有可能形成足够郁闭度的环境，为供耐阴性 5 级物种提供生境。

③如果物种通过了光照检查，持续立地条件检查程序就会启动。LANDIS 把异质的景观分成相对均质的土地类型的组合。每一种土地类型有相对一致的物种建群系数、火烧轮回期、火烧可能性和燃料积累特性（Mladenoff，*et al.*，1996）。建群系数是模型用来测度环境条件（包括湿度、气候和养分等）对物种的适合程度（Mladenoff，*et al.*，1996）。这些因子并不是以机械的形式模拟。在 LANDIS 模型中，建群系数（P）是以其可能性的形式来表达，这种可能性可以通过经验或生态系统过程模型的模拟获得（He，*et al.*，1999）。LANDIS 通过产生一个 0～1 之间的随机数 Pr 来确定当前的立地类型是否适合该物种生存。如果 $Pr < P$，则表明到达的物种在目

的地能够成功建群。

7.2.4 基于格局分析的规划途径

20 世纪 70 年代以来，随着景观生态学对水平生态过程的日益重视，形成了以景观格局整体优化为核心的景观生态规划方法。目前，基于格局分析的规划方法有多种，其中以 Haber 和 Forman 最为代表。

(1) 土地利用分异(DLU)战略

德国生态学家 Haber 基于 Odum 所提出的生态系统发展战略，于 1979 年提出了适用于高密谋人口地区的土地利用分异(Differentiated land use，DLU)战略系统模型。该模型的建立的基本假设是：每一种新的土地利用类型的出现，不可避免地引起环境影响和其他作用的半对半的机会。

其景观整体化规划按如下 5 个步骤进行：

①土地利用分类。辨识区域土地利用的主要类型，根据生境集合而成的区域自然单位(RUN)来划分。每一个 RUN 有自己的生境特征组，并形成可反映土地用途的模型。

②空间格局的确定和评价。对由 RUN 构成的景观空间格局进行评价和制图，确定每个 RUN 的土地利用面积百分率。

③敏感度分析。识别那些近似自然和半自然的生境簇，绘图并列出清单。这些生境簇被认为是对环境影响最敏感的地区和最具保护价值的地区。

④空间联系。对每一个 RUN 中所有生境类型之间的空间关系进行了分析，特别侧重于连接度的敏感性以及不定向的或相互依存关系等方面。

⑤影响结构分析。利用以上步骤得到的信息，评价每个 RUN 的影响结构，特别强调影响的敏感性和影响范围。

该方法主要利用环境诊断指标(而不是模型模拟)和格局分析对景观整体进行规划和研究，通过规划来维护景观的空间异质性，促进生物多样性，有利于景观整体的优化和稳定。

在利用该规划方法进行工作的过程中，Haber 等人总结出如下土地利用分异战略：①在给定区域内，占优势的土地类型不能成为唯一的土地类型，应至少有该区域 10% ~15% 土地为其他土地利用类型；②对集约利用的农业或城市与工业用地，至少有 10% 的土地表面必须被保留为诸如草地和树林的自然景观单元类型，并且要或多或少地均匀分布在区域中，而不是集中在一个角落。这个“10% 规则”是一个允许足够(虽然不是最佳)数量野生动植物与人类共存的一般原则；③避免大面积的、连续的、均质的土地利用。在人口稠密地区，均质土地利用的田块大小不能超过 8 ~10 hm^2(贾宝全等，2000)。

DUL 战略是目前对过程机制难以定量模拟和把握的情况下较为可能行规划途径。尽管这种途径还缺乏理论(如景观生态学)依据，在空间联系的分析上也缺乏方法和手段，但在实践中获得了土地分异利用数据，为区域和景观生态规划的应用奠定了基础，并在实践中取得了很好的效果(傅伯杰，2002)。

(2)“聚集体与分离物相结合”模式

Forman 于 1995 年提出了“聚集体与分离物相结合”(Aggregate with outliers)景观格局模式

(亦称为“集中与分散相结合”格局)。该模式是基于生态空间理论提出的，以景观整体优化为核心的景观格局规划方法，强调：集中使用土地，保持巨型植被斑块的完整性，在建成区保留一些小块的自然植被和廊道，同时沿自然植被和廊道的周围地带设计一些小的人为斑块。

具体操作方法：

①总体布局。以集中与分散相结合的原则为基础，规划出第一优先考虑保护和建设的景观格局，保持其巨型自然植被斑块的完整性，作为物种生物和水源涵养所必需的自然栖息环境，同时要规划出足够宽和一定数目的廊道，以用保护水系和满足物种空间运动的需要，此外还要在开发区或建成区里有一些小的自然斑块或人为斑块和廊道，用以保证景观的异质性(图7-6)。

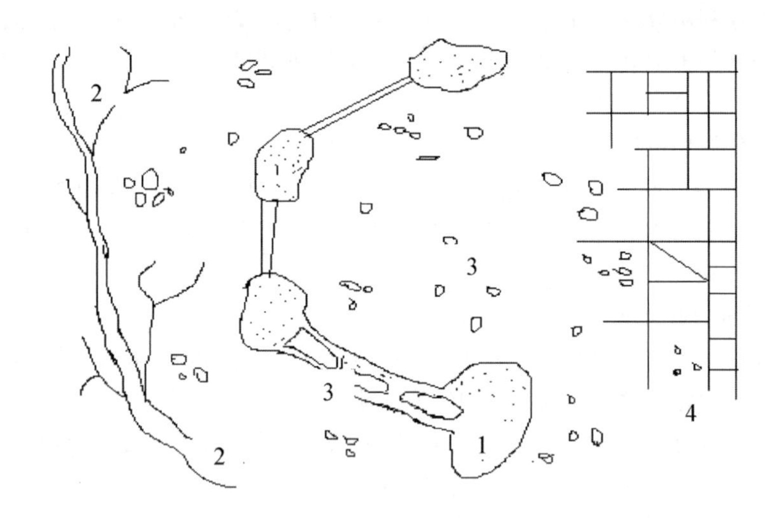

图7-6 聚集体与分离物相结合(集中与分散相结合)的景观总体布局(Forman, 1995)

1. 大型植被斑块；2. 廊道；3、4. 小斑块、廊道

②关键地段识别。在总体布局的基础上，应对那些具有关键生态作用或生态从优的景观地段给予特别重视，如：有较高物种多样性的生境类型或单元、生态网络中的关键节点和裂点、对人为干扰很敏感而对景观稳定性又影响较大的单元，以及对于景观健康发展具有战略意义的地段等。

③生态属性规划。依据当前景观利用的特点和存在的问题，以规划的总体目标和总体布局为基础，进一步明确景观生态优化和社会发展的具体要求，如维护重要物种数量的动态平衡、防止外来物种的扩散、保护肥沃土地以免被过度利用或占用等，调整现有景观利用的方式和格局。

④空间属性规划。针对上述的生态和社会需求，调整景观单元的空间属性。这些空间属性主要包括这样几个方面：①斑块及边缘属性。如：斑块大小、形态，斑块的长度、宽度及复杂度等。②廊道及其网络属性。如，裂点(Gap)的位置、大小和数量，“暂息地”的集聚程度，廊道的连通性，控制水文过程的多级网络结构，河流廊道的最小缓冲带，道路廊道的位置和缓冲带等。

这是现今被认为在生态学意义上最优化的景观格局，具有7个方面的景观生态学意义：

①大型自然植被斑块用以涵养水源，为多种野生物提供栖息地，保护稀有物种生存，缓冲干扰；

②景观粒度大小不等，既有大斑块又有小斑块，粗粒区（大斑块）有利于内部种的生存，细粒区（小斑块）则有利于广生境物种的活动，满足景观整体的多样性和局部的多样性，集中的建成区和农业区便于进行大规模的工农业活动；

③有利于分散各种干扰可能的风险（如大风或病虫害），可以多布局几个大型的农业或自然斑块；

④小斑块内可能发生的基因变异可以使某些物种在大斑块遭到破坏时幸存部分个体，从而为生态系统的恢复提供可能性；

⑤形成边界过渡带，减少边界阻力；

⑥小型自然植被斑块可作为临时栖息地和避难所；

⑦自然植被廊道用以保证物质和能量的流动，增加各斑块间的联系，有利于生物物种的基因交流和繁衍。

该模式为把生态学理论落实到规划所要求的空间布局之中，提供了较为明确的理论依据和方法指导。但由于目前的研究仍主要停留在对景观元素属性和相互关系的定性描述上，许多实际问题的解决尚缺乏可操作途径。例如，如何选择和确定保护区及其空间范围、在哪里及如何建立缓冲区和廊道、如何识别景观中具有战略意义的地段等。

7.2.5 “反规划”途径

（1）“反规划”理念的提出

我国最早提出“反规划”（The negative planning）概念是俞孔坚教授。他在总结前人经验的基础上，针对我国快速城市化进程下城市无序扩张、土地资源浪费、土地生命系统遭到严重破坏等一系列问题而提出的一种物质空间的规划途径（俞孔坚，2005），并先后以大运河区域、台州和东营等为例进行了应用实践研究（俞孔坚等，2004，2007，2008）。

“反规划”是相对于现行规划（也可以称为正规划）而提出的，不是反对规划，也不是不规划，强调一种逆向的规划过程，是一种景观规划途径。“反规划”将土地看做一个复杂统一的生命有机体，以关怀土地安全和生态安全为前提，通过判别和设计维持国土生命安全与健康的景观安全格局，构建区域生态基础设施，以达到为人类的生存和生活提供可持续的生态服务，建立和谐人地关系的目标。

“反规划”理念的核心就在于，突破传统规划思路与方法，深入分析生态用地的水平发展过程，优先规划设计生态用地的景观安全格局，构建区域生态基础设施，并在此格局的约束下布局建设用地，以保证社会、经济、环境的和谐发展。

（2）“反规划”实现途径

①主要研究方法。“反规划”主要采用景观格局分析方法和RS/GJS空间分析方法来进行规划。通过对关键景观过程（包括城市的扩张、物种的空间运动、灾害过程的扩散、水和风的流动等）进行过程模拟分析和判别，建立不同过程的专项景观安全格局（Seeurity pattem，SP），然后对各个单项安全格局进行叠加建立生态基础设施，以此作为控制城市发展的途径，也就是在

生态基础设施的约束下对主要规划用地进行安排，落实用地布局，最终提出维护国土生命安全的土地利用规划。

②生态基础设施的构建。“反规划”强调城市发展必须以生态基础设施(Ecological infrastructure，EI)为基础。生态基础设施是区域和城市赖以生存的自然系统，是将生态系统的各种功能，包括涵养水源、旱涝调节、维护生物多样性、乡土文化保护、游憩与审美体验等整合在一起的关键性的网络状土地空间格局(俞孔坚，2005)。它的范围包括一切提供生态服务功能的系统，如城市绿地系统、自然保护地系统、自然景观、历史文化遗产以及农林系统。

生态基础设施的建立一般需要在三种尺度上完成，即宏观尺度上的总体格局、中观尺度的控制性规划、微观尺度上的修建性设计(俞孔坚，2005)。以目前“反规划”理念运用较广泛的城市规划为例，城市规划的体系包含城市总体规划、城镇体系规划、控制性以及修建性详细规划等，三种尺度的生态基础设施与城市规划体系中的各个阶段规划相对应，并成为各阶段规划的主要依据。宏观尺度上的生态基础设施是针对宏观的区域和国土来讲，作为生态和游憩走廊建设、洪水调蓄等的永久性地域景观，用来限制城市空间发展格局和保护城市形态。中观尺度上的生态基础设施将延伸到城市结构内部，与城市绿地系统、雨洪管理、休闲、公园、保护环境教育以及人文遗产保护等多种具有生态功能的用地相结合，为城市体系规划提供持续性生态保障。而微观生态基础设施将从微观地段尺度入手作为城市土地开发利用的引导因素和限制性条件，落实到城市的局部详细设计中。

生态基础设施的构建实质上也是建立区域安全格局的过程。一般采用卡尔·斯坦尼开发的六步骤模式，即“景观表述—过程分析—景观评价—景观改变—景观评估—景观决策”。在这六个步骤中，过程分析是重点，景观改变是核心。在景观改变步骤中，通过高、中、低三种不同安全水平的景观判别，对景观进行规划改造，形成三种不同安全水平的景观安全格局，最后将不同景观过程的景观安全格局进行叠加形成区域综合安全格局。生态基础设施的构建步骤如图 7-7 所示。

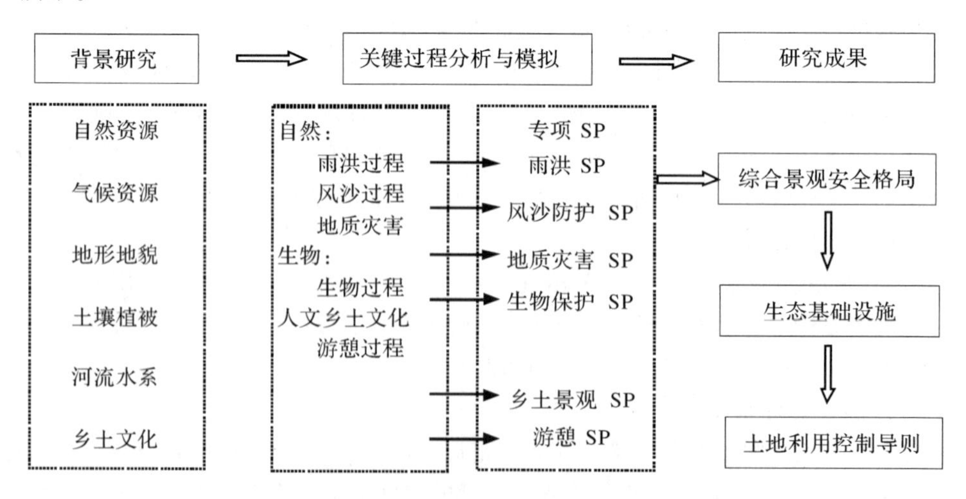

图 7-7 生态基础设施的研究框架(引自俞孔坚，2005)

第一步：景观特征表述。对景观的现状和景观的改变方案分别进行表述。可从三种尺度上对现状景观进行表述，有3种基本模式：①垂直并且实行分层次，即“千层饼”模式；②水平的空间分配模式，涵括了景观建设层面的内容，如：“廊道—斑块—基质”模式，或者点线面结合的方式；③直接感知环境：利用历史统计数据(水文、气象、人文等资料)、地理信息以及数据性资料(地形、水文特征、植被状况等因素)进行描述，同时还可采用图片和文字相结合进行记录。

第二步：景观过程分析。分别剖析出同本区域有着非常密切的关系的三个过程，建立防止或促进这些过程的景观安全格局。从本质上说，此三种过程都隶属于生态系统的服务功能，主要有：①自然过程：雨洪过程，风沙过程，地质灾害。②生物过程：动物的迁徙和居住过程。③人文过程：保护历史文化遗产、市民的游路以及通勤过程；对景观的感知和体验过程。

第三步：景观评价。重点是评价上述过程分析的意义和价值，即对景观过程的安全与健康的影响。不一样的景观过程，应当采取不一致的景观评价手段和基本模型。常用的景观评价手段有：景观的美学评价手段、生态环境评价手段以及社会经济效益评价手段等。

第四步：景观改变。针对景观规划过程中的生态绿色理念实施，体现在具体的规划和改善的措施程序上。按照不同等级的估计和不同的安全级别，对所有的自然资源进行评判性的估计，或者是空间安排上，以此来决定它的位置安排和地理设计。

第五步：影响评估。这一步骤是上面所阐述的景观改变方案的综合评价与多个生态基础设施方案的生态服务功能，以及他们的自然过程、生物过程和人文过程的所有重要的意义。通过模型或实际观测来完成评估。利益主体的态度和反应则用来评估 EI 规划方案，最终得出代表各方利益的 EI。

“反规划”途径有两个方面优势：一方面，它通过建立生态基础设施将维护国土生命健康和安全的最小面积的生态用地保护和控制起来，将建设用地在此范围外进行建设和布局，那么提供人们所需要的生态价值服务的生态用地不会因为城市的扩张而损失和减少，生态基础设施也得以延续和发展；另一方面，在生态基础设施约束下的基本农田、建设用地以及其他主要用地布局将更加合理，对维持社会、经济、生态的可持续发展有重要意义。

7.3 景观生态规划

景观是由斑块和廊道组成的。因而，景观规划设计可分为两部分：一是对斑块和廊道的分布进行科学的布局、调整和安排，即通常所说的景观格局规划；另一部分是对景观中斑块和廊道的结构、形状、大小等进行优化设计，也可看成是对景观结构的设计。同时，二者又密不可分，是一个统一的整体，都是为达到景观整体结构优化，实现景观内能流、物流的运转效能最大、合理有序，总体生态功能得到发挥(赵羿等，2005)。

景观生态规划最主要的是建成一个优化的景观空间格局。景观空间格局是实现景观功能的基础，不同的景观空间格局可产生不同的景观功能。因此，景观空间格局的调整和规划在景观生态规划中的重要意义。那么怎样的空间格局是优化的格局？是否有具体指标来衡量？这是景观生态规划中亟须解决的一个重要理论问题。

7.3.1 景观安全格局

景观安全格局可分为生态安全格局(指景观规划时，应考虑生态过程的安全和稳定性，尽量减少工程对生态过程的干扰)、视觉安全格局(指应对景观中最敏感地段进行重点的改善和维护，避免降低景观的美景度)、文化安全格局(指不应降低为人们熟悉并被广泛认同的文化氛围，同时维持和保护场地"风水"格局，主要通过建立绿化带来实现)(俞孔坚，2001)。一个优化景观格局应包括景观的安全性，即规划的景观应考虑自然或人为干扰对景观生态、视觉和文化等方面带来的不利影响，尽量减少干扰发生后产生的不良后果。这就需要在景观格局中增加有利于景观安全的廊道和斑块的配置。

我国学者俞孔坚(1998)在前人研究基础上，将最小累积阻力、博弈论的原则和阈值等理论综合到一起，提出了"景观安全格局的表面模型"。该模型将控制景观水平生态过程的关键战略点、各点空间联系最低阻力的廊道，一并构成了景观安全格局。其核心是根据生态过程的动态和趋势来判定景观结构，以景观生物多样性保护为目的，在最小阻力表面模型的基础上，构建景观生态安全格局(图7-8)。

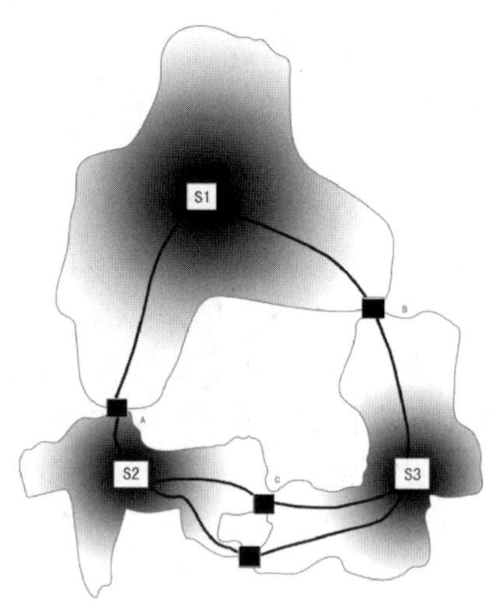

图7-8 群岛阻力趋势表面与鞍部战略点(俞孔坚，1998)

在该模型中，生态安全的景观格局包括如下组分：①"源地"，指作为物种扩散源的现有自然栖息地；②缓冲区(带)，指围绕源地或生态廊道周围较易被目标物种利用的景观空间；③廊道，指源地之间可为目标物种迁移所利用的联系通道；④可能扩散路径，指目标物种由种源地向周围扩散的可能方向，这些路径可共同构成目标物种利用景观的潜在生态网络；⑤战略点，指景观中对物种的迁移或扩散过程具有关键作用的地段。

通过该模型，景观生态规划过程被转换为对上述空间组分进行识别的过程。具体步骤如下：

①确定栖息"源地"。通过对目标物种生态习性和分布的调查，选择那些有较大空间规模且具有较大缓冲区的栖息地，作为景观生态保护的"源地"。

②建立最小阻力表面(MCR)和耗费表面。根据景观单元对目标物种迁移的影响，将景观单元按阻力进行分级，并据此为各景观单元分配相应的阻力参数，形成景观阻力表面。当采用多种指标对景观单元进行分级时，每类单元的阻力值可通过下面公式求得：

$$R_j = \sum_{i=1}^{n} (W_j \cdot r_{ij}) \quad (式7-2)$$

式中，R_j为第j类景观单元的累积阻力；n为指标数；W_i为i指标的权重；r_{ij}为第j类单元由指标i确定的相对阻力。

源(Source)战略点(Strategic point)源间最低阻力通道(Lowest resistance inter-source linkage)

基于该阻力表面，利用最小耗费距离的算法模型，借助相应GIS技术，计算目标物种从

“源地”到达每一个景观单元的最小耗费值。计算公式如下：

$$C_l = \min \sum (D_k \times R_k) \quad \text{（式 7－3）}$$

$$(l = 1, 2, \cdots, n; k = 1, 2, \cdots, m)$$

式中，C_l为第 l 个单元到源地的最小耗费；n 为景观基本单元的总个数；m 为源泉地到第 l 个单元所经过单元的个数；D_k为第 k 个单元与源地的距离；R_k为第 k 个单元的阻力值。

③识别安全格局组分。依据上述耗费表面，以及有关景观生态原则，识别缓冲区（带）、源地间的廊道、战略点等格局组分的空间属性。

需注意的是，这里的缓冲区可理解为自然栖息地恢复或拓展的潜在地带，它的范围和边界通过耗费表面中耗费值突变处的耗费等值线确定，而不是传统的规划作法中围绕核心区的一个简单等距离区域。廊道应建立在源地间以最小耗费（或最小累积阻力）相联系的路径中，并应针对不同目标物种具备相应宽度的缓冲带。对每个源地而言，与其他源地联系的廊道应至少有一个，两条通道将会增加源地安全性，而三条以上则其战略意义远不及第一、第二条。

基于耗费表面，主要有三种地段（“战略点”）应予以格外重视，一是两个或更多个围绕“源地”的耗费等值线圈层间所形成的“鞍点”；二是由于栖息地边缘弯曲而形成的“凹－凸”交合地段；三是多条廊道或扩散路径的交汇处。

将上述景观的空间组分相叠合，最终形成针对目标物种的、潜在的且生态上安全的景观利用格局，通过对这些组分的有效调整和维护，将为使景观向着生态优化的方向变化发展起到积极作用。

7.3.2 景观绿色网络格局

无论是农田景观还是城市景观，自然或人工绿色网络均应在景观格局中占有一席之地。绿色网络景观有多种空间构形，如块状、环状、放射状、放射环状、网状、楔状、混合式等。

在不同城市，可能由其中两种或两种以上基本形式而组合成新的布局形式，称为组合布局形式，如放射环状、星座放射状、点网状、环网状、复环状等，采用哪一种绿色网络格局，要依据当地的自然条件和规划对象而定。在农业景观中作为防护林的树篱网络多采用网状，根据经验网眼在 1～2 hm^2之间为好，过大不利于农田的保护，过小又占用大量耕地面积，影响农作物产量。对城市景观来说，要依据所处地貌单元、自然斑块的残留数量和原有的城市街道规划布局等多种因素来确定。

近年来，随着城市化进程的加速和城市环境问题的加剧，城市绿地从传统的单纯游憩观赏功能发展到维护城市生态平衡、保护生物多样性、美化城市景观、优化城市人居环境、实现城市可持续发展的高层次阶段（胡志斌等，2003；金云峰等，2005）。在城市内分散的绿地相当于被城市海洋包围的“生境岛”，彼此联系松散，限制了生物种类的数量及其在不同斑块间的迁移。在城市景观规划中，应在生境岛之间以及城外自然环境之间修建绿色廊道，形成城市绿色廊道网络（刘悦秋，2002）。

如合肥市在 2002—2012 年城市绿地系统规划中，通过在城区外规划“一核、四片、一带、多廊”的绿地系统结构，在城区内构筑“翠环绕城，园林楔入，绿带分隔，‘点’、‘线’穿插”的环网结构，构建乡一体化的绿色网络系统，塑造城园交融的景观格局。秦皇岛市则依据该市山水特色和城区特点，确定为“大环境生态绿地衬托城市组团”的布局形式，三个城区组团呈“网带状与楔块状”组合布局形式(徐雁南，王浩，2003)。实践证明，各具特色，不拘一格的形式，对一个城市景观格局的优化起了重要作用。

由著名景观规划师 Fabos 主持的英格兰地区的绿色通道规划最具有影响力。他们在原有的绿色空间的基础上再增加 20 438 km 的步行道，从而将新英格兰地区所有的绿色开放空间都连接起来。该绿色通道分成 3 类，即：娱乐类绿色通道(Recreational greenways，沿着自然的河流或被废弃的铁路等)、生态类绿色通道(Ecological greenways，通常沿着山脊，供野生生物迁徙或保护生物多样性)和文化历史类绿色通道(Cultural and historic greenways，具有一定历史遗迹和文化价值，有教育、美学、娱乐和经济利益的场所和步行道，其边缘也可提供较高质量的居住环境)(刘东云等，2001)。

7.3.3 水的景观格局

景观中配置水域斑块和廊道是优化格局的另一个特征。水是景观构成的因子，又是塑造景观的营力，水的自然性、生态性、观赏性、亲水性、文化性，大大提高景观的美学价值。如：水有重要的自净功能；水增加了斑块的连接度，为动植物提供了良好的生存环境和迁徙通道，是生物多样性的支撑条件；水为景观增加了动感和活性。历史上一些地区农业生产之所以能持续发展数百年甚至数千年而不衰退，水域斑块和廊道的存在是最主要的原则(如我国的都江堰)。在荒漠景观中，保持一定数量的水域斑块和廊道的存在，是绿洲景观存在的基础。因此，景观格局水体的设计，首先要注重保护自然的河流、池塘、泉水、海岸带、湿地斑块以及自然的排洪水道，这样一方面保证洪水不对周围的环境造成危害，另外稳定的水域还有助于生态系统的良性循环。对遭受破坏的水域要采取补救措施，尽早使其恢复到自然、健康的状态，以驱动景观中的生态过程流畅地运行(图 7-9)。

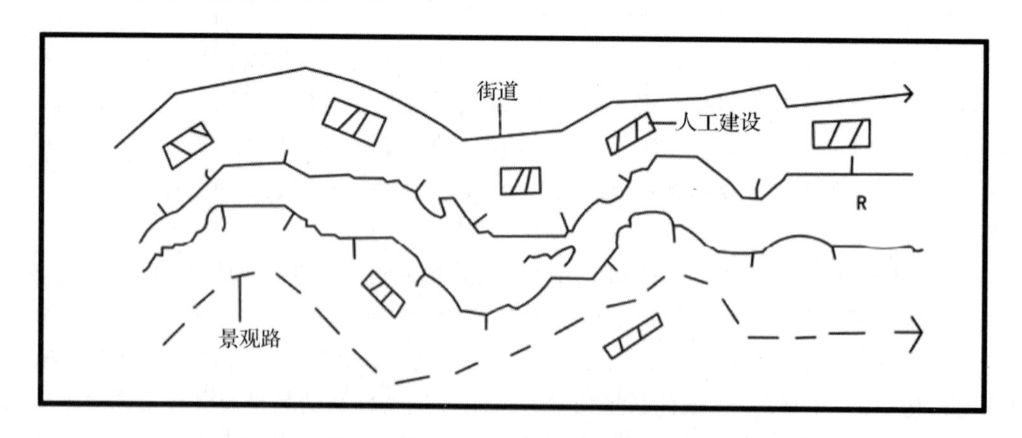

图 7-9 保护溪流提高景观美景度的规划方案(赵羿等，2005)

溪流是一个线性规划要素，运动路线和人工建筑的规划要与水流线和谐一致，这既可以提高景观的美景度，又可增强输水效果，有利于洪水的排泄，实现景观生态系统的持续运行。

在城市规划中，包括径流、湿地、泡沼、湖泊、池塘等在内的水环境应作为一个城市系统来处理。通过采用可渗入材料与材料混合物(如砂砾和植被)，来提高和增加可渗入地下的水流量，以减少不可渗入的区域；相连接的不可渗透的地面和可渗透的地面，应保持合理的比例，以允许流水从不可渗透的地面流到可渗透的地面。在以色列，根据暴风雨强度和土壤特点，可渗透区域与不可渗透区域的比率为1∶1。另外，还可采用更多的技术和工程方法来提高地表面的渗透性(Burmil，2003)。

如伦敦的希思罗(Heathrow)是由一系列大小不一的池塘和错落有致的植被组成的生态组群，占地4.3×10^{3} km^{2}，分割为30多片湿地，由世界湿地区、水生生物区和一个现代化的浏览中心组成，各湿地既是开放系统却又相对独立，以确保外来物种和本地物种的界限。湿地的大面积水域和植被，对伦敦地区小环境气候和空气质量起了净化器和调节器的作用，极大地改善了当地的生态环境；同时吸引了大量野生鸟类来此栖息繁衍，已发现的鸟类就有130多种。该湿地景观成功将人工建筑的城市与自然环境连接起来，成为现代城市景观生态设计的典范，被誉为“展示在未来世纪里人类与自然如何和谐共处的一个理想模式”(王凌等，2004)。

7.3.4 美化景观格局

“美”是人类永恒的追求，自然之美对人类精神文明建设有着无可估量的作用，能给人以美的享受，启迪人的心灵，净化人们的思想意识，有助于人类总体素质的提高。因而，景观的美感度及美学价值是景观优化设计的基本要求。

“美”最重要的是体现为和谐，生态环境在景观格局的构建中，廊道、斑块布局的和谐一致、恰到好处是规划的要点(赵羿等，2005)。自然景观在数千万年远行中的巧妙组合，正是这种和谐性的体现。因此，无论是对经济活动的各个方面实施广泛的控制引导(张松等，2003)，还是在其中适当引入自然斑块、廊道，都可提高所规划景观的美学价值。在旅游区的景观规划中，在景观格局中增加奇异点、临界值和极端值点、非均匀性和高度对比度斑块等方面的规划和设计(牛文元，1989)，还可以起到“柳暗花明”的效果，将会对游人产生巨大的吸引力(图7-10)。

图7-10 不同树木高度形成的奇异点，提高景观的美景度(模拟自西蒙兹，2000)

通过种植树木和改造地形增加奇异点，提高景观的美学价值

7.4 景观管理、保护与恢复

景观管理与保护包括对景观过程的监测与控制，主要是应用景观管理工具进行的，旨在维持景观健康的日常技术性工作，同时涉及景观伦理学、生物保护学等方面内容。

景观管理的对象是综合了人类活动与自然过程的生态综合体，涉及自然与社会、经济的各个方面，只依赖于纯粹的技术手段，很难实现景观管理的最终目标，因此，景观管理也涉及景观伦理学、生态经济学、行政立法等内容，需要自然科学与人文科学紧密相合。

遥感技术及地理信息系统技术为景观系统状态的监测与管理提供了技术支持，并使之越来越容易，基于景观过程的景观模型增加了人们对景观动态的把握与预测能力，专家系统技术的发展也为景观管理技术的推广创造了条件，使得景观管理技术能有效地监控和科学地管理景观系统。

7.4.1 景观管理的概念与内容

7.4.1.1 景观管理的基本概念

（1）景观基质的作用

基质在景观中虽然分布面积大，但通常被认为是低质量的区域，对有机体的运动不利，在景观管理中往往不是关注的目标。但基质通常可通过以下途径影响斑块。

①当景观中存在短期或临时性斑块（如立枯木、风倒木、林窗等）时，基质作为提供新的有机体并保证营养的可获得性的“源”，对此类临时性斑块维持高生物多样性和复杂结构有着极其重要的作用。

②基质对斑块的影响与斑块的大小密切相关，斑块越小越容易受到基质的影响。因此，对于具有精细斑块结构的景观区域，基质的影响是不可忽视的。

③基质作为背景结构，控制和影响着与生境斑块之间的物质、能量的交换，强化或缓冲生境斑块的“岛屿化”效应，例如，基质作为一种介质可以防止物体（物种、营养等）的聚集。

④基质的组成和结构还直接影响整个景观的连接度，从而影响斑块间物种的迁移。因此，对景观的管理绝不能只关注几个目标斑块，而应充分考虑基质在景观中的重要作用，基质的管理是景观管理中的重要内容。

（2）“关键种”管理

“关键种”是对生态系统结构与功能的维持具有关键意义的物种，其在生态系统中的功能比例远大于其在生态系统中的组成结构比例，“关键种”的一个小的变化可能导致群落或生态系统过程巨大的变化。“关键种”的丢失可能会造成整个生态系统功能的严重失调，甚至崩溃。因此在景观管理和保护中，应对“关键种”给予格外的关注。

然而，在实际工作中，对于关键种的确定方法存在一定的争议。关键种可以通过优势种、群落重要性指数、关键性指数等的计算来确定，但每一种方法都有其局限性，不能完全真实地反映系统中关键种的状况。

值得注意的是，仅保护关键种无法达到自然保护的目的，自然界还存在着大量的“冗余种”，对维持生态系统也起着重要的作用。

(3)避难地(残留地)管理

在长期受干扰的景观中，常常有一些小区域，在这些区域内，相比于周边基质而言，具有很高的生物多样性。这样的基质通常是由城市、城市化区域和高度农业化区域组成的。

这样的小自然残余嵌块对物种多样性而言是重要的避难地，通常沿河流或溪流，或退化的沼泽地以及高度破碎化的森林区域分布。残余嵌块的形状、面积以及组成可能存在着极大的差别，潜在的生物多样性也可能极不相同。这类斑块中的物种往往是周边景观要素的物种源，对整个景观的物种多样性相当重要，残留地的管理对于生物多样性的维持相当重要。

目前对残留地的管理的重视程度还不是很充分，毁林造林事件相当普遍，尤其在现代城市化过程中，人工群落正不停地蚕食着仅剩的城市森林残余斑块。

(4)适应性管理

对于景观，生态系统这类复杂性系统，人类活动将造成何种后果，是难以预测的，人们对生态过程的把握存在不确定性(Uncertainty)，因此需要一种方法指导怎样进行生态介入，这种方法就是所谓的适应性管理(Adaptive management)。

自20世纪70年代提出适应性管理以来，存在多种定义，其主导思想是管理并不仅局限于管理行为本身，还包括对支配系统过程的学习。Bormann等(1994)的定义非常简单却非常贴切，定义适应性管理为“通过管理实践学习管理”。

从过程上看，适应性管理包括问题提出与分析、方案设计、管理方案实施、结果监测、方案适宜性评价、方案调整等几个步骤，即采用方案设计、执行、评价、调整的不断改进的管理措施(图7-11)。

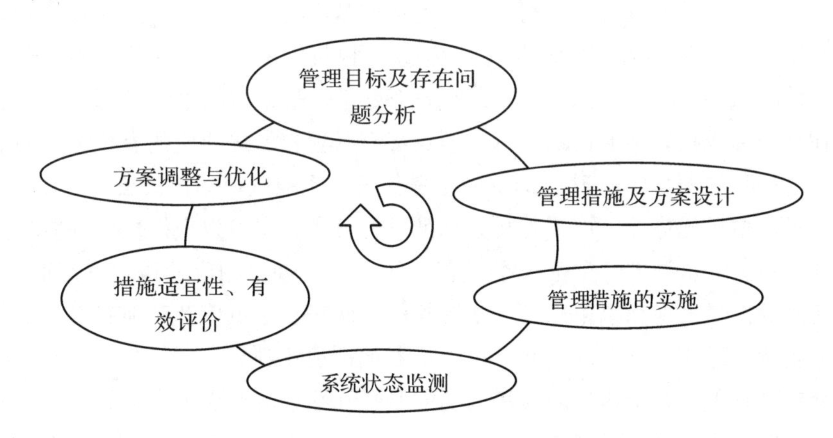

图7-11　景观适应性管理(刘茂松等，2004)

监测(Monitoring)是适应性管理的一个关键组成成分，通过监测管理的结果，可对管理措施进行有效性评价，并作为改进管理的依据。而有计划的学习过程则是适应性管理的基础。通过电脑模拟景观过程及反馈机制，这是适应性管理的重要策略，可部分代替由个人通过试错而学习到的经验性知识，从而为更有效地进行景观管理提供参考。

7.4.1.2 景观管理的内容

按照不同的划分方法，可以将景观管理分为几种不同类型。如按照管理对象的自然属性，可以分为自然保护区景观管理、城市景观管理、乡村景观管理等类型；也可按照景观的格局、过程与功能，分为格局管理、过程管理、功能区管理。不同的分类方法各有其理论基础和实用价值，适用于不同的具体需求。

由于景观的格局、过程和功能是景观生态学最主要的研究内容，并且其他各种类型的管理本质上都是对景观属性的管理，因此本书着重介绍按景观属性划分的景观管理类型，即格局管理、过程管理、功能区管理。

（1）景观格局管理

景观中的各个组成要素通过一定的空间排列和组合，形成一定的景观结构与格局，从而实现一定的功能；而景观功能的运作又反过来影响景观格局的形成。景观功能的实现需要景观生态功能流在一定的空间内按照一定方式运动，从而完成一定的景观过程。景观格局管理的实质在于通过人为改变景观要素的空间结构，改变景观客体流动的阻力，改变运动方向(如物质能量及物种的流动速率、大小及方向等)，从而使之实现或增强或减弱某一特定的功能。典型的区域性景观格局管理如交错区管理、线性生境管理、残余自然生境管理、森林管理等。

①基质生物多样性与斑块生物多样性。在景观管理中，我们必须认识到基质生物多样性的重要性。由于多种原因，我们常常只考虑斑块的生物多样性，而忽视斑块所处的基质。基质对生物多样性的维持非常重要，尤其在斑块面积很小、存在时间短，而且斑块内部具有很高的对比度与差异性的景观中。一个斑块几乎没有支持物种多样性重要组成成分的能力，也不能代表生态系统。基质不是均质的，而是由有机体和物理环境构成的，有着精细的内部结构。

高强度的土地利用常常具有深远的影响，是造成基质与其中的斑块之间强烈的差异性的主要原因。在基质中，既有可见的组成斑块，也有不可见的斑块，这些不可见的斑块是由种子库、数以百万计的微小生物(细菌、地衣、苔藓、藻类、蠕虫、昆虫等)组成的。生命短暂的植物的发芽则在地表形成临时性的斑块。每一地点都有其独特的斑块化的有机体分布。我们可以认为，内在相互联系的聚合体(斑块)的空间重叠代表了土地嵌块的植被类型。

斑块类型可以根据优势性土地覆盖物为标准进行分类，也可以根据斑块外貌存续时间来进行分类。例如，地下芽植物的春季生长季最多持续 2 个星期，相应的斑块存续时间也就很短；大多数野生花卉的大量出现和繁荣也是非常短暂的；而对于昆虫以及其他有机体而言这种大量涌现和繁荣的现象是斑块化分布的，并且可以不断地被观察到。

②生态交错区管理。处于边界的斑块的功能是受到约束的。在生态交错区，与有机体特性有关的过程都试图获得压倒性的优势，从而互相制约。生态交错带内相邻生态系统或景观相互渗透，内部环境因子和生物因子发生梯度上的突变，生境对比度和等值线密度高，生态位分化程度高，生物多样性显著，往往有其特有组分——边缘种，并且种间关系复杂，食物链较长，体现出有利于多个生态系统共存的多宜性(Hansen，1992；李晓文等，1999)。

生态交错区的位置在预测景观动态中非常重要。生态交错区是不稳定的，始终处于景观边界，而位置、功能及内部斑块的制约却是随时间不断变化的。生态交错区存续时间波动范围非常大。生态交错区可能在同一地点发生性质的变化但存在很长时间；也可能在离原始位置一段距离处形成临时性的新格局。生态交错区的第一种情况是由次生演替造成的。而当气候条件改变以及生物复合体(Biome)之间的分割边界被迫向某一个方向运动时，就可能出现第二种情况。

全面了解生态交错区的功能，合理管理生态交错区是景观保护的一个非常重要的策略。例如，很多研究都关注于水陆交接的生态交错区，这是因为这种交错区相当稳定，在全球都有分布，而且其功能或多或少是相似的。

③线性生境管理。线性生境如树篱、沿岸带植被并不总是形成廊道，但在这些线性生境中有机体的运动更加明显，这是由于基质的对比和集中效应。对这些因子的评价与保护对理解和保护中心生态过程如动物的散步、能量物质流动有着重要的意义。由于线性生境的脆弱性，我们应当对沿着线性生境的干扰予以特别重视。

④残余生境的管理。残余自然生境是被牧场、采伐地、耕地、城郊或城市所包围的，被看做自然保护区加以管理的自然景观的遗迹。自然生境片段的增加对管理者而言是一个新的挑战。由于面积较小，自然干扰区域的萎缩，残余生境的生物多样性正在减少。如威斯康星州的大草原残余地正处于这样的情况(Leach, *et al.*, 1996)。在欧洲殖民者定居之前，这里有 $8 \times 10^9 m^2$ 的大草原，而现在仅存的不到0.1%。这些残余地局限于小型的嵌块体中，而这些小型嵌块体正受到缺乏火干扰的困扰。在过去，这些受火干扰的区域是很常见的。这样的火干扰可以形成开阔地，从而有利于低矮的固氮植物和种子较小的物种生长。经常的火干扰和开阔地能够激活氮库，只有在这种情况下拥有固氮能力的植物才有利。因为它们只有在开阔的，阳光充足，土壤贫瘠的地方才有竞争力。根据 Leach 等(1996)收集的数据表明，要阻止草原残余地的萎缩和大量草原物种的灭绝，有计划的火烧是必要的，而且要集中精力对矮小的、小种子的、固氮的、区域性稀少的物种进行保护。

残余自然生境管理的所面临的两个主要问题是：残余嵌块间的隔离和来自基质的人为影响。所以嵌块体的大小、形状、数量、构型是至关重要的。同样，廊道的宽度和连接度也有决定作用。嵌块体必须具有足以承载内部物种局部灭绝时，允许其迅速地重新迁入的能力。保持和构造大嵌块体，然后在其周围设立高密度的廊道和小嵌块体(包括边界)是经常采取的措施之一。野生动物管理者往往注意尽量扩充景观内对野生动物有促进作用的边界的数量。自然保护区管理人员和森林工作者则更多地关注大嵌块体对内部物种和伐运作业的重要作用。对从基质向自然保护区的生态客体流的管理是一个主要焦点。控制那些位于山顶的、上风的、以及建筑物方向上的景观要素是生态客体流管理的一个重要方面。

⑤森林管理。森林景观是指某一特定区域里的数个异质森林群落或森林类型构成的复合森林生态系统。森林景观还可以在地域上分解为若干个森林生态系统单元，一个森林景观的动态变化就是这些森林单元在各种不同环境条件控制下的动态变化的总和。因此森林景观实际是一定地域多种森林生态类型的聚合，由于各类森林生态系统类型间存在结构和功能的差异，因此它们的不同聚合体将影响森林景观水平的结构、功能的总体特征，其组分及数量的变化决定森林景观的动态变化。

森林管理是保持生物多样性和复杂性的一个大有希望的途径。在自然立地中，干扰地区有着维持嵌块体中动植物物种多样性的作用。Chamber 等(1999)在 Oregon 海岸做了以下的实验：

对花旗松林进行了3种不同的处理，分别模拟高、中、低程度的干扰。实验表明创造多样化的立地类型对于满足所有物种需求是必要的。而管理林地中砍伐和非砍伐区域的对比明显，从而使生物多样性下降。通过设置树木保留地的伐木法和保持倒落树木的方法可以在一定程度上减缓森林的消失速度。在过去老龄林被认为是森林独特的质量要素，现在人们也开始意识到其他演替阶段对有机体，更广泛的说，对森林内外的生态过程也是非常重要的。因此提高森林质量的一个策略就是拥有各个演替阶段的森林。

由采伐和非采伐形成的嵌块体也是一个重要的考虑点。如何通过景观规划提高生境物种承载力，从而提高大尺度上的生物多样性，是景观规划的重要研究课题之一。管理森林或自然保护区域中的保留地以及具有多种林龄（而非仅有老龄林）的林地很可能是一个很有效的策略。

除了年龄和立地的异质性外，其他因素，如海拔也是必须考虑的。众所周知，随海拔增加，物种多样性降低，在地势较低的地区的年轻的森林（幼龄林）可能比地势较高地区的老龄林拥有更多的物种。演替系列类型的稀有性是另一个需要考虑的重要因素。如草地和小灌丛中常见的火灾后演替在火受到控制的管理森林中是很少见的。

景观生态学提供了一个规划和管理复杂嵌块体的强有力工具。在片段化的森林区域，如威斯康星州中心北部，Mladenoff（1994）试图制造一个可以提高老龄林嵌块体质量的空间模型。基于互相隔离的嵌块体之间连续性的原则的假设，通过邻接分析（Adjacency analysis）可以测量不同类型生态系统的互相交叉重叠的程度，这种景观管理模型的主要应用在考察不同程度的保留地对传统土地利用的影响上。

此外，森林景观管理还应同时考虑自然生态因素和社会经济因素的共同影响，既反映生态学原理的客观要求，又体现社会需求对森林经营的生态经济过程的影响。可以进行通常的森林效益的综合评价，为森林经营决策提供依据。如利用地理信息系统（GIS）等计算机技术，通过森林景观结构、功能的特征分析，建立因果模型等。从而，在大尺度上，维持景观多样性，达到自然保护和经济利用的协调（杨学军等，1997）。

（2）景观过程管理。景观的格局和过程相辅相成，互相依赖，互相制约。景观过程管理通过直接改变某一生态过程或景观客体流的强弱，从而实现一定的景观功能，如干扰管理，放牧管理等。

①干扰管理。干扰是提高生物群落和嵌块体多样性的基础过程。干扰过程如洪水、昆虫爆发、野草入侵、动物取食与践踏可以看成是提高物种多样性的潜在工具或自发改变大区域内动植物组成的自发事件。如对某种具有挖洞习性的熊类的研究表明，熊的这种习性影响着植物的分布，物种丰富度，以及碳/氮比，并造成嵌块体的改变。

②河流系统的干扰管理。河流是高度动态的系统，在该系统中，干扰（洪水等）对物理和生物学组成具有深远的影响。由 Wootton 等（1996）通过改变沿 California 的一条溪流的干扰，发现与自然河流相比，在被调节的河流中具有捕食者抵抗力的食草动物出现的频率增高，而藻类出现频率显著下降，捕食者中敏感性物种出现频率下降，但不显著。

这一结果对保护目的是十分重要的，这证明生态自组织的途径并不足以解决沿河流多样性降低的问题。在管理策略中，综合的干扰管理比单独解决某一物种的存续问题更为重要。干扰管理，尤其在大尺度上对区域景观生态管理是非常重要的。

③食草动物区管理。在过去，食草动物的取食行为被看成是对草场的一种干扰，减少植被覆盖度从而对多样性产生负面影响。随着研究的深入，食草动物的取食行为在控制生态系统重要循环中的重要性正在越来越普遍的被认识到。Wallis 等对放牧在保护管理中的角色进行细致而全面的综述，食草动物的取食行为对维持动植物物种多样性具有重要的作用。

食草动物对于干扰产生的一个重要特征就是生态系统的快速周转和高水平的空间多尺度的异质性。该系统在野生有蹄类的影响下，工作良好，但家养的有蹄类对该系统通常具有真正的破坏作用。将野生有蹄类从草场移走通常会使生态系统循环减速，从而对自然植被产生负面影响。自然的食草区域是建立在食草动物的四处流动或季节性迁徙的基础上的。但事实上，野生的草场是稀少的，而且越来越破碎化。在生态系统不能够有效地提高其抵抗力的区域，由家畜引起的食草干扰是主要的考虑对象。在这种情况下，食草动物的活动是造成生物多样性降低的主要因素。

(3)景观功能区管理

景观中存在着某些关键地区，该地区的状态直接对景观的整体结构功能等产生巨大的影响，是景观正常实现其功能不可或缺的区域。景观功能区的管理重点在于对具有重要景观功能的区域进行人为的管理保护，通过综合的管理措施(如景观格局和过程调节)，为最佳的景观实现特定功能创造条件。如人主景观的管理、流域管理与水质管理等。

①人类主导景观的管理。理解驱使景观动态变化过程的重要性对管理景观是必不可少的。区分形成土地结构的过程和土地本身动态是非常困难的，因此将相关过程按照它们对景观的效应进行分类是重要的。由于过程的动态属性，区别过程与格局并不困难。

土地的价值可以看成土地利用和变化的一个指标。土地的价值是由该区域对农业、城市定居、工业选址和娱乐吸引力等综合因素共同决定的。当今，经济价值是主导景观命运的主要力量。距离市中心较近或野生动物的吸引力都有可能改变土地嵌块性。而道路和铁路的存在是改变土地嵌块性强有力的因素。景观的进化与当地的状况(微气候、形态、历史和经济)有着极为密切的关系，而人主景观的进化则有着2个独特的方式：破碎化与聚集(反破碎化)，这2个方式在人主景观中是非常普遍的。我们可以将海拔、坡度、距离道路远近、距离市场与人群的远近作为森林到草地、森林到非植被、草地到森林、草地到非植被等作为人主景观的一个指标。经济社会结构与自然组成之间存在着深层次的联系。比起过去，人类对土地嵌块体产生的短期变化更加频繁，这些变化深刻地改变着生态系统的组成。

②生态系统服务。从以人类为导向的实用主义的观点看，生态系统的功能可以看成是一种服务。所谓的生态服务就是自然生产食物并容纳、消化废弃物及多尺度干扰的过程(Castanza，1997)。这种服务功能就是生命，尤其是人类存在的基石。生态系统服务功能非常广泛，从气体调节(CO_2/O_2平衡)，到文化服务功能(生态系统是美学、艺术、教育、体育和科学价值的源泉)。每一种功能都是在某一尺度的空间和时间尺度(从厘米到整个生态圈)上实现的。

资本通常是经济学的概念，但也可以运用在更广泛的生态学意义上。生态系统服务功能由自然和人类资本复合而成的物质、能量及信息流构成，并为人类造福。水的存储对低洼地区的人类定居生活至关重要，在一些干旱区，乔木树种的大量引入及其生物量的增加会直接影响河流流量，从而对人类的用水产生影响。景观物质流的方向会改变景观的生态服务功能，人类可以借此予以调节。

③人类主导景观管理的局限性。景观管理（或生态系统管理）需要大量的有关土地的经济和社会结构的数据，并将这些数据融入物理和生物数据中去。由于土地所有者的不同，收集并协调组合这些数据是非常复杂的。在大尺度上，我们必须考虑到由于人类影响造成的高度不确定性。生态系统管理之所以难以付诸实践，不仅仅是因为对生态学过程的知识的缺乏，也是因为追求个体、私人工厂及公众机关的利益最优化造成的。景观管理常常是各种社会期望互相妥协、折中下的结果，特别是在以人类介入为主的区域。

在人类主导景观中，公共土地通常没有大到足以维持生物多样性的能力。公共土地常常是处于边缘地区，土壤贫瘠，气候条件也很差。大多数自然保护区和国家公园都处在遥远的、蛮荒的深山之中，这些地区的生产力强烈地受到环境胁迫的影响。虽然公众认为这些地区是重要的，但实际上，这些区域维持生物多样性的能力是很弱的。

④基于生态系统的管理。在保护区管理中，基于生态系统功能的管理显得更有亲和力，也越来越受到重视。所谓的生态系统管理就是将复杂的政治经济学及价值观的框架中与生态学相关的科学知识融入到长期保护原始生态系统完整性的目标中。

生态系统管理包括以下十个主题：等级关联、生态学边界、生态完整性、数据采集、监测、适应性管理、不同部门之间的协作、组织变化、人类及其与自然的互动、景观价值。生态系统管理的目标是维持所有原始物种的可存活种群，保护区内所有原始生态系统类型，实现土地的可持续利用、维持发展与保护的平衡，维持生态系统的功能，鼓励不同尺度目标过程的整合，为潜在的物种和生态系统的进化提供足够的时间，根据生态系统管理的原则来指导人类对自然的利用和占有。

⑤自然景观保留地管理。地球上许多地区都有比较荒凉、不能作为农业、林业或城镇用地的景观。这些地区包括苔原、北方森林、荒漠和热带雨林。自然景观保留地是生物多样性的热点地区，也是生态管理可以充分付诸实践的区域。大多数自然景观保留地管理策略都集中于保护区内某目标。随着保护生物学的发展，生物多样性、生态完整性、生态系统健康等概念在管理策略中正越来越受到重视。

若管理的目的是要保持或恢复自然景观，对景观的调查必须集中于这些要素对人类影响的敏感度。主要的管理保护措施与敏感度有关，即人类的活动必须是分散的、低强度的，并且与每种景观要素的敏感度成反比。

对景观要素间物种、能量、水、矿质养分流的调查应准确地划定景观内发生的区域。这些区域通常在廊道内，因而需要特别进行管理，以避免廊道的断开和狭窄地带，使其保持一定宽度、结点数量和连接度。

对景观要素随时间变化的调查，应指出不同类型、大小和强度的自然干扰的作用和位置。无明显人为影响的自然状态的调查的景观中，火灾、洪水、风倒木和昆虫爆发是普遍和主要的现象。景观异质性以及景观中所有物种的相对丰度或稀有程度，均取决于自然干扰状况。

可对自然景观实施保护措施保证干扰发生和自然传播的管理。如用设备控制火、水坝控制水、农药控制害虫等。

在实际工作中，将自然景观保留地和周边地区景观整合是必须的。自然保护地只能在某种程度上看成是自然的来源。比较欧洲和北美环境保护政策，我们可以发现巨大的差别。在欧洲，长期的人类活动已经造成了生态学上永久性的人类干扰嵌块体，这里自然是人类景观的一个内在组成部分。

⑥流域管理与水质。人类的土地利用对水质影响既是深远的也是即时的。理解人类行为的机理，并将之与相应的自然过程在某一适合尺度上联系起来是非常重要的。水质是人类环境非常重要的组成部分，保护水质在环境保护政策中是特别重要的。通过应用景观生态学的度量方法，如优势度、连接度，将水质与景观特征联系起来是可能的。土地覆盖的空间组织形式对水质是重要的。一般而言非林地对水质有着强烈影响。水质对不同“标志景观”极为敏感，土地覆盖质量的极细微的改变(如道路面积的增加)可以极大地改变水质。在对南阿巴拉契亚山脉的研究中，城市—乡村变化的影响显然不是简单地从城市中心的距离梯度的，至少有2个敏感点：一个离市区很近(0～100 m)，另一个在400～500 m。这种行为在人类主导的景观中是非常常见的。

通过一个虚拟的人类景观，发现人类和自然过程的相互作用，并不是梯度式的，而是处于由本地特征和事件所决定的某些独特区域。在理论上，这些变化的格局可以看成是环状波形，每一个波都是自然过程与人类互相作用的结果。在生态交错区，土地的改变是最大的，其位置对水质有着特别的重要性。事实上，林业、农业利用的强度以及新城市的发展都使营养循环减少、温度改变和水体中酸性物质的沉积增加。

7.4.2 景观管理模型与方法

20世纪开始以来，科学家们已认识到，早期分析方法已不再满足具有高度复杂对象的新领域的需要。自20世纪60年代以来，在生态学上从事大的生态课题研究的调查队已经证明，系统分析对理解生态系统的功能是十分有用的。很显然，对组成某一景观的生态系统集合体的管理，至少需要有一个模型的轮廓——有助于使一个复杂的研究对象用具体化的文字、图解或数学描述。

景观生态学首批有用的模型是由 von Thunen(Hall)1999年提出的，即中心地模型。它们同时表示了人类活动的空间分布及其作用的逻辑(Forman & Godron，1986)。景观模型对分析并理解景观的格局是相当有效的工具(图7-12)。

个体或人群在空间上规则分布，以便最佳利用资源，形成依次围绕中心地的六边形模型。某些长期活动仅仅发生在这些中心地点或主要中心，而这些中心地点仅控制在第2个中心的活动。例如，分散在景观六边形结构中的农村居民点，产生了水资源分布和农业生产管理方面的均匀性。

中心地模型引起了人们很大兴趣和争论。一些地理学家认为六边形结构到处可见，而另一些则一个也看不到。然而，更重要的是这种研究能把六边形或其他空间结构与景观内的流动联系起来。因此，如果存在一种阻碍和疏通景观内流动的障碍，则几何学的空间结构将相应的被扭曲。譬如，如果因排水系统或者通讯廊道的原因，空间的某一方向为唯一的或特殊的，则基本的景观分布将成为线性的。

(1)按图建模

多种地图可用来管理景观，而且可据以建立模型。借助 GIS 强大的地理数据管理功能可以

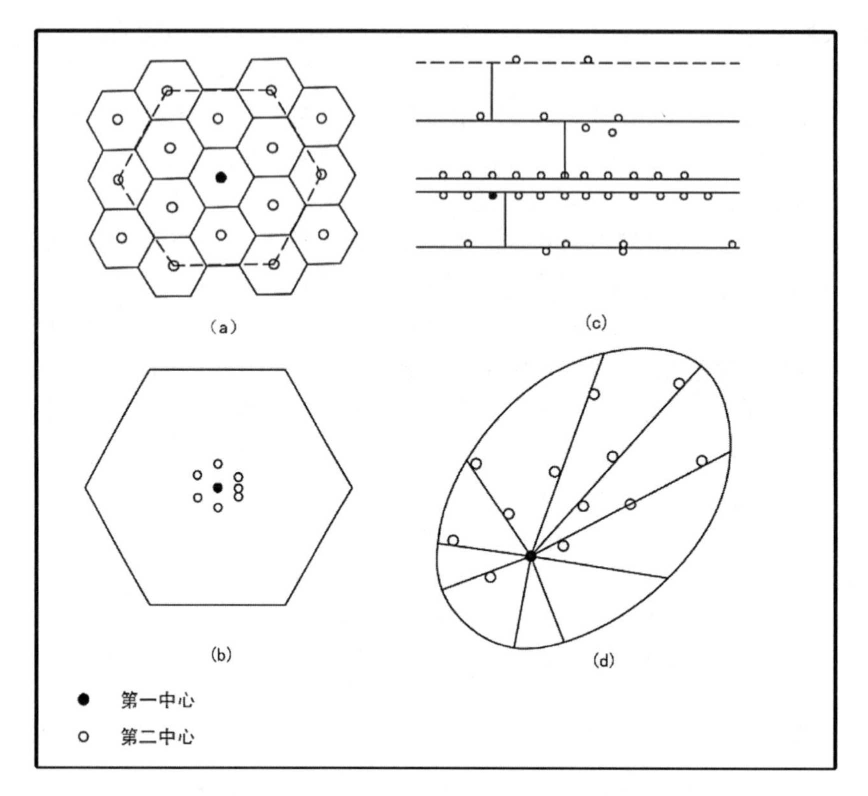

图7-12 资源利用模式和空间的划分(Forman 和 Godron，1986)

(a)资源均质分布的六边形结构，在这一结构中，第一中心是等距离的，第二中心在第一中心的松散影响下，也是等距离的；(b)控制集中，因此第二中心靠近第一中心；(c)资源呈均质分布，但第一中心按居群呈直线分布，而不是在资源轴上；(d)资源呈异质分布，因此产生了椭圆形或不对称的多边形结构

建造多种景观管理模型。根据某地的地质、地貌、土壤、水文、气候、植被、土地利用状况、土地价值、娱乐潜力、历史遗址的能见度、地带性、行政管理、人口普查结果等可以建立相应的管理模型。如表示土壤水蚀的土壤评价模型、土地利用与城市管理的干扰影响模型、土地价值的评价模型等。这些模型，均来自于研究者提出目标或问题，这是处理大量原始制图数据所必需的建模步骤。利用这些模型，研究人员可以提出强调空间管理的建议和选择。

按图建模的关键是有关基础数据的获取，遥感技术的应用为大量获取地面实时数据提供了技术上的保证。目前遥感数据相当丰富，存在多种空间分辨率、时间分辨率、波谱分辨率的资料可资利用。一般遥感数据需要进行预处理，如进行大气辐射校正、地形纠正等，预处理的图像可用于各种用途的数据分析，常见的操作是进行土地利用及土地覆盖分类，以及根据影像信息进行植被信息的提取及反演操作。分析结果可能是一系列土地利用专题图及相关报表。

模型的建立需要研究目标过程与景观中各种相关状态参量的关系。以水土保持流失模型为例，一般需要知道土壤侵蚀模数与土壤质量、植被状况、坡度等环境因子的关系，一旦方程得以确立，则模型的运算就可能通过各相关图层的数学运算得以实现。

(2)模型建造

要建立一个模型，通常需要采取5个连续的步骤：①首先必须明确景观管理的目标，列举景观管理的相关内容，并确定景观管理的边界；②将问题分解为几个相对独立的模块，明确各模块间的耦合机制，建立并检测各主要模块；③对各功能模块进行组装，对模型进行总体调试；④应用模型对景观系统的生态过程进行模拟；⑤观察实际情况和模型模拟结果间的不符状况，重新回到①②③。

在景观管理中，模型的目标是很容易概念化的。勾画影响景观变化的框图，往往是模型建立的第一步。它必须包括要管理土地的空间多样性，其目标可通过现有地图来达到，用地图表示多年来采用的、以及那些将来可预测的土地使用方法。

为了弄清系统的主要模块，首先勾画出影响景观变化的框图是十分有用的。模型必须满足几个条件，最为重要的，它必须包括要管理土地的空间多样性性，其目标可通过现有的地图，特别是植被类型、建筑密度和优势种结合成一体的土地利用或占有图达到。这些地图也可以使景观设计者与生态学家、地理学家、林学家、牧场管理者和其他有关人员之间建立迅速的对话。

(3)管理中的张量模型

每种景观要素可用一矩阵来表示，行代表了土地利用的一个特征参数，列代表时间间隔，主要用于描述参数随时间的变化。几个这样的矩阵合并可形成数学上的张量的几维数组。可用于描绘土地潜力和评价不同管理的直接后果。

一种景观的张量是由大量与现有的景观要素一样的矩阵组成的。张量模型可用于对所提出的每一种景观管理策略预期的随时间的变化进行比较。

这种张量功能，可直接应用4种算术运算(+、-、×、÷)提供总的概念，即参数如何相关于每个景观要素随时间而变化。因此，这种模型是景观管理上最简单而又可利用的模型，它可以用更有力的数学手段进行改进，例如，用转移，这一过程随时间的变化很方便。

这里张量以其基本形式将用于两种目的：描绘土地潜力；评价不同管理的直接后果。

①土地潜力的一个主要形式是能利用有效技术而获得并直接产生有经济价值的产品。

②土地潜力的另一个重要形式，其总量极难用经济概念计算，是某一种景观在生态调节中的基本作用，而生态调节是保持景观处于平衡状态必不可少的，如防止洪水、侵蚀和害虫爆发的天然植被，控制河口湾鱼类和水生贝壳类动物种群的盐沼，以及防止食草动物种群过度利用土地的捕食者。

③土地潜力的第三个主要形式，超越简单的经济含义，但不应仅考虑其经济意义，这就是土地对人类的美学、治疗和精神价值。这一价值是通过艺术、文化、宗教地，以及个人经历而丰富多彩地表现出来的。值得指出的是，一个张量模型的结果取决于矩阵中的参数。一个完整的景观管理计划还要包括与生态调节和美学有关的关键参数。

(4)模型的灵敏度、风险性和时限

①模型的灵敏度。通过人为或从数学上改变输入的模拟方法进行评估。这种模拟决定输入与输出的比例，即当输入发生改变，这种变化对输出的影响有多大？为此，人为的改变管理参数的强度，并计算相应结果的变量。

②风险评价。可能危害景观的因素的评价。如对于干旱地区，主要危害是干旱风险。其他

的主要危险是新种的爆发，家畜的疾病和人群的迁移。此外，即使是最严格的预测，也常常被有关人（一般也无法预测）所改变，尽管也有可能把这种危险中评价的不可能预测性引进模型中，对不同时期干扰系统地进行评价。

③时限。管理工作与资源利用的时序要更加完善，必须保证时间性与空间模型结合起来，如野生食草动物和放牧羊群在夏季牧场和冬季牧场之间的季节性迁移。

(5)景观管理设计

人类的决策是景观变化最普遍的催化剂，什么样的总体生态学概念能知道我们做出这种规划和管理的决策呢?

进行景观管理规划，首先要评价嵌块体——基质的相互作用，即异质环境将如何影响新嵌块体，以及新嵌块体又将怎样影响周围的异质性环境。下一步要评价指定场所的现有嵌块体特征。首先必须用两个标准，即相对唯一性和替换（恢复）时间来评价现有的景观要素。需设计适合于该场所自然条件的人类影响的强度。至少研制出一个简单的输入－输出模型。应用这一模型，可评价适合于该景观的人类影响的最适和最高水平。

模型的结果包括：①人类直接输入、输出比例；②大气流、土壤流、污染物输入、输出水平的差异；③现存特征的变化，如新要素出现、稳定、退化等。

在评价系统替代性衰退时，下列变化易于观察或分析出来。

①种的相对丰度开始变化；②敏感种消失，当地种多样性减少；③非本地种入侵；④生物量和植被覆盖率开始减少；⑤生物量开始减少；⑥侵蚀开始增加。

明智的管理还要考虑自然变化的节律。

(6)景观管理信息系统

充分利用各种来源的关于景观的信息分析景观的生态过程，并应用计算机模拟各生态过程的作用机制与效果，可以明显提高景观管理的效率，并增加景观管理决策的科学性与可预测性。景观管理信息系统（Landscape management information system，LMIS）的研制综合了人们对景观及相关生态过程的认识，并充分利用了软件工程及人工智能的技术与方法，可应用于计算机辅助决策。

生态系统动态模型是 LMIS 的关键，直接关系到模型系统运行的可靠性。一般地，可以采用目前较为成熟的生态系统（景观）动态模型、生物地理模型等。对于森林生态系统，诸如 FORET 模型等可用于模拟森林景观动态（Shugart，1984），而在景观水平的生产力模型可用于模拟景观的生产力状况随时间的变化（Chen，*et al.*，1999）。

管理信息系统依赖于良好的景观动态及景观过程模型，对景观基本数据的依赖可能更直接。好在 RS 及 GIS 技术的发展为景观信息系统的数据采集提供了充分的手段及数据资料。当然有相当多的数据必须通过最原始的手段进行采集。数据库建设是 LMIS 应用于具体景观系统，是最重要的工作内容。事实上，建立特定景观的基础数据库占 LMIS 建设中的工作量的大部分。

LMIS 中的辅助决策是该系统中最富挑战性的部分，不仅要充分考虑到景观过程及其与景观格局的相互作用，还需要对景观进行综合的评价。依据景观生态学原理进行管理方案的生成则需充分利用专家系统技术。

可见，LMIS 实质上需要集成关于景观的基础数据采集、景观动态与景观过程模拟、景观评价、决策支持系统的建立等一系列的相关过程。但LMIS一旦建立起来，其对景观管理的贡献也相当显著，是景观管理走向信息化、科学化、自动化的必然方向(图7-13)。

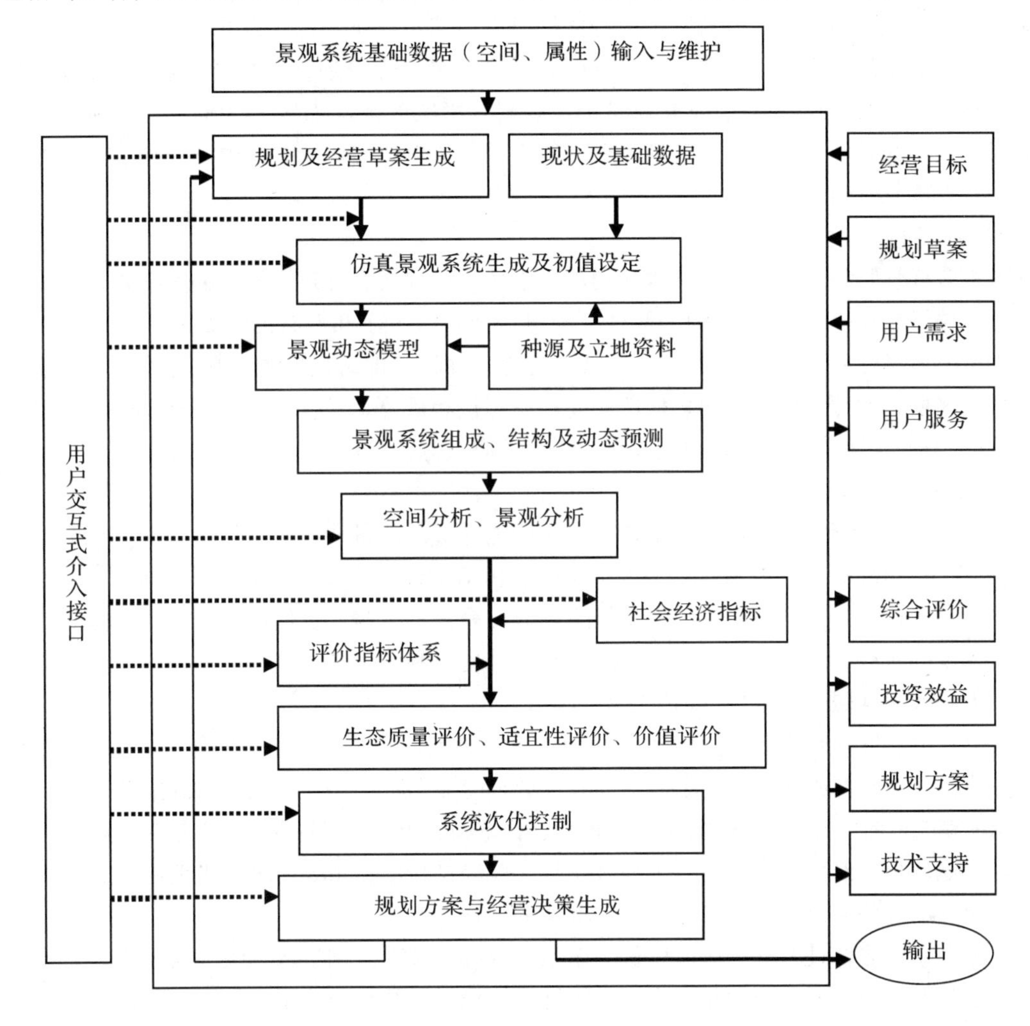

图7-13　景观管理信息系统(刘茂松等，2004)

7.4.3　景观保护

7.4.3.1　景观及其价值

地球上大多数景观是自然过程与人类文化过程交互作用的产物，是长期适应和演化形成的稳定类型。它们可以作为协调人类与环境相互关系的模型，具有十分重要的科学、文化和示范价值(陈昌笃，1994)。欧洲的景观生态学家指出：景观价值包括自然组分、文化传承、美学和社会文化意义等内容(Antrop，2000)。一般而言，景观价值表现为：

(1)景观的稀有性

景观外貌形态及其所代表的自然过程的稀有性是重要的景观特征，按其重要性的差别可划分为世界级、国家级和地方级。

某种景观被破坏后可能恢复的时间愈长（年，世纪），则愈为稀有。综合稀有性级别与可能恢复的时间尺度两方面，可对景观独特性价值进行综合判断，划分为低、中、高、最高等级别，如林区火山地貌类景观和温泉类景观即属世界级稀有性景观，其综合价值为最高（肖笃宁等，1998）。同理，景观的社会文化意义也可以按其影响的范围而区分为地方、区域、国家和国际等级别。如教堂、公园、海湾等为只有地方社区价值的文化景观，国家公园、国家风景名胜地为具有国家价值的景观。

（2）景观的多样性

景观多样性是指景观单元在结构和功能方面的多样性，它反映了景观的复杂程度。景观的多样性首先反映在斑块（Patch）的多样性，即斑块数量、大小和形状的复杂程度；其次是景观组分类型的多样性和丰富度；第三是景观格局的多样性，即斑块间的空间关联性与功能联系性。景观多样性的评定对于生物多样性研究具有直接和重要意义。这些方面已有若干数量化度量的指标（马克明等，1998；陈利顶等，1996；傅伯杰等，1996）。

（3）景观的功效性

景观的功效性指的是其作为一个特定系统所能完成的能量、物质、信息和价值等的转换功能（肖笃宁等，1998）。它是景观经济价值和生态价值的综合体现，包括以下方面：

①生物生产力。包含生态系统的初级生产力、净生物量与光合作用生产率等指标。

②景观的水分、养分物质循环。合理的景观结构有利于水分、养分的循环，从而提高生物的生产力和改善区域生态环境（傅伯杰等，2001）。

③景观中能量流动的规模与效率。能值分析体系可综合分析通过景观的能流、物流与价值流的数量动态以及它们之间的数量关系（Odum，1994；蓝盛芳等，2001），主要从能值投入率、净能值产出率和能值密度转换率等指标进行分析。这种方法适用于自然景观与人工景观的对比。

④土地区位与经济密度。这是土地开发与景观经济价值的重要体现。土地区位直接关系到其所能承载的经济密度，影响到景观经济价值的发挥。

⑤生态系统多样性及其健康。可从生态系统内部与外部分别选取相关因素建立评价指标体系，主要包括生态指标、物理化学指标、类健康指标以及社会经济指标等（李瑾等，2001）。

（4）景观的宜人性

景观的宜人性应理解为比较适合于人类生存、走向生态文明的人居环境，可采用景观通达度、生态稳定度、环境清洁度和空间拥挤度等指标来衡量。景观的通达度通常通过位置、区位、有廊道沟通、连通性、交通条件表现出来；生态稳定性则表现在系统结构、功能的一致性、连贯性以及恢复能力、对自然灾害的趋避性等方面；环境的清洁度主要表现为洁净的大气、水、土壤环境，在环境容量允许范围之内的污染物排放等；空间拥挤度是指单位空间的建筑密度和人口密度，绿色开敞空间系统，开放空间与绿色建筑体系，建筑容积率等。

（5）景观的美学价值。景观的美学价值是一个范围广泛、内涵丰富而又难于准确界定的问题。仍可以归纳出景观美感评价的一般特征：其正向特征通常包含合适的空间尺度，多样性和复杂性，有序而不整齐划一，清洁性，安静性，景观要素的运动与生命的活力等；其负向特征则包括尺度的过大或过小，杂乱无章，空间组分不协调，清洁性和安静性的丧失，出现废弃物和垃圾等。

(6)景观的资源性

景观的资源性主要表现在：首先，在视觉上富有生机、和谐、优美或者奇特的景观可以直接为人类所利用，成为一种重要的资源。如对风景旅游地的认识和开发，以及对人类居住地的设计和改造等。其次，具有良好构型的景观是一种环境资源，可通过对景观格局的调整来影响和改变生态过程使其发挥最大的生态效益。

7.4.3.2 景观保护的概念

近几十年来，随着人口的快速增长，新技术的采用，对环境施加的压力不断加大，世界各地的景观正受到严重威胁，使它们面临退化，有些走向消失。保护和抢救一部分有价值的景观已成为当前的紧迫任务(陈昌笃，1994；肖笃宁，2006)。

(1)景观保护的提出与实践

国际上，最早提到要保护景观是1987年的"被保护景观国际学术讨论会大湖区宣言"(Lake District Declaration of the International Symposium on Protected Landscapes)。宣言指出：迫切需要发展一种更全面的和综合的保护景观的战略，这种战略必须导致采用更持续的土地利用实践。景观保护这一概念后被1988年2月1～10日在Costa Riea举行的IUCN第17届大会所采纳。

1991年在IUCN的"环境战略与规划委员会"(CESP)中成立了"景观保护工作组"(Working group on landscape conservation)。工作组制定出"景观保护计划"(Landscape Conservation Program)，并于1994年在阿根廷举行的IUCN大会，在CESP会议上深入讨论，并提出一项决议：利用景观生态学原理，规划和管理，促进对文化景观的持续发展战略，要求IUCN大会考虑通过。

"景观保护工作组"首任主席Zev Naveh教授1992年解释他的工作组的总目的就是发展一种"整体景观保护的新的方法学"(New methodology for holistic landscape conservation)，即：凭靠新的景观生态学的学科间领域，不仅是把注意力放在生物多样性的保护，而是更广泛地放在生态多样性(Eco-diversity)，生态多样性还包括景观中的物理要素和文化价值。为此，他的工作组发展了一项景观保护与管理的重要实践工具："受胁景观的红皮书"(Red Book for Threatened Landscapeds)，并考虑在世界范围内为大多数有价值的受胁景观建立"红色名录"(Red List for Threatened Valued Landscapeds)系统。2004年3月欧盟的《欧洲景观公约》生效。

(2) 景观保护的概念

景观的自然组成构成了所有资源和景观生态功能的基础，不断增加的景观破碎化和景观组分间连接性的丧失已经引起了地理环境的退化和重构。因而，保护生态和地理/地貌遗迹是对景观第一性价值的保护。景观保护在学术界目前尚无公认的确切定义。总结人们对景观生态保护与恢复的认识不难发现，有以下几点的共识：必须应用景观生态学的原理和方法；必须坚持生态、可持续理论基础；要遵循以生态为中心的景观理念；景观生态保护与恢复的目的是防止和治理景观的破坏和退化；还必须综合运用规划、管理和政策手段。景观保护是自然保护区和生态功能保护区的延伸，其重点在于视觉景观的保护。

实质上，景观保护是景观的生态建设过程，即是指在景观及区域尺度上，在对景观格局与过程相互制约和控制机制以及人类活动方式和强度对景观再生产过程的影响进行综合研究的基础上，通过景观规划设计，对景观结构实施积极和科学的调节、控制和建议，从而实现景观功能优化和景观可持续管理的一种生态环境建设途径(曹宇等，2001；郭晋平，2001)。

7.4.3.3 景观保护的原则、任务

(1)景观保护的基本原则

人类属于自然的一部分，生命依赖于自然系统功能的持续发挥，从而确保能量和营养的供给。文明根源于自然，它塑造了人类的文化，并影响了所有的艺术和科学的成就。景观保护应当符合以下原则，人类所进行的能影响自然的行为都要受到它的指导和评判。

①保护景观的完整性，不损害必要的景观过程，并促进景观的自然更新。

②可持续性原则。生态系统和生物，以及土地、海洋和人类利用的大气资源，都要得到认真管理，以维持最大的持续生产力，但不能以这种方式对那些与之共存的其他生态系统或物种的完整性构成危险。

③广泛性原则。对地球的任何区域，包括陆地和海洋，都要遵守保护的原则，特别要保护那些独特的区域，保护各种生态系统类型的代表性样地，并保护珍稀濒危物种的生境。

④针对性原则。对不同类型的景观应给予不同形式的保护方式，针对不同地域的自然、经济、社会等特点，采取因地制宜的保护策略。

在决策过程中，应意识到人类的需求仅能通过确保自然系统功能的适当发挥而实现；在规划和履行社会和经济发展活动时，应充分考虑到保护自然是这些活动的整体中的一部分。在制定经济发展、人口增长和生活水平改善的长期计划中，应充分考虑到自然系统在确保人口生活和居住方面的长久能力，并意识到这种能力可以通过应用科学和技术而得到加强。要规划地球上各个区域的不同用途，同时充分考虑到自然的限制、生物的生产力和多样性，以及有关区域的自然美景。

(2)景观保护目标和主要任务

景观保护目标包括：保护对有机体有影响的、属于驱动性力量的过程，以及相应的生境和景观；保护有机体和生境所组成的景观；保护有机体。

世界保护联盟环境战略和规划委员会设有一个景观保护工作组，它与国际景观生态学协会合作召开过多次研讨会，制定当前景观保护的任务，主要包括以下几点(孔繁德等，1994)：确保更新自然资源的永续利用；维护自然生态系统的动态平衡；确保物种的多样性及遗传基因库；保护脆弱而有典型性的生态环境；保护珍稀野生动植物；保护水源涵养地；保护有科研价值的典型地域；保护自然景观；保护自然历史遗产和遗物；保护人类学遗址。

7.4.3.4 自然景观保护的主要对象

自然保护的重点在于保护具有稀有性、典型性、脆弱性的区域、物种等。通过有效的保护措施，使这些被保护对象得以繁衍，保持自然界的完整性与多样性。以下是一些典型的被保护对象。

(1)生物多样性热点保护

生物多样性是自然环境的重要组成部分，又是宝贵的自然资源，既有巨大的经济价值，又有不可估量的科学和精神艺术价值。在地球生态系统中，存在着某些生物多样性的“热点”地

区，这些地区集中了相当数量的物种，如亚马逊丛林区，我国的雅鲁藏布大峡谷等地区。这些地区生物品种极其丰富，对于整个人类和自然界而言，都是不可估量的物种宝藏。相比其他区域而言，对这些地区进行自然保护更具有巨大的价值，也更紧迫。

(2)绿洲保护

在沙漠戈壁中的绿洲通常是能量物质的集中点，各种客体流的交通枢纽，大量生物赖以存续的关键点以及该区域生态功能主要区域；同时绿洲的存在也对整个区域的气候、水文等环境产生重要的影响。

(3)从保护区到景观系统保护

随着自然学的深入发展，人们逐渐意识到保护生境和物种时，“画地为牢”式的保护区有其先天的不足。保护区与非保护区之间必然存在着物质能量的流动，受到非保护区状态的影响。在景观中，保护区作为景观的组成部分，其组成结构必然受到景观整理体结构及功能的影响。如果景观整体上是不健康、不完整的，其维持内部保护区的正常运转的能力必然受到损害。因此，从景观尺度上，综合规划管理，才能够更有效地达到自然保护的目的。

(4)农业生态系统保护

长期以来，由于人们违背生态规律乱砍滥伐、超载放牧、过度捕捞和不合理的灌溉等，造成了严重的水土流失、土地沙化、次生盐碱化和土壤肥力下降等问题。由于大量的不合理地使用农药、化肥、塑料薄膜及不科学地进行污水灌溉，农业生态环境污染日趋严重。由于农村能源不足尤其是农村生活用能严重短缺，森林、草原等大量植被遭到破坏，导致了大气失调、水土流失、草原沙化、土地瘠薄和河流、水库淤积，加剧了农业生态的恶性循环。因此，农业生态保护任务十分艰巨而紧迫。农业生态保护任务主要有三方面，其一是维护农业生态系统平衡，保护和合理利用农业自然资源；其二是防治农业生态环境污染，改善和提高农业生态环境质量；其三是加强农村能源建设，制止农业生态系统的恶性循环。最终建立良性循环的农业生态系统，实现农业的持续发展。

(5)土壤保护

土壤作为植物生长的基质，是维持动植物生存、生态系统正常运作、提供生态服务功能的基础。土壤是千百万年气候、光、温、热等环境因子和植被通过物理和化学作用，缓慢地腐蚀利用地质母岩形成的产物，但它可以在几个月或几年的时间内因受水蚀或风蚀的破坏而丧失掉。放射性微粒、某些有机化食物或盐类的长期污染也可能使土壤失去生产的效力。随着自然环境恶化，环境污染、水土流失、土地沙化等现象日益加重，土壤保护已经刻不容缓。如可以通过适当措施维持或增加土壤的生产力，以保护其长久肥力和有机分解的过程，并防止侵蚀和各种形式的退化。

(6)经营林生物多样性保护

经营林是以木材或其他林业产品生产为目的的人工生态系统。长期以来人们为最大限度地获得木材进行了大量的科学研究，采用了各种措施，但经营林的生物多样性几乎不受到重视。随着生态学的发展，人们逐渐意识到即使是以经营为目的的森林系统也不可避免地受到生态学规律的支配和制约，保持一定的生物多样性对于经营林的存在和生产都有巨大的意义。组成成分过于单一的人工林系统极易受到病虫害的袭击，受干扰后自然恢复能力弱；而如果增加物种组成，增加森林结构复杂性，则可以在一定程度上有效地抵御自然灾害。因此经营林的生物多样性保护也逐渐进入人们的视野。

(7)生境碎块保护

随着人口膨胀，工农业的发展，自然景观的破碎化越来越严重。在大量的工农业用地中残存着一些自然生境碎块。这些碎块对于其周边区域的生物维持、环境保护，具有非常重要的意义。生境碎块通常是周边地区地种源库，对维持区域的生物多样性具有重要意义。这些碎块还起着净化空气，吸收富集并消化有害物质的作用。此外，这些自然生境的碎块也有美学、艺术、旅游、运动等多方面的价值。

(8)淡水资源和洁净的空气

淡水资源是维持陆地生物生存最基本的要素之一，也是人类经济发展必不可少的资源之一。然而随着人口膨胀和工农业发展，耗水量越来越大，水资源过度利用现象严重；而愈演愈烈的水污染却使本已十分匮乏的水资源益发捉襟见肘。因此合理地管理水域，提高水资源利用，保护地球的生命之源已成为全人类的共识。

纯净的空气是一种不断地被消耗的可以再生的资源。工业不断发展使烟尘、光化学烟雾、气态硫以及许多其他对人类不利的成分，污染了空气。其中，大多数是由于燃烧煤、石油和其他产品所引起。大气层中新鲜的未经污染的空气总量仍然是丰富的，如果局部受污染的地区的污染物来源被稀释、吸收、降解，自然的大气循环可以缓冲有限的大气污染，保证地球每个角落都有充足的纯净的空气。

(9)河(湖)岸植被带保护

河(湖)岸植被带是水体与陆地发生物质能量交换的地带。水体物理和生物环境有着高度动态性，与此相对的是河(湖)岸植被带的高生物多样性。根据研究，在北美，虽然河(湖)岸植被带的面积不到其他所有类型景观的1%，但其鸟类的物种丰富度高于其他所有景观类型的总和。除了高度的生物多样性，河(湖)岸植被带还起着保持水土、减弱河道淤积的作用。在洪水泛滥之后，河(湖)岸植被带可以大量截流洪水所冲击下的泥沙土壤。

7.4.3.5 景观保护的方法

(1)景观评价

对景观价值的评价正走向定量化，许多学者使用了目标导向和多元统计方法。哈内克将景观生态价值体系分为使用价值与非使用价值两类，前者指景观单元能够为人类提供的效用，又可分为直接与间接使用价值，具有多样性与选择性。后者指景观单元具有的潜在效用，又可分为选择价值、继承价值和存在价值，具有存在性、动态性和预测性(宗跃光，1993；李双成等，2002)。各种价值的测算方法如下。

①直接使用价值。其实现条件是直接满足人类需求，这部分价值主要体现了景观的功效性与资源性，如人类从景观中直接获取的物质与能量等，可采用成本分析法、收益分析法和影子价格法等进行判别(任志远，2003)。

②间接使用价值。满足生存环境需求，如人类居住所要求的适宜的土地、宜人的环境以及用于旅游开发的独特的景观等，可采用替代成本法、防护费用法和旅游成本法等测算。

③选择价值。可供未来使用的价值，目前尚不需要或在当今技术条件下无法利用但可预见对未来具有利用价值的部分，采用影子价格法和替代成本法等测算。

④继承价值。主动或被动地留给后代的价值，可采用财产价值法和成本分析法测算。

⑤存在价值。投入到生产圈生产，为了维持景观格局与过程的持续存在，必须保留下来进行再生产的那部分价值，如物种的最小存活种群，用于再生产的土地、水资源等，可采用替代成本法和财产价值法测算。

然而，由于景观价值内涵的多元化，上述景观的各种生态价值是一种或几种景观价值特性的反映；而景观所体现出来的各种生态价值也并非是截然分开的，要视具体的利用方式而定。在具体的研究工作中，依据研究对象的特点，学者们采用了不同的研究方法。如宗跃光(1998)将经济学上的效用和边际效用判定方法应用到城市景观生态研究中，景观效用指景观单元满足人类需求的能力；景观边际效用指单位景观单元增加所带来的效用。景观生态价值可通过其提供给人类社会的边际效用来衡量。根据边际效用递减率来推导环境经济损益比，通过面积效益损益比来揭示城市景观经济与环境效益之间的内在联系。模拟结果表明：在理想状态下，伴随着城市自然景观和生态绿地面积比例的递减，相应扩大人工景观（建筑用地）面积可带来经济效益锐减，由此产生的环境效益损失趋于无穷大。庄大昌等(2003)则利用实地调查和实验的方法，对由于人类活动造成的洞庭湖湿地生态功能的损失进行了价值损益评估，由此得出湿地资源退化对湖区经济可持续发展所造成的损失；并指出只有恢复洞庭湖区湿地生态环境，保护好洞庭湖区湿地资源，才能实现洞庭湖区湿地资源的可持续利用，保证湖区经济的可持续发展。

(2)景观保护分类

随着中国自然保护事业的发展，国家有关管理部门也正考虑制订“景观保护条例”的需要。我们认为景观保护的目的在于防止和治理景观的破坏和退化，即不适当的人类活动对自然或文化景观所造成的形态与功能的损失。因而景观保护是自然保护区和生态功能保护区的延伸，其重点在于视觉景观的保护。人类所感知的景观形态特征可成为视觉景观，如自然风光、风景画面、地形组合等，既是自然过程和人类活动对生态过程影响的体现，也是景观生态功能正常发挥的保证，因而是景观保护的重要内容。根据中国的具体情况，结合景观的价值及其受胁程度，当前景观保护的对象应包括以下几个方面：

①国家级自然遗产。

a. 已列入世界自然遗产，或符合世界自然遗产标准的景观；b. 具有罕见特征的自然现象，能代表有特殊意义的自然地理过程或生态过程的景观；c. 具有不同寻常的自然美，有重要美学价值的自然景观。

此类景观以稀有、独特以及具有重要的美学价值而应受到重点保护。维持其存在以及保持其完整性是保护的主要目的，在此基础上进行适度的开发利用。

②体现重要文化价值的人工经营景观。

a. 长期发展形成的特殊土地利用方式，如哈尼梯田，吐鲁番葡萄沟，苏北洼地立体种植的垛田，甘肃的砂田等；b. 有科学意义的古代水利工程或其他资源利用工程，如新疆坎儿井，都江堰，自贡盐井等；c. 同时具有良好生态效益和显著美学价值的农村景观，如已被列入全球环境500佳的若干生态农业典型区。此类景观是由人类长期适应环境、利用与改造自然环境而形成的半人工景观，或称为人工经营景观，反映了人类活动对自然生态过程的正向干预，蕴藏着人类道德重要信息和文化传统。对此类景观的保护不仅应注重于维持景观形态，更应侧重于发挥其正常的功能，使其成为人与自然环境和谐共生的范本。

③由于工程破坏，应实行生态恢复或重建的景观。

a. 道路工程迹地和岩土坡；b. 露天矿、采石场迹地；c. 煤矿地面沉降区与矸石山；d. 水利工程边缘迹地。这类景观是由于人类活动对自然环境的负向干预而产生的。目前普遍采用的生态恢复途径主要是通过工程措施与生物修复的结合来实施（涂书新等，2003；尹德涛等，2004）。

④因不当利用造成景观污染与破坏，应通过改造或恢复实行景观保护的地区。

a. 自然保护区与风景名胜区中，侵占自然环境的破坏性建设；b. 文化景观中破坏视觉形象的不协调建筑物；c. 对城市郊野自然或半自然景观的不合理开发。对于此类开发利用不当而造成的景观破坏，应通过调整开发方向，合理安排建设格局来实现。通过人工与自然景观的有机结合，促进景观生态过程的健康与持续发展，并保证景观的生态功能不受损害。

（3）景观保护判定指标与实践

对于特定的景观类型，要准确、合理地实施保护，首要问题之一是对景观保护进行等级评定。景观保护等级的确定需要科学、合理的评定方法。欧美一些国家，对景观评价和视觉景观评估方法的研究开展较早，建立了美学度估测模型、景观比较评判模型和环境评判模型等方法，形成了心理物理学派、认知学派、经验学派和专家学派等不同的评价体系。在中国，随着人们环境保护意识的提高，景观价值的合理评估与保护越来越受到人们的关注。不仅景观的经济、社会、生态价值评价已得到普遍关注，对视觉景观评价的研究也已引起许多学者的重视。俞孔坚提出了 BIB－LCj 审美学评判测量方法；吴必虎等建立了森林地区线形景观等距离专家组目视评测法等；近些年来，RS、GIS 技术也大量应用到景观评价和景观保护中来，对视觉景观价值和景观保护的评判也扩展到不同类型区域的各个景观层面。

①景观美景度。景观美景度是通过测定公众的审美态度，获得美景度量值。目前通用的做法是根据景观图片资料，选取若干景观点位，再组织专家或不同类型的公众对选定的景观要素进行评分。如美国土地管理局的 VRM 视觉资源管理规范拥有较详细的评判标准。张慧等（2004）在青藏铁路沿线的景观美学度评分中选择的 6 个景观要素是：地形地貌、植被、水体、色彩、毗邻风景和特异性；陈鑫峰（2001）总结了国外森林景观美景度的若干评定要素，包括林分平均胸径、林龄、林内可透视距离、林分组成、林分密度与郁闭度等。王云才（2004）在对乡村景观评价中则选取了景观质量、吸引力、认知程度、人与景观协调度和景观视觉污染等因素；长江水利规划部门在对云南丽江的著名高山峡谷景观虎跳峡进行景观资源评价时，特别对位于峡谷江心的虎跳峡石进行了不同江水流量时的定点摄影“于 2003 年的 8～12 月，分别从 3 个景位获得江水不同流量下虎跳石不同淹没状况的 60 多张照片”，然后与中南林学院合作，组织专家、景观专业和非景观专业学生对上述照片进行评分，按不同流量下的虎跳石景观质量进行赋值“根据对每种景观类型各个景观要素单项评分平均值的总和，将评价区的景观美景度分级”景观美学度越高，景观受到破坏或视觉污染时引起的反应越强烈。

②景观脆弱度和景观阈值。景观脆弱度是表征景观对外界干扰的抵抗和同化能力，以及景

观遭到破坏后的自我恢复能力。它主要取决于气候、土壤、海拔、岩性和生物诸资源因素，以及作为影响表现指标的景观对工程扰动的敏感系数和破坏后恢复能力系数。景观阈值则可用1减景观脆弱度来表示。景观脆弱度计算公式如下：

$$G = \sum_{i=1}^{n} P_i \times W_i / (\max \sum_{i=1}^{n} P_i \times W_i + \min \sum_{i=1}^{n} P_i \times W_i) \quad (式7-4)$$

式中，P_i为景观类型环境特征指标初值化之值；W_i为各指标权重。

如在青藏铁路沿线的景观脆弱度评价中，张慧等采用了7项环境特征(海拔、降水量、植被盖度、多样性指数、植物种的饱和度、土层厚度以及第一性生产力)作为自然成因指标。

景观美景度与景观阈值是进行景观质量综合评价的主要指标，也是确定景观保护等级的重要依据。通常，景观美景度越高，景观质量越好，景观受到破坏或视觉污染时引起的反应越强烈；景观阈值越高，景观承受人类活动干扰的能力越强。

③景观敏感度。景观敏感度是景观被注意的程度，它是景观醒目程度的综合反映(俞孔坚，1991)。一般来说，景观敏感度越高的区域或部位，受干扰后所造成的冲击越大，因而应作为重点保护地区。在进行敏感度评价时，首先选取与敏感度密切相关的因子进行单因子评价然后根据各因子的影响权重进行综合评定，从而确定景观敏感度的等级。俞孔坚选取相对坡度、景观相对于观景者的距离、景观在视域内出现的距离、景观的醒目程度等4个指标，对南太行山王相岩峡谷景观进行保护规划；夏惠荣利用上述指标对高速公路两翼景观进行了综合评价；张慧等则选取了相对坡度、景观在视域内出现的几率作为研究青藏铁路沿线景观敏感度的主要因子。

除了以上使用较普遍的指标外，根据研究需要与评价区的实际情况，学者们还创建了另外一些指标“如王云才对乡村景观评价中除了采用了美景度、敏感度指标外，还构建了乡村景观可达度、相容度以及可居度等指标，从而使评价指标体系更趋完善”通过对五度的综合评价，实现合理开发、利用、保护、保存乡村景观，实现乡村景观的多重价值体系与功能；在城市景观研究中经常被学者们提到的城市景观异质性以及生物多样性等指标，也是评价城市景观不可少的因子。

7.4.4 景观恢复与重建

20世纪80年代，英、美、澳等国家提出矿区复垦之后，基于对生态恢复的不同理解，世界上很多国家针对退化的采矿地、湿地、湖泊、森林、河岸生态系统等不同生态系统类型展开了各种形式的生态恢复与重建，使生态恢复与重建逐渐成为现代生态领域中引人注目的主题。

对生态恢复与重建认识不能仅仅局限于生态系统，生态恢复与重建应是跨尺度、多等级的问题，其主要表现层次应是生态系统(生物群落)、景观，甚至区域(如沙化土地、水土流失严重的黄土高原等)。虽然诸如物种的稀有或濒危问题是发生在某一层次(如种群)上，而保护和管理则需要在更高的层次(整个景观上，乃至区域)来进行。特定地点生态环境退化影响着整个区域性景观的生态过程，生态恢复战略必须从保护目标上升到景观以上尺度。脆弱景观在整个区域的保护中具有战略性意义，其退化将对整个区域产生不可遏制的逆行演替之势，所以生态脆弱景观的恢复与重建，是构建区域生态安全格局的关键途径。

(1)景观生态恢复与重建的概念与内涵

① 景观退化。景观退化的表现形式可分为两种类型：景观结构退化和景观功能退化，二者又相互影响。景观空间格局是若干生态过程与非生态过程长期作用的产物，景观空间结构影响着干扰的扩散和能量的转移，尤其是景观中某些具有战略性的结构退化或破坏将对整个景观产生致命的影响。与此同时，通过物种入侵、环境污染等途径增加或减少景观中的熵值，同样会引起景观功能退化，影响景观的稳定性，当超过一定的阈值时，该过程用自然恢复方式甚至是不可逆的。

a. 景观结构退化。景观结构退化表现为两种情形：景观破碎化(Fragmentation)和景观聚集化(Aggregation)，通常主要表现为景观破碎化。

景观破碎化是指景观中各生态系统之间的各种功能联系断裂(Rupture)或连接性(Connectivity)减少的现象。它是一个渐近过程。首先，景观在人为大尺度(coarse scale)干扰下，景观的组成、形状、大小、景观要素的空间分配格局等发生强烈变化，原本利于景观流流动的各种廊道被截断或逐渐成了新格局下的障碍，各斑块间的空间隔离度增加或连接度减小，景观斑块化或片段化，形成复合种群(Metapopulation)，但景观中各生境斑块仍通过各隔离种群间的物种迁徙而保持联系；随着干扰的继续，各斑块边缘生境增加而内部生境减少，残留生境越来越小，新生境中物种数减少，生物多样性丧失，各生境的生态系统功能下降，复合种群逐渐消失，形成了破碎化景观。

景观破碎化可引起斑块数目、形状和内部生境等 3 个方面的变化，它不仅会引起外来种的入侵、改变生态系统结构、影响物质循环、降低生物多样性，还会影响景观的稳定性，即景观的干扰阻抗与恢复能力。有时，景观破碎化还会引起人类社会经济结构的变化。

景观聚集化与景观破碎化过程相反，但在很多情况下同样具有造成景观退化的负面效应。它主要发生在干扰引起的景观破碎化之后的植被恢复过程中。这种现象在自然景观中普遍存在，但人们往往却只注意景观破碎化带来的景观资源破坏。但事实上，聚集而成的景观中异质性和(区域)多样性都会降低。聚集过程常常可以增加更多的内部生境，而使边缘减少，就这一点而言，只适于那些需要大面积斑块的物种生存。景观聚集还会引起景观中区域性种群的一致性摆动，从而增加了全球性物种丧失的概率。目前这方面的研究仍很少。

b. 景观功能退化。景观功能退化是因景观异质性的改变而导致景观稳定性和景观服务功能的衰退，如土地荒漠化景观，富养化湖泊景观等。从景观退化的角度来看，更强调人为干扰造成的景观异质性改变。研究表明，干扰对景观异质性的改变决定于景观的初始状态，若景观初始状态是异质的，则干扰可降低其异质性；若景观初始状态是同质的，则随干扰的继续，景观异质性变化呈现正态曲线，即先增加后降低。景观异质性程度变化比较复杂，较高的景观异质性具有较强消化干扰的能力，但景观异质性增加从某种程度上又会成为景观流的障碍。

(2)景观恢复与重建

生态系统与景观，简单地说是尺度上的差异，景观可以看成是生态系统的集合，景观中的斑块是一个与包围它的生态系统截然不同的生态系统。恢复生态学家们越来越注意到，景观多样性、异质性过程对生态系统(景观要素)的组织水平、多样性和稳定性的维持及其动态变化、演替规律均有重要影响，仅从生态系统这一尺度上进行生态恢复与重建并不能达到真正意义上恢复与重建的目的。只有考虑了周围景观的影响，采取相应措施来减少周围景观产生的负面效应，否则，局限在小面积内的单一物种保护的生态恢复措施肯定会失败。

与以往的生态恢复不同，景观恢复(Reintegration of landscape)从景观尺度上考虑恢复，以地块为单元，研究景观要素间的物质、能量交换与动态平衡，往往涉及两个或更多相互作用的生态系统和(或)生态交错带，强调对景观中历史、文化和其他非人类因素对景观格局的影响进行量化描述或对比分析，推测景观的演化轨迹(Trajectory)。它是指恢复生态系统间被人类活动破坏(Disruption)或打破(Fragmentation)的自然(Contiguous)联系。这表明，景观生态恢复不是仅局限于某个生态系统，而注重于景观格局及其各要素间的功能联系，合理的景观管理措施可以使生态系统回到以前，或与之相近的状态。我国学者提出了景观生态建设的定义：景观生态建设是构建区域生态安全格局的主要内容，目前公认的理解是指一定地域、跨生态系统、适用于特定景观类型的生态工程，它以景观单元空间结构的调整和重新构建为基本手段，包括调整原有的景观格局，引进新的景观组分等，以改善受胁或受损生态系统的功能，提高其基本生产力和稳定性，将人类活动对于景观演化的影响导入良性循环。而这一概念，忽略了对退化景观要素的恢复以及对受胁景观的保护。也有人建议用“景观生态改良(Landscape ecological enhancement orenrichment)”来代替“景观生态恢复”，因为某些干扰破坏了景观演替过程中的不连续性、不可逆性和不平衡性，尤其是那些异质性已被人类活动大大削减的景观，恢复到原来的状态，或“真正恢复(Truerestoration)”是不可能的；但作者认为，恢复的目的只是实现“功能等同(Functionally equivalent)”。

在2001年2月新西兰惠灵顿维多利亚大学召开的国际岛屿生物区系生态学大会上，借鉴生物分类模式的思想，提出了模式生态系统(Model system)，将岛屿生态系统作为生态恢复的模式系统。将这一思想与参照生态系统(Ecosystem of reference)、参照景观(Landscape of reference)和“建造适于人类生存的可持续利用景观模式”相结合，景观生态恢复与重建的目标问题则可解决，建立一种由结构合理、功能高效、关系协调的模式生态系统(Model ecosystem)组成的模式景观(Model landscape)，从而构建区域生态安全格局。在制定景观生态恢复与重建目标时，需要考虑的生态系统特征有；组分(包括当前物种和它们的相对丰富度)、结构(包括土壤和植物组分的垂直分布)、格局(系统组分的水平配置)、异质性、功能(景观生态过程)、动力学和恢复力(包括景观演替和状态转变过程，干扰恢复能力)。

(3)景观生态恢复与重建模式

从景观以上尺度考虑生态恢复与重建问题虽已逐渐引起了恢复生态学家的关注，但在这方面开展的有效工作却不多，目前很多有关物种密集区的景观恢复都是围绕野生生物的“迁徙廊道”进行的，但这却只是景观恢复的一小部分。而且也很少有提出比较具体而实用的方法。一是源于对景观的模糊认识，它需要科学地处理生态学与人文地理的交叉问题；二是不能清晰界定景观的空间位置及生态地位。景观生态学的迅速发展与不断深入，为景观以上尺度的生态恢复提供了可能。

根据景观退化的过程，景观生态恢复与重建应该包括3个层次的内容：退化景观的恢复与重建；复合种群的管理与景观生态建设；对于不同类型的退化景观，如荒漠草原景观、湿地退化景观、农田退化景观、采矿废弃地景观等，须采用不同的恢复与重建技术，但大致都可以按以下模式进行：

① 首先要明确被恢复对象，并确定系统边界。景观生态恢复与常规的退化生态系统的恢复最根本的区别在于，景观生态恢复的对象是两个或两个以上的相互作用的生态系统，并且或者包括了彼此之间的生态交错带(也称之为景观界面，Landscape boundary)。同时景观在生态系统的基础上还增加了人文要素，人文景观是大多陆地景观的主要组成部分。

② 退化景观的诊断分析，包括景观中物质、能量与信息的流动与转化分析，退化主导因子、退化过程、退化类型、退化阶段与强度的诊断与辨识，如生物聚集的变化(物种消失或减少、入侵等)、景观结构变化、景观流的变化(物种、水分、养分运动等)、美学价值变化(如宜人景观类型的减少等)。

③ 生态退化的综合评判，以退化前景观中的文化与社会经济背景为依据，分析发生问题的原因，选择参考景观，确定恢复目标，但目前对参考景观的建立还不完善。

④ 恢复与重建的生态规划与风险评价，建立优化模型，决定在不同的景观类型和条件下行动的优先权、空间明确的解决方案、管理者和土地所有者的可接受程度和所有权、必要时可以对过程进行修正的适宜方法等，提出决策与具体的实施方案并进行自然-经济-社会-技术可行性分析。

⑤ 进行实地恢复与重建的优化模式试验与模拟研究，通过长期定位观测试验，从景观结构与生物组成、景观中各生态系统间功能联系两方面量化评价景观恢复与重建的阶段性成果，获取在理论和实践中具可操作性的恢复重建模式；景观评价要比较灵敏地区别人类或非人类干扰引起的景观退化，并要易于推广到整个景观当中，能揭示跨景观各种生态流运动过程断裂和发生植被演替的初始阀值，并且将人作为一种景观中的主要生态因子，将景观的健康状况与人类管理水平相联系，通过模拟景观结构及其对其中生态系统的影响，来预测在社会经济、气候生理因子以及彼此间相互作用的共同耦合下，景观与生态系统的演替方向与发展动态。

⑥ 对一些成功的恢复与重建模式进行示范与推广，同时要加强后续的动态监测与评价。

可见，景观生态恢复与重建从最开始景观问题的论断，到恢复与重建决策，乃至最后景观恢复与重建的结果，都贯穿着对景观“状态”和“健康”的评价。

(4)景观生态恢复与重建与区域生态安全

景观中某些局部、点及位置对维护和控制某种生态过程有重要意义，由此构成的景观生态安全格局是现有的或是潜在景观的生态基础设施(Ecological infrastructure)。所以，导致生态安全格局部分或全部破坏的景观改变将导致生态过程的急剧恶化，建立安全的生态格局则可以使全局或局部景观中的生态过程在物质、能量上达到高效。从人为干扰下景观空间结构与功能的动态联系入手，研究恢复退化景观对周围景观及人工恢复对景观结构与功能的影响，成了实现区域生态安全系统的合理构建与动态监控或提前监控的重要途径。一个典型的生态安全格局包括源(Source)、缓冲区(Buffer zone)、源间连接(Inter-source linkage)、辐射道(Radiation routes)与战略点(Strategic points)5 个部分。构筑安全格局意味着选择、维护和在某些潜在的战略部位引入斑块，使他们成为“跳板”，建立源间联系廊道和辐射道。

① 区域生态安全。生态安全是生态风险的反函数，是指在人的生活、健康、安乐、基本权利、生活保障来源、必要资源、社会秩序和人类适应环境变化的能力等方面不受威胁的状

态，包括自然生态安全、经济生态安全和社会生态安全，组成的一个复合人工生态安全系统。对区域生态安全的分析主要包括：关键生态系统的完整性和稳定性，生态系统健康与服务功能的可持续性，主要生态过程的连续性等。应重点研究关键生态系统的完整性和稳定性，景观斑块动态与景观生态过程的连续性，景观对干扰的阻抗与恢复能力等。其分析步骤一般为：a. 生态系统功能分析；b. 生态系统演化状况的监测；c. 主要胁迫因子分析；d. 生态平衡期望值的设定；e. 重要阈值的判定（变化的允许范围）；f. 对系统演化的预测和预警；g. 调控对策。

② 生态系统健康。生态系统健康是指一个生态系统所具有的稳定性和可持续性，即在时间上具有维持其组织结构、自我调节和对胁迫的恢复能力。生态系统健康包括活力（Vigor）、组织结构（Organization）和恢复力（Resilience）3个特征。活力揭示了生态系统的功能，可以用新陈代谢能力或初级生产力等来测度；组织结构可根据生态系统内部各组分间相互作用的多样性及数量、频度来评价；恢复力指生态系统在胁迫下维持其原状结构与功能的能力。生态系统健康评价应该以生态学、经济学和人类健康为基础，将人类的文化价值取向与生物生态学过程相综合，根据人类（最小/最大）期望的生态系统特征确定生态系统破坏的最低和最高阈限，在明确的可持续发展框架下进行。

③ 景观服务功能的可持续性。依据可持续发展原理，精确测量景观中各种生态功能流（物质、能量）的输入和输出量，应用市场价值、影子价格、成本算法等方法，将景观的各种功能及其环境效益（正面的或负面的）价值化或“生态资产化”，按照一定的科学规划对其各项功能和效益进行定量的货币折算，制定合理的区域景观生态资产保护、恢复、建设与开发规划，保障区域生态功能稳定与服务功能持续。

④ 景观生态恢复与重建评价。造林、改变水流等生态恢复工程，就其本身来说常常可被认为是达到了目的，但如果不对各种实践进行量化评估，恢复生态学将不会进步。所以“恢复和度量湿地重要功能的能力不如建设植被的能力”的论断引起了广泛重视，要增加成功恢复的可能性，必须要全力以赴地去实践和评价。然而，过去的恢复与评价研究往往都彼此分离，不论是在理论上、取样设计上或是分析手段上都结合甚少，虽然近几年对环境影响的度量与监测取得了很大进展，但却很少与恢复相结合。在方法上，无论是对物种还是生境恢复的评价常常都只采用物种数、个体丰富度等单一的方法，不能综合度量恢复过程中的时-空耦合作用，而这却正是成功恢复的完整表现。景观生态恢复与重建的评价指标要求能比较灵敏地识别出人类和非人类干扰造成的景观退化，并且能够方便地应用于整个景观类型之中。能反映出景观中景观流的空间流动过程的中断与产生植被“演替”（Switches）的阈值（Previous threshold），有助于处理景观空间上与时间上的复杂性，增强在任何环境中进行景观分析、对比与管理的能力。由于景观健康与否与人们对景观内资源开发利用情况有很大关系，所以理想的评价指标还应该能反映出当地人们管理环境的水平。有人从景观结构与生物组成，景观内生态系统的功能联系，景观破碎化与景观退化的程度、类型和原因3个方面构建了评价景观生态恢复的“重要景观属性”（Vital landscape attributes，VLAs），虽然其中忽视了对物种个体和种群有重要影响的生态过程，但尚可以方便迅速地用以评价或判断景观现状与可能的演化趋势，为建立更加量化的、灵敏的、可靠的和通用的景观生态恢复与重建的评价指标提供了宝贵借鉴。

对景观恢复与重建效果的量化评估包括景观结构评价与景观功能与动态评价两个方面。

景观结构评价的指标有：a. 景观中各种斑块的面积(种类面积、景观总面积)，不同类型廊道的数量；b. 斑块密度、边缘密度；c. 斑块形状指数、斑块分维度；d. 斑块邻近指数、斑块连接度或隔离度；e. 斑块多样性指数；f. 斑块内部生境(或核心斑块)的面积；g. 景观镶嵌对比度。

景观功能与动态评价指标有：a. 景观中现有生态系统的数目；b. 以前的土地利用方式、利用时间和强度，现在景观中的土地利用方式；c. 生态交错带的类型与数量；d. 挑选出的(Selected)重要有机群体的多样性；f. 经常穿越生态交错带的有机体的数量与方式；生态系统内(或间)水分、养分和能量交换与传输率；g. 生态系统间水分与养分运动的方式与速度；h. 人类改造景观的水平；i. 干扰的分布，生物入侵的数量及影响；j. 不同退化源的特性与作用强度(包括合法的与不合法的)。

参考文献

岸根卓郎. 1990. 迈向21世纪的国土规划[M]. 北京：科学出版社.

白降丽，彭道黎，庾晓红，等. 2005. 森林景观生态研究现状与展望[J]. 生态学杂志，24(8)：943－947.

曹宇，肖笃宁，赵羿，等. 2001. 近十年来中国景观生态学文献分析[J]. 应用生态学报，12(3)：474－477.

潮洛蒙，俞孔坚. 2003. 城市湿地的合理开发与利用对策[J]. 规划师，7(19)：75－77.

车生泉. 2000. 城市绿色廊道研究[J]. 城市规划(11)：45－47.

陈昌笃. 1986. 论地生态学[J]. 生态学报，6(4)：289－294.

陈昌笃. 1994. 景观保护与受胁景观红皮书[J]. 生物多样性，2(3)：177－180.

陈戈，夏正楷，俞晖. 2001. 森林公园的概念、类型与功能[J]. 林业资源管理(3)：41－45.

陈利顶，傅伯杰. 1996. 景观连接度的生态学意义及其应用[J]. 生态学杂志，15(4)：37－42.

陈鑫峰，王雁. 1999. 森林游憩业发展回顾[J]. 世界林业研究，12(6)：32－37.

陈鑫峰，王雁. 2001. 森林美剖析—主论森林植物的形式美[J]. 林业科技，37(2)：122－130.

陈鑫峰. 2010. 森林公园：领略自然的奥妙[J]. 森林与人类(3)：8－9.

陈序泽，陈萃. 2002. 关系森林公园发展的几个问题[M]. 北京：中国林业出版社.

陈自新. 1997. "八五"国家科技攻关专题[R]. 北京城市园林绿化生态效益的研究.

邓小飞. 2003. 城市林业在城市建设中的作用[J]. 中国林业，7(A)：36.

董智勇. 2002. 中国森林旅游学[M]. 北京：石油工业出版社.

傅伯杰，陈利顶，马克明，等. 2001. 景观生态学原理及应用[M]. 北京：科学出版社.

傅伯杰，陈利顶. 1996. 景观多样性的类型及其生态意义[J]. 地理学报，51(5)：455－462.

关文彬，谢春华，马克明，等. 2003. 景观生态恢复与重建是区域生态安全格局构建的关键途径[J]. 生态学报，23(1)：64－73.

郭晋平，张芸香. 2003. 中国森林景观生态研究的进展与展望[J]. 世界林业研究，16(5)：46－49.

郭晋平，周志翔. 2006. 景观生态学[M]. 北京：中国林业出版社.

郭晋平. 2001. 森林景观生态研究[M]. 北京：北京大学出版社.

国家林业局. 2007. 中国林业统计年鉴(2007)[M]. 北京：中国林业出版社.

胡志斌，何兴元，陈玮，等. 2003. 沈阳市城市森林结构与效益分析[J]. 应用生态学报，14(2)：2108－2112.

贾宝全，杨洁泉. 2000. 景观生态规划：概念、内容、原则与模型[J]. 干旱区研究，17(2)：70－77.

金云峰，高侠. 2005. 构建城园交融的绿色网络合肥市城市绿地系统规划研究、技术与市场[J]. 园林工程 (4)：24－26.

蓝盛芳，钦佩. 2001. 生态系统的能值分析[J]. 应用生态学报，12(1)：129－131.

李瑾，安树青，程小莉，等. 2001. 生态系统健康评价的研究进展[J]. 植物生态学，25(6)：641－647.

李世东. 1994. 我国森林公园的现状及发展趋势[J]. 中南林学院学报，14(2)：163－167.

李双成，郑度. 2002. 环境与生态系统资本价值评估的区域范本[J]. 地理科学，22(3)：270－275.

李晓文，胡远满，肖笃宁. 1999. 景观生态学与生物多样性[J]. 生态学报，19(3)：399－407.

李旭. 2003. 对景规划中湿地保护与利用的认识——以银川市大西湖生态湿地公园规划方案为例[J]. 城市发展与研究，5(10)：54－57.

刘东云，周波. 2001. 景观规划的杰作—从翡翠项圈到新英格兰地区的绿色通道规划[J]. 中国园林(3)：59－61.

刘康，李团胜. 2004. 生态规划—理论、方法与应用[M]. 北京：化学工业出版社.

刘茂松，张明娟，编著. 2004. 景观生态学——原理与方法[M]. 北京：化学工业出版社.

刘平，王如松，唐鸿寿. 2001. 城市人居环境的生态设计方法探讨[J]. 生态学报，21(6)：997－1002.

刘勇，刘东云. 2003. 景观规划方法(模型)的比较研究[J]. 中国园林，19(12)：36－40.

刘悦秋，马晓燕，刘克锋. 2002. 城市景观规划刍议[J]. 北京农学院学报，17(1)：79－83.

马克明，傅伯杰，周华峰. 1998. 景观多样性测度：格局多样性的亲和度分析[J]. 生态学报，18(1)：76－81.

牛文元. 1989. 自然资源开发原理[M]. 开封：河南大学出版社.

欧阳志云，王如松. 1995. 生态规划的回顾与展望[J]. 自然资源学报，10(3)：203－214.

潘海啸，汤諹，吴锦瑜，等. 2008. 中国"低碳城市"的空间规划策略[J]. 城市规划学刊(6)：57－64.

任志远. 2003. 区域生态环境服务功能经济价值评价的理论与方法[J]. 经济地理，23(1)：1－4.

宋治清，王仰麟. 2004. 城市景观及其格局的生态效应研究进展[J]. 地理科学杂志，2(23)：97－106.

涂书新，韦朝阳. 2003. 我国生物修复技术的现状与展望[J]. 地理科学，23(6)：20－31.

王浩，汪辉，李崇富，等. 2003. 城市绿地景观体系规划初探[J]. 南京林业大学学报(社科版)，3(2)：69－73.

王军，傅伯杰，陈利顶. 1999. 景观生态规划的原理和方法[J]. 资源科学(2)：72－75.

王凌，罗述金. 2004. 城市湿地景观的生态设计[J]. 中国园林(1)：39－41.

王献溥. 1995. 关于景观的保护问题[J]. 农村生态环境(学报)，11(2)：53－55.

王晓东，赵鹏军，王仰麟. 2001. 城市景观规划中若干尺度问题的生态学透视[J]. 城市规划汇刊(5)：61－80.

王仰麟．1995. 渭南地区景观生态规划与设计[J]. 自然资源学报，10(4)：372－379.

王仰麟. 1996. 景观生态分类的理论与方法[J]. 应用生态学报，7(增刊)：121－126.

王毓峰. 1994. 中国森林公园旅游[M]. 北京：中国林业出版社.

王云才. 2004. 乡村景观旅游规划设计理论与实践[M]. 北京：科学出版社.

吴楚材. 1991. 张家界国家森林公园研究[J]. 北京：中国林业出版社.

肖笃宁，解伏菊，魏建兵. 2006. 景观价值与景观保护评价[J]. 地理科学，26(4)：506－512.

肖笃宁，李秀珍. 2003. 景观生态学的学科前沿与发展战略[J]. 生态学报，23(8)：1615－1621.

肖笃宁，钟林生. 1998. 景观分类与评价的生态原则[J]. 应用生态学报，9(2)：217－221.

徐化成. 1998. 中国大兴安岭森林[M]. 北京：科学出版社.

徐雁南，王浩. 2003. 城市绿地系统规划发展潮流初探[J]. 规划设计，19(10)：63－66.

许大为，叶振启，李继武，等. 1996. 森林公园概念的探讨[J]. 东北林业大学学报，24(6)：90－93.

尹德涛，南忠仁，金成洙. 2004. 矿区生态研究的现状及发展趋势[J]. 地理科学，24(4)：238－244.

余新晓，牛健植，关文彬，等. 2006. 观生态学[M]. 北京：高等教育出版社.

俞孔坚，韩西丽，朱强. 2007. 解决城市生态环境问题的生态基础设施途径[J]. 自然资源学报，22(5)：808－816.

俞孔坚，李迪华，李伟. 2004. 论大运河区域生态基础设施战略和实施途径[J]. 地理科学进展，23(1)：1－12.

俞孔坚，李迪华，刘海龙. 2005. "反规划"途径[M]. 北京：中国建筑工业出版社.

俞孔坚，李迪华. 1997. 城乡与区域规划的景观生态模式[J]. 国外城市规划(3)：27－31.

俞孔坚，李迪华. 2003. 景观设计：专业、学科与教育[M]. 北京：国建筑工业出版社.

俞孔坚，李海龙，李迪华. 2008. "反规划"与生态基础设施：城市化过程中对自然系统的精明保护(英文)[J]. 自然资源学报，23(6)：937－958.

俞孔坚. 2001. 足下的文化与野草之美—中山岐江公园设计[J]. 新建筑(5)：17－20.

俞孔坚. 1991. 景观敏感度与阀值评价研究[J]. 地理研究，10(2)：38－51.

俞孔坚. 2003. 从区域到场所：景观设计实践的几个案例[J]. 建筑创作(7)：71－80.

翟辉. 2001. "斑块·边界·基质·廊道"与城市的断想[J]. 华中建筑(3)：59－60.

张惠远. 1999. 景观规划：概念、起源与发展[J]. 应用生态学报，10(3)：373－378

张慧，沈渭寿，江腊沙. 2004. 青藏铁路沿线景观保护评价方法研究[J]. 生态学报，24(3)：574－582.

张剑，隋艳辉，翟海舰. 2010. 城市景观生态规划：内涵分析与研究展望[J]. 资源开展与市场，26(11)：1017－1021.

张松. 2003. 欧美城市的风景保护与风景规划[J]. 蔡敦达，编译. 城市规划，9(27)：63－70.

章戈，严力姣. 2009. 森林风景区景观生态规划研究现状与展望[J]. 林业科学，45(1)：144－150.

赵羿，胡远满，曹宇，等. 2005. 土地与景观—理论基础评价规划[M]. 北京：科学出版社.

赵羿，李月辉. 2001. 实用景观生态学[M]. 北京：科学出版社.

周志翔，邵天一，唐万鹏，等. 2004. 城市绿地空间格局及其环境效应——以宜昌市中心城区为例[J]. 生态学报，24(2)：186－192.

庄晨辉，陈铭潮，李闽丽，等. 2005. 森林公园管理地理信息系统研究[J]. 林业资源管理，(6)：86－90.

庄大昌，丁登山，董明辉．2003．洞庭湖湿地资源退化的生态经济损益评估[J]．地理科学，23(6)：680－685．

宗跃光．1993．城市景观生态规划的理论与方法[M]．北京：中国科学技术出版社．

宗跃光．1998．城市景观生态价值的边际效用分析法[J]．城市环境与城市生态，11(4)：52－54．

邹涛，栗得祥．2004．城市设计实践中的生态学方法初探[J]．建筑学报(03)：18－21．

Antrop M. 2000. Background concepts for intergrated landscape analysis[J]. Agriculture Ecosystems and Environment, 77: 17－28.

Baker W L. 1989. A Review oflandscape changes[J]. Landscape Ecology, 2(2): 111－333.

Bradshaw R D, Chadwick M J. 1980. Restoration ofLand[M]. Oxford: Blackwell Scientific Publications

Burmil S. 2003. 关于生态城市的思考(彭敏编译)[J]．规划师，1(19)：11－14．

Cubbage F W. 1983. Tract size and harvesting costs in southern pine[J]. Journal Forestry, 81: 430－433.

Forman R T T, Godron M. 1986. Landscape Ecology[M]. New York: John Wiley & Sons.

Forman R T T. 1995. Land Mosaics: The Ecology of Landscape and Regions[M]. New York: Cambridge University Press.

Fry G L A. , Main A. 1993. Restoring saunders seemingly natural communities on agricultural land[M]. //In: D, Hobbs, R, Ehrilich, P. Recon struclion of fragmentecl ecosystems, local and global Rersperclives. Surrey Beatly and Sons. Chipping Norton, NK: 224－242.

Haber W. 1990. Using landscape ecology in planning and management[M]. //Zonneveld I S, Forman R T T. (eds.). Changing Landscape: an Ecological Perspective[M]. New York: Springer － Verlag: 217－232.

Hansen A J, DiCasti F. 1992. Landscape boundaries. Consequence for Biotic Diversity and Ecological Flows [M]. New York: Springer－Verlag.

Hansson L. 1977. Landscape ecology and stability of populations[J]. Landscape Plann (4): 85－93.

Harms W B, Knaapen J P, Rademakers J G M. 1993. Landscape planning for nature restoration; comparing regional scenarios[M]. //Vos C, P Opdam. Landscape ecology and management of a landscape under stress. IALE － studies 1 [M]. London: Chapman & Hall.

He H S, Mladenoff D J, Boeder J. 1999. An object － oriented forest landscape model and its representation of tree species[J]. Ecology Model, 119: 1－19.

Howard E. 1965. GardenCities of Tomorrow[M]. Cambridge: The MIT Press.

Laurie M. 1985. An Introduction to Landscape Architecture[M]. 2nd Revised edition. American Elsevier Publishing Company, INC, England.

Lyle J T. 1985. Design forHuman Ecosystem[M]. Van Nostrand Reinhold.

Lyle J T. 1994. RegenerativeDesign for Sustainable Development[M]. John Wiley & Sons. Inc.

Marsh G P. 1967. Man andNature[M]. Cambridge: Belknap Press of Harvard University Press.

McHarg I. 1969. Design withNature [M]. New York: Natural History Press.

Mladenoff D J, Baker W L. 1996. Spatial Modeling of Forest Landscape Change: Approaches and Applications[M]. New York: Cambridge University Press.

Naveh Z, Lieberman A S. 1994. LandscapeEcology: Theory and Application[M]. New York: Springer－Verlag.

Odum H T. 1994. Ecology and General Systems. Niwot: UnivCo－lorado Press. (Revision of Odum H

T. 1983. Systems Ecology[M]. New York: John Wiley & Sons.

Pickett S T A, Cadenasso M L. 1995. Landscape ecology: Spatial heterogeneity in ecological systems[J]. Science, 269: 331 - 334.

Pickett S T A, Thompson J N. 1978. Patch dynamics and the design of nature reserves[J]. Biodivers Conserv. , 13: 27 - 37.

Reinelt L, Horner R, Azous A. 1998. Impacts of urbanization on palustrine (depressional freshwater) wetlands - research and management in the Puget region[J]. Urban Ecosystems, (2): 219 - 236.

Row C. 1978. Economics of tract size in timber growing[J]. J. Forestry, 76: 576 - 582.

Ryn S V D, Stuart C. 1996. EcologicalDesign[M]. Island Press: Washington D. C.

Sharpe D M, Steams F, Leitner L A, *et al.* 1981. Nature reserve designation in cultureal landscape, incorporating island biogeography theory[J]. Landscape plan, (8): 329 - 347.

Steinitz C. 1990. A framework for theory applicable to the education of landscape architects (and other design professionals) [J], Landscape Journal, 9(2): 136 - 143.

Thayer Jr R. 1998. Landscape as an ecologically revealing language[J]. Landscape Journal, Special Issue: 118 - 129.

Wu J, Loucks O L. 1995. From balance of nature to hierarchical patch dynamics: a paradigm shift in ecology [J]. Quarterly Review of Biology, 70(4): 439 - 466.

第 8 章　乡村生态规划

8.1 乡村生态规划的内涵和目标

8.1.1 乡村的概念与特征

8.1.1.1 乡村

乡村是相对于城市的一个概念，事实上乡村概念的产生要比城市早的多。然而，对于乡村这个司空见惯的字眼，其概念似乎清楚但并不明晰，人们往往理解不一致，不同研究者根据自己所站的角度和学科出发，给出了不同的界定。

(1)乡村用来指人口在空间上的分布状况

1887年，国际统计学会从统计学角度认为，居住人口超过2000人以上的居民点为城市社区，其余广大地区则为乡村；1920年，美国统计局规定2500人(以后又规定为4500人)以下的居民居住点为乡村。也就是说乡村指的是单个聚落人口规模较小的地方，该定义抓住了乡村与城市之间人口集聚程度差异这一特征，最为接近于人们对乡村的理解，而且便于操作。因此，许多国家都把乡村聚落与城市之间的分界线以聚落人口规模来加以划分和确定。在我国，根据国家统计局2006年3月印发的《关于统计上划分城乡的暂行规定》指出，我国的乡村是指除以下5种地域以外的区域：①街道办事处所辖的居民委员会地域；②城市公共设施、居住设施等连接到的其他居民委员会地域和村民委员会地域；③镇所辖的居民委员会地域；④镇的公共设施、居住设施等连接到的村民委员会地域；⑤常住人口在3000人以上独立的工矿区、开发区、科研单位、大专院校、农场、林场等特殊区域。这里的乡村概念，其划分的主要依据是行政建制(马永俊，2007)。

(2)乡村是个地域概念，表示某种特殊的土地利用类型

从地理学和景观生态学上看，乡村是一个地域空间概念，是一种地域类型或地域系统，是指以乡村居民点为中心，在地理景观、社会组织、经济结构、土地利用、生活方式等方面都与城市有明显差异的一种区域综合体。德国学者F. Ratzel认为，地理学上的城市指交通方便，覆盖有一定面积的人群和房屋的密集结合体；而乡村的特征则是人群和房屋的分散。乡村地域指的是城市以外的一切地域，严格地讲是城市建成区以外的景观。乡村作为城市以外的一切地域，是一个辽阔的空间地域系统，在乡村地域内，人口密度较城市而言相对较低。乡村地理学家Hugh Clout指出，乡村是人口密度较小，具有明显田园特征的地区。Best and Rogers把土地利用的内容更为明确化，认为乡村土地包括那些农业、林业、草地以及自然、半自然状态下的未开垦遗迹的地域。英国著名地理学家R. J. 约翰斯顿主编的《人文地理学词典》是这样解释乡村的：乡村是指具有大面积的农业或林业土地利用，或有大量的各种未开发的土地的地区；乡村包含小规模的、无秩序分布的村落，其建筑物与周围的广阔的景观有强烈的依存关系，并且多数居民也将其视为乡村；同时，乡村也被认为产生了一种以基于对环境的尊敬和作为广阔景观的一部分的一致认同为特征的生活方式。如果整个社会划分为城市、乡村两大社区的话，那么在我国，应该说县城以下的广大社区(乡村、集镇)，都应属于乡村的范围，这里面既包括

了人口的密度、建筑物的聚散、产业的分工，也包括了生态环境方面的差异(马永俊，2007)。

(3)乡村用来表示某种社会经济、文化构成

社会学家和经济学家从社会经济和文化构成的角度来定义“乡村”，着眼于城乡之间的经济、社会功能属性，居民的行为和态度上的差异性。从经济学上看，乡村是一个经济概念，表示一种不同于城市的经济活动方式。农业是乡村的基础或主要产业，乡村中多数居民以务农或从事与农业有关的行业，农民占乡村居民的多数。我国地理学家郭焕成认为：“乡村也称农村。由于我国农村产业结构和人口就业结构发生变化，农村不仅从事农业，而且还从事非农业，因此称乡村更合适。”乡村的完整概念，应是以居民点为中心、与周围地区相联系的区域综合体，也称乡村地域系统。贺小荣等人认为，乡村是指非农业人口不超过30%的，有一定人数居住的聚落。从社会学上看，乡村是一个社区概念，相对城市社会活动方式而言，乡村居民之间的人际交往主要建立在血缘与地缘关系基础之上，狭窄而又注重亲情，传统伦理观念与习惯根深蒂固。

乡村是一个极为复杂的巨系统，它包括生态、经济、文化、社会等各方面的极其丰富的内容，在每一方面又包含着各种不同层次的诸多因素。正如R·比勒尔所说“乡村”一词包括生态方面、行业方面和社会文化方面的三种各自独立的含义(马永俊，2007)。

8.1.1.2 乡村生态系统

乡村生态系统(Rural ecosystem)是自然生态系统经过漫长发展时期产生的，是在人类出现以后，随着人类社会生产力水平的提高和发展，经过逐渐演变进化才形成的。概括不同学者对乡村生态系统概念研究，一般认为乡村生态系统是一个以自然为主的半自然、半人工的生态系统，是指乡村区域内由人类、资源、各环境因子(包括自然环境、社会环境和经济环境)通过各种生态网络机制而形成的一个社会、经济、自然的复合体。它既具有与自然生态系统相类似的生态过程和生态功能，又具有鲜明的人类影响的特性。

乡村生态系统包括的范围有狭义和广义之分，狭义的乡村生态系统是指围绕乡村聚落而形成的包括聚落周边的农田、水体、山地等一切要素，但不包括地球上没有受到人类影响的原始森林、极地、沙漠等地区，广义的乡村生态系统是指除城市生态系统以外的广大乡村区域。乡村生态系统作为一个以人类活动为主体，由其中的自然和人工组分共同构成，如山、水、田、林、路等有机结合的一个不可分割的生态整体，在这个生态整体内，合理的乡村生态系统结构是形成乡村生态系统较高的生产力和实现乡村生态系统良性循环的基础和前提，也是控制和改善系统存在的生态问题的有效途径。

乡村生态系统是目前全球最大的受人类干预的生态系统，它占据世界陆地面积的大部分，居住着世界51.3%的人口。作为以农业人口为主的发展中国家，截止到2005年底，我国有自然村320.7万余个，行政村64.01万余个，有农村人口9.49亿人(含建制镇)，乡村生态系统占到了国土陆地面积的一半以上，乡村生态系统在我国社会经济发展过程中发挥着巨大的作用，它用占世界7%的耕地面积养活了世界22%的人口，为我国城乡社会经济发展提供了大量的木材、药材等各种农副产品，它还提供了洁净的空气、清洁的水源、优美的居住环境等，乡村生态系统作为我国社会经济发展的重要生态基础，在整个国家的社会经济发展中具有不可替

代的作用。

8.1.1.3 乡村生态系统的基本特征

乡村生态系统既具有与自然生态系统相类似的生态过程和生态功能，又具有鲜明的人类影响的特性，它以自己独特的结构与功能区别于其他类型的生态系统（张艳明等，2008；马永俊，2007）。

（1）乡村是一个受人类干预的生态系统

乡村生态系统是一个受人类干预的半人工生态系统，是一个自然与人工的混合体。其系统功能既包括自然生态功能也包括满足人类需要的生产功能。乡村的森林、草地、山体、水域等自然要素是乡村生态系统的主要构成元素，同时乡村生态系统也包括了经人类改造的半自然元素如农田、人工林地、园地等，还包括如乡村聚落建筑、道路、桥梁、管道等纯粹的人工构筑物以及乡村政治、经济、文化、民俗等非物质形态元素等。所有这些有机结合成一个不可分割的生态整体，在这个生态整体内，合理的乡村生态系统结构是形成乡村生态系统较高的生产力和实现乡村生态系统良性循环的基础和前提。

（2）乡村是自我满足和自我维持的生态系统

在乡村生态系统中，自然生态子系统占了绝对比重。其自然生态子系统的组分、结构和功能没有根本性改变，系统的物质循环和能量流动过程基本在系统内部实现，是一个基本实现自我满足和自我维持的封闭系统（图8-1）。系统具有较强的自我恢复和调节功能，当其受到外来干扰而使稳定状态改变时，能够依靠本身内部的机制再返回稳定、协调的状态。但是，随着现代商品性农业和工业化农业生产的发展，大量的农、畜产品作为商品输出到城市后，使原先只存在于乡村生态系统内部循环的许多养分脱离了原先的系统，从而使乡村生态系统的物质循环的封闭性不断降低，系统开始需要不断地从外界（城市生态系统生产的化肥、农药等）输入相应的养分以保持系统平衡。

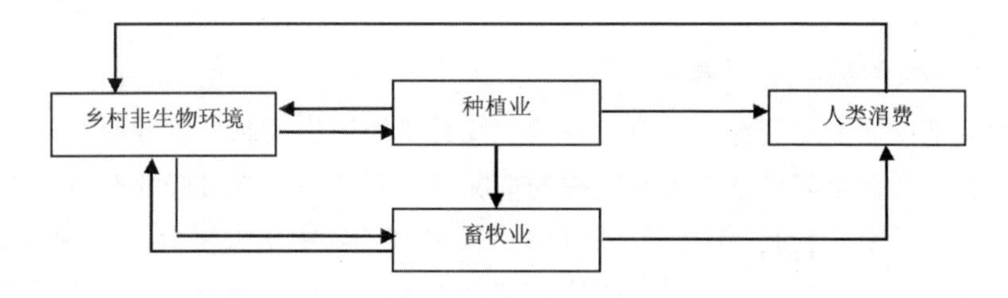

图8-1 村生态系统物质、能量流动

（3）乡村是维持人类生存与发展的基本生态系统

乡村生态系统为人类生存和发展提供必需的物质产品，维持人类的繁衍，同时也是城市生态系统存在和发展的保证。自然生态系统对人类的承载力十分有限，即使在初级生产力较高的温带森林生态系统中，所支持的人群密度也仅1人/100 hm^2左右。而目前世界上平均人群密度已经超过这个数，如我国目前的人口密度已达135.4人/100 hm^2，远远超越了自然生态系统条件下的人口容量，而我国之所以能够维持这种远超越于自然生态系统的人群容量，其根本原因就是人类建立的乡村生态系统的高产出的支持。乡村生态系统是目前为人类提供初级产品和次级产品最主要的生态系统，它是人类社会存在和发展的基础。现代社会经济发展的重心在城市，但离开了乡村生态系统的第一性物质产品的生产，没有乡村提供的粮食、蔬菜等，就不可能有城市二、三产业生产的发展，城市社会的任何进步都不可能得到实现。

(4)乡村生态系统的发展受社会经济多种因素的制约

自然生态系统基本不受人为干扰，其存在和发展主要受自然规律支配，乡村生态系统的发展和演化过程除了受自然生态系统演化规律支配之外，人在其中发挥着重要的作用，它服从于人类社会经济发展的需求，受人类社会经济发展多种因素的制约，如乡村生产结构的变化、乡村城市化进程、科学技术的进步、人类生活方式的变化、生活水平的提高、价值观念的变化等都直接影响着乡村生态系统的发展和演化过程。

(5)乡村经济文化生态的保守性和封闭性

传统乡村生态系统中农业生产活动的相对固定性，劳作的单一性以及交往的局限性等原因，决定了乡村居民“祖祖辈辈落脚于乡村，拓荒耕地，农民世代繁衍，生于土地，长于土地，终老于土地”，导致了传统乡村社会、经济和文化的狭隘性、单一性和封闭性，形成了乡村居民稳定的内向性格与封闭保守心理。正如老子在其《道德经》所说的“鸡犬之声相闻，民至老死不相往来”。费孝通在其《乡土中国》一书中也指出，这种黏在土地上的特点使得乡村世态定居是常态，而迁移则是变态，即令是迁移，人们还是负起锄头去另辟新地，“像是从老树上被风吹出去的种子，找到土地的生存了，又形成了一个小小的家庭殖民地”。

同时，由于长期以来传统乡村最低层次的资源——衣食住行都是贫弱的……社会资源总量不高，社会甚至不能为其绝大多数成员提供必要的生存资源和发展资源。在资源有限的约束条件下，决定了传统村民个人应对生活风险以及获得生存资源的具体方式，勤劳俭朴，重视积蓄，“常虑顾后，以恐无以继之”，是农民应对生活风险的自然反应中形成的基本观念。

8.1.2 乡村生态规划的内涵

8.1.2.1 乡村规划的现状和问题

乡村规划就是根据本地资源、人口、自然、社会、经济、工业、农业等方面的情况，对乡村地区的建设和发展在合理科学规划和安排的情况下，有计划、有目标的进行，旨在控制和引导乡村地区有序、健康的发展(秦淑荣，2011)。自1990年《中华人民共和国城市规划法》颁布以来，政府先后颁布了一系列有关村镇的法规和技术标准。如，1993年国务院发布了《村庄和集镇规划建设管理条例》；1995年建设部发布了《建制镇规划建设管理方法》；2000年建设部发布了《村镇规划编制方法》等。这些村镇规划法规和技术标准，初步建立了我国村镇规划的技术标准体系，各级地方政府也在颁布法规标准的同时，积极努力尝试和实践，中国的村庄、集镇规划取得了很大的成果。

目前，全国正在大力开展新农村建设，各地都开展了“中心村”“文明村”“示范村”“生态村”的建设和试点，极大地推动了村庄规划的编制工作，以强化其积聚和优化居住环境为原则，注重规划的科学性，超前性和可操作性，为村庄规划编制进行了积极探索，起到了示范指导作用。

表8-1 城市和乡村的社会、经济和文化生态特征比较

项目		城市	乡村
景观	景观构成	人工景观为主	自然景观为主
经济活动	现代化程度	现代化程度高	现代化程度低
	产业构成	以二、三产业为主导	以农业生产为主
	劳动分工	严格分工	分工不明确
	生产规模	大规模生产	分散经营
物质生活方式	衣着	时髦，款色多，变化快	不入时，款色少，变化慢
	交通	方便、方式多	不方便、方式少
	余暇	较少、利用充分	较多、利用率低
	文化生活	丰富、多样化	较贫乏、单一
	人际交往方式	比较松弛	亲切、重感情
	家庭生活	作用不甚突出	十分显著
	生活节奏	快	慢
	工作节奏	日规律性强	随农时变化
精神生活方式	追求期望	层次高	层次低
	时空价值观	时间观念强，乡土观念弱	时间观念弱，乡土观念强
	信仰、宗法观	世俗化	宗教意识浓厚
	风俗习惯	变化慢、感性化、约束力慢	变化快、理性化、约束力差
	伦理道德	多元化	较单一

乡村规划蓬勃发展的同时，一些问题也暴露出来，突出问题是照搬城市规划模式，忽视农村实际，盲目规划和拆建，以致规划和建设工作受挫。比如湖南农村部分地区村庄建设规划标准过高，有的村庄没有多少集体经济收入，但公开展示的村庄规划中却有中心广场、花园草坪、购物中心、歌舞厅等，外人一看还以为是城市里的小区，被村民讥称"中看不中用"；湖北省襄樊市襄阳区黄集镇某村堆放的垃圾已经堆成了两座体量不小的"山"，方圆数百米远就能闻到腐臭味，村民本应该高兴的垃圾集中堆放却因为政府部门的规划缺乏前瞻性而落了抱怨；南京百强村前列的高淳县古柏镇江张村，完成南京首个康居示范村规划，然而这部让城市规划师费尽心机的规划却由于"起点太高""拆建成本太大"，一直束之高阁，被江张村村民讥为"纸上谈兵"。对此，仇保兴指出乡村规划和建设中存在五个"盲目"问题：盲目撤并村庄，盲目对农居进行改造，片面追求"新形象"，盲目地进行牲畜的集中养殖，片面地进行人畜分离，盲目进行城乡无差别化的能源系统建设，盲目安排村庄整治的时序。我国农村底子薄，经济不发达，根本无法与城市相比，经不起反复折腾。如果这些问题得不到解决，乡村规划就会脱离实际，严重制约新农村建设(郭艳军等，2009)。

8.1.2.2 乡村生态规划的含义

乡村生态规划，就是生态规划在乡村层面上的实践和应用，其主要功能就是指导乡村进行生态镇建设。因此，乡村生态规划可定义为：运用系统分析手段、生态经济学知识和各种社会、自然信息、经验，规划、调节和改造乡村各种复杂的结构和关系，在现有的各种有利和不利条件下寻找扩大效益、减少风险的可行性对策所进行的规划。最终结果应交给有关部门提供有效的可供选择的决策支持。简言之，乡村生态规划即是遵循生态学原理和有关规划原则，对

其生态系统的各项开发和建设做出科学合理的决策，从而能动地调控乡村居民与乡村环境的关系，实现区域和谐持续发展(吴运凯，2012)。

8.1.3 乡村生态规划原则与目标

8.1.3.1 乡村生态规划的原则

(1)景观异质性原则

普通农业景观空间格局往往高度人工化，系统生态流简单而开放，自稳定性功能相当薄弱，很难持续稳定地完成持续农业系统各功能，因而农业景观生态规划必然要求增加农业系统中物种、生态系统和景观等各层次多样性及空间异质性。异质性高的景观格局虽可提高农业生态系统稳定性和持续性，但景观格局过分复杂将大大降低人工管理效率，且其产出往往不能达到令人满意的程度，因而农业景观生态规划追求的是适度空间复杂性，经济产出和生态稳定性最优，即在系统稳定性和生产力之间取得平衡。从物种组成而言，增加作物种类差异，特别是增加永久性植被覆盖(如牧场、草地、薪炭林等)，可为增加整个系统稳定性提供更好的缓冲能力。从斑块面积和形状而言，主要作物类型机械化耕作规模效益已被证明只在面积小于5 hm^2的农田中是递增的。且适宜地块形状(长而窄)可用来减少机械转弯次数，比以减少农田边界为代价增加面积更为重要，同时狭长地块产投比较高，有利于提高机械效率、益虫扩散和减少水土养分流失。边界作为农田生物扩散的运动廊道连接嵌块体栖息地，提高个体扩散和稳定群体，保护农田中下降种群，对增加农田生物多样性极为重要。许多害虫天敌如节肢动物益虫有赖于农田边界作为生境和活动、扩散的廊道，故害虫天敌在农田中穿透和扩散能力可能是优化农田边界格局的基本依据，适当宽度的边界有利于提供更多生物适宜生境，还能更有效隔离化肥农药等扩散。Forman R. T. T. 在总结北美与西欧地区土地利用与生态规划经验基础上，提出集中与分散相结合的格局，并指出在含有细粒区域的粗粒景观中，细粒景观以广适种占优势，而此时粗粒景观生态效益较好，这一格局具有多种生态学优越性，其核心是保护和增加景观中天然植被斑块。

(2)继承自然原则

保护自然景观资源(森林、湖泊、自然保留地等)和维持自然景观过程及功能，是保护生物多样性及合理开发利用资源的前提，也是景观资源持续利用的基础。目前人类对长时间、大范围自然控制仍无能为力，而无人工干扰下特定地域地带性生态景观的复杂性和稳定性是一般人工系统无法比拟的，如何合理继承这种原生景观，维持并修复景观整体生态功能是农业景观规划的重要问题。在规划实践中应以环境持续性为基础，用保护、继承自然景观的方法建造稳定优质持续的生态系统，有利于维持系统内稳态，强化农业景观生态功能(王锐等，2004)。

(3)关键点调控原则

农业土地利用过程中大多数土地对农业生产具有限制性环境因子，若能合理分析这些关键生态要素，选择合适的空间格局，建设人工景观以制约不利生态因子，创造并放大有利生态因子，可起到防范控制灾害，增加基质产出，改善生态环境的作用。成功的景观规划应抓住对景观内生态流有控制意义的关键部位或战略性组分，通过对这些关键部位景观斑块的引入而改变生态流，对原有生态过程进行简化或创新，在保证整体生态功能前提下提高效率，以最少用地和最佳格局维护景观生态过程的健康与安全。

(4)因地制宜原则

农业景观生态规划必然要落实到具体区域，因此必须因地制宜考虑景观格局设计，以便更好实现农业景观各功能。生态农业模式建设实践表明随气候温湿、流域地形、经济发展、人口密度和社会发展水平的变化，农业景观格局呈规律性变化，如对农田防护林网建设而言，防护林区水量平衡是森林覆盖率的限制因子，考虑不同水分和风速等影响，半湿润平原区可采用宽带大网络，而干旱区宜采用窄带和小网络。坡地农业生态系统中营养物质和化肥农药等物质因重力作用而顺坡流动并在坡底积累，易造成养分过度流失与富集，这时斑块形状和边界结构设计则应对这种生态过程具有阻碍作用。

(5)社会满意原则

人类是整个农业系统的主导成分，其能动性调动和负面影响控制是景观规划得以顺利实施的关键，因而景观是否得到当地人群的满意，美学、生物多样性等综合景观生态功能和社会教育意义等都是规划中必须考虑的，如生态恢复区模拟自然顶级群落时应注意以用材林种、薪炭林种、果树、牧草种类与其他物种构成复合景观，并尽可能为更多物种的繁衍提供适宜栖息地。

8.1.3.2 乡村生态规划的目标

乡村生态规划，就是通过生态学的途径和方法来解决乡村发展过程中出现的生态破坏、环境污染、资源浪费等问题。它对于实现城乡社会、经济和环境可持续发展，具有重要的现实意义。乡村生态规划以优质的产业生态服务、优美的自然生态景观、悠久的人文生态传统为特征，促进传统经济向开放型循环经济、互补型共生经济和规模型网络经济转型，实现乡村经济发展、社会进步、生态环境保护三者高度和谐，人与自然融合，环境优美，从而最大限度地提高乡村的稳定和协调能力。

(1)自然型的生态环境

一个乡村对其所属区域及该区域周边生态体系的环境影响主要取决于该乡村对可再生资源的集中需求，例如，从森林、山地、农田、分水岭或从水中生态体系获得资源等。为此，在规划中要充分保证节约资源，实现可再生资源的永续利用，不仅要形成良好的自然生态系统、较低的环境污染、良好的城市绿化，还要有完善的自然资源可循环利用体系。乡村环境系统的生态化应集中体现在以下几个方面。

①高质量的生态环境保护。对于城市经济增长所造成的大气污染、水污染、噪声污染和各种固体废弃物，都应按照各自的特点予以防治和及时处理、处置。使各项环境质量指标均能达到国外一些大都市的标准。其在实施过程中，要使乡村环境污染和破坏生态环境的现象得到有效的控制，各类环境功能区环境质量明显改善，使乡村环境保护和经济发展形成良性循环。

②多功能的绿化系统。结合乡村的自然地理特征，以点线面结合、高低错落，形成绿化网络，维护和加强自身特色，在更大程度上发挥调节乡村空气、温度，美化乡村景观和提供娱乐、休闲场所的功效。

(2)竞争型的生态经济

乡村生态规划的目标之一就是建立一种能维持环境永续不衰的经济——生态经济，这就要求经济政策的形成要以生态原理建立的框架为基础。即乡村的经济政策要按照可持续发展的原则，优化乡村产业结构，积极推进高新技术的发展，努力实现新兴科技的产业化。除了具备合理的产业结构、产业布局、适当的经济增长速度以外，更重要的是要有节约资源和能源的生产方式，要有低投入、高产出、低污染、高循环、高效运行的生产系统和控制系统。

(3)共生型的生态社会

乡村是社会生活的聚焦区，对一个良好的乡村社会来说，社会平等、社会公平、社会公正、社会一体化是极其重要的。因此在规划中应致力于建立健全的生态环境保护的法律法规体系和执行监督机构，采取行政、立法、经济、科技等手段，促使乡村生态系统动态平衡，最终达到社会平等、社会一体化和社会环境的稳定。乡村社会子系统的生态化具体包括如下几个方面：

①适度的人口增长。随着经济的发展，人民生活水平的提高，人口的死亡率已大幅度下降，导致了人口自然增长率的提高。这就要求乡村生态规划要努力控制人口的自然增长，否则会使其教育、卫生、住房等社会保障方面和资源方面都受到较大的影响和冲击。

②高效率的流转系统。应以现代化的乡村基础设施为支撑骨架，为物流、能源流、信息流、价值流和人流的运动创造必要的条件。减少经济损耗和对乡村生态环境的污染，方便人们的生产和生活活动。

③高度文明的人文环境。拥有发达的教育系统，较高的人口素质，良好的社会风气，井然有序的社会秩序，丰富多彩的精神生活，良好的医疗条件和祥和的社区环境。同时，人们能保持高度的生活环境意识，能自觉地维护公共道德标准，并以此来规范各自的行为。

(4)新农村建设的目标体系

2005 年 10 月的中共十六届五中全会通过《十一五规划纲要建议》，明确作出了加快社会主义新农村建设的重大决定，提出实施以“生产发展、生活宽裕、乡风文明、村容整洁、管理民主”为内容的新农村建设战略(图 8-2)。坚持新农村建设的“二十字方针”的文明发展道路，建设资源节约型、环境友好型社会，指明了我国社会主义建设事业发展的道路与发展方式，是社会主义事业建设的理论基础，也是建设社会主义新农村、编制新农村规划的理论基础。以新农村建设“二十字方针”为蓝图，打破城乡二元结构，将彻底解决“三农”问题为基本任务；以实现农业现代化、农村建设城镇化和农民生活小康化为基本目标；坚持可持续发展理念，建立农村循环经济的发展道路，建设社会主义新农村，也就要求全面推动农村的经济建设、社会建设、政治建设、文化和生态建设(高密，2012)。

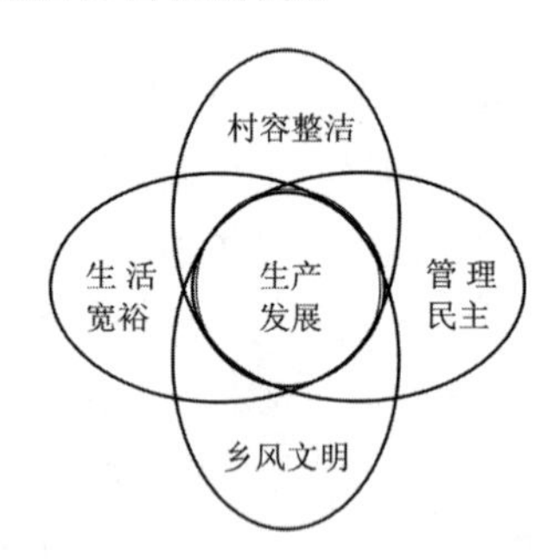

图 8-2　新农村建设的目标体系

8.2 乡村生态规划过程

8.2.1 乡村生态要素

8.2.1.1 乡村生态系统的结构

根据乡村生态系统的各组分、功能的不同，主要可将其分为三个组成部分，即乡村自然生态子系统、乡村经济生态子系统和乡村聚落生态子系统(马永俊，2007)。

(1)乡村自然生态子系统

乡村自然生态子系统是乡村生态系统的自然状态部分，是乡村生态系统的主要成分，不管面积还是规模都在乡村生态系统占据绝对优势，是乡村生态系统基本功能产生的主体，是乡村生态系统生产力的基础。自然生态子系统中的生物物种间复杂的相互作用关系使系统具有能够抵御外界变化的缓冲能力和较高的综合生产力，系统的能量流动是一个由绿色植物自我启动的自持续过程。各种生物营养元素随着地质循环和生物循环过程在生物体和土壤中富集，受自然规律的制约，其运行主要由太阳能与生物能支配，表现出较为强烈的自然节律性，它与纯自然生态系统具有一定的相似性。

(2)乡村经济生态子系统

乡村经济生态子系统是乡村自然与人类交互作用的结合区，它包括乡村种植业生态子系统、牧业生态子系统、林业生态子系统以及乡村工业生态子系统等，它们都在不同程度上，既受自然规律的制约，又受到经济规律的支配。其中，乡村农业生态子系统是乡村经济生态子系统最为基本和重要的组成部分。

(3)乡村聚落生态子系统

乡村聚落生态子系统是乡村生态系统的结构中，受人类干预最为明显的部分，系统的构成要素中经人工改造的景观类型突出，系统的演变与发展主要受人类社会的经济规律所主宰，原有的自然生态系统的结构与功能发生了根本的变化，人类的社会经济活动成为影响聚落生态子系统的决定性因素。

自然生态子系统、经济生态子系统和聚落生态子系统，三大子系统相互联系、相互渗透、相互影响形成一个不可分割的整体，形成系统的整体功能，共同推动人类社会的发展和进步(图8-3)。

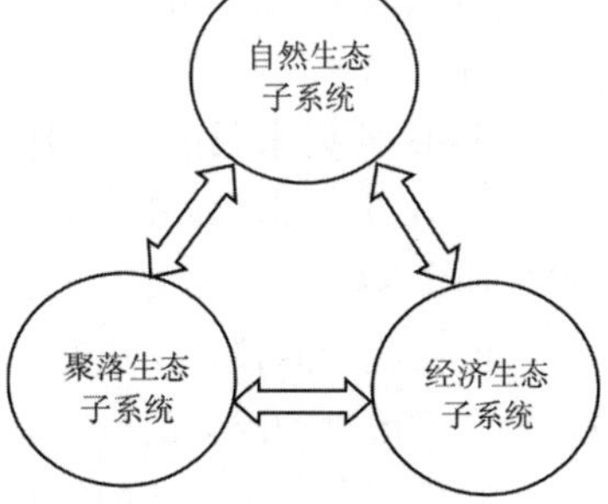

图8-3 乡村生态系统

(4)乡村生态系统的构成元素

乡村的森林、草地、山体、水域等自然要素是乡村生态系统的主要构成元素，同时乡村生态系统也包括了经人类改造的半自然元素如农田、人工林地、园地等，还包括如乡村聚落建筑、道路、桥梁、管道等纯粹的人工构筑物以及乡村政治、经济、文化、民俗等非物质形态元素等(表 8-2)。

表 8-2 乡村生态系统的构成元素

类别	元素举例
自然元素	太阳、空气、淡水、岩石、土壤、野生动物、植物、微生物、矿藏以及自然景观等
半自然元素	农田、园地、人工林、驯养动物、农作物等
人工元素	乡村建筑、道路等物质组分及乡村政治、经济、文化、艺术、民俗等非物质组分

8.2.1.3 乡村生态系统的功能

在人类发展史上，乡村生态系统是人类的生存和繁衍地，其自然组分和人工组分一起，为人类的生存和发展提供巨大的服务功能。人类社会生存和发展所需的物质和环境都是由乡村生态系统提供的，比如森林提供了木材、药材、洁净的空气等；草原提供饲料，为畜牧业产品生产发展提供了保证；河流提供了生产和生活所需要的清洁的水源；农田提供了粮食、蔬菜、瓜果以及各类经济作物等；同时，乡村生态系统还给人类提供了优美的居住环境等。我们可以把乡村生态系统的服务功能分为四大类，即乡村生态系统的生产功能、居住功能、生态功能和文化功能。

(1)生产功能

物质生产是乡村生态系统最基本的功能。乡村生态系统的生产除了满足自然生态系统的生存和演化的要求外，还直接满足人类社会发展的需求。它为人类提供初级生产和次级生产的产品，维持人类社会的生产和发展，它们除满足系统内乡村居民的生活需要外，同时也是城市生态系统赖以发展的物质基础。

1949 年以来，我国用占世界 7% 的耕地面积养活了世界 22% 的人口，这是我国乡村生态系统生产的巨大贡献。我国乡村生态系统生产提供的物质主要有：粮油面、肉禽蛋、水产、药材、木材，以及它们的副产品等。

自 1949 年以来我国的各类农产品产量不断增长。1949—2005 年，我国的粮食产量增加了 2.66 倍，棉花产量增加了 7.26 倍，油料产量增加了 9.35 倍，甘蔗产量增加了 26.65 倍，甜菜产量增加了 31.17 倍，蚕茧产量增加了 12.22 倍，水果产量增加了 120.66 倍(表 8-3)。

目前，我国的粮食、棉花、油料、蔬菜、水果、肉类、禽蛋、水产品产量均居世界首位，乡村生态系统这种巨大的生产能力不仅保证了我国城乡居民的基本生活需求，同时，也为相关工业生产发展供应了大量的原材料，为我国社会经济快速发展提供了的重要的物质基础。

在我国国内生产总值的构成中，由农村生产部门创造的国内生产总值比重也一直在 45% 以上，基本上占了国内生产总值的半壁江山。2005 年，我国农业实现增加值 22718 亿元(不包括农林牧渔服务业增加值)，占国内生产总值的比重为 12.4%，第二产业实现增加值 86208 亿元，在现价国内生产总值中所占的比重为 47.3%。第三产业实现增加值 73395 亿元，在现价国内生产总值中所占的比重为 40.3%(表 8-4)，另外，乡村经济生产增长对国内生产总值的贡献率也非常高，2005 年乡村经济增长对国内生产总值的贡献率达到 46.2%。

表 8-3 1949—2005 年我国主要农产品产量 单位：$\times 10^4$t

年份	粮食	棉花	油料	甘蔗	甜菜	蚕茧	茶叶	水果
1949	11318	44.4	256.4	264.2	19.1	4.3	4.1	120.0
1950	13213	69.2	297.2	313.3	24.5	5.9	6.5	132.5
1960	14350	106.3	194.1	825.8	159.7	8.9	13.6	397.7
1970	23996	227.7	377.2	1345.7	210.3	16.5	13.6	375.5
1978	30476.5	216.7	521.8	2111.6	270.2	22.8	26.8	657.0
1980	32055.5	270.7	769.1	2280.7	630.5	32.6	30.4	679.3
1985	37910.8	414.7	1578.4	5154.9	891.9	37.1	43.2	1163.9
1990	44624.3	450.8	1613.2	5762.0	1452.5	53.4	54.0	1874.4
1995	46661.8	476.8	2250.3	6541.7	1398.4	80.0	58.9	4214.6
2000	46217.5	441.7	2954.8	6828.0	807.3	54.8	68.3	6225.1
2005	48402.2	571.4	3077.1	8663.8	788.1	78.0	93.5	16120.1
2005/1949	3.66	8.26	10.35	27.65	32.17	13.22	14.38	121.66
2005/1978	1.59	2.64	5.90	4.10	2.92	3.42	3.49	24.54

资料来源：国家统计局．中国统计年鉴(历年)

表 8-4 我国国内生产总值的城乡结构(以全国 GDP 为 100%) 单位:%

年份	第一产业	第二产业			第三产业			乡村合计
	Ⅰ	Ⅱ	城市Ⅱ	乡村Ⅱ	Ⅲ	城市Ⅲ	乡村Ⅲ	
1990	27.0	41.6	30.3	11.3	31.3	21.6	9.7	48.0
1994	19.7	46.6	25.9	20.7	33.7	23.2	10.5	50.9
2000	14.8	45.9	24.8	21.1	39.3	27.1	12.2	48.1
2002	13.5	44.8	24.3	20.5	41.7	29.0	12.7	46.7
2005	12.4	47.3	25.7	21.6	40.3	28.1	12.2	46.2

资料来源：中国社会科学院农村发展研究所，农村经济绿皮书(2005—2006)。乡村合计 = Ⅰ + 乡村Ⅱ + 乡村Ⅲ

(2)生活居住功能

乡村生态系统为乡村居民提供生活居住空间，使居民享受绿色生活，是乡村文化和经济发展的重要依托。乡村作为一个社区单元，是乡村居民安居乐业的场所，有相对稳定的常住人口，长期生活在一起形成较稳定的风俗文化，邻里之间团结和睦，关系融洽，生活氛围浓厚。除了本村居民外，有的农村也会吸纳城市居民及外来人口入住，也要为他们提供宜人的居住环境和舒适的生活空间，同时部分乡村有着丰富的旅游资源，由于系统组成与功能的差别，乡村独特的生产方、自然景观、风土人情对城市人群及不同地域的人群具有强烈的吸引力。

截至 2005 年末，我国大陆总人口达到 13.07 亿人，按人口的城乡构成看，其中有 7.45 亿人居住在乡村地区，占我国人口总数的 57.0%，如果以户口在乡村的常住人口计算(具体范围按 1964 年建镇标准划分，包括后来的新建制镇人口)，则 2005 年底我国的乡村人口达到 9.49 亿人，占我国人口总数的 72.6%。另外，目前我国乡村农业从业人员占社会从业人员的比重高达 46.9%，农村非农产业劳动力占社会从业人员的比重为 25.4%。毫无疑问，乡村是我国城乡居民最为重要的生活和生产空间之一。

(3)生态功能

生态功能是指乡村生态系统保障区域生态安全，提供生态服务的功能，如气候调节、侵蚀控制、涵养水源、水土保持、净化环境、分解各类污染物，提供清新的空气、清洁的水源等，我国乡村地区面积广裹，其生态功能十分突出。

在生产世界上最多的粮食和各类农产品的同时，我国乡村生态系统还发挥了巨大的生态服务功能，据中国21世纪议程管理中心可持续发展战略研究组的相关研究，我国乡村地区的森林、草地、耕地以及水面等四种土地类型每年的生态效益合计就达到3.21万亿元，相当于我国国内生产总值的46%左右(表8-5)。对国家的生态安全具有重要意义。

(4)文化功能

现代乡村系统在为人类提供食物以及各类初级产品，发挥其生态服务功能、维持城市生态系统乃至人类社会的存续和发展的同时，对于维持人类文化的多样性和特有性，传统文化的传承，现代知识体系和教育体系的构建，发挥美学价值，提供灵感来源以及为都市生活提供休闲娱乐等方面都发挥着巨大的作用，目前已有学者提出，建设社会主义和谐社会不仅需要完善的法规和制度，还应该利用传统的民俗文化，民俗是建构和谐社会的集体无意识的力量。

人类社会在其发展历程中，发展出许多独特的文化体系，这些独特文化体系的差异很大部分是由于乡村地区独特的生态系统所造成的。人类的知识首先来源于对自然的观察，不同生态系统必然影响当地人的知识体系，比如，生活在海边的民族和生活在森林的民族的知识体系就存在有巨大的差异，同时这些文化的传承需要当地生态系统的维持，许多乡村独特的文化，如果搬到都市里，很难想象这些文化是否能够延续下去。人类无数传世的绘画、音乐、摄影作品也都来自自然，可以说没有乡村生态系统，就没有人类的艺术。

表8-5 我国乡村生态系统主要土地类型生态效益价值 单位：亿元/年

指标	森林	草地	耕地	水面	合计
气体调节	230.68	203.76	3.79	0.00	438.23
气候调节	1573.37	1394.99	337.24	11.67	3317.27
干扰调节	23.66	109.72	0.00	0.26	113.64
水调节和供应	59.15	15.67	0.00	3675.05	3749.87
侵蚀控制	107.60	862.07	0.00	0.00	1932.67
土壤形成	112.38	62.70	0.00	0.00	175.08
营养循环	4028.07	2131.67	515.33	0.00	6675.06
废物处理	970.05	2570.54	3.79	0.26	3544.64
授粉	0.00	736.68	98.52	0.00	835.20
生物控制	23.66	673.98	170.51	0.00	868.16
栖息地	1378.18	3652.05	0.00	11.93	5042.16
食物生产	479.11	1974.93	378.92	19.97	2852.93
原材料	1537.88	78.37	3.79	0.00	1620.04
基因资源	17.74	15.67	0.00	0.00	33.42
乡村游憩	757.11	62.70	0.00	112.58	932.38
合计	12261.66	14545.49	1511.88	3831.72	32150.75

资料来源：中国21世纪议程管理中心，《发展的基础——中国可持续发展的资源、生态基础评价》，2004。

文化多样性是人类社会活力的源泉和体现，是各个国家和民族宝贵的资源和财富。民俗文化不仅对某一社会产生不可估量的影响，对文化与文化之间的和平共处也是功不可没的，正如联合国教科文组织在《文化多样性宣言中》指出的那样，文化在不同时期和不同地方具有各种不同的表现形式，文化多样性对人类来讲就像生物多样性对维持生态平衡一样必不可少。中华民族文化源远流长，在以汉文化为主体，不断融合各民族的文化的过程中逐渐丰富发展起来的。各族人民共同创造的丰富多彩的民族文化如民族舞蹈、民间文艺、地方戏剧、礼仪、方言、节庆、民族服饰、民间工艺等都是维系中华民族生生不息、绵延不绝的纽带。而众多的民族文化，特别是我国众多少数民族的文化基本上都是产生于乡村地区、依存于当地乡村地区特有的自然和历史人文环境，它们作为中国文化的源头和根基，是民族精神和情感的重要载体，是普通百姓代代相传的文化财富。

现代化进程中乡土文明向城市文明靠拢，并不意味着乡土文明的消失，城市文明不再需要乡土文明的补充。相反，城市文明需要乡村文明的补给，只有城乡文明互相渗透、互相借鉴、互相吸收、互相作用，才能促进整个人类文明的进步。改革开放以来我国城乡文化交流中，城市文明对乡村优秀文明的吸收，无疑是城市文明发展的源泉，同时，乡土文明亦是城市文明的休憩地，乡村具有比城市相对稳定的文明氛围，城市文明在快速的发展中，需要以乡土文明作为参照系，在乡土文明的环境里休憩。

特别是随着现代工业化、城市化的迅速发展，城市生活压力的不断增加和城市生态环境的恶化，隔离了人类与大自然最初的天然联系，而随着人类物质生活水平的提高，生活在钢筋水泥森林之中的都市人渴望重回大自然的怀抱，享受自然缓解提供的各种休闲、娱乐活动和美学享受，因此，现代乡村地区作为人们接触自然、休憩和身心康复的地方，其休憩娱乐、文化、美学等方面的作用日趋重要，在乡村地区日益广泛分布的各类自然保护区、旅游度假区、风景游览区、疗养院、度假村等就是明证。研究表明，以乡村地区为旅游目的地的游客比重不断上升，已经成为现代旅游业发展的主流。城市越发展，乡村的森林、水系、田野、传统乡村聚落等提供的生态服务就越宝贵。

8.2.2 乡村生态类型

在乡村规划与建设的实践中，中国学者也在不断进行着尝试，但大部分是借鉴了国外的一些生态规划模式，如 Forman 的集中和分散模型，捷克的 LANDEP 模型。一些学者结合中国的国情和乡村景观规划设计实践，提出了一些景观规划建设模式，如包志毅等论述了集中与分散相结合，生态网络两个乡村景观生态规划模式，以及自上而下、与自下而上相结合的规划模式方法等。

此外，肖笃宁还总结了中国长期以来，比较适宜乡村地区可持续发展的景观生态建设的模式：①湿地基塘体系景观模式。适用于中国湿地基塘系乡村景观规划，如珠江三角洲的基塘体系。②沙地田、草、林体系景观模式。如中国东北平原。③平原区农田防护林网络体系景观模式。适用于农田防护林众多呈网络体系的平原区乡村，如黑龙江省有中国最大规模的农田防护体系的松嫩平原。④南方丘陵区多水塘系统景观模式。如中国南方丘陵区以水稻田为基质的农业景观。⑤黄土高原农、草、林立体镶嵌景观模式。如黄土高原的梯田（或坡耕地）—草地—

林地类型，具有较好的土壤养分保持能力和水土保持效果。

虽然，有的学者就乡村景观规划提出了一些方法和模式，但只是在归纳和总结的基础上，因此探寻一套健全的、可行的规划设计方法用于指导区域内乡村的实践，这是在以后的研究中需要不断加深和探索的地方。

8.2.3 乡村生态规划体系

8.2.3.1 乡村生态规划指标的含义

指标（Indicator）这一术语来源于拉丁文 Indicare，其含义是揭示、指明、宣布或使人了解等，可以简单定义为：指标是对更基本的数据的集成或者综合，是一种定量化的信息，可以帮助人们理解事物是如何随时间变化的。指标体系作为描述和评价某种事物的可量度参数的结合，应充分体现以下几个特点：

①综合性。以乡村复合生态系统的观点为基础，在单项指标的基础上，构建能直接而全面地反映乡村的功能、结构及其协调度特征的指标。

②代表性。乡村生态系统结构复杂、庞大，具有多种综合功能，要求选用的指标最能反映主要性状。

③层次性。根据不同评价需要和详尽程度分层分级。

④阶段性。充分考虑乡村发展的阶段性和环境问题的不断变化，使确定的指标既具有社会经济发展的阶段性，又具有纵向可比性。

⑤可操作性。有关数据有案可查，在较长时期和较大范围内都能适用，能为乡村的发展和乡村的生态规划提供依据。

8.2.3.2 乡村生态规划指标体系的功能

乡村发展和乡村生态规划是一个复杂的过程，包含了自然—经济—社会等各个方面要素综合作用的过程。因此，想要真正地评价一个乡村的生态规划是否合理，乡村是否向可持续发展和生态乡村的目标演进，也是一个相对比较复杂的过程。乡村生态规划指标体系是反映乡村经济、社会和环境长久健康的根本要素以及可持续发展的标准。所以，在乡村生态规划中建立乡村生态规划指标体系对评价和调控乡村发展具有重要的作用和意义。

目前，国内外有很多研究者针对不同的研究需要和目标，以及应用领域中不同的侧重点，提出了许多指标的结构体系、框架模型、参数选择等方面各不相同的生态规划指标体系。由于中国区域差异较大，因此，在中国实施生态规划和构建指标体系，就必须因地制宜。

8.2.3.3 乡村生态规划指标体系的构建

采用理论分析法、频度统计法、专家咨询法设置筛选指标，构建乡村生态规划指标体系。

指标体系的设计主要遵循以下几个步骤：

(1) 乡村生态环境现状调查分析

为实现乡村的可持续发展，制定合理的指标体系，在乡村生态规划过程中，必须首先充分了解乡村的自然环境特点、生态过程及其与人类活动的关系。这就必须对乡村现状进行生态调查。通过对大量资料数据的收集与整理，充分了解所规划乡村的生态发展过程、生态特征、生态潜力、生态问题与制约因素等，以认识乡村环境资源的生态潜力和制约，为乡村生态规划和指标体系的提出提供现实依据。对乡村的生态影响进行调查分析，具体包括：①调查搜集乡村及相关区域的自然、经济、资源、环境等的资料与数据，以了解乡村各生态要素目前的状况、存在的问题、发展的趋势等；②调查收集乡村及相关区域的人口及健康度、消费与需求、社会服务、生态意识等的资料与数据。

(2)乡村生态规划目标确立

在充分了解了乡村生态环境现状的基础上，确立生态可持续发展的概念以及衡量乡村生态可持续发展的目标，以此作为指标体系设计的依据和方向。

(3)乡村生态规划指标体系选取的原则

目前国际上普遍认可的生态规划指标体系的设置原则包括：

①政策的相关性(Policy relevance)。对环境状况、环境所受的压力或者社会的响应进行有代表性的描述；简明、易于理解，能够显示出随时间变化的趋势；对环境和相关人类活动的变化反应灵敏；为国际比较提供基础。

②易于分析(Analytical soundness)。理论上具有坚实的技术和科学基础；以国际性标准及其有效性的国际共识为基础；自身可以同经济模型、预测和信息系统联系起来。

③可预测性(Measurability)。已经可得或者可以通过一个合理的费用效益比来取得；适当的存档，确保质量；以可行的步骤定期更新。以上标准仅仅描述了一个“理想”的指标所应满足的条件。实际工作中，受到各方面条件的限制，选择的指标并不可能完全满足上述条件，但是，它们为选择指标指明了方向。

(4)乡村生态规划指标体系的系统设计

标体体系选定后，对调查所得数据里各因子指标进行评价，然后按其所归属的类别使它们集中形成隶属度矩阵并配以适当的权重，再把各因子的权重集与隶属度矩阵相乘，得到模糊积，获得一个综合评判集，将各指标问题的现状值转化为反映生态建设水平的质量值，由该综合发展水平值测度研究区生态建设的水平，分析存在的问题，并据此有针对性地提出发展对策。乡村生态规划指标体系与其他测定可持续发展的单项指标和复合指标相比，其优点在于能够全面系统地描述乡村生态系统在经济、环境、社会以及体制等方面的运行和发展状况(吴运凯等，2012)。

8.2.4 乡村生态规划内容与程序

8.2.4.1 乡村生态规划的内容

乡村生态规划是乡村自治、宗教、生态、文化、民俗、历史、建筑、经济、科技等长期发展的总体部署，是指导乡村社会发展的基本依据。

规划宗旨：把农村建设得更像农村。

规划内容主要有：

①乡村文化、自然经济、生活方式、本土资源的分析评价；

②乡村发展规模、人口、教育、经济的发展方向、战略目标及其地区布局；

③乡村经济和各部门平衡发展、水平、速度、投资与效益；

④制定乡村规划的近、中、远期的措施与步骤。

乡村生态规划，要根据乡村的资源条件、现有生产基础、国家经济发展方针与政策，以生态平衡发展为中心，以乡村自治和村民参与为前提，长远结合，留有余地，反复平衡，综合比较，选其最优方案。

城市规划追求理性，乡村规划强调感性，尤其是以人与人的熟人社会中，人与人之间、家与家之间、村与村之间，尽最大量的维系着属于特有的中国人的情感关怀和天人合一的乡村规划就显得极为重要。

8.2.4.2 乡村生态规划的程序

乡村生态规划是一项综合性的研究工作，可包括以下几个主要方面：

①生态系统要素分析。这是对生态系统组成要素特征及其作用的研究，包括气候、土壤、地质地貌、植被、水文及人类建(构)筑物等。

②生态分类。根据景观的功能特征(生产、生态环境、文化)及其空间形态的异质性进行景观单元分类，是研究景观结构和空间布局的基础。

③空间结构与布局研究。主要景观单元的空间形态以及群体景观单元的空间组合形式研究，是评价乡村景观结构与功能之间协调合理性基础。

④生态过程研究。这种研究是景观生态评价和规划的基础。

⑤综合评价。主要是评价乡村间结构布局与各种生态过程的协调性程度，并反映在景观的各种功能的实现程度之上。

⑥布局规划与生态设计。包括乡村景观中的各种土地利用方式的规划(农、林、牧、水、交通、居民点、自然保护区等)、生态过程的设计，环境风貌的设计，以及各种乡村景观类型的规划设计，如农业景观、林地景观、草地景观、自然保护区景观、乡村群落景观等。

⑦乡村景观管理。主要是用技术手段(如 GIS、RS)对乡村景观进行动态监测与管理，对规划结果进行评价和调整等。

8.3 乡村生态规划的方法

8.3.1 乡村生态格局规划

8.3.1.1 乡村生态格局规划的尺度

尺度问题是所有生态学研究和景观生态规划的基础。任何生态系统的研究都必须建立在一定的尺度之上。因此，乡村生态格局规划必须选择适合乡村生态系统特征与问题的研究尺度来分析、考量村庄的发展建设。由于没有一个单一的理想尺度适合所有的景观生态规划，因此对尺度的选择要依据分析的目的以及可获得资料的实际情况加以确定。选择的依据主要有两种：一种是基于对所涉及过程的经验判断，另一种是选择符合人类决策的尺度。在我国现行的城乡规划体系与行政区划中，村域是最为基本的规划单元和行政单位。虽然村域界线不可能等同于景观生态单元的界线，但是在村域的空间范围内一般可以形成相对完整的，由斑块、廊道和基质构成的景观生态格局(倪凯旋，2013)。

实际上，一个村庄难以形成完整的景观生态格局，以生态保护为重要目的的乡村规划建设，必须将村庄的生存腹地统一纳入分析研究的范畴。就“村庄建设过程中的乡村生态格局保护以及人为干扰控制”这一科学问题看，其求解的“应答域”应是村域，因为村域是实施乡村生态系统保护、村庄发展控制与引导的最小尺度等级，具体村庄的建设规划应建立在村域整体生态格局构建的基础上。

在村域尺度中可以获得精确、详细的乡村生态系统的特性，同时，在村域尺度中制定的措施又能够指导下一层面(村庄尺度)的具体发展建设。因此，村域尺度是乡村生态系统保护及村庄发展规划的关键尺度。基于景观生态学的村庄发展规划的关键途径是在乡村景观生态系统有效保护的前提下，实现村庄的合理布局与发展，并采取相应的土地利用方式，实现乡村景观生态单元与设计学形态要素构成有机结合的整体。在乡村生态系统相对缓慢的演进过程中，村庄建设用地的拓展与布局使村庄建设用地斑块成为乡村生态系统的主要干扰源。因此，从建设导控和生态保护的角度看，乡村生态系统构成与格局如图 8-4 所示。

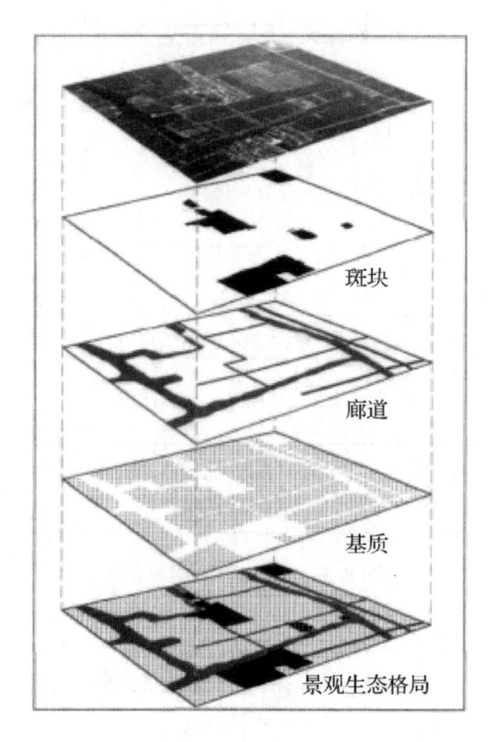

图 8-4　乡村生态系统构成与格局示意

8.3.1.2　乡村生态优化与景观格局指数

(1)乡村规划中的语境转换

将景观生态学的理论方法引入乡村规划之中，是一种学科交叉融合的研究方法。不同学科由于所研究的重点、目标与技术方法不同，实际上形成了各具特色的技术语境。城市规划对相关学科的借鉴与交叉，需要将相关学科的概念、方法与理论（或称为“技术语境”“技术话语”）转化为城市规划学科的技术话语。只有如此，才能实现不同学科之间的真正融合，而不是简单的借用。

村庄建设用地面积、建设用地界线和村庄布局是乡村规划中的核心内容。以建设引导、控制为目的，将景观生态学的理论方法引入乡村规划中，则要实现图 8-5 所示的技术话语转换。

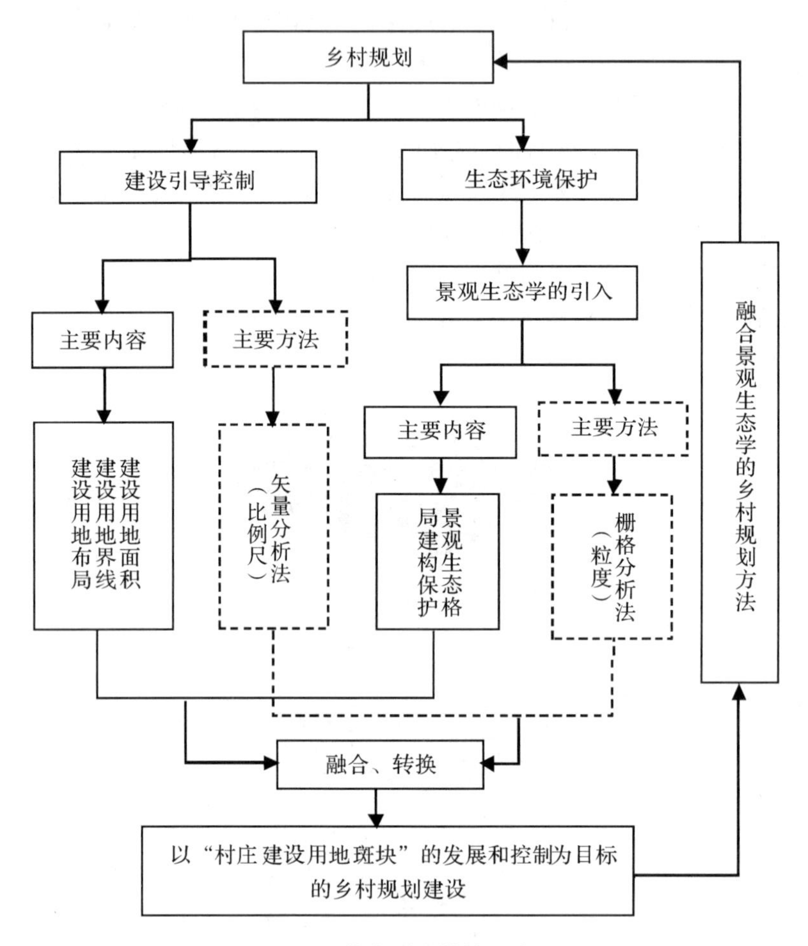

图 8-5　技术话语转换示意

（2）乡村规划中景观格局指数的甄选原则

景观格局指数是高度浓缩景观生态格局信息、反映其结构组成和空间配置特征的定量指标（陈利顶等，2008）。在乡村规划中，通过计算干扰斑块（村庄建设用地）的统计学指标，可以对建设用地的规模（斑块大小）、界线（边界形态）及布局（景观格局）等进行定量的分析，不但有助于乡村生态系统的整体保护，而且可以科学确定村庄建设用地的空间布局与用地界线。

由于景观生态规划与城乡规划的话语体系、技术方法的差异性，将景观格局指数引入城乡规划的编制体系中，必须对景观格局指数进行有针对性的分析与甄选。根据目前国际常用的景观格局指数（Olsen, *et al.*, 1993；Oneill, *et al.*, 1998；Turner, *et al.*, 1990），在乡村规划中，甄选并应用景观格局指数的原则可总结为以下 3 点。

①适用性原则。景观格局指数是一个庞大的集合，应选择那些能够反映乡村生态系统整体格局、村庄建设用地形态特征与问题的景观格局指数，对乡村生态格局及村庄建设用地进行有针对性的分析。

②可转换原则。栅格分析法是景观格局指数分析的基本方法，栅格分析所选择的研究尺度（栅格粒度大小）应和村庄建设用地的基本特征、户均建设用地面积等相适应。

一方面，保证栅格分析能切实反映村庄建设用地及其布局的具体特征与问题；另一方面，使栅格分析的结论能有效地转化为城市规划技术体系中以比例尺为基础的矢量图形。

③可操作性原则。某些景观生态格局指数的计算需要大量的生态数据和丰富的景观生态学理论知识，这对于目前规划编制单位的专业构成提出了极高的要求。如一味地强调全面的景观格局指数分析，势必难以实现。因此，在保证能够反映乡村生态系统格局基本特征与主要问题的基础上，需要对景观生态格局指数进行分析和遴选，选择那些既能反映、说明问题，又便于规划编制、评价和管理的景观格局指数。

(3)应用于乡村规划的景观指数

乡村规划的重点是村庄建设用地的空间布局与用地界线的划定。从分析乡村生态系统整体格局、村庄聚集程度和村庄建设用地对生态系统的干扰程度等角度看，在乡村规划的编制与研究方法中可增补景观形状指数（LSI）、斑块密度指数（PD）、边界密度指数（ED）的评价与分析内容。

LSI 反映景观生态系统整体结构的复杂性，其数值越大，景观生态系统的复杂度越高、稳定性越低。因此，以村庄建设用地斑块为主要斑块类型，通过 LSI 的控制，对评价和维护乡村生态系统的系统稳定性具有重要作用。PD 反映村庄建设用地斑块的破碎度（或聚集度），ED 反映村庄建设用地斑块对生态系统的干扰程度。景观破碎度的提高和干扰程度的增加，将导致生态风险或灾难发生概率的提高。因此，将乡村生态系统中的建设用地斑块的 PD 和 ED 控制在合理的范围内，村庄建设对乡村生态系统的干扰作用将得到有效控制，乡村生态系统的各类生态过程及其生态服务功能也将得到有效发挥（图 8-6）。

(4)可行性与必要性分析

村庄的聚集程度和单点（即单个村庄建设用地斑块）规模对地区生态系统具有重大的影响，是影响乡村生态系统的重要因素。乡村生态系统的保护在于生态系统格局的保护。

LSI、ED 与村庄建设用地的聚集程度和村庄单点规模有着密切的关联性，PD 则直接反映了村庄建设用地的聚集程度。通过对乡村生态系统的景观格局指数的控制，在宏观上从生态格局角度可以平衡和控制乡村生态系统中村庄建设用地的整体布局；在微观上对单点建设规模具有较强的控制性和灵活性，即单点建设规模可大可小，但斑块大小、数量及其空间分布应符合整体景观格局指数的控制要求。因此，通过景观格局指数实施乡村生态格局的保护，是从保护乡村生态系统整体格局的角度，对村庄的聚集程度和单点规模实施的引导与控制，即通过生态格局指数控制村庄的聚集与分散发展，并赋予单点规模一定的发展弹性。

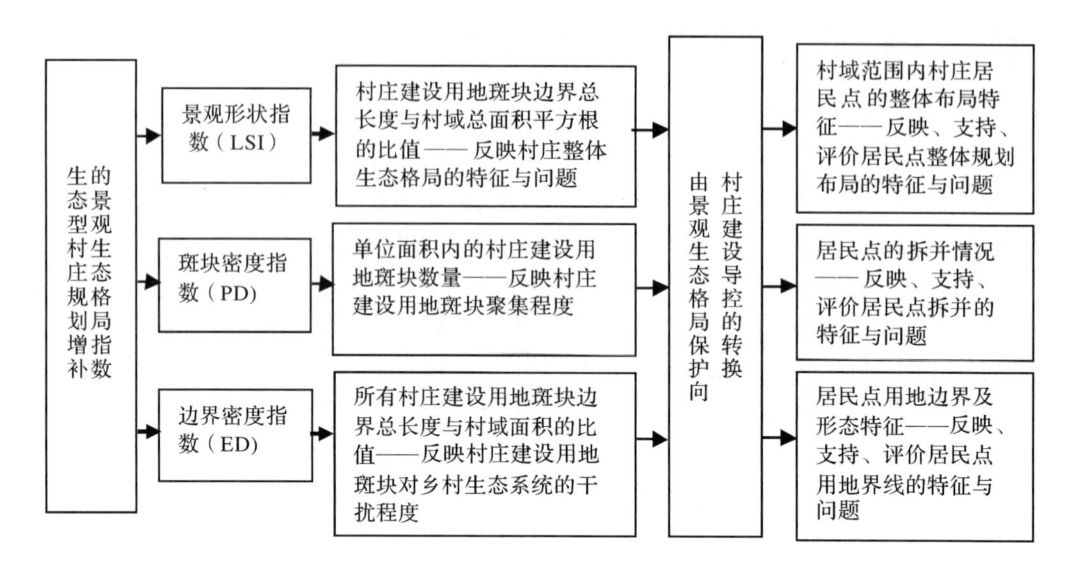

图 8-6　生态型村庄规划增补的景观生态格局指数的内涵与作用

8.3.1.3　乡村生态格局优化

(1)代表性村庄的选取

在现状调研与航片分析的基础上，结合生态本底特征的分析，选择具有代表性的乡村类型(山区沟谷地型、山地平原过渡型和平原型)。

(2)栅格化分析的粒度选择

根据村庄建设用地的一般规模、农村住宅建设用地的常规尺度以及作为惯例使用的乡村生态格局分析的粒度，乡村生态格局的栅格化分析的粒度一般为 20 m×20 m～50 m×50 m。研究选择相对适中的 40 m×40 m 栅格尺度，对不同类型村庄的现状生态格局特征与主要景观生态格局指数进行分析研究。

(3)格局优化的空间策略

研究在建设用地面积不变的条件下，遵循各类型村庄的现状布局规律，对散布的村庄建设用地斑块进行格局整合与优化；借助景观生态格局指数的定量测度，明确现有发展建设强度下乡村生态格局潜在的优化目标。

(4)不同类型村庄的格局优化

①山区沟谷地型村庄的格局优化。山区沟谷地型村庄的建设用地受地形、地貌的影响显著，村庄规模小、密度低。村庄建设用地斑块主要沿沟谷地边缘呈线型布局，有零星的飞地型农居点散布在山体林地中。这类村庄通常位置相对偏远，且处于山体林地的包围之中。根据村庄建设用地沿沟谷地及交通线路分布的规律，在保持总体斑块面积不变的前提下，通过拆村并点的措施，拆除飞地形的农居点，并鼓励村庄向邻近中心村迁移，以控制村庄建设用地斑块的数量和边界长度，实现乡村生态格局优化。

②山地平原过渡型村庄的格局优化。山地平原过渡型村庄具有山区沟谷地型村庄线型布局和平原型村庄网络化布局的综合特征，村庄形态的多样性显著。由于处于山地与平原的过渡地

区，山地平原过渡型村庄在平原区域的高程相对较高，具有良好的耕种和聚居条件。因此，面向平原背靠山体区域的村庄斑块规模较大，沟谷地和平原区域的村庄斑块的规模较小且分散。根据村庄分布规律，使散布的农居点向面向平原背靠山体区域的村庄集聚发展，避免生态格局的破碎化。

③平原型村庄的格局优化。平原型村庄一般处于平原水网的生态格局中，网络化的交通系统和河道水系为村庄发展提供了便利且相对均等的条件。这类村庄建设用地斑块总体上呈现均质的网络化分布格局。因此，应以河道和交通线路为基础，以就近原则对散布的村庄居民点进行整合、拆并(图 8-7)。

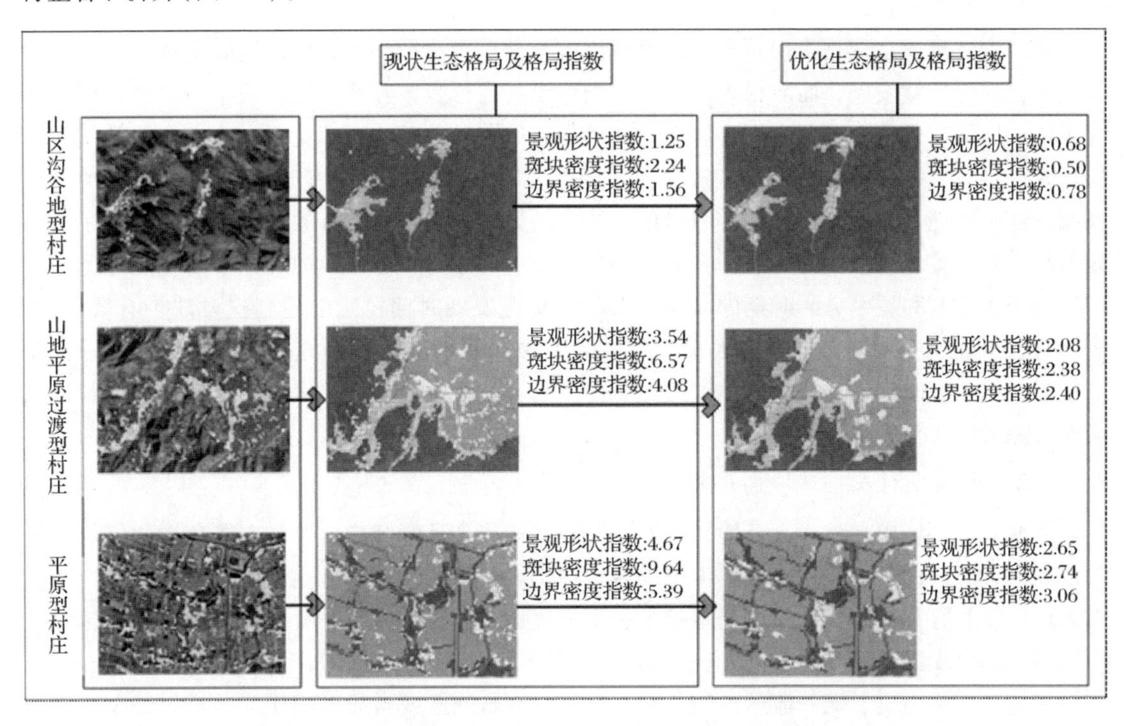

图 8-7　不同类型村庄建设用地斑块格局的生态优化示意

表 8-6　不同类型村庄生态格局优化后的主要景观生态格局指数(栅格尺度：40 m×40 m)

斑块属性与生态格局指数		山区沟谷地型村庄		山地平原过渡型村庄		平原型村庄	
		现状值	优化值	现状值	优化值	现状值	优化值
斑块属性	板块个数	27	6	79	28	116	33
	总边界长度(km)	18.76	9.40	49.08	28.84	64.84	36.80
	平均斑块边界长度(km)	0.69	1.57	0.62	1.03	0.56	1.12
景观生态格局指数	景观形状指数	1.35	0.68	3.54	2.08	4.67	2.65
	斑块密度指数(个/km^2)	2.24	0.50	6.57	2.33	9.64	2.74
	边界密度指数(km/km^2)	1.56	0.78	4.08	2.40	5.39	3.06

根据格局优化的研究和表8-6的景观格局指数分析，无论是反映村庄生态系统整体格局特征的LSI，还是反映村庄建设用地属性的PD和ED，都获得了较大程度的改善。这说明现状乡村生态格局具有较大的优化与提升空间。经预案研究确定的LSI、ED和PD的优化值，可作为乡村规划编制、评价的基本依据，以简洁、明确的定量数值支撑乡村发展规划的建设管理工作。

8.3.2 乡村人居环境规划

8.3.2.1 乡村人居环境规划的意义

乡村人居环境规划是实现新农村建设目标的一条重要途径，新农村建设的最终目标就是要实现农村的可持续发展，而乡村人居环境规划建设的目标是改善乡村的自然生态环境，保护和发扬传统地域文化特色以及实现人居空间活动的有序移动。随着城镇化和农业产业化的进程加快，农村经济和社会环境得到了迅猛发展，与此同时，也对村落结构产生巨大冲击，导致人口外流、滥用耕地、环境恶化、村落中出现了城市的景观，破坏了原有的乡土风貌，失去了村落固有特色并导致农民家园归属感的丧失。与此相对应的是对村庄建设的调控手段仍然停留在过去计划经济体制和城乡分隔时期的局面，对处于加速发展时期村庄的规划建设缺少有效引导。我国有56%的人口聚居在村庄，大量农村人口的聚居环境应当得到充分的重视。因此，在新农村建设的关键时期，从规划的角度研究乡村人居环境并促使其健康发展，是一项非常紧迫而又意义深远的工作。

8.3.2.2 我国乡村人居环境的现状

乡村人居环境由自然生态环境、地域空间环境和人文环境组成，乡村人居环境的好坏直接关系到广大农户的身心健康。自然生态环境包括供人类发展所需的自然资源和自然条件，是乡村人居环境生存和持续发展的物质基础平台。通过调查发现，现阶段我国农村人居环境建设水平仍不能满足农民最基本的生理和安全需要，主要表现在以下几个方面：有些村庄选址不当，使村民随时面临山洪、泥石流的危险；有些村庄没有自来水或水质不能保证，给村民生命安全带来隐患；有些村庄农民生活垃圾、污水没有得到有效处理，给村民生活环境带来很大威胁；有些村庄道路不平、没有路灯，满足不了村民的出行需要等正在减弱。乡村人居环境是一个动态的复杂系统，是乡村区域内农户生产生活所需物质和非物质的有机结合体，其功能转换和演变具有内在规律。受政策影响、利益驱动和人为破坏的影响，现有的乡村人居环境系统功能正逐步走向衰竭，这与乡村普遍缺乏人居建设规划、村庄随意建设和无序化发展有关。有些乡村虽然进行了村庄布点和镇区规划，但由于规划机制的欠缺，使乡村的地域空间环境反而影响了人居环境，如有的乡村工业用地的无序增加，不仅占用了大量的良田，还出现了村村点火的局面，恶化了乡村的环境，影响了农民的生活。在城镇化快速发展的驱动下，传统的乡村聚落文化、社区意识、人脉关系等。乡村特色逐步被新的城市元素所替代，多元化的乡村地域文化正逐渐衰落甚至消亡。乡村人居环境正处于转型、无序、混沌的发展状态，人文环境受到了城市的发展冲击，使许多具有特色的乡村变得毫无生机，除了一些被列为国家或省重点保护的古镇和古村落，其他乡村的历史和文脉无处可寻(马小英，2011)。

8.3.2.3 乡村人居环境规划存在问题

近几年来，为改善农村的人居环境、提高农民的生活水平，我国进行了大量的新农村规划，具体有村庄布点规划、镇区规划、村庄建设规划等专业性规划。新农村规划以“生产发展、生活宽裕、乡风文明、村容整洁、管理民主”为原则，这一原则对新农村的规划提出了更高的要求与挑战。这些规划在新农村建设方面取得了一定的成就，同时也产生了一些问题，主要表现在以下几个方面。

(1)法律体制的欠缺

我国现行乡村规划的相关导则和标准，基本上是按照城市或城镇的有关标准和导则来要求的，针对乡村的规划理论和方法还缺少参考标准，导致在编制村镇布局规划和村庄建设规划时，直接套用城镇规划的相关方法与标准。有些村庄规划建设只是对村庄环境、村民住宅进行表面整治，缺少从规划角度的系统研究，是治标不治本。同时，在《城乡规划法》的具体规定中也缺少对乡村人居环境规划建设的监督和管理体制。

(2)盲目拔高规划目标

有些乡村为了追求成效，盲目建设不适合村民居住的高档别墅住宅，或者效仿城市居住小区将农民的住宅规划成村庄小区，有些甚至将住宅刷成同样的颜色，形成了所谓的“形象工程”建设，既造成了浪费，又冲击了村民传统的生活方式(赵之枫，2001)。

(3)规划的千篇一律

城市的规划需因地制宜，避免千篇一律，应寻找城市的特色，对于乡村规划更应该让因地制宜得到充分的体现，乡村的形成都是有一定的历史原因，无论是自然原因还是人文原因，在具体的规划中应该让这种特色有所体现，并继续发扬，让乡村的文脉得到发扬。但目前的乡村规划都是批量生产，很少有规划设计师找寻乡村的文脉和特色，都是在固定模式和指标的指引下形成千篇一律的村庄规划。

在新农村建设的大趋势下，乡村人居环境的研究和实践势在必行，规划者应该结合当地村庄的自然环境和文脉，保护与发展并存，改善人居环境。在具体的规划设计中，不仅要依据当地的自然环境将生态环境、生态农业、现代农业等理念纳入到总体规划战略中考虑，还要试图创造出一个以人为本，地域与人文、生态与文化、历史与现代相和谐的新农村规划，探索适合我国发展特色的乡村人居环境规划的新领域。

8.3.2.4 风水林在乡村人居环境规划中的价值

风水林在中国有上千年的传承，传统意义上的风水林就是村民在村庄周围种植各种竹木，少则几亩，多则几十、上百亩，多为世代相传下来的，一般树龄已有数十年乃至数百年历史。“在东南中国之广大农村，缺少风水树和风水林几乎不成为村落”(俞孔坚，2000)。风水林的培育和养护体现了古今人们注重林木景观、倡导植树造林、推崇绿化环境、禁止毁林的风水绿化思想。对村庄风水林的研究、保护、建设，有利于我们更好地推动人们义务植树造林等绿色公益环保活动，从而增强人们保护环境爱护环境的生态观念，有利于我们改善居住环境、提高生活质量(朱仔伟等，2012)。

（1）风水林的由来

“风水”一词，最早出现于晋代郭璞的《葬书》中。“葬者，乘生气也。气乘风则散，界水则止。古人聚使不散，行之使有止，故谓之‘风水’。”意即，一处吉穴，既能藏风，以免气乘风而散，又有水界气，这样方能达到葬者乘生气的目的。风水进化到后来，其内涵获得了巨大的扩充。现在一般认为，风水是人们在兴土动工时对地理环境的一种特殊选择方式与认识系统。风水观是人们在长期适应自然生态环境过程中形成的一种思想意识，其目的是追求良性的生存环境，即“藏风”“得水”“乘生气”。风水理念认为，风水宝地不仅形局佳、气场好，而且山清水秀、环境宜人、林木葳蕤。

风水林就是古人受风水思想支配，认为对平安、长寿、多子、人丁兴旺、升官发财等具有吉凶影响的人工培植或天然更新并严加保护的林木。如果林木生长茂密，根据不同地理环境所进行的树种配置和造景合理，就不仅能像古代留下的风水林那样“藏风”“得水”“乘生气”，使人居环境良好，而且能实现人与自然环境的和谐发展（刘根林等，2008）。

（2）风水林的生态环境

风水林前临田野，背靠山峦，受地理环境的限制，面积一般比较小。风水林可说是华南乡村特有的地标，多在低地出现。不少村落在选址时，考虑到风水上的因素，通常会在茂密的树林旁兴建，令其成为村落后方的绿带屏障。由于村民多年来笃信风水，相信风水林具有风水影响力，认为高龄乔木与乡村的命运及发展有重大关系，会为村落带来好运，因此他们都会着重保护风水林，也带来了保护树木及自然环境的效果。

风水林主要有村落宅基风水林、坟园墓地风水林、寺院风水林三种基本类型。拥有风水布局的村落总是背靠群山，左右有护山环抱，风水林则是村落后方的绿带屏障。村民选址建村时，以长有原生树木及灌木的地点为理想，其后在风水林的林缘加种各种果树、榕树、樟树、竹及其他民间所需的经济植物。随着林木渐渐长大，整个风水林形成半月形，环抱村落，构成别具特色的“枕山环水”聚落布局，是村落的一道天然绿色保护屏障，无形中具有守护乡村的象征意义，实际风水林是“山环水抱必有气”的一种具体体现（邓剑，2013）。

（3）风水林的生态功能

风水林的历史悠久，是风水思想的产物，是绿色的历史文物，也是大自然和前人留下的宝贵的物质和文化遗产，具有生态服务功能和景观文化的价值（刘晓俊等，2007）。风水林不仅是研究地带性森林结构和历史的重要材料，也是构建乡村景观的重要元素（关传友，2004；张勇夏等，2007）。风水林给予村民心理上的安全感，固然与传统的风水信仰有关，但实际同时又有重大的历史人文和生态价值（表 8-7）。

表 8-7　风水林的生态功能

项目	生态功能
生态意识	唤起人们对保护古树名木和原生态环境的意识
改善气候	具有改变微气候的效用，挡风、遮日、护宅、藏风聚气
天然屏障	村后的树林可作为天然的屏障，保护水土植被、完善生态系统
防火功效	茂密的阔叶树为主的风水林具有隔火功能，调整温度湿度
经济效益	种植于风水林边缘的果树可供食用或药用，为村民带来收益
历史价值	风水林历史久远，在环境科学、生态科学等方面具深刻启迪作用

风水林蕴含的是“天人合一”的自然哲学观，天然形成一道抗灾屏障，它常是鸟类的天堂。在广东雷州客路镇坡正湾村有60多亩原始生态林区，已成为“白鹭天堂”。每年2月，该村的风水林栖息着上万只二级野生保护动物白鹭，场面十分壮观。该村已被评为广东省生态示范村，现成为湛江市一大旅游胜景(邓剑，2013)。

(4)风水林对新农村人居环境建设的启示

随着时代的不断进步以及我国现代化建设的纵深发展，除对现有风水林的保护外，如何进行新农村人居环境中植树绿化的设计与构建，在建设社会主义新农村的过程中就显得越来越重要。尤其是在工业污染区附近的农村城镇，如何实现降尘吸毒(即藏风、避煞气)，这是摆在我们林业工作者面前的首要任务。这就要求我们正确对待风水观，去粗取精，去伪存真，与时俱进，结合现代科学，本着实事求是的精神，使该理念能在农村人居环境的树种选择与配置中继续发挥着重要的作用。

树种选择应当遵循“适地适树”的生态原则，以当地乡土树种为主，确保其栽植成活率和养护的合理性。尽量选择发芽早、落叶迟的树种，如旱柳、迎春、金银木等和常绿针、阔叶树，以延长绿色期；尽量选择少病虫害、无须喷药的树种，如香樟、紫椴、马褂木等。对于背山面水的村庄，在其后山注意多栽植耐干旱、耐瘠薄的树种，如槐树、臭椿、女贞、白蜡、构树、苦槠等，在其前面河边、湖畔多栽植耐水湿树种，如河柳、垂柳、枫杨、江南桤木、红豆树、楝树等，以再现“青山横北郭，白水绕东城”的唐诗景象；并注意选择生长速度快、冠幅大且成冠年限短的树种栽植于村口，如泡桐、杨树、柳树、梓树、香樟等，以形成“绿树村边合，青山郭外斜”的田园风貌。宅基周围和庭院里忌种植多飞毛、有毒、有刺、有刺激性和不良气场与易引起不良心理氛围的树种，如悬铃木、夹竹桃、枸骨、漆树、柿树、榕树、梧桐(因南唐后主李煜有“寂寞梧桐深院锁清秋”之诗句而忌)等。墓区及寺院周围，除了采取有效措施，保护好现有的古树名木外，新建区域的树种选择可沿袭古人的一般性做法，多植松柏，如桧柏、龙柏、黑松、马尾松和梧桐、桑树、梓树等。特别值得一提的是，宅基周围的树种与家居最近，其构成的环境与居民的关系也最为密切。其树种选择与配置可参照日本《作庭记》的“树事”载：“在居处之四方应种植树木，以成四神具足之地。经云：有水由屋舍向东流为青龙。若无水流则可植柳九棵，以青龙。西有大道为白虎，若无，则可代之以七棵楸树。南有池为朱雀，若无，则可代之以九棵桂树。北有丘岳为玄武，若无丘岳，则可植桧三棵，以代玄武。如此，四神具备，居此可保官位福禄，无病长寿。”还有，植物有阴阳，注意将白兰、玫瑰、牡丹、杜鹃、梅花等阳生树种植于房舍的东侧或南侧；将蚊母树、石楠、冬青等能耐阴树种以及抗风性较强的桑树、榆树(有古语“失之东隅，收之桑榆”为证)等植于房舍的西侧或北侧；并可效法古人，在庭院内种植数株槐树，以预兆子裔功名显赫。另外，须根据房屋建筑的高低，以确定朝阳面所植的树种、密度与高度，以免阻挡阳光进入房屋。

在树种配置上，应避免单调，多根据树种各自的生物学特性与生长习性，进行高低错落有致、具四时风貌的乔灌草相结合的群落配置。栽植方式也可多种多样，如可进行孤植、对植、丛植和群植，除行道树外，一般避免按行列、等距规则种植，做到浑然天成。雌雄异株的被子植物树种，如构树、重阳木等，注意异性同栽、异性近栽，不宜同性片植或孤植。风水理念认为，树种合五行，树种之间存在着“场”(他感作用)，在“场”的作用下树木物体微粒子能够相互影响。树种间场的强弱取决于生克制化状况。现代科学研究对此做出的解释是，树木枝叶挥发的有机气体物质及根部分泌的有机汁液会通过空气和土壤对附近其他树种产生着或正或负的影响。因此，树种配置过程中，必须避开树种相克现象，努力创造树种间的相生关系。如将葡萄树栽在松柏、榆树、杨树、椿树旁，会造成葡萄树生长不良，果实不易成熟，且甜味大减，故要注意避免这些相克的存在；而将刺槐与杨树种在一起，刺槐为浅根性树种，杨树为深根性树种，互不争水肥，且前者根部的根瘤固氮，可为后者提供养分，促其生长；樱桃与苹果种在一起，各自放出挥发性气体，彼此相互吸收，促进生长。

在乡镇企业高度发达的农村地区，特别是长江三角洲和珠江三角洲，除遵循上述要求进行树种选择与配置外，还必须通过改进、完善树种结构以达到控制农村人居环境工业污染的目的。许多树种(包括来自外域且已被实践证明引种成功了的树种)在人们传统的风水林树种中，往往鲜见，然而目前，人们通过科学研究已经了解到，它们也具有很好的滞尘、吸毒、减噪作用，所以应注意积极发挥它们的环保效应。随着现代城市化发展，农村也出现环境污染严峻形势，原有的风水理论已不适应，必须与时俱进，不断发展。环保树种的选择与应用就是突出的一个方面。这里，仅就苏南农村树种结构的改进与完善提出一些看法。

乡土树种构树除常见生长于村庄背后的山脚外，其抗风性强，对二氧化硫、氯气和硫化氢的吸收能力强，其雄株(雌株的果实成熟时易招来苍蝇)可种植于村口。乡土树种女贞一年四季常绿，一般栽植于村庄背后的山脚下，能吸收铅蒸汽，且叶片滞尘量大，每平方米叶面吸附粉尘可达6 g；马尾松除用于墓区及寺院周围种植外，其防尘、吸尘能力极强，一棵成年松树每年可吸附成吨的灰尘，针叶和树干分泌的松脂易被氧化放出低浓度的臭氧，能清新空气。低浓度臭氧进入水中，能杀死细菌；乡土树种刺槐虽然长有皮刺，但对空气中氯气、氯化氢、二氧化硫等有害气体有着较强的净化作用，并有较强的吸收铅蒸汽的能力；深根性落叶乔木榉树，高可达 25 m，抗风强，寿命长，耐烟尘，抗污染，在污染区每千克干叶含氟化氢45. 7 mg，吸 33. 1 mg。这些树种都可植于村口。乡土落叶乔木合欢，在苏南通常栽在宅基周围，然其高可达 16 m，树冠伞形，喜光，耐寒，耐旱，耐土壤瘠薄，抗风，对二氧化硫、氯气和氟化氢的吸收能力强，在污染区的吸硫量为非污染区的 5 ~6 倍，故建议可将其种植于村落的水口处，作为外层树种。而黄山栾树对二氧化硫、臭氧、粉尘污染均具有较强的吸收能力，抗风性强，生长快，冠幅广，据了解，每平方米能积累硫 0. 158 g，且枝叶有杀菌功能；无患子对二氧化硫和氯化氢的吸收能力强(罗红艳等，2003)，冠幅广。它们原生于山坡林中，但都不太耐寒，故建议可将它们种植于村落的水口处，作为内层树种。

落羽杉原产美国东南部，为强阳性树种，喜暖热、湿润气候，极耐水湿，吸收工业烟尘污染、土壤中有害污染物的能力强，甚至能吸收核电站排出的废水污染物(唐世融，2006)；白杨一般用作行道树，但研究表明，该树种能吸取地下水中的三氯乙烯，且其根能深深地扎在地下水源处，能不断净化地下水(许桂芳等，2006)，故它们可栽植于村落前面的河边、湖畔。

原产北美洲东部的广玉兰，对氯气、氟化氢的吸收能力强；接骨木对醛、酮、醇、醚、苯和致癌物质安息香、吡啉等有毒气体吸收能力较强(邓运川等，2005)；紫穗槐吸收氟与氟化氢的能力强；山杜英抑菌、杀菌能力强，因此它们可作为宅基周围或庭院组成树种与其他树种配置。无花果原产地中海、中亚及西南亚一带，对二氧化硫的吸收能力强，建议将其栽植于房舍的朝阳面。八角金盘原产我国台湾与日本，吸收二氧化硫能力强，建议将其栽植于房舍的背阴面。石楠对二氧化氮、二氧化硫的抗性强，可植于停车场附近。珊瑚树对二氧化硫和氟化氢的吸收能力强，可丛植于村边作为绿篱。银杏树对二氧化硫、氟化氢的吸收能力强，是植于庭院的较好组成树种。朴树耐干旱瘠薄，吸附粉尘、烟尘的能力较强，建议将其与皂荚搭配，栽植于山村背后。

另外，在农村人居环境的树种选择配置中，应尽量选择同时对多种有毒、有害气体吸收性较好的树种，如白皮松、桧柏、侧柏、银杏等，既对二氧化硫、氟化氢吸收性好，又对氯气有较强的吸收性。

8.3.3 乡村生态产业规划

相对城市来说，农业内在素质和发展水平较低，农村基础设施薄弱，农业产业化、组织化程度低，资源和环境约束日益突出等问题是困扰农村产业发展的主要矛盾，解决这些问题的唯一出路就是加快农村生态文明建设，实施农村生态产业的战略性发展。

农村生态文明建设的阻力主要在于农村经济的相对落后，农民单纯依靠粮食、畜禽、果蔬等初级农产品实现增收致富的效益并不明显。当前农民增收更多地依赖于闲置劳动力向城镇转移就业，虽然在一定程度上促进了农村经济的发展，但劳动力输出地长期的投资缺位、产业缺位和技术性人才缺位仍在制约着农村整体经济的进一步发展。生态产业是按生态经济原理和知识经济规律组织起来的，基于生态系统承载能力，具有高效的经济过程及和谐的生态功能的产业。通过对农村进行生态产业发展规划，以增强农村投资效应、吸收技术性人才回归，对农村产业经济的发展具有关联带动作用。农村生态产业发展主要从生态工业、生态农业、生态林业和生态旅游业等4个方面来进行。

8.3.3.1 乡村生态工业规划

培育和壮大农村生态工业，促进农村经济发展。发展农村生态工业的核心任务是以农产品资源开发为基础，以大企业产业转移扩张为契机，以乡镇工业园区建设为重点，加强产业链条的衔接互通，增强农村产业发展抵御风险的能力和市场竞争力。主要途径包括：

①充分利用粮食、畜禽、果蔬等农产品资源，发展农产品加工业，逐步形成完整的农业产业体系，提高农产品附加值；②鼓励和支持符合产业政策的中小企业发展，引导中小企业融入大型企业和企业集团的分工协作体系，利用大型企业集团和优势企业的市场份额及技术支持，增强其发展能力；③积极创造条件，开展乡镇工业园区规划建设，完善服务功能，加大招商引资力度，积极承接发达国家和地区的产业转移，引导各类企业和生产要素向园区汇集，实现农村产业集聚化、规模化发展。

8.3.3.2 乡村生态农业规划

引导和鼓励农民发展生态农业，保障粮食安全。保障粮食安全是保障国家安全的一项重要战略任务，因此发展生态农业是实施农业可持续发展、保障粮食安全的重要途径。生态农业发展的重心主要在于：发展循环农业，推广秸秆气化、固化成型、发电等技术，开发生物质能源，开发适合农村特点的风能、太阳能等清洁能源。发展节约型农业，推广节地、节水、节肥、节药、节种型农业和集约化生态养殖业，提高农业投入品的利用效率，坚持清洁生产、安全生产，实现农业可持续发展。如在豫西山区应侧重于无公害农产品基地和庭院工程建设，实施无害化环保战略，重视有机食品等安全食品的生产与精加工；在干旱缺水地区，应重点发展节水型生态农业；城市郊区可结合自身特色发展旅游观光农业；许昌、平顶山、信阳等地可以充分发挥地域资源优势，稳定发展棉花、油料、烟叶等大宗经济作物，加快发展果蔬、花卉苗木、茶叶、中药材、食用菌和桑蚕等特色农产品产业带，建设名特优经济林和速生丰产林基地；实行品牌联动战略，加快推进河南省优势农业产业如黄河滩区绿色奶业示范带、京广铁路沿线生猪产业带、中原肉牛肉羊产业带、豫北蛋肉鸡和豫南水禽等优势区域开发等。同时，在农业生产过程中，应尽量减少化肥、农药的施用量，减少农村面源污染，倡导有机肥的使用和生物防治病虫害技术的应用等，使农村生态环境得以改善，以确保国家粮食与食品安全。

8.3.3.3 乡村生态林业规划

加强生态林业建设，增强区域性林业生态服务功能。应结合森林资源结构和林业产业结构的调整，在充分利用现有宜林地的基础上，积极拓展可利用空间，加快生态体系建设，尽快恢复和扩大森林资源，有效提高涵养水源和保持水土能力，确保区域生态安全。在农村生态脆弱区和退化区，应积极实施农田防护林体系改扩建工程、防风治沙工程、生态廊道网络建设工程、村镇绿化工程等林业工程建设。

8.3.3.4 乡村生态旅游规划

开发农村旅游资源，发展农村特色生态旅游业。农村生态旅游是以广大农村地区资源为特色，以农民为经营主体，以农业旅游资源为依托，以旅游活动为内容，以促进农村发展为目的的社会活动，对于农村农业、经济、文化、环境等诸方面的发展都具有重要的现实意义。因此积极开发农村旅游资源，发展农村生态旅游业，是加快农村生态产业发展的一个重要战略举措。

农村生态旅游开发应重点实施特色项目开发。包括：

①特色休闲农业开发。河南省农村存在着多种特色农业，比如焦作的怀山药、开封的西瓜、中牟大蒜等。当前的任务主要是结合这些特色农业优势，有针对性地进行农业产业开发，加快转变农村经济增长方式，推动农村产业结构的高级化。在此思路指导下，河南省应根据不同类型的农业资源优势，以特色经济为主导，把特色休闲农业放在优先发展的位置。休闲农业是一个集一、二、三产业于一体的复合产业，它的发展促进了城乡文化的交流与融合，带动了农村经济的发展，同时也给农村带来了新的理念和新的经营方式，为解放农民思想、开阔农民视野起到了极大的激发和促进作用。②特色自然与人文旅游资源开发。如河南省农村自然资源、文化资源非常丰富。一方面以自然风景区、自然保护区为依托开展以农家乐、家庭式旅游为主的景区与农户联动发展的战略；另一方面，以历史文化名镇、名村(如开封县朱仙镇等)与非物质文化遗产(如宝丰县马街书会等)等文化资源开发为主开展农村文化之旅。

参考文献

陈利顶，刘洋，吕一河，等. 2008. 景观生态学中的格局分析：现状、困境与未来 [J]. 生态学报，

(11)：5521－5531.

邓剑. 2013. 风水林的生态特征及保育价值探讨[J]. 黑龙江生态工程职业学院学报, 26(5)：9－10.

邓运川, 赵雪莲. 2005. 园林植物在治理空气污染中的应用[J]. 国土绿化(5)：42.

高密. 2012. 基于产业结构调整视角下的乡村规划方法初探 [D]. 重庆大学.

关传友. 2004. 论中国古代对森林保持水土作用的认识与实践[J]. 中国水土保持科学, 2(1)：105－110.

郭艳军, 伍世代. 2009. 乡村规划要走出城市规划的阴影[J]. 农村经济与科技(1)：31－33.

李恩. 2012. 中国农村生态文化建设研究[D]. 长春：吉林大学.

刘根林, 黄利斌. 2008. 风水理念对新农村人居环境建设的启示[J]. 中国城市林业, 6(1)：37－40.

刘晓俊, 庄雪影, 柯欢, 等. 2007. 深圳小梅沙村风水林群落及其保护[J]. 广东园林 (2)：52－54.

罗红艳, 李吉跃, 刘增. 2003. 绿化树种对大气 SO_2 的净化作用[J]. 北京林业大学学报, 22 (1)：45－50.

马小英. 2011. 新农村背景下的乡村人居环境规划研究[J]. 现代农业科技(8)：396－397.

马永俊. 2007. 现代乡村生态系统演化与新农村建设研究[D]. 长沙：中南林业科技大学.

倪凯旋. 2013. 基于景观格局指数的乡村生态规划方法[J]. 规划师(9)：118－123.

秦淑荣. 2011. 基于“三规合一”的新乡村规划体系构建研究[D]. 重庆：重庆大学.

唐世融. 2006. 污染环境植物修复的原理与方法[M]. 北京：科学出版社.

王广峰. 2014. 构建中国梦的一个重要途径—新农村文化建设[J]. 南京理工大学学报(社会科学版), 27(1)：82－86.

王锐, 王仰麟, 景娟. 2004. 农业景观生态规划原则及其应用研究—中国生态农业景观分析[J]. 中国生态农业学报, 12(2)：6－9.

吴运凯. 2012. 田园城市建设背景下的成都市乡村生态规划研究[D]. 雅安：四川农业大学.

夏征农, 陈至立. 2010. 辞海[M]. 上海：上海辞书出版社.

徐莉. 2011. 城乡一体化中构建农民文化权益保障体系研究—以成渝地区为例[J]. 四川师范大学学报(社会科学版), (3)：92.

许桂芳, 吴铁明, 张朝阳. 2006. 抗污染植物在园林绿化中的应用[J]. 林业调查规划, 31 (2)：146－148.

余谋昌. 2001. 生态文化论[M]. 石家庄：河北教育出版社.

俞孔坚. 2000. 理想景观探源—风水的文化意义[M]. 北京：商务印书馆.

张艳明, 马永俊. 2008. 现代乡村生态系统的功能及其保护研究[J]. 安徽农业科学, 36(6)：2517－2519.

张勇夏, 陈红锋, 秦新生, 等. 2007. 深圳大鹏半岛“风水林”香蒲桃群落特征及物种多样性研究[J]. 广西植物, 27(4)：596－603.

赵之枫. 2001. 乡村人居环境建设的构想[J]. 生态经济(5)：50－52.

朱仔伟, 许军, 张扬凯, 等. 2012. 村庄风水林在新农村建设规划中的价值研究—以南昌市新建县厚田乡为例[J]. 江西林业科技(2)：61－64.

Olsen E R, Ramsey R D, Winn D S. 1993. A Modified fractal dimension as a measure of landscape diversity [J]. Photogrammetric Engineering & Remote Sensing(3)：1517－1520.

Oneill R V, Kreummer J R, Gardner R H, *et al.* 1998. Indices of landscape pattern[J]. Landscape Ecology, (1)：153－162.

Turner M G, Gardner R H. 1990. Quantitative methods in landscape ecology[M]. New York：Springer－Verlag.

第9章　保护区生态规划

按照世界自然保护联盟(World Conservation Union，IUCN)的定义，保护区是指通过法律及其他有效途径，对某特定的生态系统进行合理的规划与管理，以维持生物多样性，保护自然资源和相关文化资源(IUCN, 1994)。保护区生态规划和建设在保护和维持典型生态系统、保育生物多样性、提供科学研究实验场所和监测自然环境以及示范人类与自然界和谐共存等方面具有巨大的景观价值和教育科研价值。

由于建立的目的、要求和本身所具备的条件不同，保护区具有多种多样的类型，不同类型的保护区侧重点也有所区别。其分类方法也不相同，薛达元等提出将我国的保护区分成自然生态系统、野生生物、自然遗迹3个类别、9种类型，其中自然生态系统类的保护区分为森林、草原和草甸、荒漠、内陆湿地和水域、海洋和海岸5种类型；野生生物类的保护区分为野生动物和野生植物2种类型；自然遗迹类的保护区分为地质遗迹和古生物遗迹2种类型。此后，该分类系统被公众所采纳。

由于保护区生态系统的复杂性、多样性和脆弱性，决定了保护区规划设计的复杂性，而长期缺乏可持续发展思路，缺少科学规划和管理经验，大多数保护区开发建设无系统规划，造成资源浪费、环境破坏、生物群落消逝等负面影响。要实现保护区可持续发展和生态环境保护的双赢，采取正确的规划设计手法来指导保护区建设与发展已迫在眉睫。

我国保护区建设与发展的时间短，规划设计理论还处于探索阶段，有待进一步完善，本章主要对保护区的生态规划做出探讨，希望能够为读者们在保护区规划设计中提供一些切实可行的规划设计途径和详实的参考数据。

9.1 保护区规划内涵与目标

9.1.1 保护区生态系统特征

保护区生态系统和其他生态系统一样，是一个复合的生态系统，具有一般生态系统的所有特点，具有能量流动、物质循环和信息传递三大功能和自我调节能力，是个开放的、动态的系统。同时，保护区生态系统还具有以下特殊的特征：

(1) 典型性、代表性、综合性和平衡性

典型性是指在相同的地域之中，选择更典型的地域建立自然保护区，才能发挥科学价值和保护价值(刘仁芳，2004)。同时，保护区建设的最基本要求是对特定生态系统具有充分的代表性，必须把一种或多种相关的生态系统类型结合起来，与保护区规划的规模相适应，并以最科学、最有效的调查数据为基础。如果一种类型刚好符合已被确认的国际分类标准，则更为有利(Uavardy, 1975)。

由于得出的结论总是敏感于所采用的分类方法，因此，在使用不同的分类方案，或在同一总方案下使用不同数目的类型进行替代研究时，其结果必须得到验证，并加以综合。因此，有必要确定哪些地区能够被用作多种环境类型的范例。如果只是确定其存在与否，而不考虑它们所包含的类型范围的话，则是再简单不过的了。但是，若出于完整性考虑，通常需要采用一套适合的起始标准来进行分析，如以所选地区环境类型总范围的1%、2%、5%或10%为标准，或者按一个起始水平来确定。在所有的情况下，起始水平从本质上来说都是任意的，或是由其他诸多完整性以及管理的实用性等标准来确定的。那么，就必须对备选地区就其相对质量进行评估。这时需要考虑的是它们所包含的不同环境类型的范围，它们的状况以及它们的综合。互补性(即一个备选地区能够促进代表性总体目标的实现的程度)也许比高的物种多样性更为重要。

也许我们需要把以环境代表性目标(生物地理法)为基础的对保护区覆盖率的评估与以物种及生境保护目标(重点物种法)为基础的评估结合起来。但是，一个保护区生态系统的设计，不光要有代表性，还要考虑对残遗物种保护区、珍稀物种生境、迁徙物种繁育区以及地貌特征的保护需要。

(2) 完整性、多样性、自然性、稀有性和脆弱性

完整充足的空间范围，组成单位的配置，加上有效的管理，共同构成一个地区生物多样性的环境进程。多样性要求保护区的群落、生物类型与物种组成比较丰富；自然性则要求保护区生态系统受人为干扰程度低；稀有性则是保护对象稀有或为该自然地域内所特有；脆弱性是指保护对象敏感程度高等特性。

在对保护区生态系统的多种设计进行选择时，必须考虑广泛的问题。组成地区的最终位置、面积以及边界将受如下因素影响：

珍稀物种或其他物种对生境/面积的要求及其最小有生种群面积；

单位(通道)之间的连接，以供野生动物的迁移，有时也偶尔用来隔断和减少疾病的传播以及食肉动物的入侵；

周边/地区关系；

自然系统的联系与界限，例如，分水岭(地表水和地下水)，火山作用，洋流，风化或其他活跃的地貌系统；

进行管理活动的可操作性以及阻止潜在有害活动的不可预测性；

现有保护区的退化或外来威胁；

传统利用、占据和可持续性；

实现保护区的费用(最常见费用来源于对土地的拥有、补偿和转让，或是建立联合管理的费用)。

(3) 连贯性和互补性

各保护区对整个生态系统的积极贡献。每个保护区必须在数量和质量上为保护区系统增值。如果相对于成本来说不能带来效益，一味地扩大保护区的范围和数量就显得毫无意义。

(4) 一致性

管理目标，政策和分类的应用应当在类似的条件下用标准的方法进行，这样，每个保护区的目的将全体皆知，也就是最大可能地促使管理和利用以服务于目标。

一致性以目标和行动之间的联系为中心。国际自然与自然资源保护联盟对保护区管理进行分类的主要目的之一就是根据管理目标建立有关保护区类型的系统，同时强调管理工作应当始终围绕目标来进行。

(5) 成本效益性、效率性与公正性

成本和效益之间应保持适当的平衡，两者在分配上也应有恰当的公正性，也包括效率，即要用最小数量和面积的保护区来实现系统目标。

保护区的建立和管理有如一种社会契约。它们是为实现社会的某些利益而建立和管理的。因此，有必要让人们相信，保护区是行之有效的，也是具有实际价值的，而且保护区的管理就其对社会的影响来说，也是公正的。保护区的建设具有潜在的价值和科学教研功能(刘仁芳，2004)。

9.1.2 保护区规划的内涵

保护区是人类从对自然的不断索取和破坏的经验教训中，逐渐认识到自然界的承受力和保护自然的重要性而划定的加以特殊保护和管理的自然区域，保护对象主要包括具有典型意义的自然景观地域、丰富的物种资源分布区、珍稀动植物的分布区、能揭示内在自然规律的特定风景区、名山大川的水源涵养区、具有参照标准的地质剖面和化石群产地、以及一些人们至今尚不能认识的在探索自然中有特殊意义的自然区域(杨兆萍，2000；刘仁芳，2004)。保护区主要是为了保护具有全球或区域、地区代表性的生态系统，濒危及受威胁状态的物种的生境及各类遗传资源，以维护生态安全并达到生物多样性为人类不同世代公平地可持续利用目的而建立。生态规划是运用生态系统整体优化的观点，对规划区域内的自然生态因子和人工生态因子的动态变化过程和相互作用特征予以相应的重视，研究区域内物质循环、能量流动、信息传递等生态过程及其相互关系，提出资源合理开发利用、环境保护和生态建设的规划对策，以促进区域生态系统良性循环，保持人与自然、人与环境关系持续共生、协调发展，实现社会的文明、经济的高效和生态的和谐(刘康，2011)。

保护区生态规划与传统的规划思维相比，具有很大的不同，主要体现在以下几个方面：

(1) 人与自然的和谐

保护区生态规划强调从人的生活、生产活动与自然环境和自然生态过程的关系出发，追求系统整体关系的和谐，各部门、各层次之间的和谐，人与自然的和谐。

(2) 以资源环境承载力为前提

保护区生态规划强调系统的发展，立足于资源环境的承载力，要求充分了解系统内部资源与自然环境特征及其环境容量，了解自然生态过程的特征与人类活动的关系，在此基础上确定科学合理的资源开发利用规模和人类社会经济活动的强度和空间布局。

(3) 规划标准从量到序

特别注重系统的可持续发展，强调对生态过程和关系的调节以及系统复合生态序的诱导，而非单纯的系统组分数量的多少。

(4) 规划目标从优到适

传统规划对基于数学方法和物理系统，即假设系统的关系为 $Y=f(X, c)$，X 为系统组分的特征，Y 为系统在某时刻的发展状态，f 是因果关系函数，c 为常量。当知道了系统组分 X 的特征后，就可以根据因果关系得到系统 Y 的状态，该方法是规划一些物理系统的好方法。但是由于区域是以人为中心的复合生态系统，不同于简单的物理系统，当用该方法进行规划时，往往要基于许多假设得出最优规划，其规划结果在实践中很难实现。保护区生态规划则不同，它是基于一种生态思维方式，强调系统思想、共生思想和演替思想，注重系统过程，采用进化式的动态规划，引导一种实现可持续发展的进化过程。系统思想强调系统是一个功能整体，而不是简单组分的集合，因而规划的核心是对系统整体功能的调节，而不是每个组分的细节关系。共生思想强调人与环境的协同共生，而协同共生是不同利益组分之间的竞争妥协和不同目标之间的调和，是不断变化的，因而对于系统来说不存在最优，目标空间犹如一个球体，没有哪一个方向和哪一点是最优的，目标优劣的评判完全取决于管理者、决策者的主观偏好。演替思想强调生态系统的各种关系和环境是不断变化的，问题也是在不断变化，保护区生态规划的重点是要弄清楚这些问题，在一定的范围内调节系统的发展过程，使其功能正常发挥，向持续、高效、稳定的方向发展。

9.1.3 保护区规划的原则与目标

9.1.3.1 保护区生态规划基本原则

保护区规划应贯彻执行国家有关森林、环境等保护的政策和法规，坚持以保护为前提，开发与保护相结合的原则，确保自然生态环境的良性循环。而保护工程的设施，则应以保护区的实际出发，因地制宜，尽量就地取材，便于施工，坚固实用，并与周围景观相协调。同时应保护和发挥原有自然和人文景观特点，各项设施的安排、布局须服从景观保护的要求。

（1）坚持整体优化、生态安全的原则

保护区生态规划要求从系统分析的原理和方法出发，强调规划目标与区域总体发展目标的一致性，追求社会、经济和生态安全的整体效益。

保护好生物多样性和维护生态安全是保护区建立和发展的最主要目标，也是保护区进行一切活动的首要原则，保护区生态旅游开发活动也不例外，维护生态安全才能保证保护区生态环境的良性发展，而良好的生态环境是保护区发展的立足之本。

与上述原则相比，生态安全原则具有更广的外延。保护区生态安全原则要求：①严禁在核心区内开发旅游、缓冲区内建设接待设施以及实验区内建设大规模的工程；②严格控制旅游环境容量；③不允许开展与自然保护不一致的旅游项目；④旅游设施的建设以不破坏自然环境为前提，并与自然环境和谐统一；⑤保持原始与真实性，在生态旅游开发时要尽量保持生态旅游资源的原始性和真实性，规划时不仅要保护大自然的原始韵味，而且应注意当地特色传统文化的传承与保护，项目的选择符合当地的气候条件、地形地貌等自然因素的原生韵味和传统习俗、风土人情等传统文化特色，避免因开发造成文化污染，不应把城市现代化建筑移置到旅游景区，保证当地自然与人的和谐意境不受损害，提供原汁原味的“真品”与“精品”给游客（钟林生，2002）；⑥寓教于乐，自然保护区管理单位及旅游部门应将生态环保意识精妙地渗透到旅游活动的各个环节，使游客在寄情山水之时，感受到自然界的博大神奇，体会到尊重自然、保护生态、节约资源的重要性。

（2）坚持优先保护、合理布局的原则

保护区的生态功能区的确定要与国家主体功能区规划、重大经济技术政策、社会发展规划、经济发展规划和其他各种专项规划相衔接。对主体功能区实施优先保护、合理布局，各功能区的高效和谐与协调共生。

①高效和谐。生态规划要遵守自然、经济、社会三要素原则，以自然为规划基础，以经济发展为目标，以人类社会对生态的需求为出发点。

②协调共生。复合生态系统具有结构的多元化和组成的多样性特点，子系统之间及各生态要素之间相互影响，相互制约，直接影响着系统整体功能的发挥。在保护区生态规划中坚持共生就是要使各子系统合作共存、互惠互利，提高资源利用效率；协调指保持系统内部各组分、各层次及系统与周围环境之间相互关系的协调、有序和相对平衡。

（3）坚持合理开发、适度利用的原则

在保护自然资源的前提下，合理开发旅游项目、适度利用，实现可持续发展。在进行生态旅游规划时，应突出强调对生态环境和特色文化的优先保护，并以可持续发展的标准来评价生态旅游所产生的影响，建立一套行之有效的指标体系，保证生态效益、社会效益、经济效益的实现（刘德隅等，2006）。

（4）坚持政府主导、社区参与的原则

坚持政府主导保护区的规划与建设工作，引导社会积极参与，形成全社会共同参与保护区的建设工作。在规划设计时，不仅要征求游客、导游、旅游管理者、官员的意见，更要征求社区居民等相关受益人的意见，让他们参与到规划的建议与决策中，增强旅游规划的地方特色，让社区居民真正成为生态旅游的受益者。使社区居民增强保护生态旅游资源和支持生态旅游业意识，从而支持旅游资源环境的保护发展，实现双赢，是生态旅游的核心内容之一。

（5）坚持统一规划、分期实施的原则

根据保护区现状以及保护管理的目标和任务，确定保护区建设规模、建设重点、投资规模与建设期限。分期规划要根据保护区的建设规模、项目特点、投资来源等具体情况而定。分期规划应注意一下几个方面：

①强调全面规划、分期建设、滚动发展、不断完善；

②特色突出、区位交通优势明显和市场潜力大的项目优先发展；

③项目的分期规划要尽量与当地经济发展规划相衔接。项目的建设分期一般分为三期，即近期、中期和远期，规划期限为15~20年。

（6）坚持法制监控、环境教育的原则

为了确保生态旅游开发不破坏生态环境，防止旅游开发商的短期行为，对生态旅游开发要进行环境评价，对生态旅游经营要进行环境审计，使之制度化。因此生态旅游规划应在遵循有关法律法规的前提下进行，确保生态旅游开发和经营活动符合有关的生态环境保护法规。如我国自然保护区的生态旅游规划必须遵守《自然保护区管理条例》《野生动物保护法》等。此外，为了预防和减小破坏生境意识，建立先培训再出游，先培训再上岗的管理制度。另外，生态旅游与传统大众旅游差异之一是实现对游客的环境教育功能，强调生态旅游者在与自然环境和谐共处中获得第一手的具有启迪教育和激发情感意义的共享经历，从而激发他们自觉保护自然的意识。因此，规划时须认真考虑在生态旅游区中设计一些能启迪游客环境意识、帮助游客认识自然的旅游项目，如游客中心、标牌系统等，要起到人与自然相互沟通的作用，产生共鸣的效果（刘仁芳，2004）。

9.1.3.2 保护区生态规划对象

保护区建设的根本目标是保护生物资源与自然遗产，保护具有全球或区域、地区代表性的生态系统，濒危及受威胁状态的物种及其生境，及其他各类遗传资源(徐卫华，2002)，保护的主要对象包括如下几个方面：

能代表各种不同自然地带的典型自然生态系统，如森林、草地、山地、水域、湿地、滩涂、荒漠、岛屿等地域；

生态系统或物种已遭破坏，而又有重要价值，有待恢复的地区；

生态系统比较完整、自然植被演替明显、野生物种源丰富的地区；

国家规定保护的珍稀动物、候鸟或具有重要经济价值的野生动物主要的栖息地区；

典型而有特殊意义的植被，珍贵林木及有特殊价值的植物原生地或集中成片的地区；

具有特殊保护意义的地质剖面、冰川遗迹、熔岩、温泉、瀑布、化石产地等自然历史遗迹地。

通过保护区生态规划设计与开发，满足人们日益增长的生态旅游及其对自然资源保护与利用的需求，更好地发挥自然保护区的保护、教育等功能，并促进生物多样性保护与社会经济发展的有机结合，从而促进保护区的可持续发展。由于保护区生态资源是一种特殊的资源，并含有旅游的功能，其规划设计开发思路等不同于一般的区域规划，要考虑的因素很多。

9.1.3.3 保护区生态规划目标

保护区生态规划的目标包括系统的基准值、总体目标、近期和远期目标及分年度目标等。主要从以下三个方面进行分析：

分析全国不同区域的生态系统类型、生态问题、生态敏感性和生态系统服务功能类型及其空间分布特征，提出全国生态功能区划方案，明确各类生态功能区的主导生态服务功能以及生态保护目标，划定对国家和区域生态安全起关键作用的重要生态功能区域。

按综合生态系统管理思想，改变按要素管理生态系统的传统模式，分析各重要生态功能区的主要生态问题，分别提出生态保护主要方向。

以生态功能区划为基础，指导区域生态保护与生态建设、产业布局、资源利用和经济社会发展规划，协调社会经济发展和生态保护的关系。

因此，保护区生态规划的目标可以概括为以下几个方面：

(1)规划的整体目标

保护区生态规划的总目标是依据生态控制论原理调控复合系统各种不合理的生态关系，提高系统的自我调节能力，在外部投入有限的条件下，通过各种技术的、行政的、行为的诱导手段实现因地制宜的可持续发展，实现公平、高效和持续发展。

(2)规划的经济系统目标

保护区生态规划要充分利用当地资源优势和技术优势，因地制宜地发展产业和进行技术改造，使产业结构和资源结构相匹配。与技术结构相协调，提高产业的产投比效益，增加经济系统的调节能力。从单一的资源优势结构过渡为资源-技术优势组合结构，形成合理的城乡关系、工农关系、内外经济联系协调发展的经济网络。

(3)规划的社会系统目标

保护区生态规划要实现城乡结构与布局合理，生活环境干净舒适，人口增长与经济支持能力相适应，人口结构合理，社会服务便利，公众生态意识提高，行政管理机构精干，具有灵敏高效的信息反馈和先进的决策支持系统。

(4)规划的生态环境系统目标

保护区生态规划要根据自然条件特点，实现自然资源特别是土地资源和水资源的持续利用，提高系统各环节的生态效率，增加生态系统的服务功能，使系统达到高效、稳定、合理的水平，为公众提供环境优美的保护区。

特别指出的是，在规划中必须根据具体对象和要求提出详细的指标和要求，并进行合理性和可行性的论证。

9.2 保护区生态规划过程

9.2.1 保护区生态要素

保护区生态要素是基于生态环境中的重要因素，是指与人类密切相关的，影响人类生活和生产活动的各种自然要素及人为干扰因素的总和。一般可以分为“水、土、气、生”四大类。主要包括动物、植物、微生物、土地、矿物、海洋、河流、阳光、大气、水分等天然物质要素，以及地面、地下的各种建筑物和相关设施等人工物质要素。

(1) 水

水是生态要素中极为重要的一环，是生命之源。约占地球表面积的71%，故有人将地球称为“水球”。保护区生态规划要十分重视保护区的多年平均降水量，降水频率，降雪情况，水系及水量状况，湖泊面积及库容等。

但是地球上的绝大部分水是含盐的海水，主要靠太阳使它转变成淡水进行水分循环，而且大部分又回到海洋。虽然，水的本身在总量上来说是取之不尽的，但淡水却不是那样，许多地方缺水并成为一个限制生产发展的因素。我国北方人均水资源仅为833 m^3，低于1000 m^3 的重度缺水标准，成为世界上最缺水的地方之一。山东人均水资源量为380 m^3，河北为330 m^3，北京不足300 m^3，天津仅为150 m^3，即所谓资源型缺水地区。山西、内蒙古、甘肃、宁夏、青海和新疆等广大地区都低于折合地表径深150 mm的水生态不平衡标准，需要大规模调水来解决，即所谓生态缺水地区。江苏和上海面临长江，雨量充沛，照理不应缺水，但由于水污染严重，造成合格水缺少，即所谓环境型或称水质型缺水。我国现有688座城市，其中有2/3面临缺水，北方城市如天津、哈尔滨、长春、唐山和烟台等地已全面告急；而许多南方城市都面临水污染问题。到21世纪中叶，我国城市人口将占到总人口的60%，超过9亿，城市缺水将成为头号问题(王献溥，2003)。

值得指出的是，我国水资源的浪费与使用的低效，几乎与缺水情况一样严重，农业用水仍以漫灌为主，工业用水未能循环使用，城市用水由于泄露和无节水意识等，严重浪费。随着生产的发展，用水不足的矛盾将会更加尖锐，有些地区甚至将要出现水荒。尽管淡水量是能耗尽的，但是如果合理的管理水域，许多地方可以得到充分利用，并由大自然的水分循环得到补充；如果利用不当，也会发生水资源危机，影响生产和生活。所以水资源的保护和合理利用也成为许多地区一项重要的研究任务。

（2）土

指土地（Land）和土壤（Soil）两层含义，土地是指地球表层的陆地部分及其以上、以下一定幅度空间范围内的全部环境要素，以及人类社会生产生活活动作用于空间的某些结果所组成的自然-经济综合体。土壤要素则是指保护区的基带土壤类型、成土因素、风化过程、成土过程等的各项指标，土壤地球化学过程、生物富集作用、腐殖质组成以及土壤养分含量等理化性质特征，土壤垂直地带的规律性。

与能再生的资源相比，有些资源一旦被破坏殆尽就很难或不能恢复了，土壤就是这样。土壤是植物生长所必需的基本矿质营养成分和水分的直接源泉。虽然植物可以生长在没有土壤而有营养液的容器内，但是目前大面积推广容器种植植物还是不实际的，所以，从一般意义上来说，没有土壤就不会有生物。土壤是千百年来气候、光、温、热等环境因子和植被通过物理和化学作用，缓慢地腐蚀利用地质母岩形成的产物，但它可以在几个月或几年的时间因受水蚀或风蚀的破坏而丧失掉。放射性微粒、某些有机化合物或盐类的长期污染，也可能使土壤失去长期的效力。一旦这种情况发生，即使利用目前最先进的现代工业技术和科学创造，也不能生产出替代它的物质。相比较而言，在所有可再生的资源中，土壤是最经受不住干扰而且干扰后需要更多资金投入进行恢复的一种资源。一个区域只要有土壤，花费一些人力物力，就有生产的能力；如果没有土壤或者土壤遭受污染而破坏，无论其他资源多么齐全，也无法进行农业生产，人们就难以在那立足。当然，缺乏水分也不可能有持久的生产力。

（3）气

气象要素是指所有表征大气基本特征及变化规律的物理量。目前世界各地的气象台/站所观测记载的主要气象要素有气温、气压、风、云、降水、能见度和空气湿度等。在这些主要的气象要素中，有的表示大气的性质，如气压、气温和湿度；有的表示空气的运动状况，如风向、风速；有的本身就是大气中发生的一些现象，如云、雾、雨、雪、雷电等。这些气象要素是保护区生态规划的基础。

新鲜的未经污染的空气是一种不断被消耗又可以再生的资源。工业不断发展使烟尘、碳氢化合物、光化学烟雾、气态硫以及许多其他对人类不利的成分污染了空气，其中，大多数是由于燃烧煤、石油和其他产品引起的。近年来，雾霾天气已成为一重要的环境问题，不过大气层中新鲜的未经污染的空气总量仍然是丰富的，如果局部受污染地区的污染物来源被清除，自然的大气循环可以缓冲有限的大气污染，保证地球每个角落都有充足的纯净的空气。

（4）生

这里指的是影响保护区生态规划的生物因素，主要包括动物、植物和微生物。

动物是自然界生物中的一类，动物是多细胞真核生命体中的一大类群，称之为动物界。一般不能将无机物合成有机物，只能以有机物为食料，因此具有与植物不同的形态结构和生理功能，以进行摄食、消化、吸收、呼吸、循环、排泄、感觉、运动和繁殖等生命活动。

植物是生命的主要形态之一，构成植物界为数众多的任何有机体。绿色植物大部分的能源是经由光合作用从太阳光中得到的。

微生物是一切肉眼看不见或看不清的微小生物，从进化的角度，微生物是一切生物的老前辈。它们无所不在，是生态环境中不可或缺的一大要素。

9.2.2 保护区生态类型

保护区的类型一般可以根据保护对象、保护性质、管理系统的不同而有不同的分类方法，概括起来有以下几种分类。

（1）按保护对象分类

根据保护对象的特点，自然保护区分为自然生态系统类、野生生物类和自然遗迹类3类（徐卫华，2002）。自然生态系统类型自然保护区指以具有代表性、典型性与完整性的生物群落和非生物环境共同组成的生态系统为保护对象的自然保护区及生态系统或遭破坏急待恢复和更新的同类地区，包括森林生态系统、草原与草甸生态系统、荒漠生态系统、湿地生态系统、海洋和海岸带生态系统5个类型。野生生物类指珍稀濒危物种的分布集中地区，包括野生动物和野生植物2种类型。自然遗迹类包括地质遗迹类和古生物遗迹类。在我国，森林生态系统保护区类型数量最多；而荒漠生态系统类型自然保护区面积最大；海洋和海岸生态系统、自然遗迹类自然保护区面积较小。自然保护区的类型与分部门管理往往有密切的关系，如林业部门更多地发展与建设森林、湿地与野生动物保护的自然保护区，海洋部门更多地发展与建设海洋保护区，农业部门则与草地、鱼类保护区相关，国土资源部门与自然遗迹自然保护区相关。

①自然生态系统类型自然保护区。自然生态系统类型自然保护区一般指比较完整的自然生态系统及各类自然资源组成的复合生态系统，此类自然保护区占地面积较大，保护对象广泛，管理任务繁重，对各类较为完整的自然生态系统及其生物、非生物资源进行全面的保护。相关科学研究以自身生态规律为中心，可同时开展各学科研究工作。同时，可以在缓冲区内开展人工驯养及利用当地的自然资源和自然生态环境开展各种经营活动。如吉林的长白山、福建的武夷山、云南的西双版纳、陕西的太白山和新疆的喀纳斯保护区等。

就生态系统而言，有陆地生态系统和海洋生态系统两部分。陆地生态系统中，有森林、草原、湿地、荒漠、岛屿等类型，其中森林是陆地生态系统的主体。在划定自然保护区时，首先考虑它应含有属于不同自然地带典型而有代表性的自然生态系统，同时又具有一些珍稀、濒危动植物种或自然历史遗迹等其他成分。如自然景观类型保护区是利用独特的自然景观和优美的自然风光，以及有代表性的自然地理区域而建立的自然保护区。防止因不合理的开发利用、环境污染、人口密度增加等因素而造成这些区域的破坏，要科学地加以保护，合理地开发建设，为人们观赏、游览、欣赏自然风光提供条件。此类自然保护区管理的一个重要问题是防止旅游造成的人为污染破坏，施工乱建造成的景观带破坏。另外，还包括一些生态系统已遭到破坏，亟待恢复或更新演替的有价值的典型地区。如生态脆弱地带与资源恢复类型保护区，此类保护区包括沙化、水土流失、草地退化、次生林带等生态破坏地区的保护恢复、有经济价值生物储量增殖的保护。这类自然保护区的主要任务是区域生态环境的保护和有较大经济价值生物种的保护增殖。通过自然保护区特有的法律性质，防止生态脆弱地带的生态环境因开发建设及各种人为因素影响而进一步恶化，使生物储量在增殖的情况下，研究合理开发利用途径，有计划、科学的发挥这部分资源优势(韩曰午，1996)。

随着科学不断地发展，人们对自然界规律的认识逐渐加深，同时也意识到，原来的天然生态系统不仅对自然保护有重要作用，而且是一个丰富的资源储藏库，具有许多有经济价值的生物资源，今后可能需要大量繁殖，以供应用。如果这些资源全部毁灭，对人类的损失将是不可估量的。所以，对目前尚存的为数不多的森林、草地、湿地等天然生态系统和珍贵的生物资源，就必须有目的、有计划地建立相应的保护区；或采取其他有效的保护措施，进行科学的生态管理，使其能长期保存下去，为国家经济建设提供相应的资源。

②野生生物类型自然保护区。野生生物类型自然保护区指珍稀濒危野生生物种以及有特殊保护意义、有一定经济价值和效益的各种生物类型自然保护区。这类自然保护区保护对象单一，针对性强，面积大小不均，可根据保护对象的实际生态环境需要而定。其主要任务是珍稀濒危野生物种的抢救性保护、繁育、增殖，建立野生物种基因库，保持良好的生存栖息环境，适当人工调节生物量，维持其生态平衡关系。包括野生动物和野生植物类型自然保护区。

野生动物类型自然保护区是保护各种珍稀动物及其主要栖息、繁殖地或其他有科研、经济、医学等特殊价值的野生动物为主要保护对象而建立的特别保护区。如四川卧龙大熊猫保护区、江西桃红岭梅花鹿自然保护区、海南南湾猕猴自然保护区和安徽扬子鳄自然保护区等。

野生植物类型自然保护区是保护以各种珍贵稀有的野生植物物种和典型、独有和特殊的植被类型为主要对象的特别保护区。如四川金佛山银杉保护区、新疆巩留野核桃保护区、四川攀枝花自然保护区等。

③自然历史遗迹保护区。地球形成经历了漫长而复杂的变化，其内部一直处于不断的运动之中，形成冰川、火山、岩溶、温泉、洞穴等多种多样的自然历史遗迹，这对于人类了解自然界有着极其重要的作用。自然历史遗迹保护区就是对一些因自然原因形成的，有特殊价值而需要采取保护措施的非生物资源地区。包括生物化石集中产地、典型地质剖面火山遗迹、特殊地质、地貌。此类自然保护区主要任务是对保护对象的严格管理，防止因旅游、开发等原因造成人为破坏，为教学、科研等活动服务。如黑龙江五大连池温泉保护区、吉林伊通火山群保护区和天津蓟县地质剖面保护区等。

（2）按管理级别分类

根据自然保护区的保护对象的代表性与重要性，我国自然保护区划分为国家级、省级、市级和县级四个等级(徐卫华，2002)。

①国家级自然保护区。指在全国或国际上具有极高的科学、文化和经济价值，并经国务院批准建立的自然保护区。如我国的四川卧龙、陕西佛坪及甘肃白水江自然保护区。

②省(自治区、直辖市)级自然保护区。指在本辖区或所属生物地理省内具有较高的科学、文化和经济价值以及休息、娱乐、观赏价值，并经同级人民政府批准建立的自然保护区。省级自然生态系统类自然保护区必须具备其生态系统在辖区保护生物资源、保持水土和改善环境有重要意义的条件。

③市(自治州)级和县(自治县、旗、县级市)级自然保护区。指在本辖区或本地区内具有较为重要的科学、文化、经济价值以及娱乐、休息、观赏的价值，并经同级人民政府批准建立的自然保护区。

(3) 按主管部门分类

根据自然保护区条例，国家对自然保护区实行综合管理与分部门管理相结合的管理体制。国务院环境保护行政主管部门负责全国自然保护区的综合管理。林业、农业、国土资源、水利、海洋等有关行政主管部门在各自的职责范围内，主管有关的自然保护区。

目前所建立的自然保护区由国家环境保护部、国家林业局、国家海洋局、农业部、住房和城乡建设部、国土资源部、水利部、中国科学院等部门分别管理(徐卫华，2002)。

随着社会生产力的发展，人类对利用资源的能力不断增强。在科学技术落后和缺乏有计划的全面考虑的情况下，许多生态系统因人类过度利用而遭到破坏，甚至消失，被对人类的作用不大甚至有害的生态系统所代替。这就导致某些资源枯竭、水土流失、环境恶化，难以再恢复原来的面貌。保护区的不同类型和保护区内的分区都是为了明确日常保护经营管理的方针和措施。保护区的分区管理不能认为保护区就是综合性经营或属多种经营的管理区。明确自然保护区不同类型的作用，可以避免对保护对象采取不适当的措施而引起不应有的损失。

必须强调的是，自然保护事业的范围远不限于保护区。自然保护区是保护、合理利用、监测和改造自然环境和自然资源整体的战略基地，是自然生态系统和生物种源的一个储备地，它像国家保护的历史文物一样，是国家保护自然历史遗产的重要设施，是当前建立保存各种主要自然生物群落的典型代表和特定的物种，使它不受任何干扰，供各方面长期的需要，是十分重要的储存库。自然保护区也是贯彻一个国家合理利用自然资源，特别是野生生物资源的方针和措施的样板。保护区对维护生态平衡、改善人类环境、保持水土、涵养水源起着积极的作用。

(4) 按保护区的性质分类

按照保护区的性质来划分，自然保护区可以分为科研保护区、国家公园(即风景名胜区)、管理区和资源管理保护区4类。

9.2.3 保护区生态体系规划

(1) 保护区生态体系规划的意义

为了贯彻科学发展观，树立生态文明的观念，运用生态学原理，以协调人与自然的关系、协调生态保护与经济社会发展关系、增强生态支撑能力、促进经济社会可持续发展为目标，在充分认识区域生态系统结构、过程及生态服务功能空间分异规律的基础上，建立保护区生态规划体系，明确对保障国家生态安全有重要意义的区域，以指导我国生态保护与建设、自然资源有序开发和产业合理布局，推动我国经济社会与生态保护协调、健康发展。

(2) 保护区生态体系规划的步骤

在中国生态系统保护区体系规划中，运用保护区体系规划的方法(包括生物地理法和GAP分析法)，利用现有的生态系统类型以及保护区的数据、资料，综合分析得出优先保护生态系统的分布地区，并使这些地区都得到保护。在研究中可分为五个步骤(徐卫华，2002)：

①根据规划目标，广泛收集资料，包括空间数据和生态系统及保护区的资料。

②根据《中国植被》以及《中国湿地》，确定中国陆地主要自然生态系统类型及其分布，并对照中国植被图，明确各生态系统类型的空间分布。

③确定优先保护生态系统准则，并根据此准则对中国主要生态系统类型进行评价，确定优

先保护生态系统类型及其空间分布。

④评价国家级生态系统保护区的基本情况，根据各保护区的保护对象及其所在空间位置，与优先保护生态系统类型的分布相对照，进行空缺分析。

⑤在优先保护生态系统空缺地区和保护面积不够的地区，新建、调整或扩建国家级保护区。

9.2.4　保护区生态规划内容与程序

9.2.4.1　保护区生态规划的主要内容

（1）生态调查

生态调查的目的在于收集规划区域内的自然、社会、人口、经济等方面的资料和数据，为充分了解规划区域的生态过程、生态潜力与制约因素提供基础。由于规划的对象与目标不同，所涉及的因素广度与深度也不同，因而生态调查所采用的方法和手段也不尽相同。

①实地调查。实地调查是收集资料的最直接的方法，尤其在小区域、大比例规划中，实地调查更为重要。

②历史调查。人类活动与自然环境长期相互作用和影响，形成资源枯竭、土地退化、环境污染、生态破坏等问题，多是历史上人类不适当的活动造成的直接或间接的后果。在生态调查中，对历史过程进行调查了解，可以为规划者提供探索人类活动与区域环境问题之间关系的线索。

③公众参与的社会调查。生态规划强调以人为本，体现公众参与。因此，通过社会调查，了解区域内不同阶段的人们对于发展的要求，所关注的焦点问题，在规划中体现公众的愿望。同时，通过社会调查，进行专家咨询、座谈，可将专家的知识与经验结合于规划中。

④遥感调查。近年来，遥感技术发展迅速，为及时获取区域空间特征资料提供了十分有效的手段。随着地理信息系统的发展与运用，遥感资料的处理得到技术上的保障，已成为生态规划的重要资料来源。

在生态调查中，根据生态规划的要求，往往将规划区域划分为不同的单元，将调查资料和数据落实到每个单元上，并建立信息管理系统，通过数据库和图形显示的方法将区域社会、经济和生态环境各种要素空间分布直观地表达出来，为下一步的生态分析奠定基础。

（2）生态分析与评价

生态分析与评价主要运用生态系统及景观生态学理论和方法，对规划区域系统的组成、结构、功能与过程进行分析评价，认识和了解规划区域发展的生态潜力和限制因素。主要包括以下几个方面的内容。

①生态过程分析。生态过程是由生态系统类型、组成结构与功能所规定的，是生态系统及其功能的宏观表现。自然生态过程所反映的自然资源与能流特征，生态格局与动态都是以区域的生态系统功能为基础的。同时，人类的各种活动使得区域的生态过程带有明显的人工特征。在生态规划中，受人类活动影响的生态过程及其与自然生态过程的关系是关注的重点。特别是那些与区域发展和环境密切相关的生态过程（如能流、物质循环、水循环、土地承载力、景观

格局等），应在规划中进行综合分析。

对人工生态系统进行分析发现，人工生态系统营养结构简化，自然能流结构与通量被改变，生产者、消费者与分解还原者彼此分离，难以完成物质循环再生和能量有效利用等生态过程，造成生态系统耗竭与生态滞留。人类活动的强烈影响，使生态系统和景观格局发生改变，许多城镇、乡村“镶嵌体”及交通“廊道”的增加，成为物流的“控制器”，使物质流通过程人工化，辅助物质与能量投入增大，人与外部交换更加频繁与开放，使得以自然过程为主的农业依赖于化学肥料和能量的投入，工业依赖于外部原料的输入。系统的自我调控与发展能力过程失去平衡，水土流失加剧，土壤的退化、人工物流过程不完全，导致有毒有害废物的积累，污染环境。在区域范围内，因分工的不同，通过资源、商品等的交换将区域内各功能实体连为一体。分析区域内物质交换特点，可进一步了解区域经济与资源地位、区域经济对外部的依赖性等。

②生态潜力分析。狭义的生态潜力指单位土地面积上可能达到的第一性生产能力，它是一个综合反映区域光、温、水、土资源配合的定量指标。它们的组合所允许的最大生产力通常是该区域农、林、牧业生态系统生产力的上限。广义的生态潜力则指区域内所有生态资源在自然条件下的生产和供应能力。通过对生态潜力的分析，与现状利用和产出进行对比，可以找到制约发展的主要生态环境要素。

③生态格局分析。人类的长期活动，使区域景观结构与功能带有明显的人工特征，原来物种丰富的自然植物群落被单一种群的农业和林业生物群落所取代，成为大多数区域景观的基质。城镇与农村居住区的广泛分布成为控制区域功能的镶嵌体，公路、铁路、人工林带与区域交错的自然河道、人工河渠及自然景观残片共同构成了区域的景观格局。不同要素、区域的基质，构成生态系统第一性生产者，而在山区和丘陵区，农田则可能成为缀块镶嵌在人工、半人工或自然林中。城镇是区域镶嵌体，又是社会经济中心，它通过发达的交通网络等廊道与农村及其他城镇进行物质与能量的交换与转化。残存的自然斑块则对维护区域生态条件、保存物种及生物多样性具重要意义。

无论是残存的自然斑块，还是人工化的景观要素及其动态，均反映在区域土地利用格局上。而生态系统规划的最终表达结果也反应在土地利用格局的改变上。因此，景观结构与功能的分析及其格局动态评价对生态规划具有重要的现实意义。

④生态敏感性分析。在复合生态系统中，不同子系统活景观斑块对人类活动干扰的反应是不同的。有的生态系统对人类的干扰有较强的抵抗力，有的则具有较强的恢复力，也有的既十分脆弱，易受破坏，又不易恢复。因此，在生态规划中必须分析和评价系统各因子对人类活动的反应，进行敏感性评价。根据区域发展和资源开发活动可能对系统的影响，生态敏感性评价一般包括水土流失评价、自然灾害风险评价、特殊价值生态系统和人文景观评价、重要集水区评价等。

⑤土地质量与区位评价。区域的气候条件、地理特点、生态过程、社会基础等最终反映在区域土地质量和区位特征上。因此，对土地质量和区位的评价实际上是对复合生态系统的评价与分析的综合和归纳。土地质量的评价因用途不同而在评价指标、内容、方法上有所不同。如在绿地系统规划中对土地质量的评价涉及的是与绿化密切相关的气候、土壤养分与土壤结构、

水分有效性、植物生态系统等属性。区位的评价是为城镇发展与建设、产业的布局等提供基础，涉及的评价指标有地质地貌条件、水系分布、植被与土壤、交通、人口、土地利用现状等方面。对于评价指标和属性，可采用因素间相互关系构成模型综合为综合指标，也可采用加权综合或主成分分析等方法，找出因子间的作用关系和相对权重，最终形成土地质量和区位的评价图。

（3）决策分析

生态规划的最终目的是提出区域发展的方案与途径。生态决策分析就是在生态评价的基础上，根据规划对象的发展与要求以及资源环境及社会经济条件，分析与选择经济学与生态学合理的发展方案与措施。其内容包括：根据发展目标分析资源要求，通过与现状资源的匹配性分析确定初步的方案与措施，再运动生态学、经济学等相关学科知识对方案进行分析、评价和筛选。

①生态适宜性分析。是生态规划的核心，也是生态规划研究最多的方面。目标是根据区域自然资源与环境性能，按照发展的需求与资源利用要求，划分资源与环境的适宜性等级。自McHarg提出生态适宜性图形空间叠置方法以来，许多研究者对此进行了深入研究，先后提出了多种生态系统适宜性的评价方法，特别是随着地理信息系统技术的发展，生态适宜性分析方法得到进一步发展和完善。

②生态功能区划与土地利用布局。根据区域复合生态系统结构及其功能，对于涉及范围较大而又存在明显空间异质性的区域，要进行生态功能分区，将区域划分为不同的功能单元，研究其结构、特点、环境承载力等问题，为各区提供管理对策。区划时综合考虑各区生态环境要素现状、问题、发展趋势及生态适宜度，提出合理的分区布局方案。

土地利用布局要以生态适宜度分析结果为基础，参照有关政策、法规及技术、经济可行性，划分出各类用地的范围、位置和面积。

③规划方案的制定、评价与选择。在前述分析评价的基础上，根据发展的目标和要求以及资源环境的适宜性，制定具体的生态规划方案。生态规划是由一系列子规划构成的，这些规划最终是要以促进社会经济发展、生态环境条件改善及区域持续发展能力的增强为目的的。因此，必须对各项规划方案进行下面三方面的评价。

a. 方案与目标评价。分析各规划方案所提供的发展潜力能否满足规划目标的要求，若不满足则必须调整方案与目标，并作进一步的分析。

b. 成本—效益分析。对方案中资源与资本投入及其实施结果所带来的效益进行分析、比较，进行经济上的可行性评价，以筛选出投入低、效益高的措施方案。

c. 对持续发展能力的影响。发展必须考虑生态环境，有些规划能带有有益的影响，促进生态系统的改善，有的则相反。因此，必须对各方案进行可持续发展能力的评价，内容主要包括对自然资源潜力的利用程度、对区域环境质量的影响、对景观格局的影响、自然生态系统不可逆性分析、对区域持续发展能力的综合效应等方面。

生态规划由总体规划及若干个相关的子规划组成。包括生态系统规划与调控总体规划、土地利用生态规划、人口适宜性发展规划、产业布局与结构调整规划、环境保护规划、绿地系统建设规划等。必要时，相关规划还应提供较为详细的生态设计方案。

（4）保护区生态规划的程序

很多学者提出了生态规划的具体程序。McHarg 在其著作《设计结合自然》中，提出了一个规划的生态学框架，并通过案例研究，对生态规划的工作程序及应用进行了探讨；斯坦纳则认为生态规划是运用生物学及社会文化信息，就景观利用的决策提出可能的机遇及约束；王如松基于"社会—经济—自然"复合生态系统的观点提出生态规划流程；欧阳志云则提出区域发展生态规划由生态调查、生态评价、生态决策分析三个方面构成。

此处对前人经验进行总结，列出保护区生态规划的具体步骤。

①明确保护区规划的范围与目标，对其可行性进行评估。

②成立调研小组，根据规划目标与任务收集区域自然资源与环境、人口、经济产业结构等方面的资料与数据。

③根据收集的资料，按照规划目标的要求，提取、分析有关信息。

④根据规划目标，分析各种资源环境条件的性能及其对保护区建设的适应性等级，建立资源评价与分级的准则。

⑤生态评价和生态效益分析，主要运用生态学、生态经济学、地学及其他相关学科的知识，对区域和规划目标有关的自然环境和资源的性能、生态过程、生态敏感性及区域生态潜力与限制因素及其生态效益进行综合评价。

⑥建立数据库，绘制保护区社会生态图，撰写生态系统评价报告书。

⑦根据发展目标，以综合适应性评价结果为基础，提交保护区规划方案。

综合上述，保护区生态规划一般包括三个主要步骤：调查分析、规划设计和实施评价。其主要框架如图 9-1 所示。

9.3　自然保护区生态规划的方法

9.3.1　我国自然保护区概述

根据《中华人民共和国自然保护区条例》，我国的自然保护区，是指对有代表性的自然生态系统、珍稀濒危野生动植物物种的天然集中分布区、有特殊意义的自然遗迹等保护对象所在的陆地、陆地水体或者海域，依法划出一定面积予以特殊保护和管理的区域。

我国的自然保护区是在新中国成立之后发展起来的，经历了从无到有，再逐渐壮大成熟的过程，其间虽遭遇一些波折，但经过半个多世纪的建设，现已呈现出稳定发展的态势。概括来说，我国自然保护区的发展经历了如下三个时期(李东玉，2013)。

初创期(1956 年—20 世纪 60 年代初期)：新中国建立初期，国民经济恢复发展，亟须进行森林资源、野生动植物的保护以及狩猎管理。在这种情势下，1956 年，林业部制定了包括自然保护区的划定对象、办法和地区的草案。同年，广东鼎湖山成为我国第一个自然保护区，标志着我国自然保护区事业的起步。这一时期，自然保护区以保护原始森林资源植被和野生动植物资源为主，建设速度不快。

停滞期(1966—1978 年)：文化大革命严重影响了我国自然保护区的建设。捕猎和砍伐活

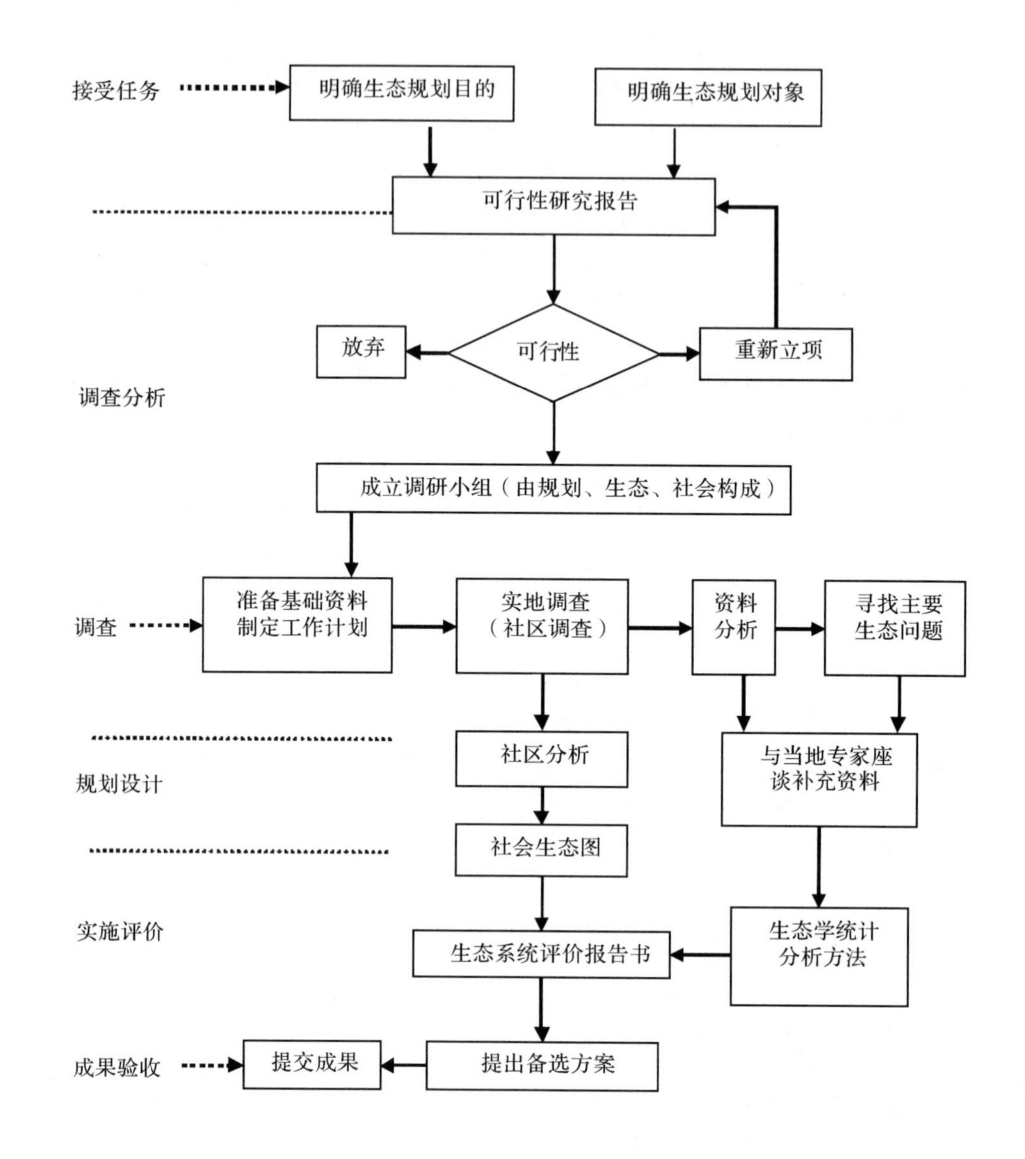

图 9-1 保护区生态规划程序

动猖獗，野生动植物资源遭到严重破坏，自然保护区原有的保护价值降低甚至失去，新的自然保护区未能建立，而原已划定建立的也被撤销和破坏。

快速稳定发展期(1978 年至今)：改革开放以后，自然保护区进入快速发展阶段。20 世纪八九十年代，一系列与自然保护区相关的法律法规以及规范性文件等相继颁布实施，规范了自然保护区的建设与管理，也为其提供了法律上的依据，在自然保护区的发展过程中起到了积极的作用。2001 年，全国野生动植物保护及自然保护区建设工程启动，自然保护区建设成为重中之重，为其跨越式发展提供了有利条件。据统计，截至 2012 年底，全国共建立各种类型、不同级别的自然保护区 2669 个，保护区总面积 $14\ 775 \times 10^4 hm^2$，陆地自然保护区面积已占到国土面积的14.9%，超过12%的世界平均水平，其中国家级自然保护区363个，这些自然保护区保护了我国90%的陆地生态系统类型、45%的天然湿地、85%的野生动物种群和65%的高等植物群落，涵盖了20%的天然优质森林和30%的典型荒漠地区，以自然保护区为主体的生物多样性就地保护网络基本形成，对维护生物多样性和促进可持续发展发挥了重要作用(唐永锋，2005；李小双，2012；王智，2011)。

9.3.2 自然保护区格局与体系建设

中国自然保护区分国家级自然保护区和地方级自然保护区，地方级又包括省、市、县三级自然保护区。自然保护区作为野生生物资源分布最为集中的地区，是就地保护自然资源和环境最有利的场所(郑海洋，2009)。

9.3.2.1 自然保护区体系建设现状及问题

由于以往自然保护区多是在抢救性策略的指导下建立的，因此缺乏正确的、系统的计划。导致现有的保护区体系在生物多样性保护方面存在着空缺。目前，主要存在以下问题(李迪强，2003)。

(1) 保护区的总面积小、布局不合理，规模不适宜，类型不齐全

多数省和自治区的国家级保护区总面积过小。我国自然保护区的发展是在抢救性地建立自然保护区的策略指导下进行的，因此保护区的数量和保护的面积在全国各地区分布不均，在受到威胁和潜在威胁较大的东部区域建立的保护区数量较多，但是每个保护区的面积较小；西部地区因人口密度小，面临的威胁也相对小一些，因此建立的自然保护区数量少，但每个保护区的面积较大。此外，沿海地区的保护区数量比内陆地区要少；各种类型的栖息地中建立的保护区的数量与保护的面积不适宜实现物种多样性保护的目的。

(2) 保护区运行经费严重不足

虽然保护区的历史在中国已经有几十年了，但是国家和地方政府一直没有将自然保护区建设和管理的投资纳入年度计划。而且，由于许多保护区经费来源于各级政府，如国家、省、县、地方等，因此保护区要在一年中分几次得到款项，有时甚至难以预测次数。并且由于一些经费是在没有与保护区管理部门进行协商的情况下拨给的专款，因此保护区的运行经费一直没有正常的投资渠道，经费投入严重不足。在这种情况下，保护区的正常工作不能得到保证，保护区的作用没有得到充分的发挥。

(3) 一些保护区地权权属不清，保护区的边界不合理

由于在保护区建设之初经费投入不足，保护区没有能力支付所管辖土地使用权的转让费用，致使这些保护区内的部分甚至全部土地使用权归其他部门甚至当地的社区所有，导致很多难以解决的矛盾出现，给保护区的有效管理造成困难，使保护对象不能得到有效的保护。

在建立保护区确定边界时，政府管理机构和规划人员为了避免保护区管理方面可能遇到的困难，尽可能地少占用当地社区的集体林、居民点和农田，因此许多保护区，尤其是位于丘陵、山地的保护区的边界往往都位于反映地区生物特征的基带植被的上面，而没能对该地区拥有的所有植被类型进行全面的保护。

（4）缺乏具体政策指导

虽然自然保护区也因保护对象和重要性的差别被分成不同的类型和级别，但新建和扩建保护区的程序没有规范，许多保护区在没有进行总体规划的情况下，就进行基础设施建设；在没有对生物资源和保护对象进行科学考察的基础上，就进行功能区划；在对周边地区的情况尚不了解的情况下，就制定了保护区的管理办法和规章制度。还有一些保护区自成立以来，就没有制定任何管理办法，保护和管理工作具有非常大的随意性。

（5）组织机构不健全，人员配备不足

目前国家级自然保护区虽然都建立了管理机构，但是由于经费投入不足，人员配备不齐，专业人才严重缺乏，管理工作处于较低水平或无序的状态，没能充分发挥保护区应有的保护功能。

9.3.2.2 自然保护区体系建设原则

（1）生态系统保护区的建设原则

在生物地理分区中的每一个分区至少建立一个具有代表性的生态系统保护区。

①每类优先保护生态系统至少建立一个国家级自然保护区；

②生态系统保护区规划面积应尽可能大；

③新建国家级生态系统保护区优先考虑省级或县级自然保护区的升级；

④新建与扩建的国家级生态系统保护区尽可能包括复杂的栖息地类型，以增强其物种多样性的保护能力；

⑤跨界生态系统保护区（跨国、跨省保护区）从整体上作为一个保护区规划。

（2）物种保护区建设原则

①在没有被包括在任何级别的保护区内的珍稀濒危特有物种（作为指示物种）的关键栖息地建立新的国家级保护区，对这些选定物种进行保护；

②如果指示物种包括在非国家级的保护区内，将这些保护区升级为国家级保护区，以加强保护；

③如果指示物种所在的保护区的面积不能满足维持一个可长期存活的最小种群的需要或者在与保护区毗邻的地区还有指示物种的其他个体或种群存活，对这些保护区进行调整，将保护区外的个体或种群包括在内。

9.3.3 自然保护区规划程序

9.3.3.1 功能分区

自然保护区的功能区划是保护区规划管理的核心，合理有效的功能区划是充分发挥自然保护区多重功能和实施有效管理与评估的关键（张新娜，2011）。一个客观科学的功能区区划方案，对自然保护即自然环境和自然资源的保护有着十分重要的促进作用。它通过对自然保护区内部区域设置的优化，促进了保护、增值和合理利用自然资源和保护人类生存、发展的自然环境。同时，合理的功能区区划可以更好地确保可更新资源的可持续存在、确保物种多样性和基因库的发展以及维持自然生态系统的动态平衡（周世强，1994）。

最初的自然保护区是原始自然保护区和国家公园，是人们出于宗教或娱乐的目的而设立的，在其建设设计与管理理念中，尚未出现功能分区概念。20世纪以来，随着生物保护方面的问题逐渐凸显、经济全球化，为满足保护区内及周边居民生产生活及发展需求，联合国教科文组织于20世纪80年代提出了生物圈保护区的三分区模式（Shafer C L，1999）：核心区/缓冲区/过渡区（core/buffer zone/transition zone）。

① 核心区。保护区内未经或很少经人为干扰过的自然生态系统的所在，或者是虽然遭受过破坏，但有希望逐步恢复成自然生态系统的地区。该区以保护种源为主，又是取得自然本底信息的所在地，而且还是为保护和监测环境提供评价的来源地。核心区内严禁一切干扰，可以开展监测、研究、宣传和其他低影响的活动；

② 缓冲区。常位于核心区周边和邻近地区，用于开展生态友好的活动，包括环境教育、娱乐、生态旅游和科学研究观测活动，禁止有生产性经营活动；

③ 实验区。常用于当地社区、管理机构、科学家、非政府组织、文化团体、经济利益群体和其他利益相关者的农业、居住和其他相关活动，他们共同可持续地管理和开发这个地区的资源。

三分区模式至今仍被广泛应用于以物种资源保护为首要目的的自然保护区。我国的自然保护区功能区划参照了“人与生物圈（MAB）”计划生物圈保护区的基本模式。除了相关法规条例的规定外，国内许多专家学者就自然保护区功能分区问题也做了大量的研究，主要从分区模式（吴豪，2001；吴承祯，1996；罗辉，2004）、分区方法（杨树华，1999；周世强，1997；翟惟东，2000）两个面进行研究。分区方法又包括定量和定性两个方面。

在具体的功能分区过程中，由于各保护区的自然环境与社会经济状况的差异，给保护区的功能区划带来许多不当的区划结果，直接影响了自然保护区的管理与保护。目前主要存在以下问题：功能分区创新意识不足、分区不合理、缺乏科学依据、与国外自然保护区的功能分区脱轨等问题（张新娜，2011；黄万英，2007）。

对以上保护区功能分区存在的问题，提出以下建议：

（1）积极创新分区模式

我国自然保护区分为3大类别9种类型，各种不同类别的保护区有不同的保护对象和管理目标。因此，对于3大类别的保护区，应根据其不同保护对象、功能及管理目标进行不同的划分。即不同类别的保护区，其功能分区的划分标准应是不一样的。此外，目前，我国自然保护区的分区，基本都是采用静态“三区”区划模式（即将保护区功能区划为核心区、缓冲区、实验区）。然而，随着保护区建设发展的不断深入，保护区的类型呈现出多样化的发展态势，自然保护区的保护要求也是动态变化的，实行传统的功能分区理论及其模式已不适应自然保护管理的需要。因此，在功能分区时，应尝试创新分区模式，即针对不同类型的保护区应采用不同的分区模式，并建立相应的功能分区指标体系，以使保护区功能分区量化，保证划分的科学性，以便更加有效地保护和管理保护区资源与生态环境（王蕾，2009）。

（2）加强全面的本底调查和基础研究工作

对现有资源状况进行全面详尽的调查分析，彻底摸清保护区内各类自然资源的基本情况，对于自然保护区功能区规划及其重要。此外，还需对保护区内的资源进行必要的分类，再根据每一类直至每一种资源的价值、作用、分布位置等确定其适用的保护层次和保护目的。这样才能使保护区的功能区划科学合理、细致全面，保护区的核心区有社会经济和科技科研价值。此外，功能区划分后，还需要长期的监测和研究，及时跟踪保护区的动态变化，不断完善保护区的结构和功能。

（3）加强分区理论和方法研究

目前，我国大多数的自然保护区都采用在调查的基础上，对各区进行定性化分区。功能分区在理论上也仅局限于针对环境异质性不高的陆生生态系统，缺乏功能区划的量化指标、主要保护对象空间分析技术和干扰等级快速评估技术，另外，对于不同区域、不同生境类型以及不同保护对象的自然保护区功能区划也缺乏理论上的突破。

因此，为了能充分体现功能分区的科学性和客观性，对于不同区域、不同生态系统类型以及不同保护对象的自然保护区功能区划要有理论上的突破。同时，应根据不同类型的自然保护区实际情况建立具有代表性、灵活性、综合性的保护区功能区划定量化指标，把功能分区的实际划分方法（如数学方法、GIS 空间分析方法等）和功能分区指标体系联系起来作为一个整体进行研究。

（4）与国际接轨，对保护区重新评估和调整

我国现行的关于自然保护区的定义与分类系统与国际系统有很大的差异。将我国的自然保护区各功能区与 IUCN 分类体系各类别相对应，既符合了我国自然保护区发展的要求，又将保护和发展划分在不同的区域，解决了保护与利用之间的矛盾。同时，对保护区进行重新评估，调整功能分区，对核心区、缓冲区和实验区三区的管理目标和划分标准重新界定或调整。通过调整，既保护了保护区内重要的资源，也为保护区生态旅游开发提供了合适的空间，能够同时满足保护和利用功能。

9.3.3.2 扰动控制

随着我国经济的快速发展和人口的增长，生物多样性遭到了严重的破坏。所以自然保护区的作用尤为重要。自然保护区是区域生态环境的精华区域，作为一种特殊的地域生态系统，自然保护区在全球尺度上已经成为一种保护生物资源、遗传、物种及生态系统多样性的必要手段。随着这些年旅游业的发展，自然保护区也成了人们休闲旅游的场所，自然保护区的流动人口逐年增加，人为对自然保护区环境的影响和破坏也越来越严重，人为的干扰使自然保护区的生态结构受到影响甚至遭到破坏。因此，对自然保护区的扰动控制和规划成为了各自然保护区的头等大事。

扰动即干扰，干扰是群落外部不连续存在、间断发生因子的突然作用或连续存在因子的超“正常”范围波动。这种作用或波动能引起有机体或种群或群落发生全部或部分明显变化，使生态系统的结构和功能发生位移。干扰分为自然干扰和人为干扰，自然干扰即为火山爆发、地震等自然灾害对生态环境的影响以及破坏。人为干扰即为人类活动对周围自然环境的影响及破坏。

干扰的产生及其对自然保护区景观造成的影响不是某一种类型的因素造成的，而这些因素也不是单独作用的，因而不能孤立地看待，必须从区域环境情况出发对干扰进行综合的分析评价。目前所常用的评价方法一般为模糊综合评判法、灰色系统分析法、层次分析法等。由于干

扰因素的复杂性以及因素间的相互关联性很强，各种因素对自然保护区的干扰机理的模糊性造成一般的评价方法评价准确性较低，对于条件不同的地区适用性较差，并且处理巨量的数据也有困难。充分利用专家积累的经验，结合各种客观评价分析方法，对干扰的影响状况进行综合评估显得非常必要。

9.3.3.3 规划文本

自然保护区的规划内容应包括以下几个方面：

①基本情况介绍。地理位置及范围、自然条件、社会经济状况、历史和法律地位。

②现状评价。自然生态质量评价、保护区管理水平评价、保护区经济评价、保护价值、存在的主要问题。

③规划目标及保护区功能划分。规划目标(总体目标、前期目标、后期目标)、保护区功能区划(区划原则、区划依据、功能区划分)。

④自然保护与生态恢复规划。自然保护与生态恢复原则与目标、自然保护与生态恢复措施、自然保护与管理规划、生态恢复规划。

⑤科研与监测规划。科研监测的任务与目标、开展科研的原则、科研项目规划(科研基础设施建设、科研课题计划、科研队伍建设、对外合作、交流计划、科技、科研组织管理、科技档案)、监测项目规划(水资源保护监测站、气象观测站、生态定位监测站、关键物种监测点、生物多样性监测固定样地和固定样线的规划、植物园)。

⑥宣传教育规划(宣传教育内容、宣传教育措施与方式、宣传教育规划、职业培训、教学实习基地)。

⑦基础设施与配套工程规划(局址和站址工程规划、道路建设规划、供电规划、通讯规划、给排水规划、生活及交通设施规划)。

⑧社区发展与共建规划。社区共建的原则与目标、社区共建规划(组建社区共建机构、制定社区共建制度、编制社区共建发展规划)、周边最佳产业结构模式(产业结构现状及其发展趋势、周边最佳产业结构模式规划)、社区建设。

⑨自然资源可持续利用规划。生态旅游规划(生态旅游规划指导思想、生态旅游规划原则、生态旅游资源评价、生态旅游发展前景预测、生态旅游环境容量分析、游客规模预测、环境质量控制、旅游区绿化、美化规划、三废处理、生态旅游项目规划、生态旅游效益分析)、自然资源经营利用规划(自然资源经营利用规划原则、资源经营利用的生产方式和组织形式、自然资源经营利用项目和生产规模、资源经营利用项目收益)。

9.3.4 自然保护区规划的实施与评价

9.3.4.1 常规性管理工作

自然保护区的具体地点选定之后，就应把管理机构建立起来，要根据需要开展一些日常建设管理工作，具体如下。

(1) 增加投入，完善基础设施建设

逐步建立必要的管理站、所，并形成网络，以便能做到全面控制和管理。同时，可因陋就简地建筑适当的房舍和添置相关设备，公路至少应修到主要机构所在地。建立自然博物馆，配备科普解说系统，通过多媒体、标本等介绍景区的环境和文化，演示自然生态过程，提醒旅游者爱护生态，教育旅游者热爱大自然；设置介绍物种、群落、地质地貌现象的标牌，让旅游者很自然、方便地获得知识。

（2）科学规划，规范管理

保护区的管理人员和知识水平总是有限的，只靠自己的力量很难完成这些繁重的任务，必须要有坚实的科技后盾。所以，要聘请有关研究机构或高等院校的专家作为顾问，确定有关专家组成顾问组或委员会，协助保护区制定有关管理、科研、教育、资源利用和生态旅游发展的规划和具体的工作计划。经专家论证、环境评估，然后实施，并且该规划不能与自然保护区的总体规划相抵触，杜绝旅游开发过程中的盲目性和随意性。在开发过程中，应遵循“循序渐进”的原则，科学合理规划生态旅游发展的空间结构和开发时序，实现以点带线、以线带面，滚动开发。旅游规划要围绕“提升地位，形成活力，打造品牌，快速发展”这个旅游业的发展思路进行，通过旅游资源的整合，打造精品，形成品牌。开展生态旅游要将自然保护区的生态安全放在第一位，对任何有损自然保护区资源的行为都要严格制止，不能以牺牲生态为代价换取眼前的经济效益。坚持持续利用的方针，切实保护好生物多样性，对核心区、缓冲区加以严格保护，不对外开放旅游；在实验区开展生产和旅游业务，旅游点线严禁与核心区交错，划出明显的旅游区域，指定旅游线路，因地制宜地制定具体的管理办法和接待容量，以充分发挥其在保护、旅游、宣传教育、科研和生产等方面的功能。

（3）保护第一、旅游第二

自然保护区开展生态旅游必须正确处理好保护与利用的关系，自然保护区发展旅游不是目的，而是一种手段。不能为旅游而发展旅游，发展旅游的目的最终还是为了更好地做好自然保护工作。因此，在自然保护区开展生态旅游时必须处理好保护与开发的关系，坚持“保护第一、旅游第二”的原则。自然保护区的旅游活动只能在实验区，不能在核心区开展。自然保护区旅游规划所设计的项目要有利于保护目标和功能的实现，旅游线路、活动强度、游客人数等设计都应在生态环境容量允许的范围内。景区开发要尽量保护资源的景观原始性和生物多样性，做到旅游与环境协调发展，景区建设与自然保护区相匹配。最后应合理组织旅游活动，通过控制旅游人数与分批安排游客进入景区等措施，避免旅游超载、环境污染。

（4）完善制度，加强监管

自然保护区生态旅游应该是一种对自然负责任的旅游，是建立在环境影响评价和旅游开发可行性论证基础上的，保护区要根据各自的实际情况、逐步完善符合自己特点的科学管理体系，制定各种切实可行的规章制度，逐步使管理科学化、制度化，在森林防火戒严期、野生动物繁殖期等特殊时期，如有必要，实行短期管制或短期封闭，以防止旅游活动可能带来的不良影响。同时还要不断提高管理者素质，加强生态旅游的监测和监管。

9.3.4.2 专题性研究工作

1980年以来，我国自然保护区事业发展迅速，成绩斐然。但是，在建设过程中也出现了一些有名无实，形同虚设的现象，即所谓的纸上保护区。一些自然保护区没有经过全面的科学考察就已建立起来，甚至成了世界自然遗产地之后，本底材料仍然缺乏，需要补课。许多自然保护区在建设中没有贯彻科学研究与监测优先的方针，没有将科学研究应用到保护区的建设和管理实践中去。保护区是实施可持续发展战略、管理自然和文化遗产地、建设持续社会的基本单元。它在社会发展上所占的地位愈来愈重要，但要真正发挥其作用，必须建立在科学的基础上。保护区是一个科学研究基地，除了自己要开展科学研究以外，还应该为其他科研单位和大专院校创造相应的条件，欢迎他们来进行研究，最好与他们建立密切的合作并共同开展科学研究，这样，保护区才能更好地一步一步地向前发展。对一个保护区来说，应该做好下列各方面的研究工作。

① 通过实地调查研究编制区内全部物种的编目，作为监测它们现况和发展趋势的基础。

② 研究如何保护好区内主要物种种群的完整性，明确不同生态系统关键种及该种与其他物种以及环境的相互关系。在研究并保护好各个物种自然遗传变异的基础上，管理具有重要经济价值的物种。

③ 与保护区周边社区共同研究如何保护好区内外的生物资源和如何规划好土地合理利用，科学地建立人与自然相互协调，充满活力的景观镶嵌体。

④ 把保护区建设成为研究生物多样性的基地，广泛宣传介绍，使人们进一步理解生物多样性保护行动的意义和作用。

⑤ 研究制定保护区开展生态旅游和环境教育的规划，使广大公众和工作人员本身对生态旅游有深刻的认识和了解。

⑥ 研究如何发挥保护区的资源优势，探索开发有价值的物种资源及其遗传资源，确立自己的拳头产品及系列产品。

⑦ 生态学的测定，保护区由多种多样的天然和人工生态系统所组成。作为一种科研和教育基地，在有条件的地方，特别是科研保护区都应建立生态系统定位站。在这些定位站中开展生态系统基本过程的研究，探讨和分析生态系统中各个组成成分以及整个生态系统和保护区变化和发展的趋势和可能性，为呈现保护区的持续开发的目标提供可靠的理论依据。这就需要有一个统一的标准化的生态学测定方案，使各个保护区有据可循，并结合自己的实际情况进一步充实和完善，以便于各地资料的对比分析，并有利于了解不同区域生态系统基本过程的异同以及彼此之间的相互关系。

9.3.4.3 生态旅游规划

生态旅游是一种主题旅游，它是指旅游者到大自然中去，在欣赏自然景观和了解生态现象的同时受到环境教育，同时能够达到可持续管理的旅游。生态旅游不但是对自然景物的观光和游览，而且强调被观光的对象不受到损害。

自然保护区生态旅游规划是对有代表性的自然生态系统、珍稀濒危野生动植物物种和遗传资源的天然集中分布区、有特殊意义的自然遗迹等保护对象所在的陆地、陆地水体或者海域，依法划出一定面积予以特殊保护和管理的区域，是人类面对生存环境发生巨大变化而做出的明智、有效的选择，对于保护对当代和子孙后代具有巨大价值的生物多样性，对于落实环境保护基本国策，实施可持续发展战略，都具有重大现实意义和深远的历史意义。

生态旅游规划与管理的方法，主要参照和借鉴旅游规划的一般程序和管理原则进行。体现生态旅游部分思想的旅游规划早于生态旅游本身的历史，主要表现是旅游规划引入生态学的思想。

（1）规划原则

与其他旅游地开发规划一样，自然保护区生态旅游开发规划需遵循以下原则：特色原则（优势突出原则）；多样性原则；市场导向原则；效益原则；多渠道筹资原则；循序渐进，滚动发展原则等。相比较而言，自然保护区生态旅游规划更应强调以下几个原则。

① 生态安全原则。保护好生物多样性和维护生态安全是自然保护区建立和发展的最主要目标，也是自然保护区进行一切活动的首要原则，自然保护区生态旅游开发活动也不例外，维护生态安全才能保证自然保护区生态环境的良性发展，而良好的生态环境是自然保护区发展生态旅游的立足之本。自然保护区生态安全原则要求：

严禁在核心区内开发旅游、缓冲区内建设接待设施以及实验区内大规模的工程建设；

严格控制旅游环境容量；

严禁开展与自然保护不一致的旅游项目；

旅游设施的建设以不破坏自然环境为前提，并与自然环境和谐统一；

保持原始性，在生态旅游开发时要尽量保持生态旅游资源的原始性和真实性，项目的选择符合当地的气候条件、地形地貌等自然因素的原生韵味和传统习俗、风土人情等传统文化特色，避免因开发造成文化污染，不应把城市现代化建筑移置到旅游景区，保证当地自然与人的和谐意境不受损害，提供原汁原味的“真品”与“精品”；

寓教于乐，自然保护区管理单位及旅游部门应将生态环保意识精妙地渗透到旅游活动的各个环节，使游客在寄情山水之时，感受到自然界的博大神奇，体会到尊重自然、保护生态、节约资源的重要性。

②强调社区参与原则。社区参与式的规划一直是规划强调的主要方法之一，生态旅游更是如此。倡导社区参与，使当地居民受益，从而支持旅游资源环境的保护发展，实现“双赢”，是生态旅游的核心内容之一。社区参与的关键是利益公平分配和教育培训，只有在公平分配的基础上，进行环境素质教育，这样才能保证吸引社区居民参与的积极性和主动性。如果离开当地社区的发展来孤立地发展旅游，其持续发展所需的支持就十分有限。生态旅游要发展，其开发项目就必须同社区利益需求联系起来。要吸引社区群众参与生态旅游活动，包括旅游规划、景区建设和管理、旅游活动的组织、旅游服务等方面的参与。保护区要处理好与社区的利益关系，尽量顾及社区居民的利益，让社区居民真正从旅游中受益，增加就业机会，改善基础设施，为当地产品带来市场，实现旅游扶贫的功能，使生态环境和文化的保护成为他们的自觉行动。

③技术保障原则。生态旅游是一种先进的旅游开发和管理思想，这为高新技术在生态旅游规划中的应用提出了要求，也提供了机会。例如，对一些特殊生态旅游区的区域布局和线路规划，需要利用航空图像和卫星图像。即使是生态旅游区的日常管理，也要求用先进的技术作保障，如污染治理系统、网络销售系统等都必须建立在相应的技术基础上才能有效地运转。生态旅游规划应尽可能地利用当今世界上最新技术，以有力地协调旅游开发和生态保护之间的关

系，保障生态旅游的健康和可持续发展。将先进的科学技术应用到生态旅游发展中，是降低生态旅游能耗，提高生态旅游效益的重要方法。

④法制监控原则。为了确保生态旅游开发不破坏生态环境，防止旅游开发商的短期行为，对生态旅游开发要进行环境评价，对生态旅游经营要进行环境审计，使之制度化，确保生态旅游开发和经营活动符合有关的生态环境保护法规。此外，为了预防和减小破坏生境意识，建立先培训再出游，先培训再上岗的管理制度。

⑤分期规划原则。分期规划要根据保护区的建设规模、项目特点、投资来源等具体情况而定。旅游分期规划应遵循的原则：

全面规划、分期建设、滚动发展、不断完善的原则；

特色突出、区位交通优势明显和市场潜力大的项目优先发展；

旅游项目的分期规划尽量与地方经济发展规划相衔接；

旅游项目的建设分期一般分为三期，即近期、中期和远期，规划期限为15～20年。

（2）规划重点

自然保护区的生态旅游旨在实现经济、社会和美学价值的同时，寻求适宜的利润和资源环境的维护，其目的是享受自然赐予的景观和文化，通过约束旅游者和开发商的行为，使之共同分担维护景观资源的成本，从而使当地居民和子孙后代也成为生态旅游的受益者。自然保护区的生态旅游规划与开发在理论上可以得到双赢的效果，但是理论与实际还有一定的距离，一定要考虑到实际情况，因地制宜、严守自然保护区的规则来进行规划与开发才能做到真正的双赢。主管自然保护区和旅游的部门应在政策上协调一致，分工合作，在投入和产出、发展旅游经济、服务项目、质量及其收费标准与收入的分配方面有妥善的安排，发挥各方面的积极性。

①在对自然生态系统、珍稀濒危野生动植物物种进行保护的基础上进行合理的旅游开发。生态旅游是建立在保护区优质而有特色的环境质量上的，因此，一切建设活动都不能影响环境保护。传统的旅游开发模式在自然保护区的实施已经对其造成了一定程度的破坏，那么生态旅游的开发也必须持积极而谨慎的态度，从可行性论证到开发规划到监督管理，采用科学可行的开发程序。不能一哄而上，对于自身条件不进行充分的认识，盲目追求利益的不可持续的开发以及对于自然保护区的生态旅游做无规划的开发是不允许的。同时在开发规划时，对于旅游承载力的考虑要结合自然保护区的规划和管理，进行保护性开发，注重保护，进行需求预测，采用一些必要的手段调节游客流量，要有限度的开发。

②生态旅游能否持续发展，能否从中获益，必须要有经济发展作为后盾。保护区生态旅游开发所取得的经济收入主要应用于自然保护事业和当地经济发展，适当提高生态旅游区的入场门票和参观游览费用。已确定为发展生态旅游的区域，就应围绕其发展的要求进行建设，如交通运输、通信联络、食品工业、土特产开发、手工业、旅游、饭店、商业网络等都应加以考虑。自然保护区的生态旅游规划与开发本意就是双赢的开发模式，即使人们享受到自然保护区的独特魅力，也对自然保护区进行了保护，形成一个开发-保护-二次开发-深度保护的良性循环。同时生态旅游的开发的主体应以当地居民为主，给当地的带来一定的劳务市场，随之产生的第二、三产业，特别是第三产业可以很好的带动本地经济的发展，为区域的整体发展提供很好的助力。

③景观规划的协调一致。保护区生态旅游开发中所有的建筑、道路等基础设施，在设计时要考虑与自然景观相协调，在施工时应尽可能减少对自然环境的不良影响。生态旅游出现的背景已经说明在现代的生活中人们更倾向于纯自然的享受，生态旅游以回归自然为主题，贵在自然，尽可能少的减少人工雕琢，具有浓厚乡村特色并与环境和谐的建筑风格的景观规划更适合自然保护区的生态旅游开发。

④保护区要利用已有的科研成就和联络网来制定规划，特别要根据自己在区域生态、风景名胜和经济上所起的作用，建立展览馆，拍摄影视节目、编写生态旅游指南，并广为传播，让旅游者了解其存在的重要性，以促进各方面对它的支持和帮助。要加强对工作人员的培训，使之真正能够承担发展生态旅游所应开展的各项工作。

⑤注重保护区品牌和资源优势，加强市场分析，全方位促销。我国自然保护区自身的特点是类型全、数量多，分布广，对其开发要考虑到旅游客源的问题，注重品牌意识，也就是旅游资源的形象定位。定位的过程必须与自身的条件相结合，不能脱离自然本身而另辟蹊径，生态旅游的基础是建立在自然资源上，自然的不同才是真正的与众不同，而人工的旅游资源很容易被替代，同时要突出特色，防止雷同，尤其是防止短距离、低水平的重复开发。注重宣传效果，把生态旅游精品线路重点宣传，有计划地推向市场，这对于树立保护区良好的形象，提高知名度十分重要。做好生态旅游产品包装，加大宣传促销投入，充分利用报刊、杂志、电视等新闻媒体，通过摄制专题风光片、撰写文章，进行广泛宣传，并依据各地客源市场的不同情况采取点面结合等不同策略，为市场开发和促销打下坚实基础。

⑥保护区要发挥自己的资源优势，安排好旅游路线和重点观光景点，使旅游者得到尽情的享受。同时，要建立旅游者服务中心和生态监测站，尽量为旅游者提供更高层次服务，并推动保护区本身的科研、教育和建设。

9.4　湿地保护区生态规划

湿地与森林、海洋并称为全球三大生态系统。健康的湿地生态系统是国家生态安全的重要组成部分和经济社会可持续发展的重要基础。保护湿地，对于维护生态平衡，改善生态状况，促进人与自然和谐，实现经济社会可持续发展，具有十分重要的意义。

湿地是分布于陆生生态系统和水生生态系统之间具有独特的水文、土壤、植被与生物特征的生态系统。湿地在调节气候、涵养水源、净化环境、维持生物多样性和生态平衡等方面均具有十分重要的作用，湿地具有保持水源，净化水质，蓄洪防旱，调节气候和维护生物多样性等重要生态功能，有“自然之肾”、“地球之肾”之称。我国是世界上湿地类型最多、面积最大、分布最广的国家之一。湿地是自然界最具生物多样性的生态景观和人类最重要的生存环境之一。大面积的湿地、飞翔的水鸟、自然生长的水生湿生植物和蓝绿色的水面，自然宁静，给人以美的享受。如何充分发挥湿地潜能，合理地配置资源、营建可持续的生态景观体系，使之由内而外散发出蓬勃的活力与健康的气息，成为理想的生物栖息地及怡人的观光景观，实现生态效益、经济效益和社会效益的良性循环，是湿地保护与恢复景观规划中需要解决的重要课题。湿地具有保持水源，净化水质，蓄洪防旱，调节气候和维护生物多样性等重要生态功能。健康的湿地生态系统是国家生态安全的重要组成部分和经济社会可持续发展的重要基础。保护湿地，对于维护生态平衡，改善生态状况，促进人与自然和谐，实现经济社会可持续发展，具有十分重要的意义。

湿地是自然界生物多样性丰富的生态系统和生态景观，在维护生物多样性和保护环境方面具有极其重要的作用。近些年，湿地因人类活动的过度干预，面积急剧减少，功能日益退化。如何合理地配置资源、营建可持续的生态景观体系，充分发挥湿地景观的生态潜能，是湿地保护区建设的重要课题。

9.4.1 湿地保护区概念与类型

9.4.1.1 湿地保护区概念

湿地分布广泛，相互间差别也很大，对于湿地目前还没有一个很确切的定义，目前可以将之归纳为广义和狭义的两种。狭义上认为湿地是陆地与水域之间的过渡地带。广义上则认为地球上除海洋（水深6 m以上）以外的所有水体都可当做湿地。1971年签订的《关于特别是作为水禽栖息地的国际重要湿地公约》（简称《湿地公约》）中给湿地的定义为：湿地系指不论其为天然或人工、长久或暂时性的沼泽地、泥炭地或者水域地带，静止或流动的淡水、半咸水、咸水体，包括低潮时水深不超过6 m的水域。同时又规定：可包括邻接湿地的河湖沿岸、沿海区域以及湿地范围的岛屿或低潮时水深超过6 m的区域。据世界保护监测中心估测，全世界的湿地面积约有5.7×10^{8} hm^{2}（也有人估计约8.5×10^{8} hm^{2}），占地球陆地面积的6%，其中湖泊占2%，藓类沼泽占30%，草本沼泽占26%，森林沼泽占20%，洪泛平原占15%。

除了以上定义以外，不同国家根据自己的实际情况，其对湿地的定义也不相同。美国鱼类和野生动物保护机构于1979年在一份题为《美国湿地和深水生境的分类》报告中提出，湿地是陆生系统和水生系统之间的过渡的土地，在这些土地上，水位经常或接近地表，或为浅水所覆盖。湿地必须满足下述三个特征中的一个或者一个以上：①土地上至少周期性的生长着优势的水生植物；②基质中不透水的水成土壤占优势；③基质非土壤，在生长季节的某些时候被水所饱和或被浅水所覆盖。定义还指出湖泊与湿地以低水位时水深2 m处为界。这个定义已被世界上大多数学者接受。

我国对沼泽的概念和定义研究比较深厚，沼泽是一种特殊的自然综合体，有以下三个特征：①地表经常过湿或有薄层积水；②生长沼生和湿地植物；③土壤有泥炭层或潜育层。学科意义上的湿地包括各种沼泽和泥炭地等，内涵较广。中国广义的沼泽概念与湿地的概念是对等的。目前我国政府和科学界没有对湿地规定统一的定义，多数学者倾向于采用《湿地公约》的定义。

所谓湿地保护区是指在湖泊、沼泽、河流、河口、海岸带等湿地区域内，划出一定范围将自然资源和自然、文化历史遗产保护起来的场所。

9.4.1.2 湿地保护区类型

我国很重视对于湿地类保护区的建立，至2007年底，我国以湖泊、沼泽、河流、河口、海岸带湿地为保护对象，以及其他湿地组分比较大的自然保护区有535处。2003年国务院批准的《全国湿地保护工程规划》提出：到2030年，中国湿地自然保护区将发展到713个。

以《中国自然保护区类型划分国家标准》为划分依据，我国湿地自然保护区划分为5个大类28小类，5大类分别为：海洋海岸湿地类型自然保护区（Ⅰ）、沼泽湿地类型自然保护区（Ⅱ）、河流湿地类型自然保护区（Ⅲ）、湖泊湿地类型自然保护区（Ⅳ）和库塘湿地类型自然保护区（Ⅴ）。

全国5大湿地类型自然保护区中沼泽类型湿地自然保护区（Ⅳ）面积最大（25 119 806.6 hm^2），占总湿地自然保护区面积的64%；其次为河流类型湿地自然保护区（Ⅱ），面积为7 044 460 hm^2；以下依次为湖泊类型湿地自然保护区（Ⅲ），面积为4 999 402 hm^2；海洋海岸湿地类型自然保护区（Ⅰ），面积为10 948 509 hm^2；库塘类型湿地自然保护区（Ⅴ），面积为797 144hm^2。

中国浅海湿地主要分布于沿海的11个省区和港澳台地区。海域沿岸约有1500多条大中河流入海，形成浅海滩涂生态系统、河口湾生态系统、海岸湿地生态系统、红树林生态系统、珊瑚礁生态系统、海岛生态系统等6大类、30多个类型。我国海洋海岸湿地类型自然保护区（Ⅰ）有福建漳江口红树林国家级自然保护区、辽宁丹东鸭绿江口滨海湿地国家级自然保护区、山东黄河三角洲国家级自然保护区、上海崇明东滩鸟类国家级自然保护区等。

中国的沼泽约1197×10^4hm^2，主要分布于东北的三江平原、大小兴安岭、若尔盖高原及海滨、湖滨、河流沿岸等，山区多木本沼泽，平原为草本沼泽。我国沼泽湿地类型自然保护区（Ⅱ）有黑龙江珍宝岛湿地国家级自然保护区、黑龙江乌伊岭国家级自然保护区等。

中国河流中流长超过300 km的有104条，其中1000 km以上的有22条，内流河和外流河分别占36%和64%。因受地形、气候影响，河流在地域上的分布很不均匀。绝大多数河流分布在东部气候湿润多雨的季风区，西北内陆气候干旱少雨，河流较少，并有大面积的无流区。河流湿地类型自然保护区（Ⅲ）有南丹江湿地国家级自然保护区、吉林鸭绿江上游国家级自然保护区等。

中国的湖泊具有多种多样的类型并显示出不同的区域特点。据统计，全国有大于1 km^2的天然湖泊2848个，大于50 km^2的湖泊面积占全部湖泊面积的78.94%。根据自然条件差异和资源利用、生态治理的区域特点，中国湖泊划分为东部平原地区湖泊、蒙新高原地区湖泊、云贵高原地区湖泊、青藏高原地区湖泊、东北平原地区与山区湖泊等5个自然区域。湖泊湿地类型自然保护区（Ⅳ）有湖北洪湖湿地国家级自然保护区、新疆艾比湖湿地国家级自然保护区等。

中国的稻田广布亚热带与热带地区，淮河以南广大地区（即中国的热带和亚热带地区）的稻田约占全国稻田总面积的90%。全国现有大中型水库2903座，蓄水总量1805×10^8m^3。另外，人工湿地还包括渠道、塘堰、精养鱼池等。库塘湿地类型自然保护区（Ⅴ）有广西金钟山黑颈长尾雉国家级自然保护区。

9.4.2 湿地保护区生态规划的原则与标准

9.4.2.1 湿地自然保护区生态规划理念

如何保护与恢复湿地生态景观，充分发挥湿地潜能，体现景区特色是整个规划设计的关键所在。本着生态设计的思想，以完整保存、保护为基本目标，以修复区域的生态环境、改善保护区的水质状况为根本立足点，强调历史脉络的延续，同时在生态允许的范围内恢复其清雅秀丽的湿地自然景观和底蕴深厚的历史人文景观。在湿地保护与恢复的生态设计中，从总体至细部合理配置自然资源、人文资源，营造可持续的生态景观体系，促进区域的社会经济和精神文明建设，实现社会效益、生态效益和经济效益的协调发展。

9.4.2.2 湿地自然保护区布局原则

湿地自然保护区属于保护区的一个类别，其布局原则首先应按照保护区确立的原则，保护区原则主要包括5个方面：①自然优先原则。即保护自然景观资源和维持自然景观生态过程及功能，是保护生物多样性及合理开发的前提，是景观持续性的基础，在规划时应优先考虑。②持续性原则。以可持续性发展为基础，立足于对保护区内资源的持续利用和生态环境的改善，保证社会经济的持续发展。③针对性原则。不同自然保护区景观有不同的结构、格局和生态过程，规划的目的也不尽相同。因此，具体到某一景观规划时，收集资料应该有所侧重，针对规划目的选取不同的分析指标，建立不同的评价及规划方法。④多样性原则。多样性是指一个特定的系统中环境资源的变异性和复杂性。⑤综合性原则。保护区规划是一项综合性的研究工作，为保证保护区规划的合理性和科学性，需要将多学科理论知识融合，才能建立起合理的保护区体系。

如海洋海岸类型湿地自然保护区的建立首先应保护当地的自然景观资源和维持自然景观生态过程及功能，是保护生物多样性及合理开发的前提，是景观持续性的基础。保护区建立在海洋海岸湿地上，应考虑海洋海岸湿地特有的地理位置和环境特征。海洋海岸湿地是海陆相互作用较强的地带，是河流携带大量水沙入海的地带。沿海湿地对净化环境、抵御自然灾害、稳定海岸和沿岸建筑起着重要的作用，海平面的变化对海滩湿地影响较大。海洋海岸类型湿地自然保护区的建立应该优先考虑自然特征。

9.4.2.3 湿地自然保护区布局标准

湿地自然保护区具有其特殊的性质，为了合理保护多种湿地类型和利于管理，湿地自然保护区的建立应根据湿地自然保护区划分依据，按照湿地自然保护区划分原则，执行湿地自然保护区建立标准。综合已有研究，将湿地自然保护区建立标准主要归纳为5项：典型性、脆弱性、多样性、自然性和潜在价值。其中：

① 典型性。在不同湿地自然区域中选择有代表性生物群落的地区建立保护区，以保护其自然资源和自然环境，探索生物发展演化的自然规律。保护区所代表的自然地理区域的范畴对确定保护区的类型和级别有着至关重要的意义。

② 脆弱性。对环境改变敏感的湿地生态系统具有较高的保护价值，但它们的保护比较困难，需特殊的管理；对稀有物种，地方特有种或群落及其独特生境，以及汇集了一群稀有种的所谓动植物避难所的地区，在湿地自然保护区选址中具有特别重要的优先地位。

③ 多样性。湿地自然保护区中群落的数量多寡和群落的类型取决于湿地自然保护区立地条件的多样性以及植被的历史发生因素，这也是湿地自然保护区选址的重要依据。

④ 自然性。表示自然生态系统未受人类影响的程度，自然性对于建立以科学研究为目的

的保护区或保护区的核心区的选择具有特别的意义。

⑤ 潜在价值。一些湿地由于各种原因遭到破坏，如森林采伐、沼泽排水和草原火烧等。在这种情况下，如能进行适当的人工管理或减少人类干扰，通过自然的演替，原有的湿地生态系统可以得到恢复，有可能发展成为比现在价值更大的湿地自然保护区。虽然从经济的观点看，不同的物种具有不同的利用价值，但不同的物种和生物类型是不可替代的，各个物种及生物群落和自然景观都是等价的。潜在价值也包括一个湿地生态系统的科研历史、科研技术和进行科研的潜在价值。

不同级别的湿地自然保护区在上述5个方面应具有差别，如国家级湿地自然保护区建立时应具有较高的典型性、脆弱性、多样性、自然性和潜在价值，而省级又要求高于市县级湿地自然保护区，合理的湿地自然保护区标准等级化有利于对湿地自然保护区的管理和增加湿地生态系统的保护力度。

湿地自然保护区的标准有时可能是相互交叉的、互为补充的，例如，一个具有代表性的湿地自然保护区同时可能具有多样性、天然性和潜在价值；而有些标准则可能相互矛盾，相互排斥，如一个稀有的保护对象往往很难具有典型性和代表性等。某些三角洲湿地类型保护区具有较高的脆弱性、自然性和潜在价值；而红树林湿地自然保护区具有典型性、自然性和潜在价值；泥炭沼泽湿地类型保护区则具有较高的脆弱性、自然性、潜在价值和典型性。

湿地自然保护区的建立以湿地生态系统类型为主要依据，下面举例分析典型湿地类型自然保护区划分依据：广西山口红树林湿地国家级自然保护区、广东湛江红树林湿地国家级自然保护区是建立在红树林湿地生态系统上的典型的海洋海岸湿地类型。红树林生态系统处于海陆的动态交界面上，作为独特的海陆边缘生态系统，对海岸地区的生态平衡、物种保护以及减灾起着特别重要的作用。主要分布于中国热带、南亚热带的广东、广西、福建沿海地区以及海南岛和香港，其中，广东、广西、海南3省区红树林面积占全国的97.7%。广东徐闻珊瑚礁国家级自然保护区、海南三亚珊瑚礁国家级自然保护区、海南铜鼓岭国家级自然保护区等是建立在珊瑚礁生态系统上的海洋海岸湿地类型。珊瑚礁生态系统是重要的生态景观和资源之一，主要分布在南北两半球海水表层水温20℃等温线内，具有极高的初级生产力，生物生产力是周围热带海洋的100倍，对初级能源的高效率的使用也带来了系统内非常高的生物多样性，因此被形象地称为“热带海洋沙漠中的绿洲”。它不仅为人类的生产和生活提供各种生物资源，而且具有巨大的环境功能和社会效益，体现在对海岸工程的天然屏障效应、海洋生态景观效应和海洋生态科研科普教育基地等方面。

辽宁丹东鸭绿江口滨海湿地国家级自然保护区、广东珠江口中华白鳍豚国家级自然保护区是建立在入海河口湿地生态系统上的海洋海岸湿地类型保护区。入海河口湿地生态系统处于江河入海的海陆交界处，是两种截然不同的大生态系在此强烈作用形成的高物质多样性和多功能的生态边缘区，而且由于河流、潮汐等作用，是面积仍在向海扩展或收缩的一种特殊湿地。我国的河口湿地大多分布在东部沿海，自北向南面积较大的有鸭绿江、辽河、滦河、海河、黄河、长江、钱塘江、欧江、福建江、韩江、珠江和南渡江等河口湿地。我国河流众多，海岸线漫长，因而所拥有的河口湿地的大小、类型各不相同。

山东黄河三角洲国家级自然保护区是建立在三角洲湿地生态系统上的海洋海岸湿地类型保

护区。黄河三角洲地处渤海之滨的黄河入海口，是黄河携带的大量泥沙在入海口处沉积所形成，为全国最大的三角洲，也是我国温带最广阔、最完整、最年轻的湿地。湿地面积4500 km^2，是《拉姆萨尔国际湿地公约》缔约国要求注册的国际重要湿地。保护区内生物资源越来越丰富，成为东北亚内陆和环太平洋鸟类迁徙的重要停歇地和越冬地。黄河入海口现有陆生、水生动物200多种，海洋生物400多种；前来栖息繁衍的鸟类283种，其中不乏白鹤、大鸭、白头鹤、金雕等国家一级保护鸟类，每年光顾此地的候鸟达400万只。黄河三角洲自然保护区已经发现国家级一级保护鸟类白鹤89只，丹顶鹤52只，东方白鹤100多只，并有数万只野鸭、鸿鹅在此聚集。

吉林大布苏国家级自然保护区、吉林向海国家级自然保护区、西藏色林错国家级自然保护区等，是建立在沼泽化草甸湿地生态系统上的沼泽湿地类型保护区。主要由湿中生多年生草本植物为主的植物群落构成。是典型草甸向沼泽植被的过渡类型。中国的沼泽化草甸又可分为4个群系组：篙草沼泽化草甸、苔草沼泽化草甸、扁穗草沼泽化草甸、针蔺沼泽化草甸。

吉林莫莫格国家级自然保护区、黑龙江扎龙国家级自然保护区、黑龙江宝清七星河国家级自然保护区等是建立在草本沼泽湿地生态系统上的沼泽湿地类型保护区。草本沼泽湿地生态系统是典型的低位沼泽生态系统。该系统内经常极度湿润，以苔草及湿生禾本科植物占优势，几乎全为多年生植物；很多植物是根状茎，常聚集成大丛，如芦苇丛、香蒲丛、苔草丛等。中国东北的三江平原是我国最大的淡水沼泽湿地集中分布区，也是我国典型的低位沼泽生态系统。吉林哈泥国家级自然保护区、四川若尔盖湿地国家级自然保护区等是建立在泥炭沼泽生态系统上的沼泽湿地类型保护区。泥炭沼泽生态系统对区域涵养水源、调节径流、增加大气湿度、防止环境趋干，保护珍贵水禽和重要鱼种有重要作用。我国泥炭资源比较丰富。其中，若尔盖高原是我国最大的一片现代泥炭沼泽地，其分布面积达2829 km^2，是湿地类型齐全、发育典型、生物多样性丰富、人类活动干扰相对较轻地区，具有典型性、独特性，多种珍稀濒危动植物物种的重要科研意义和价值。特别是该区分布具有世界意义的特有物种和高度濒危稀有物种，如我国一级保护鸟类黑颈鹤。

然而，我国湿地类型复杂多样，在同一个地区可能集中多个湿地生态系统，因此所建立的一些湿地自然保护区也包含了多种湿地类型，完全绝对分开是不容易的，它们相互重叠，一个地区同时具有几种类型的湿地，一种类型的湿地又可以在许多地区出现。如海南岛分布湿地有浅海水域、珊瑚礁、岩石性海岸、潮间带沙石海滩、潮间带淤泥海滩、潮间带盐水沼泽、河口水域、三角洲湿地等。又如东海滨海湿地主要分布在江苏、上海、浙江和福建三省一市的沿海地区。东海滨海湿地以杭州湾为界，可分为杭州湾以北和杭州湾以南两部分。杭州湾以北的滨海湿地，多为砂质和淤泥质海滩，主要由江苏浅海滩涂湿地组成。从地质地貌学来看，江苏浅海滩涂湿地主要由长江三角洲和古黄河三角洲组成。杭州湾以南滨海湿地多以基岩性海滩为主，但在各主要河口及海湾处往往形成淤泥质海滩，且分布有红树林，如福建省一些滨海湿地。东海滨海湿地类型较多，数量较大，分布较广，北起海州湾，南至福建的东山岛，区域性差异比较显著，生物多样性丰富。根据滨海湿地的地理位置以及所处海岸特征，主要分为：浅海湿地、河口湾湿地、海岸湿地、红树林湿地、珊瑚礁湿地等。这些类型中，除红树林湿地和珊瑚礁湿地之外，其余类型的空间分布均呈现相互重叠，相互交叉的特征。像这样具有多种湿地生态系统的地域建立的湿地自然保护区具有多种类型，如上海九段沙湿地国家级自然保护区、天津古海岸与湿地国家级自然保护区、山东荣成大天鹅国家级自然保护区等。

建立湿地自然保护区不仅要掌握对湿地自然保护区划分依据，同时也应该结合湿地自然保护区建立的原则。

9.4.2.4 湿地自然保护区生态规划细节

（1）保护湿地的生物多样性

生物多样性是湿地的内在基本特征，保护湿地生物多样性是生态规划设计的首要原则。湿地的生态规划设计要为各种湿地生物的生存提供最大的生息空间，营造最适宜发展的环境空间，对生境的改变应控制在最小的程度和范围，尽量保持和恢复湿地的原生态环境，提高湿地生物物种的多样性。

（2）保持湿地生态系统的连贯性和完整性

特定空间中生物群落与其环境相互作用的统一体组成生态系统，湿地系统与其他生态系统一样，由生物群落和无机环境组成。在湿地景观生态格局规划中，应综合考虑各方面因素，以和谐为宗旨，包括规划的形式与内部结构、生物多样性与适应性、景观功能与环境功能之间的和谐等。避免人工设施的大范围覆盖，保证湿地生物生态廊道的通畅，保持湿地与周边自然环境的连贯性；保持湿地水域环境和陆域环境的完整性，避免湿地环境的过分分割而造成的环境退化，保护湿地生态的循环体系和缓冲保护带，避免城市发展对湿地环境的过度干扰。

生态景观的生态格局规划设计，必须建立在对人与自然之间相互作用的最大程度的理解之上，因此调查研究原有环境是湿地景观规划前必不可少的环节，是做好湿地景观生态格局的前提条件。对原有环境的调查，包括自然环境、人文历史和对周围居民情况等，只有全面掌握原有湿地的情况，才能在规划中保持原有自然系统的完整，充分利用原有的自然生态，同时又可以在规划中考虑当地的人文历史、人们的具体需求。这样，在保持了自然生态不受破坏的同时，又满足了人需求，最大限度地使人与自然融洽共存，这才是真正意义上的保持了湿地系统的完整性。利用原有的景观因素进行规划设计，是保持湿地系统完整性的一个重要手段。利用原有的景观因素，就是要利用原有的水体、植物、地形地势等构成景观的因素。这些因素是湿地生态系统的组成部分，但在不少设计中，并没有利用这些原有的要素，而是另起一格，按所谓的构思肆意改变，从而破坏了原生态环境的完整及平衡，使原有的生态系统丧失整体性，降低自我调节的能力，沦为仅仅是美学意义上的存在。

（3）优化湿地植物配置

植物，是生态系统的基本成分之一，也是景观视觉的重要因素之一，因此植物配置是湿地系统景观规划的重要一环。对湿地景观进行生态规划，在植物配置方面，一是应考虑植物种类的多样性，二是尽量采用本地植物。

多种类植物的搭配，不仅在视觉效果上能相互衬托，形成丰富而又错落有致的景观效果，对水体污染物处理功能也能够互相补充，有利于实现生态系统的完全或半完全（配以必要的人工管理）的自我循环。具体地说，植物配置，从层次上考虑，有乔灌木与地被植物之分，挺水（如芦苇、荷花）、浮水（如睡莲、凤眼莲）和沉水植物（如气泡椒草）之别，将这些各种层次上的植物进行合理搭配；从功能上考虑，可采用发达茎叶类植物以利于阻挡水流，沉降泥沙，采用发达根系类植物以利于吸收等。这样，既能保持湿地系统的生态完整性，带来良好的生态效益，还能在进行精心的配置后，给整个湿地的景观创造一种自然和谐美。

采用本地植物，是指在配置中除了特定情况外，应充分利用或恢复原有自然湿地生态系统的植物种类，尽量避免外来种。其他地域的植物，可能难以适应异地环境，不易成活；在某些情况下又可能过度繁殖，占据其他植物的生存空间，以致造成本地植物在生态系统内的物种竞争中失败甚至灭绝，严重者成为生态灾难。在生态学史上，不乏这样的例子(如生物入侵)。维持本地种植物，就是维持当地自然生态环境的成分，能保持地域性的生态平衡。同时，构造原有植被系统，也是景观生态规划的体现。

(4) 水岸线及岸边环境的规划

岸边环境是湿地系统与其他环境的过渡，岸边环境的规划，是湿地景观规划中需要精心考虑的一个方面。在有些水体景观规划中，岸线采用混凝土砌筑的方法，以避免池水漫溢。这种做法不仅破坏了天然湿地的过滤、渗透等的作用，而且破坏了自然景观。有些规划是在岸边一律铺以大片草坪，这样的做法，只是从单纯的绿化目的出发，而没有考虑到湿地生态环境的功用。草坪的自我调节能力较弱，需要辅以大量的管理，如人工浇灌、修剪、清除杂草等，喷洒的药剂残余被雨水冲刷后，又流入水体。因此，草坪不仅不能为湿地系统作出贡献，相反会增加湿地的生态负荷。可以根据具体情况适当种植一些观赏草类，如银边草、金叶石菖蒲、花叶燕麦草、细茎针茅等。对湿地的岸边环境进行生态规划，可采用的科学做法是水岸线以自然升起的湿地基质的土壤沙砾代替人工砌筑，或自然散布放置鹅卵石块于水岸线并向水体延伸，还可建立一个水与岸自然过渡的区域，种植湿地植物。这样做，可使水面与岸呈现一种生态的自然交接，既能充分利用湿地的渗透及过滤作用，强化湿地的自然调节功能，又能为鸟类、两栖爬行类动物提供良好的生活环境，从而带来良好的生态效应，并且从视觉效果上来说，这种过渡区域自然和谐，能给人带来一种丰富、宛如天成而又生机盎然的景观效果。

9.4.3 湿地保护区规划程序

9.4.3.1 功能分区

城市湿地公园一般包括重点保护区、湿地展示区、游览活动区和管理服务区等区域。

(1) 核心区

针对重要湿地或湿地生态系统较为完整、生物多样性丰富的区域，应设置重点保护区，这是整个湿地公园的核心。在重点保护区内，可以针对珍稀物种的繁殖地而设置禁入区，针对候鸟及繁殖期的鸟类活区而设立临时性的禁入区。此外，考虑生物的生息空间及活动范围，应在重点保护区外围定适当的非人工干涉圈，以充分保障生物的生息场所。

(2) 游憩观光区

一般将湿地不易受外界影响或干扰的区域划分为游览活动区，用于休闲和游览，在这一区域内可以规划设计一些游览内容及园内设施，尽量避免对湿地的生态环境带来破坏。

(3) 缓冲区

一般缓冲区位于重点保护区的外周，其作用是保护核心湿地，这一功能区的建设有着重要的意义。缓冲区比较宽，浓密的植物群落都分布于此，用以保护核心区的景观。

（4）科普展示区

展示区主要用于科普宣传和教育，展示的是湿地生态系统、生物多样性和湿地自然景观。

（5）接待管理区

为实现资源的有效管理，还应设置接待管理区。接待管理区要建立在不易受影响的湿地区域，以尽可能减少园区建设和人为活动对湿地环境的影响和损害。

9.4.3.2 扰动控制

对于湿地系统来说，扰动是指湿地系统外部不连续存在的间断发生因子的突然作用或连续存在因子的超正常范围波动；其后果是导致湿地水文环境改变和生物种群或群落发生演替，使湿地系统的结构和功能发生位移。

客观地说湿地上的扰动因子作用既有有利的一面，也有不利的一面，但从湿地保护的角度来看，不利的一面往往表现得更为明显。特别是当人为的扰动因素变得越来越不能忽视，作用远超过了自然因素的时候。就当前的湿地保护来看人为因素常常导致湿地功能下降、湿地面积锐减、生物多样性丧失、水质污染、景观破碎、湿地生态环境恶化等。因此相对于自然因素来说人为因素扰动，对于保护区来说可以认为是更为重要、更需要考虑的方面。

人为扰动比如工程建设、农业灌溉、围垦、污水排放、乱砍滥伐、养殖、旅游观赏活动等，无一不对本来就脆弱的湿地造成极大的影响。这些人为活动一方面是社会经济生活的需要，但更主要的则是对湿地本质属性理解的不足和对当地湿地特殊状况缺乏认识，所谓物极必反，人类活动超过一定得界限变得过度则变成了一种对湿地的破坏与危害。为了更好地利用特别是保护湿地，我们应采取适当的措施对人为活动进行约束：

① 严禁乱砍滥伐，减少围垦。湿地作为一种天然良好的栖息地，拥有众多的植物资源和与之而来的其他鸟类以及数量众多的水生生物，但是由于人类的过度开发利用，很多湿地开始萎缩，面积退化，植被减少，生物多样性遭到极大的破坏。以红树林为例，我国的红树林由于过度的围垦和砍伐，面积已由20世纪50年代初的约5万 hm^2 下降到了目前的1.4万 hm^2，由此而产生的栖息地破坏影响深远。

② 合理利用水资源，限制污水排放。水资源是湿地的灵魂，没有水就意味着没有了湿地，但是不论是沿海湿地还是内陆湿地或者高原湿地我们都面临严重的水资源破坏的问题。为此我们制定严格的标准，不论是对于农业灌溉还是污水排放，都不能超过湿地的承载范围。

（3）开发先规划。我国的湿地在社会经济发展建设特别是城市化扩张中遭到的破坏很多都来自不合理的占用，以长沙市即将建设的世界第一高楼为例，未经合理的规划甚至没有通过环境影响评价等手续就开始动工操作，如果没有众多的社会公益组织呼吁，面积超过38226 hm^2，占全市土地面积的3.23%的大泽湖湿地也将遭到极为严重的破坏。毫无疑问，任何涉及湿地的工程建设都应该首先规划。

（4）建立生态补偿机制。当然如果一味地保护着湿地而不对其进行合理科学的开发一定会有损湿地附近社区的利益，因此应该对流域社区进行相应的补偿，让居民受到相应的效益，他们也就更加的愿意对湿地进行保护。

(5) 积极开展社区环境教育，切实保证当地居民参与到湿地保护项目中来。我们无法让饥肠辘辘的人来进行有效的自然保护，因此必需为他们考虑必须的一定水平的生活保障，而区域生态补偿机制是这种保障的重要组成部分，但要想真正的让人民群众了解和认识到湿地的重要性，积极地参与到保护湿地这一有意义的宏伟工程中来则需要加强教育，唯有如此我们的湿地保护才能真正收到成效。

9.4.3.3 规划文本

湿地不仅具有直接利用价值还具有意义重大、不可估量的间接利用价值。比如，有学者在2003年对厦门湿地生态系统服务功能的评估中显示厦门湿地的服务功能总价值为135.54亿元每年，占2003年厦门市GDP的17.8%。由此推及全国乃至全世界可以知道湿地的潜在价值不可估量，但由于各方面的原因人们通常只看到了湿地的直接价值而更多的忽略了其生态价值等间接价值。人类对湿地的开发利用给人类带来了巨大的经济效益，但也破坏了湿地的生态功能和生态平衡。在对湿地的开发利用中如何保护湿地，如何做到湿地保护与开发利用的合理取舍是人类一直在思考的问题。

通常在湿地保护或利用时要求做到以下原则：整体性原则、复合性原则、多样性原则、协调性原则、可持续性原则。而这其中我们首先要考虑的就是湿地的整体性。湿地是一个完整的生态环境系统和生态经济系统，各系统之间是相互关联的，为了保证湿地的开发、利用获得最大、最优的生态效益、经济效益和社会效益，就必须坚持整体的规划和统一管理。湿地的每一项利用或保护工程都应该充分的考虑任何干扰或改变对整个系统可能的影响。

在整体性原则的指导下，按照以下的保护措施对湿地进行保护在一定程度上能为我们更好地保护湿地。

(1) 加强湿地立法，完善湿地保护的政策和法律法规体系

尽快制定《湿地法》，把湿地保护与合理利用纳入法治轨道。湿地与森林、海洋共同构成地球的三大生态系统。在我国三大生态系统中，森林和海洋均已通过立法得到保护，而目前我国缺少专门的湿地保护法律法规，湿地的保护管理、恢复改造、开发利用、执法监督等仍然存在多头管理、责任不清、管理不到位等现象，直接影响到湿地保护的力度和成效，因此当前的关键是推进湿地立法工作，完善湿地保护的政策和法规体系，通过立法来规范湿地的保护与管理。建立行之有效的湿地保护管理的政策法规体系对保护湿地和促进湿地资源的合理利用具有极为重要意义。在《湿地法》出台之前，建议修改与湿地有关的《环境保护法》《水法》等相关法律，增加突出湿地保护的条款。

(2) 加强各级湿地保护管理机构建设，建立湿地保护管理的协调机制，实施以自然湿地单元为单位的统一规划管理

湿地保护管理、开发利用牵涉面广、部门多，至今尚未形成良好的协调机制。不同地区、不同部门因在湿地保护、利用和管理方面的目标不同、利益不同，各自为政，各行其是，矛盾十分突出，影响了湿地的科学管理。

要加强湿地保护，就必须加强各级湿地保护管理机构的建设，尤其是县、乡一级基层保护

管理体系建设，建立有效的湿地保护管理协调机制，加强政府部门之间的协调与配合，形成合力，使湿地保护管理工作能够深入到基层，确保国家有关保护管理的法律、法规和政策得到落实。

湿地既是一个完整的生态环境系统，又是一个完整的生态经济系统。因此，一个自然湿地单元的利用和保护应该统一管理。然而，我国目前的湿地管理被人为地按行政地域分而治之。建议组建以自然湿地单元为单位的跨行政区域的湿地管理机构，对自然湿地系统实施统一管理。

(3) 加大投入，广开筹资渠道，多渠道筹措资金，提高湿地保护的投入力度

资金严重不足是湿地保护与管理工作面临的主要问题，制约了湿地保护区资源的保护和开发。在湿地调查、保护区及示范区建设、污水治理、湿地监测、湿地研究、人员培训、执法手段与队伍建设等方面都缺乏专门的资金支持。由于资金短缺，使许多湿地保护项目和行动难以实施，已建立的湿地自然保护区不能发挥其正常的保护功能，必要的湿地基础研究难以进行。解决这一问题的渠道大致有两个方面：一方面，国家或地方应投入必要的专项基金；另一方面，深入改革生态旅游资源开发管理体制，将湿地生态旅游资源保护性开发引入股份制、合作制、外资、独资、民营制等多种形式的融资渠道。当今，引导向湿地旅游业投资与消费，在湿地旅游日趋时尚的态势下，不仅会成为可能，而且大有希望。

(4) 加强湿地科学研究，强化湿地保护的科技支撑，扩大国际合作保护湿地必须依靠科技

目前湿地保护的基础研究和科技支撑还非常薄弱，特别是对湿地的调查、监测、恢复、演替规律等方面缺乏系统、深入的研究，不能很好地为湿地保护和管理决策服务，这制约了湿地保护与管理工作的开展，进行以下湿地科学研究十分必要。

①加强湿地的基础研究，包括湿地分类系统、分布、发生学及演化规律和湿地过程的研究，以及自然湿地和人工湿地生态系统结构与功能研究；编制并逐步发展以“3S”技术为基础的中国湿地保护与合理利用电子地图集。

②加强应用技术研究，包括保护技术，湿地恢复重建模型，持续利用技术及管理技术研究、湿地效益评价指标体系和湿地与水旱灾害关系等的研究。

③以生态经济学、系统生态学和生物工程学等理论为指导，研究湿地资源开发利用的最佳模式，在保护湿地的基础上充分发挥湿地资源的生态、社会与经济效益。

④加强湿地资源的保护与合理利用研究，注重湿地生物多样性保护以及区域湿地保护研究，特别要加强对已退化的湿地生态系统整治、恢复及重建技术的研究等。

湿地科学在国内外均属新兴学科。需要及时掌握国内外最新的学术动态，总结和推广湿地保护、开发、利用的成功经验；建立国际交流机制，扩大合作领域，开展社会、经济、人文等多学科、多课题的综合研究。

(5) 加大科教宣传的力度，提高全民湿地保护意识，树立新型湿地环保理念

湿地保护是一项新兴事业，目前全社会还普遍缺乏湿地保护意识，对湿地的生态环境价值和可持续利用重要性缺乏认识。长期以来对湿地不正确的认识和对湿地利用的片面理解，以及由此产生的错误的政策导向和经济利益驱动的短视行为，是导致今天我国湿地得不到有效保护，生态效益、经济效益和社会效益不能得以持续发挥的主要社会原因。保护和合理利用湿

地，必须转变不利于湿地保护和合理利用的传统的资源环境观，必须在全社会逐步树立新的资源环境观，认识到湿地保护对于人类生存和经济社会发展的重大意义。

湿地的宣教，首要的目的就是让当地的居民和学生意识到湿地对于生态环境的重要性，通过让社区居民参与到湿地保护与规划中来，与政府、开发商等对湿地进行共同管理；通过培训和媒介宣传、建立湿地公园等方式，普及湿地、生态和环保知识，提高当地居民素质，保护湿地的生态环境，提升区域形象。除了当地居民，游客也应成为湿地宣教的主要对象之一，通过各种途径，让游客对环保产生强烈共鸣。同时，政府应该促进各湿地宣教经验的交流，充分利用网络的功能，提高区域的湿地宣教效率。各保护区信息共享，互相借鉴高水平的宣传理念和方法，积极组织成立民间环保组织，使环保概念渗透到社会的每一个角落。只有环保意识深入到民众心中，湿地的保护措施才能得以顺利进行，湿地保护才能够巩固并长期稳定地发展。

（6）坚持保护与利用兼顾、保护为先的原则

在当前湿地规划中，应将重点放在建设和保护上，坚持湿地经济发展以湿地生态保护为前提，坚持"以保护求持续发展，以发展促环境保护"的湿地发展战略。各级政府应以产业结构的调整为契机，选择好本地区既有经济效益，又确保可持续发展的支柱产业，这是保护湿地和湿地经济可持续发展的关键。当前，要在国家的支持下，加快湿地生态旅游业、水产养殖业、高效避洪农业、农牧渔副产品保鲜加工业的发展。有些部门、组织和专家正在探索湿地生态经济的发展模式，对已经成熟的经验和成果，应该加大推广力度。

（7）保护多样性特色，促进湿地综合利用

充分利用湿地的地貌多样性和环境多样性特点，保证和发展湿地系统的生物多样性、经济多样性至关重要。建议以湿地生态保护为前提，配合"移民建镇和退田还湖"计划的实施，按照低水种养、高水蓄洪的原则，根据湿地系统的多样性特点，做到宜农则农，宜牧则牧，宜渔则渔，使尽可能多的生物种群去充分占领湿地的各种空间，获取湿地各类生物的有效保护和资源最合理的利用。

9.4.4 湿地保护区规划的实施与评价

9.4.4.1 湿地保护面临的几个主要问题

中国从20世纪70年代开始建立湿地自然保护区，至2009年底，中国已建立各级湿地类型保护区553处，总面积达4780万公顷，其中建立国家级湿地自然保护区87个，列入国际重要湿地名录的湿地36处。新建国家湿地公园38个。初步形成了中国各级湿地保护区管理体系。

中国对湿地保护区的管理基本承袭了传统自然保护区在行政上自上而下的单一管理模式，这使湿地保护区管理存在种种弊端，如多头管理、难于协调、产权不明、界限不清等。

中国湿地保护区在湿地类型、生态系统特点、功能和保护的对象方面都比较特殊。由于森林、海洋等保护对象及其价值比较直观，对此人们心目中的保护意识相对比较强。而对湿地价值和功能则没有充分的认识，这种认识上的差距导致湿地的大量丧失和破坏。此外，湿地类型保护区一般处于水陆交汇处，有水有陆，有林有草，有各种动植物，而且许多地区地貌类型复

杂，比较难于管理，特别是许多湿地保护区随着季节变化，湿地变化也特别大，如果按照传统自然保护区管理模式管理，势必会出现许多问题。实践证明，把湿地自然保护区划分为核心区、缓冲区和实验区的做法不能适应湿地保护区的管理。而湿地保护区因其性质和保护对象的特殊性，以及人们对其认识的逐渐加深，理应有不同的管理模式。应根据不同类型湿地保护区提出适合自身实际情况的管理模式，但原则是：不同时期在湿地的不同地域进行特殊管理。

（1）对湿地的盲目开垦和改造。

因人口增长，经济发展而扩大对土地的需求仍是湿地丧失的主要原因。盲目进行农用地开垦、改变天然湿地用途和城市开发占用天然湿地直接造成了中国天然湿地面积消减、功能下降。据不完全统计，中国沿海地区累计已丧失滨海滩涂湿地面积约 $119\times10^4hm^2$，另因城乡工矿占用湿地约 $100\times10^4hm^2$，两项相当于沿海湿地总面积的50%。全国围垦湖泊面积达 $130\times10^4hm^2$ 以上，由于围垦湖泊而失去调蓄容积 $350\times10^8m^3$ 以上，超过了我国现今5大淡水湖体积的总和，因围垦而消亡的天然湖泊近1000个。昔日“八百里洞庭”的洞庭湖已从40年代末期约 $43\times10^4hm^2$，减少至目前的约 $24\times10^4hm^2$，水面缩小40%，蓄水量减少34%。鄱阳湖因围垦损失库容 $45.22\times10^8m^3$，建国初至70年代每年因围垦减少湖泊面积逾4000 hm^2。三江平原本来是中国最大的平原沼泽分布区，据统计，1949年该区仅有耕地面积 $78.6\times10^4hm^2$，仍是一片“北大荒”的景象。自50年代中期开始大规模开垦以来，已有将近 $300\times10^4hm^2$ 的湿地变为农田，到1995年耕地面积已达 $366.8\times10^4hm^2$，相当于1949年的4.67倍，使得湿地面积迅速减少。

但另一方面，人们很少关注气候变化与湿地之间的关系，其实预期的气候变化可能对湿地的面积、分布和功能都会产生重大影响。现有气候变化方案预测在未来半个世纪全球气温升高2℃，海平面上升1.5 m。温度升高、海平面上升和降水变化，是影响湿地分布和功能的主要气候变化因素。例如，由于降雨的减少。若尔盖保护区泥炭地的朵海湖水面由2000 hm^2 减少到400 hm^2，这反过来又降低了上游泥炭地的水位，导致泥炭地退化。海岸湿地类型的保护区将易受到海平面上升、海洋表面温度升高和更加频繁和强烈的风暴活动的影响。因此，在湿地自然保护区管理中，有必要考虑气候变化如何影响湿地以及湿地在缓解全球气候变化方面的作用。同时，湿地自然保护区在全球碳循环中起着重要作用，是重要的碳库，需要更多地了解特定湿地保护区类型调节全球和当地气候的情况，以便更好地保护和合理利用湿地生态系统。

（2）对湿地生物资源过度利用

中国重要的经济海区和湖泊，酷渔滥捕的现象十分严重，不仅使重要的天然经济鱼类资源受到很大的破坏，而且也严重影响着这些湿地的生态平衡，威胁着其他水生物种的安全。在内陆湿地生态系统中，生物多样性受到严重威胁。由于围垦和砍伐（木材、薪柴）等过度利用，中国的天然红树林面积已由20世纪50年代初的约 $5\times10^4hm^2$ 下降到目前的 $1.4\times10^4hm^2$，已经有72%的红树林丧失。红树林的大面积消失，使中国的红树林生态系统处于濒危状态，同时使许多生物失去栖息场所和繁殖地，也失去了防护海岸的生态功能。珊瑚礁是中国南部海域最富特色的景观和自然资源，多年来由于无度、无序的开发，已使珊瑚礁受到严重破坏。此外，沼泽湿地中的泥炭资源、北方沿海的贝壳砂以及沙岸，也都因过度或不合理开采而受到破坏。

中国人口的70%生活在农村，湿地生态系统的退化已成为中国农村贫困的主要原因之一。

因此，中国的湿地保护区管理不能仅局限于单纯保护或绝对保护，应注重湿地资源的可持续利用，提高当地社区收入，解决贫困问题。例如，印度东加尔各答湿地是最近被认定的国际重要湿地保护区。这块面积 $1.25\times10^4\text{hm}^2$ 的湿地净化了有1000万人口的加尔各答的污水，每年能收获 1.1×10^4t 鱼和 5.5×10^4t 蔬菜，而且为稻田提供了干净的灌溉用水。除了给人们带来环境和经济上的好处，这个自然废水处理系统还减少了贫困现象：它直接提供了5万个就业机会。据估计，这个湿地产出的鱼和蔬菜足够养活50万人。作为湿地保护区，它是为我们带来许多好处而且减少贫困的重要榜样。

（3）资金投入机制

当前湿地保护区的经费严重不足，已经成为制约湿地保护和合理利用的瓶颈。据了解，大部分地方政府没有将湿地保护列入国民经济和社会发展计划，由于缺少优惠政策和市场激励机制，对湿地保护区的投入没有随着地方经济的发展而增强。除了政府的有限投入外，企业和个人资本的进入还几乎是个空白。

目前，国际上比较成功的经验是制定优惠政策，鼓励社会力量参与，或给予优惠的政策，广泛筹集自然保护资金。湿地保护是重要的社会公益事业，根据中国国情，国家和各级政府是湿地保护的主体，是湿地保护资金投入的主渠道。应当把湿地的保护与生态恢复作为国家生态建设工程的一项重要内容，列入国家公共财政预算，统筹安排。此外，还应当采取得力措施，拓宽融资渠道，广泛吸引社会力量参与。按照“谁保护、谁投资、谁受益”的原则，引导和鼓励社会各界和个人积极投资湿地保护。

（4）评估监测体系

目前，中国虽然已建立了建设项目环境影响评价制度，但在生态影响评价的管理方面仍很薄弱，特别是对于已经明确需要采取生态恢复和补救措施的，也因缺乏法律保障而难以执行。一些开发项目、建设工程未经评估，实施后对湿地保护区带来生态灾难的例子屡见不鲜。而专门开展针对湿地的开发项目、建设工程的环境影响评估与监督也就更少了。

建立中国对湿地自然保护区开发利用项目的环境评价与监督制度不妨借鉴其他国家和地区的经验：香港特区政府的湿地与自然保护管理部门的主要工作内容之一就是通过执法，对开发建设、规划、策略及进行环境影响评估等工作提供有关湿地及自然保护方面的审议意见。在有关生态环境评估方面，所有工程项目均需要在工程运作前，开展生态环境评估和申请许可证。为保存生物多样性、重要物种及生境，由政府湿地与自然保护管理部门在动植物、生境及被认为具有保护价值地带等各方面，向环保部门提供专业审议意见及技术援助，这已形成法定程序。目前中国大陆应当围绕国家生态建设工作重点。建立起湿地自然保护区生态环境影响评估与监督制度，不断完善中国的湿地保护与合理利用管理体制。

9.4.4.2 常规性管理工作

（1）中国湿地保护成就

湿地的概念在中国被提出的时间虽然不长，但实际上中国早在20世纪50年代就已经开始了对湿地的实质性保护工作，特别是自1992年世界环境与发展大会和中国加入《湿地公约》以后，我国在湿地保护方面做了大量卓有成效的工作，取得很大成就，并引起国际社会的关注，在第四届世界自然资源大会上，中国被授予“自然保护领导奖”。

（2）湿地自然保护区建设

中国政府十分重视湿地保护工作，2002 年国家主席江泽民指出“要有针对性地开展湿地保护宣传教育，提高广大干部群众对保护湿地重要性的认识。要严格控制湿地资源开发，在具备条件的地区要采取抢救性措施建立一批湿地保护区，同时要管护好已经建立的湿地保护区”。自 1992 年 7 月 31 日正式加入《湿地公约》以来，已经将黑龙江扎龙、吉林向海、江西鄱阳湖、湖南东洞庭湖、青海鸟岛、海南东寨港、香港米埔自然保护区、上海市崇明东滩自然保护区、大连国家级斑海豹自然保护区、大丰麋鹿自然保护区、内蒙古达赉湖自然保护区、广东湛江红树林国家级自然保护区、黑龙江洪河自然保护区、鄂尔多斯遗鸥自然保护区、黑龙江三江国家级自然保护区、广西山口国家级红树林自然保护区、湖南南洞庭湖湿地和水禽自然保护区、湖南汉寿西洞庭湖（目平湖）自然保护区、兴凯湖国家级自然保护区、江苏盐城保护区（盐城沿海滩涂湿地）等 21 个湿地列入《国际重要湿地名录》，而且江苏盐城珍禽湿地保护区、浙江南鹿列岛自然保护区、广西山口红树林自然保护区被列“人与生物圈（MBA）”网络，加入“东北亚-澳大利亚涉禽保护网络”（1996）的有山东黄河三角洲、辽宁双台河口、辽宁鸭绿江口、江苏盐城、上海崇明东滩和香港米埔自然保护区等重要迁徙水鸟中途停歇地。加入“东北亚地区鹤类保护区网络”（1997）的有兴凯湖、黄河三角洲、都阳湖、兴凯湖、黄河三角洲、都阳湖、盐城国家级自然保护区。加入“雁鸭类迁飞网络”（1999）的有黑龙江三江自然保护区。

（3）建设湿地保护性工程

我国许多已完成或正在建设的各种工程对湿地保护起到了极其重要的作用。如长江中上游防护林体系工程、“三北”防护林体系工程等，都对保护湿地生态系统及湿地生物多样性、保障湿地资源的持续利用、发挥湿地的经济和生态综合效益起到了关键作用。

（4）与湿地保护相关的法律和政策

1994 年 3 月国务院通过并颁布了《中国 21 世纪议程——中国 21 世纪人口、环境与发展白皮书》，其中许多章节关系到湿地保护及合理利用，尤其是它所阐述的自然资源保护与可持续利用、生物多样性保护的各个方案及其各个领域所涉及的内容，是制定《中国湿地保护行动计划》的重要依据。

1994 年完成的《中国生物多样性保护行动计划》综合阐述了包括湿地生物资源在内的各种生物资源及其生态系统所受到的威胁现状及原因，提出了中国生物多样性保护行动计划的总目标、具体目标以及行动计划实施的具体措施，对制定《中国湿地保护行动计划》有重要的参考意义。

1995 年制定的《中国 21 世纪议程——林业行动计划》提出了中国林业发展的总体战略目标和对策，并提出了湿地资源保护与合理利用的目标和行动框架，也对制定《中国湿地保护行动计划》有重要的参考价值。

1996 年国务院批准的《跨世纪绿色工程规划》包含了国家和地方的大量水污染治理和生态环境保护工程；1998 年国务院正式公布了《全国生态环境建设规划》，对从现在起到 21 世纪中叶全国的生态环境建设进行了全面部署，该规划的公布和实施对今后中国湿地的保护和合理开发利用具有重要的推动作用。

近十几年来，中国颁布了一系列有关自然资源及生态环境保护的法律法规，其中《中华人民共和国森林法》(1983)、《中华人民共和国水污染防治法》(1984)、《中华人民共和国土地管理法》(1986)、《中华人民共和国野生动物保护法》(1988)、《中华人民共和国水法》(1988)、《中华人民共和国环境保护法》(1989)、《中华人民共和国水土保持法》(1991)、《中华人民共和国枪支管理法》(1996)、《中华人民共和国海洋环境保护法》(1999)等15部法律法规与湿地保护有关。与湿地保护有关的主要行政法规有《风景名胜区管理暂行条例》(1985)、《中华人民共和国海洋石油勘探开发环境保护管理条例》(1990)、《中华人民共和国防止船舶污染海域管理条例》(1990)、《中华人民共和国陆生野生动物保护实施条例》(1992)、《中华人民共和国水生野生动物保护实施条例》(1993)、《中华人民共和国基本农田保护条例》(1994)、《中华人民共和国自然保护区条例》(1994)等18部。

(5) 宣传和教育

为了提高全社会全民的湿地保护意识，有关部门开展了多种形式的宣传教育活动，大力宣传湿地的功能效益和湿地保护的重要意义。利用"世界湿地日""爱鸟周"和"野生动物保护月"等时机，积极组织开展宣传活动，并编辑出版和摄制了大量宣传湿地保护的书籍、画册、电影以及录像片，收到了良好的宣传教育效果，促进了全民湿地保护意识的提高。

9.4.4.3 专题性研究工作

(1) 湿地保护的国际交流与合作

中国与国际社会开展了广泛的交流与合作，参加了有关国际公约，并与许多周边国家和地区签订了一系列有关湿地保护的协议或协定。已加入的国际公约主要有：《国际捕鲸管制公约》《濒危野生动植物种国际贸易公约》《联合国海洋法公约》《防止倾倒废物及其他物质污染海洋公约》《保护世界和自然遗产公约》《关于特别是作为水禽栖息地的国际重要湿地公约》(简称《湿地公约》)、《生物多样性公约》《联合国气候变化框架公约》和《联合国防治荒漠化公约》。中国与世界自然基金会(WWF)、联合国开发计划署(UNDP)、国际自然及自然资源保护联盟(IUCN)、湿地国际(WI)等国际组织在湿地野生动物保护、湿地调查等方面进行了合作。1996年9月，"湿地国际中国项目办事处"在北京成立，这是中国湿地保护对外合作的一大成果。

此外，为加强湿地保护和合理开发利用，我国有关部门正在开展全国重点湿地资源调查，编制《中国湿地保护行动计划》，并将"中国湿地保护与合理利用"纳入了《中国21世纪议程》优选项目计划，将湿地保护提到了优先地位。

(2) 湿地生物多样性的保护

中国政府已经将11种水禽列为国家一级重点保护野生动物，将22种水禽列为国家二级重点保护野生动物。对部分珍稀、濒危物种，除在保护区内就地保护外，还进行了人工繁育。朱鹮是当今世界最濒危的涉禽。截至2014年9月，朱鹮野外种群和饲养种群总数达到2000多只。中国已建立了扬子鳄、中华鲟、达氏鲟、白鲟、白鳍豚、大鲵及其他濒危水生野生动物保护区或繁殖中心。

(3) 科学研究

自20世纪50年代始，中国科学院所属的一些研究所及有关院校在湿地的分类、保护、生态研究、资源监测及防止湿地污染与开发利用等方面进行了研究并取得了许多成果。尤其是1995年中国科学院陈宜瑜院士主编的《中国湿地研究》的出版和中国科学院湿地中心的成立，标志着中国湿地研究已被纳入议事日程。

9.4.4.4 湿地保护区生态旅游管理工作

（1）湿地生态旅游区的内涵

湿地生态旅游区是指在一定区域内，供旅游者以湿地作为观光、游览研究对象，观察湿地的景观、物种、生境和生态系统等，并维持湿地自然环境原貌的旅游活动的特定区域。

（2）湿地生态旅游区的界定标准与基本要素

① 界定湿地生态旅游区的三个标准。

a. 湿地景观发挥主体性生态作用。湿地生态旅游区最根本的属性在于它的湿地特征，不论这种湿地是天然形成还是人工形成的。其首先是自然的，应具有一定规模和范围，其湿地特征典型、自然风景优美、美学价值较高、生物多样性丰富、生态系统功能和生态效益良好。

b. 以湿地保护为前提。湿地资源的保存与保护是湿地生态旅游区设立的首要宗旨，其内容主要为通过物种及其栖息地保护以达到维护生物物种生态平衡、生态系统功能完整的目的。

c. 具有观赏游憩、科普教育、科学研究等功能。旅游观光是湿地作为生态旅游所具有的最基本的功能，强调其生态旅游的特色。同时也是作为以环境保护为主要科普教育内容的重要基地，游人通过对湿地大自然的了解，加深了保护自然的意识。另外，湿地生态旅游区也是科研人员研究湿地自然过程、探索湿地奥秘的重要场所。

② 湿地生态旅游区的五项基本要素。

a. 具有典型性、代表性的湿地自然景观湿地生态旅游区是具有景观美学功能的湿地，其文化美学意义鲜明。

b. 具有依法确定的管理范围，其湿地资源权属清晰。湿地生态旅游区的资源权属必须清晰，这是进行有效管理的前提和保证，管理机构应是其资源的拥有者，对园内资源（水源、土地、植被等）具有合法的管理权。

c. 具有健全完善的管理机构，能对所辖区域进行有效管理。湿地生态旅游区要建立适应管理工作需要特别是适应新型投资机制的管理机构，要理顺管理体制，不能由于资源管理隶属不同，形成多头管理，造成管理不力，影响管理成效。

d. 具有相当完善的旅游设施。湿地生态旅游区必须具有完善的旅游设施，以保证游人来到此地感到舒适、愉悦和安全，使游人感到物超所值，不虚此行。特别是应建有湿地生态环境教育的设施，使游人在休闲的同时获得知识，以提高公众的环境保护意识。

e. 依照法定程序申报，经地方或国家湿地主管部门批准建立。湿地生态旅游区的建立必须履行法定程序进行申报，并按规定严格履行申报手续，以保证湿地建设健康发展。

（3）湿地保护区生态旅游规划的内容

湿地保护区的旅游是在维护湿地生态平衡的前提下开展的观赏、游憩活动，所以应该特别强调其科学性和合理性。在规划之前应充分的考察和调研，在符合自然规律的基础上应用生态学原理和方法进行科学的规划，并根据具体保护区资源环境情况进行详细的功能分区和游憩开发。

①功能分区。功能分区是对湿地土地分区赋予特定目标并加以分别使用和管理，是湿地旅游规划的核心内容之一。根据湿地生态旅游的宗旨，将生态理念融汇于整个开发之中，在湿地旅游区的整体布局上要合理划分旅游功能区，有序地确定区域和生态旅游路线。可以将湿地保护区明确划分核心区、缓冲区、实验区，并严格规定各区的开发利用功能和环境要求，坚持保护核心区、开发外围实验区的原则，减轻中心区的生态环境压力。

②特色生态旅游产品规划。以保护区湿地资源为基础，将丰富的植物、动物配置在一起，创建适合各种生物生活习性的环境，如丹顶鹤、麋鹿自然保护区等；或以自然生态系统的景观为背景，创建不同类型的人工景观生态园，利用其特定的小气候、小地形、小生态环境，丰富旅游地的生物种类组成，充分发挥湿地生态旅游产品的特色；以湿地丰富的鱼贝类资源为依托，开发出各具特色的地方小商品如贝壳工艺品、海鲜产品等，利用当地现有条件提高当地居民收入；也可以利用当地农产品开展生态农业旅游。

③环保教育规划。众所周知，湿地与人类息息相关，是人类拥有的宝贵资源，因此湿地被称为“生命的摇篮”“地球之肾”和“鸟类的乐园”，所以对湿地生态旅游的开发要将环境保护作为重要内容列入规划范围。因为湿地旅游保护区中环境保护的重点是湿地的保护，所以加强对湿地知识的宣传是环境保护的重要环节。

湿地旅游中的环保教育可以分为两个方面：旅游者即游客，其湿地旅游环保意识的培养和提高，可以通过自然学校、生态博物馆、环保导游等方式对游人开展。环境保护教育，可以使游人增加环境意识，懂得必须履行的环保义务，奉行环保道德和文明；旅游管理者或旅游经营者，对旅游管理者进行环保教育，也是生态旅游教育体系中的内容之一。它将有助于树立管理者的生态环境意识，使其重视生态旅游科学普查与评价，合理制定发展纲要与规划，确立生态旅游发展的基本策略、方向、目标、重点、实施步骤及相应措施，建立生态旅游保护与协调机制，为旅游企业与旅游者传递有关保护信息。

对湿地知识的宣传，可调动一切积极有效的形式，艺术地、生动地把湿地发展演变的历史、湿地的功能、效益以及湿地面临的威胁介绍出来。另外，在湿地旅游保护区可开展一些有关湿地知识的竞赛活动，一来可以调动游客的积极性，二来可以使游客在娱乐中增长对湿地的认识。

④生态旅游基础设施规划。生态旅游的基础设施，是指为生态旅游者设立的道路交通、给排水、供电、电信、广播电视等设施。它们是旅游区保证游人方便、安全、舒适的必备设施，也是绿色开发项目中的重要内容。基础设施的设计和建设要以旅游者为主体，同时又要遵循充分利用资源、切实保护好生态环境、总体布局与景观相协调、和谐的原则。

旅游者在开展旅游活动时，需要旅游地提供方便舒适的衣、食、住、行等方面的基础设施服务，生态旅游点应设法使其生态化，形成生态服装、生态饭店、生态旅馆、生态商店、生态交通等。制定生态旅游规划时，应考虑旅游基础设施的方方面面，根据各地自身的特点选择相应的生态旅游基础设施。例如，对住宿设施的规划，要求不应设在脆弱敏感的生态区域，建筑物以方便简洁为主，采用节能设备，提供以地域产品为主的饮食(最好是绿色食品)及旅游纪念品，所有能源及物质不要给周围的自然生态环境造成不良影响，并由当地人自主经营管理，以保持地域文化的完整。

旅游基础设施生态化是湿地旅游生态化的重要标志之一。因而，湿地生态化旅游基础设施要能给游客创造一种特殊的环境氛围，让游客从中受到尊重自然、保护生态的启发和教育，能提高游客的生态环境意识。

⑤湿地旅游管理规划。湿地旅游管理体系的建立，对维持湿地生态系统平衡以及湿地旅游的规范发展有重要意义。成功的湿地旅游管理应是根据湿地的“生态位”，在保护湿地生态系统的同时，最大限度地发挥湿地的旅游效益。因此，必须综合评估，避免将较高的湿地资源效益和环境资本用于低价值的旅游产品生产。湿地旅游管理规划就是在统一规划基础上，运用技术、经济、法律、行政、教育等手段，限制自然和人为损害湿地质量的活动，达到既满足人类经济发展对湿地资源的需要，又不超出湿地生态系统功能阈值的目的。湿地生态旅游管理规划内容应遵循：湿地资源环境的调查、编目和评价；湿地旅游市场与效益预测；拟订湿地旅游开发方案；系统分析，择优选择；依法严格管理。

参考文献

丁圣彦，等. 2007. 河南沿黄湿地景观格局及其动态研究[M]. 北京：科学出版社.

杜丽侠. 2010. 我国湿地类型自然保护区布局现状分析[D]. 北京：北京林业大学.

孔凡斌，王晶. 2006. 自然保护区生态旅游规划研究现状与展望[J]. 世界林业研究，19 (5)：77 – 80.

李娇. 2007. 洞庭湖湿地生态系统价值评估[M]. 长沙：湖南师范大学出版社.

刘德隅，王钰. 2006. 自然保护区生态旅游总体规划理念的探讨[J]. 林业调查规划，31 (5)：74 – 76

刘康主编. 2011. 生态规划——理论、方法与应用[M]. 第2版. 北京：化学工业出版社.

刘仁芳. 2004. 自然保护区生态旅游规划研究及其在六峰湖规划中的应用[D]. 哈尔滨：东北林业大学.

吕咏，陈克林. 2010. 中国湿地与湿地自然保护区管理[J]. 世界环境(3)：25 – 28.

陶思明. 2003. 湿地生态与保护[M]. 北京：中国环境科学出版社.

王献溥，崔国发. 2003. 自然保护区建设与管理[M]. 北京：化学工业出版社.

肖燚，朱春全，欧阳志云，等. 2012. 岷山生物多样性保护优先区与自然保护区规划[M]. 北京：中国林业出版社.

张洪军，刘正恩，曹福存. 2007. 生态规划——尺度、空间布局与可持续发展[M]. 北京：化学工业出版社.

张荣祖，李炳元，张豪禧，等. 2011. 中国自然保护区区划系统研究[M]. 北京：中国环境科学出版社.

赵广东，王兵，靳芳. 2004. 中国湿地生态环境质量及湿地自然保护区管理[J]. 世界林业研究，17 (6)：34 – 39

周文. 2008. 自然保护区生态规划与景观设计研究—以广东大雾岭自然保护区为例[D]. 长沙：中南林业科技大学.

IUCN. 1994. Guidelines for protected area management categories[R]. IUCN Commission on National Parks and Protected Areas with the assistance of the World Conservation Monitoring Center. IUCN, Gland.

Udvardy, M D F. 1975. A classification of biogeographical provinces of the world[R]. IUCN, Gland. Occasional paper no. 18.

第 10 章　生态文化规划

文化是指与一个城市或区域的独特历史、公众价值观、民风民俗、组织制度、日常性和季节性的文化活动等直接相关的种种文化现象、文化因素及其相互关系的总和。城市或区域文化的人文性要素是城市或区域的底蕴和内涵，是一个城市个性特征的内在表现，它对城市或区域发展的影响和作用是内在的、可持续的。文化是人类适应环境的产物，由于各地区、民族所经历的发展历程不同，所处的自然地理条件各异，因而也就产生了不同的文化，文化在适应环境的过程中不可避免地呈现出一种单向度的发展倾向。每个城市的历史都具有独特性，它不可能重复或复制，因而所有城市在历史的进程中所积淀的历史文化，都具有自己的特征，显现出明显的地域性，与其他城市的历史文化存在着明显的差异。

生态文化，作为人类新的生活方式，是人与自然和谐发展的文化，是人类文化发展的新阶段。人类作为大自然的产物，归根结蒂离不开自然界，注定要与自然界共存共生，这可以理解为既是时－空的辩证，也是“时－空”的统一。人类就是在“时－空”的辩证统一中孕育、进化并发展到今天这种状态的。从这个意义上看，人类文明发展的历史也是人类与环境相互关系的历史。

10.1 生态文化规划的概念

10.1.1 生态文化的概念和内涵

（1）生态文化的概念

生态文化是一种强调人与自然环境和谐演进的人类文化形态，表现为遵循生态发展规律和生态经济规律，倡导生态消费和环境友好的生产理念，改善人与环境的关系以及相应的社会关系，所以从本质上看，生态文化是以可持续发展为核心的先进文化形态（杨莉等，2004）。

生态文化也是一种理论体系。有史以来，可能从未有过像生态文化这样引领各学科，同时又需要各个学科支撑的理论体系。解决人类所面临的各种棘手问题的契机、方案和办法不可能产生于某种单一的理论、学科或文化，而只能源于多种理念、学科的相互渗透，以及多种文化、思想的融汇互补。令人振奋的是，生态文化并不排斥或抵消其他的文化，但也不是其他文化所能排斥或抵消的。生态学本身就是一种伦理学。

生态文化是一种社会文化。它不仅包括人类在总结传统发展基础上提出的有利于人与自然和谐相处的观念形态，而且还包括人类为了保护生态环境而发明或制定的相关手段，如法律、政策以及科学技术等。因此，生态文化可以分为精神、制度和物质三个层面：精神层面的生态文化主要体现为生态价值观，是人们在生产和生活中的生态伦理准则；制度层面的生态文化则是政府为了保护生态环境而制定的法律和政策；而物质层面的生态文化是生态价值观的有形体现，诸如生态主题公园、小品、生态博物馆以及相关技术设备等，不仅反映着人类的生态价值观，而且展现着人类的生态环保成就和能力。

权威生态哲学家认为，“生态文化”有广义和狭义之别。

①广义的“生态文化”。广义的生态文化是指人类新的生活方式，即人与自然和谐发展的生活方式。把生态文化视为一种人类创造和选择的新文化，并将带来一种新文明、新价值

观——生态文明。人类从反自然的文化和人类统治自然的文化，转向尊重自然，人与自然和谐发展的文化，人类将依据"生态文化"的价值观念来判定自己创造的文明程度和发展方向。作为一种价值观、文明观，生态文化首先是价值观的转变，是人类新的生存方式，即人与自然和谐发展的生存方式。

②狭义的"生态文化"。从狭义的概念来看，生态文化是以生态价值观为指导的社会意识形态、人类精神和社会制度，主要是指一种基于生态理念的社会文化现象。它主要是自19世纪以来，人类在重视自身生存的生态环境保护的过程中，逐渐产生出来的一系列的环境观念、生态意识，以及在此基础上发展起来的一系列有关生态环境的人文社会科学成果。例如，生态文学、生态艺术、生态伦理、生态经济理论、生态政治理论、生态神学等。这些生态文化成果既表明了生态思维对人文社会科学的渗透，是自然科学与人文社会科学在当代相互融合的文化发展趋势；同时也表明生态文化作为一股思想文化潮流，由于它所关注的是全球、全人类的福祉，因此越来越具有全球意义(宣裕方等，2012)。

(2) 生态文化的内涵

生态文化作为一种社会文化现象，不仅有其特定的含义和价值观基础，而且有其合乎规律的、有序的、稳定的关系结构。正确认识生态文化的基本含义及其价值观基础，分析和把握生态文化的结构要素及其相互关系，是研究有关生态文化建设的一切问题的必要前提。但是，从近年"生态文化"这个概念的使用情况来看，人们对这一概念的理解并不完全一致，甚至可以说差异很大。更多的还停留在人与自然关系的物质层面上。通常意义下人们对生态文化的理解是指：以生态科学群、可持续发展理论和绿色技术群为主导，以保护生态环境为价值取向，引导人们树立人与自然同存共荣的一种自然观。人们提及生态文化时，往往停留在善待野生动植物、保护自然环境方面。然而，随着生态科学和可持续发展理论研究的更深入发展，"生态"两个字已更趋观念化、哲理化，成为一种思维方式，逐渐成为一种文化的代名词。实质上，生态文化是在不和谐的发展中应运而生的，它的适用空间具有广泛性，有着广义和狭义之区别。

目前，生态文化作为一种社会文化现象，已发展成了一种世界性或全人类性的文化。20世纪以来，人类在重视自身生存的生态环境保护的过程中，逐渐产生了一系列的环境观念、生态意识，以及在此基础上发展起来的一系列有关生态环境的文化科学成果，诸如生态教育、生态科技、生态伦理、生态文学、生态艺术以及生态神学等，而生态文化的内容也得到了日益丰富和完善。从内容来看，生态文化主要包括生态哲学、生态伦理、生态科技、生态教育、生态传媒、生态文艺、生态美学、生态宗教文化等要素。这些要素互相依存、互相促进，共同构成生态文化建设体系。

这些"生态文化"成果的创建，既表明了生态学思维方式对人类社会的渗透，也显示出一种生态文化现象正在全球蔓延。生态文化作为一股思想文化潮流，它淹没的文化陆地越多，越证明自己作为一种新的文化现象的重要价值。与此同时，生态文化在我国也得到长足发展。社会主义生态文化已成了当代中国先进文化的重要组成部分，它以与时俱进的马克思主义理论为指导，以实现人与自然、人与人、人与社会协调一致为目标，体现了人类社会发展的总趋势和先进文化前进方向的要求。它吸收了包括封建主义生态文化、资本主义生态文化在内的符合人类与自然和谐发展需要的一切文化成果。因此，从本质上说，它是一种更先进、更优越的生态文化(陈幼君，2007)。

10.1.2 生态文化规划的概念

(1) 生态文化规划概念

生态文化是生态规划的重要内容之一，也是生态规划的指导思想和实施的原动力。城市生态规划是应对城市生态失衡和环境恶化而出现的一种新型城市规划形态，它是以生态学理论为指导，应用科学的方法、手段和技术来改善城市生态功能，统筹安排人类经济社会活动与生态环境的空间布局，促进城市经济、社会、环境的协调发展。生态文化是一种新型文化，它是在生态关系要求的基础上，优化处理人与环境的关系，达到人与自然和谐共处、持续健康发展的目的而形成的以人为本，协调人类社会及其与自然环境和谐相处的文化形态，是引领健康文明生活生产方式的文化。

城市生态规划的最终目的是要建设成为生态城市，而生态城市本身就代表着一种文化类型或一种文化生态系统，它受控于人类文明的发展，两者相辅相成，互相促进。为此，生态城市规划不但是建筑与土地配置的实践活动，同时还要创造与之相适应的生态文化。生态文化规划就是在对传统文化审视的基础上，通过宣传教育、体制创新和现代管理等物化形式或精神层次，重塑和建立与生态社会相一致的文化体系，并深刻体现在居民新的生活、生产、消费等行为上。

(2) 生态文化规划的内涵

根据对生态文化不同的理解，生态文化规划有不同的表达形式。结合当前城市生态规划的实践，生态文化规划基本上有三种表达方式：

第一种类型是相对独立的规划，即当前的生态文化专项规划。有学者认为，生态城市建设从低级到高级依次分为生态卫生、生态安全、生态整合、生态文明和生态文化五个阶段，生态文化是生态城市建设的最高目标和相对独立的阶段。基于这种认识，他们更倾向于将生态文化规划作为一个相对独立的规划类型。比如江苏省涟水县、石家庄市无极县、广州市花溪区、湖南省怀化市、广东省韶关市等地区的“生态文化建设规划”就属于这类。从泛化的角度讲，当前热点的创意文化产业规划也应当属于生态文化规划。

第二种类型是糅合在城市生态规划中，作为城市生态规划的一个部分。这种类型是当前最为普遍的一种，它们通常作为独立篇章的形式纳入到城市生态规划中。这也表明，越来越多的规划师逐渐认识到了生态文化在生态城市建设规划的作用，将生态文化看成是生态城市的必不可少的组成部分，走出了传统单纯的物质性规划。

第三种类型是将生态文化的观念贯彻于城市生态规划的全过程，将生态文化的理念物化于生态城市建设的活动中和人们的行为中。这种类型的规划由于融合了生态文化和规划理念、技术，使得规划方案更为系统化、规划行为和建设活动更为生态化，城市生态规划的目标更易于实现。

三种类型各有优缺点。第一种类型的生态文化规划，内容上更为具体细化，且基本属于一个职能部门管辖，操作性较强。但是，这种类型易于与其他部门相割裂，使得生态城市建设活动系统性不强。第二种类型虽然将生态城市建设活动进行了统筹安排，但是限于篇幅，很难深入，操作性不强。第三种类型将生态文化与生态城市建设进行了渗透，使得生态文化落实在具体的城市建设活动中，具有可操作性和系统性。受知识和技术水平所限，第三种类型目前并不多见，但是却是今后生态城市规划的方向和趋势。

从内涵上来看，生态城市是生态健康型城市或是有利生态可持续发展的城市，为此，城市生态规划的关键问题应该是实现规划、建设和管理等价值观的转变。同时，生态城市建设本身也要求运用新的观念、新的思路来创造新的环境，这必然需要生态文化的引领和支撑，才能切实推动和保障生态城市建设的顺利实施。从这个意义来说，生态文化规划不但是城市生态规划的重要组成部分，还应该是城市生态规划的核心和灵魂(袁超等，2010)。

10.1.3 生态文化规划原则与目标

生态文化规划是在传统文化和现有文化发展规划的基础上，按照生态学原理和文化发展的基本原则进行修订或重新编制的。它具有全局性、指导性和超前性。因此，要使生态文化规划的制定更趋向科学和准确，就必须了解生态文化制订的原则，明确生态文化规划制订的内容。

(1) 生态文化规划的原则

生态文化作为一种人类社会的历史现象，有其产生、存在、积累和发展的过程。相应地，生态文化建设也涉及政治、经济、社会、文化以及人口、资源、环境等各个领域，是一项长期而复杂的系统工程。因此，对于生态文化规划的制定，要认真分析生态文化发展的现状，遵循全局性、科学性和超前性的指导原则。

①全局性原则。生态文化既是发展的文化，也是开放的文化。因此，在制订生态文化规划时，应审时度势，着眼全局，把握全局，统筹全局。不仅要“运用宏观战略的眼光分析生态文化建设中遇到的各种问题”，还要立足我国的国情和生态文化发展的现状，吸纳古今国内外生态文化的精华，提倡“古为今用”“洋为中用”，去其糟粕，取其精华，将批判继承与创新发展有机结合起来。要反映出生态文化的时代要求，体现出时代精神，不断推动生态文化向前发展。

②科学性原则。生态文化是一种带有强烈的自然科学和经济科学以及人文社会科学色彩的文化，其内容具有很强的综合性，涉及生态学、环境科学、技术科学和社会科学等多方面的内容。因此，在制定生态文化规划时，要坚持科学性原则，强调既要遵循自然规律，又要遵循社会规律。只有从建设和谐社会的高度，采用跨学科、跨领域、多视角、多层面的科学、综合的研究方法，运用环境科学、生态学和经济科学以及人文社会科学等多方面的知识，结合我国生态文化的现状，进行深入系统的调查研究，才能充分揭示生态文化的实质及重要性，在更深层次上发展生态文化。

③超前性原则。生态文化规划是比较全面的、长远的发展计划。但需要明确的是，对生态文化规划的制订并不是把未来的事情放在当前来做，而是使当前的决策能够考虑到未来，使决策避免盲目性和迷失方向。因此，在制定生态文化规划时，必须着眼于世界科学文化发展的前沿，使生态文化规划与文化发展的总体规划、国民经济社会发展规划相协调。此外，还要保持生态文化规划整体性、协调性、长远性和超前性的高度统一。

(2) 生态文化规划的目标

生态文化的根本目的在于改变过去工业文化所奉行的人类中心主义价值观，重新确立自然在生态系统中的价值，“要改变传统的以牺牲环境求发展的生产方式和高消费的生活方式，发展生态产业，倡导适度消费，寻求人与自然的和谐发展”。保障自然的可持续发展，确保社会发展的自然资源保护、开发与长期高效使用。协调人与自然关系，促进人与自然的和谐共处。为当今社会提供制定人类社会可持续发展的行为规范与约束的科学依据。构建区域生态安全的防御体系，增强区域竞争力与可持续发展能力。

生态文化规划的具体目标在于建设一个和谐统一的生态文化，孕育经济高效、环境友好、社会和谐的生态产业，确定社会、经济和环境三者相互协调发展的最佳模式，建设人与生态和谐共处的生态区域，建立自然资源可循环利用体系和低投入高产出、低污染高循环、高效运行的生态调控系统。要求严格遵守“人与自然共生”的基本法则，在维护自然再生产和生态完整性的基础上，科学地利用自然资源，有序地调整产业结构，不断地加强生态功能建设和环境保护，追求在自然可持续发展基础上的人类社会经济的可持续发展。

生态文化规划就是要在规划体系的各个层面融合地域优秀的文化资源，有策略地整合具有地域特征、科学健康的各种物质与精神文明，通过规划的手法，延续和创造地域空间的文化特色，使文化在地域发展中扮演灵魂角色(屠凤娜，2011)。

10.2 生态文化规划的过程

10.2.1 生态文化特征分析

20世纪以来，人类在日益重视自身生存的生态环境保护的过程中，逐渐产生的一系列的环境观念、生态意识，以及在此基础上发展起来的一系列有关生态环境的文化科学成果，诸如生态伦理、生态教育、生态科技、生态文学、生态艺术以及生态神学等，不仅表明生态学思维方式对人类社会的全面渗透，也展现出一种生态文化现象正在全球蔓延。生态文化是属于全人类的，这是因为：生态文化建立在科学的基础之上，而科学是无国界的，它为所有的人提供正确认识的理论基础；生态本身的物质性作为一种客观存在，它对所有的人都同样起作用；人类的生存发展需要适宜的生态状态，而生态文化既是这种状态的产物，又是维护这种状态的本质的精神力量。生态文化是人类向生态文明过渡的精神铺垫，也是自然科学与哲学社会科学在当代相互融合的文化发展趋势。生态文化作为一股思想文化潮流，它淹没的文化陆地越多，越能证明自己作为一种新的文化现象的重要价值。

(1) 生态文化的特征

①历史传承性。文化是人类历史代代传承下来的精神财富，生态文化自然也不例外。纵观整个人类社会发展历程，历史传承几乎成了文化演进的唯一方式。同其他类型的文化一样，生态文化是人类在改造自然、改造社会和改造自我过程中一代又一代遗留、积累和继承下来的。生态文化就是对生态的反映、表达和体现，就是人与人、人与社会、人与自然的和谐相处、共同发展的文化，它与现代文化的本质区别就在于价值取向不同。生态文化是倡导人与自然和谐

相处、协同发展的文化，是伴随着经济社会发展的历史进程形成的新的文化形态。

②环境协调性。生态文化是人类文明与环境协调发展的结果。生态文化的环境协调性是指人类自身的发展与环境的发展并不是根本矛盾的，二者可以在共同发展中实现协调和统一，互为载体，互相促进。生态文化要求人类在爱护并尊重生命、社会和自然的基础上建设崭新的人类文明，在维护秩序和保护环境的基础上发展富于包容性的文化。生态文化以尊重和保护自然社会生态环境为宗旨，以未来人类继续发展为着眼点，强调人的自觉和自律，强调人类与自然社会环境的相互依存、相互促进、共存共融。

③内在和谐性。生态文化的和谐性由人与人的和谐、人与社会的和谐和人与自然的和谐构成，其发展必须坚持人与人的平等观、人与社会的平等观和人与自然的平等观，主张人与人、人与社会（群体、组织等）及人与自然的生存平等、发展平等和利益平等，即一部分人的发展不能以牺牲另一部分人的利益为代价，既要求代内平等，又要求代际平等。这种新的文化观要求树立崭新的生态意识，在追求平等和公正的基础上，倡导协调与稳固，并把它上升为一种道德原则。

④发展持续性。回溯人类发展的历史，不难看出，人类文化的创造、积淀和进步在一定程度上是以牺牲自然环境为代价，人类也因此饱尝了自然的“报复”。生态文化所要求的发展是健康的发展，它既不能以损害环境和资源为代价，也不能超越环境和资源的承载能力，而要使发展保持在生态容许的限度内。一定的生态潜力是文化发展的基础，生态圈的整体性及稳定性是可持续发展的自然基础。任何发展都必须维护生态圈的整体性和稳定性。任何人与自然的矛盾，都是人与人、人与社会矛盾的综合反映。如何把人类自身的矛盾解决好，是解决好人与自然矛盾的根本前提条件。所以，生态文化必然要求人类充分发挥智慧和能力，充分整合社会资源，尽可能替代自然资源，减少对自然生态环境的压力。

⑤价值倍增性。生态文化的经济价值倍增性是生态文化以及生态文化产品投入市场后表现的新特征。同其他商品一样，市场化的生态文化和生态文化产品同样受价值规律的作用，在流通中实现价值增值。但无论是生态文化还是生态文化产品都是特殊的商品，在市场经济条件下，价值能够通过供求关系大致地反映出来。但由于生态文化产品不只是完整的产品形态，直接进入市场，而且产品中凝结了复杂的精神劳动，因而其价值显然高于一般的物质产品；由于生态文化市场处于供不应求的状况，即生态文化资源稀缺，而对生态文化的需求日益增长，因而其价格比一般文化产品高，可以获得超额利润，货币形态表现出来的价值亦大；由于生态文化产品可以多次复制、循环使用、转移使用，其使用价值也具有培增效应。

⑥体系科学性。生态文化是相对于传统的、以“人类为中心”的文化而言的，同时也是生态文明的主导文化，代表着人类的繁荣和进步。生态文化遵循自然规律和社会发展规律，体现着外在规律和内在需求的统一，也是马克思主义辩证唯物主义和历史唯物主义理论在人与自然、人与人、人与社会关系中的实际体现。通过对生态价值观的阐发，可以帮助人们进一步掌握马克思主义的世界观和方法论，如系统的观点、联系的观点、发展的观点等等。

（2）生态文化的表现层次

生态文化在不同的民族、不同的国家表现出很大的差异，这些差异不可否认地存在于发展程度上的差异，但最主要的还是性质上、表现形式上的差异。社会主义生态文化是当代中国先进文化的重要组成部分，它是以与时俱进的马克思主义理论为指导，以实现人与自然、人与人、人与社会和谐为目标，体现人类社会发展的总趋势和先进文化前进方向要求的生态文化。同时，它又是在克服封建主义生态文化、资本主义生态文化种种弊端基础上产生的生态文化。社会主义生态文化吸收了符合人类社会发展需要的新文化成分，从本质上说，是一种更先进、更优越的生态文化。生态文化作为一种新的文化选择，表现在文化的三个主要层次：

①生态文化制度层次的选择。生态文化，通过社会关系和社会体制变革，改革和完善社会制度与规范，按照公正和平等的原则，建立新的人类社会共同体，以及人与生物和自然界伙伴共同体。这种选择要求改变工业文明社会不具有公平调节社会利益、不具有自觉的环境保护机制，而具有自发的两极分化机制、自发地破坏环境机制的社会性质。生态文化的社会制度要求实施公正和平等的原则制度化，环境保护和生态保护制度化，使社会形成自觉地保护所有公民利益的机制，形成自觉地保护环境和生态的机制，实现社会全面进步。

②生态文化的精神层次的选择。生态文化确立生命和自然界有价值的观点，抛弃人统治自然的思想，走出人类中心主义；建设“尊重自然”的文化，按照“人与自然和谐”的价值观，实现精神领域的一系列转变。

③生态文化的物质层次的选择。生态文化摈弃掠夺自然的生产方式和生活方式，学习自然界的智慧，创造新的技术形式和能源形式，采用生态技术和生态工艺，进行无废料生产，既实现文化价值，为社会提供足够多的产品，又保护自然价值，实现人与自然“双赢”。

10.2.2 生态文化可持续发展

生态文化，是人对自然的态度和行为的概括，是人在与自然相处过程中形成的精神信念。以尊重自然、敬慕自然、与自然和谐相处为核心的生态文化，是实现可持续发展的根本保证。

生态文化，是指配合约束个人行为的内在动力，是人自我反省，自我警示，自我提升与自然关系的精神结晶。同时，它也是人的一种生活态度和生活方式。生态文化是自古积累起来的一种文化现象，是漫长的历史进程中一条不停流淌的精神之河。它时起时伏，变化莫测，时而呈现出人与自然的和谐，时而又展示人与自然的冲撞。正是这种纠结变幻中，人逐步形成了对自然的理想信念和价值判断。在近代科技诞生特别是大规模工业建设出现之后，人类征服自然、控制自然的意识陡然上升，在与自然几百年的对抗中，人类虽然获取了巨大的物质财富，创造了空前繁荣，但是也付出了惨痛的代价，而且这种创痛和代价正在越来越突出的显现出来，有时几乎为人类所无法承受。全球如此，我国正是如此。正是在这种深刻的反思中，人类开始重新构建人与自然和谐相处的生态文化。这不仅是一种精神取向，也是一种现实选择。毫无疑问，这种选择，是人类摆脱困境，走向长远发展繁荣的最佳选择。由此可看出，生态文化是人类文化的必然走向，是可持续发展的必然选择。生态文化将为可持续发展提供持续的动力。当今生态文化尚未成为一个完整的文化形态，还在发展与构建之中。必须加强对生态文化的研究，促进人类的可持续发展(张帝，2011)。

(1) 生态文化是人类文化的必然走向

每一代人都生存于文化之中，继承前人创造的文化，受文化的熏陶和影响，并不可避免地在自己的行为中显现出这种影响；同时，通过自己的生产生活实践不断创新，使文化得以生存、传播和进化。这一过程就是整个人类文化的进化历程。从人与自然关系的视角考察人类的文化史，我们可以发现，人类已经走过了依靠主观经验来规定世界的宗教文化时代，正经历着用实证方法认识自然的科学文化时代，必将走向以生态观念为中心的生态文化时代。

人类生存方式的本质，是文化与自然的辩证统一。伴随着文化形态的进化，人类认识自然、经验自然方式的不断变迁和发展，人类对自然界的认识经历了一个由模糊到清晰、由不自觉到自觉、由必然王国到自由王国过渡的过程，对自然界的支配能力不断发展，对外在世界的作用和影响也由弱变强。宗教文化时代，人受主客观条件的制约，影响自然的能力是有限的，自然界本身的净化能力基本上可以消除人类活动所带来的不良影响。在科学文化时代，科学技术所带来的生产力的巨大进步使得人类有能力向自然开战。对自然和生命失去了敬畏和尊重之心，不断地消灭其他物种和生命为自己所用，结果导致环境退化、生态失衡、资源枯竭，从而使自己的生存受到胁迫，精神上失去信仰，成为“生命的孤独者”。科学文化的过度发挥尽管使人类社会经济飞速发展，物质和文化财富得到了极大丰富，但人类的精神文明却没有同步跟进，人们的思想观念以及由它指导的行为与自然环境的矛盾日趋突出。这个矛盾如不能有效地解决，必将会影响到人类自身的生存与发展。以至于20世纪70年代前后一些有识之士大声疾呼“拯救地球”“敬畏生命”“全球伦理”的口号，伦理学开始走向荒野，绿色运动日益高涨，现代可持续发展成为人们的热门话题。

正是人类关于可持续发展的理论探讨和现实实践催生了生态文化，揭示了人类文化的一个新的走向。作为一种文化动物，人类借助于文化来适应环境，改造环境。科学时代所带来的环境退化需要人类调整自己的文化形式加以修复，这种新的文化形式就是生态文化。生态文化是人类与环境和谐并进、谋求可持续发展实践的产物，它代表了人与自然关系演进的时代潮流，并将引发一系列的变革。生态文化的核心就是人类的环境意识，集中表现为人类社会经济与环境资源的可持续发展。它要求改变掠夺和浪费自然的生产方式和生活方式，采用生态技术和生态工艺，创造新的技术形式和能源形式，建设生态产业，实现向物质循环、无废料的生产方式和生活方式过渡。生态文化承认自然的价值，按照人与自然和谐发展的价值观，建设尊重自然的文化，实现人与自然的共同繁荣；实现科学、哲学、道德、艺术和宗教发展“生态化”，使人类精神文化沿着符合生态安全的方向发展。生态文化通过社会关系和社会体制变革，调整人的社会关系，改革和完善社会制度和规范，使生态保护制度化，社会获得自觉保护生态的机制；按照公正和平等的原则，建立稳定与和谐的社会关系和秩序，向一种新的社会制度过渡，真正实现人类健康、有序、全面、协调的可持续发展。

①可持续发展呼唤生态文化。可持续发展的要求推动了人类文化的纵深发展，催生了生态文化，同时，文化所具有的“化人”的功能也必然会作用于人类的可持续发展，为可持续发展提供持续的发展动力。这种动力首先表现为生态文化对人的激励和教化作用。生态文化一旦形成，就会影响人的思想、感情、心理、性格和行为，凝聚成精神的力量，作用于人的心灵，激励人、教化人、培养人的可持续发展意识，促进观念的转变，激发人们自觉地投入到可持续发展活动中去。而且，生态文化强调经济效益和生态效益与社会效益的有效结合、相得益彰，从整体上保证经济发展的后劲，有利于人类长远的发展和效益。生态文化所体现的规章制度具有强大的约束力，对人们的行为规范有重要的影响作用。从根本上说，可持续发展是一个包括

人、自然、文化在内的复杂的系统，它的实施需要社会各界乃至公众个体的积极配合和参与。只有当人们从文化的层面上来接纳可持续发展，可持续发展才能真正扎下根来，成为人类共同的信念和价值取向，进而转变为人的自觉行为。因此，积极发展生态文化，用生态文化的“化人”功能来塑造人，提高公众的可持续发展意识，是成功实施可持续发展的关键。从这个意义上讲，生态文化既是可持续发展的成果，也是可持续发展的价值尺度。

目前，人类在可持续发展上所做出的努力，相对于全球危机的迫切程度来讲，还远远不够。生态文化作为一个文化时代，还尚未到来。就世界范围而言，当代占社会发展主流的还是传统文化模式下实现经济持续增长的发展观，也还主要是扩展主义支配下的消费文化。美国等发达国家危及全球生态的生存方式也仍然为众多的地球公民所向往、所梦寐以求。“工业化国家的人民，特别是美国人——他们的能源消耗给环境带来了最大的负担——会愿意接受一种较为节俭的生活方式吗?”美国报纸编辑学会主席托平的质疑，至今仍然发人深省。可持续发展在现阶段更多地表现为人类适应未来的良好意愿，表现为一种精神追求。这种追求只有在基本的需求得到满足的前提下才有可能成为自觉的行为。然而世界上还有许多的贫困国家和地区，温饱问题得不到解决，扩军备战仍在进行，战火依旧蔓延。这一切都使得可持续发展在实践上受到重重阻碍，也更显示出生态文化建设和发展的重要与迫切性。从文化的视角审视全球危机，我们不难发现，这一切都源于人类自身发展过程中的危机，是人本身对“自然—人—社会”这一巨系统的破坏所引发的严重失衡，是由人的活动、人的存在方式、人的价值选择所带来的，是历史积淀的产物，是人自身的危机，从而也是文化的危机。因此，探讨传统文化模式的内在缺陷，研究和建设适应社会与人和谐、健康、全面发展的新型文化模式——生态文化具有不可替代的作用。

②建设生态文化促进可持续发展。生态文化是一种物质生产和精神生产兼顾、自然生态与人文生态统一的文化。生态文化建设的总体目标，就是要改革不合理的经济体制和社会发展管理模式，培育可持续发展的运行机制，使生态文化在宏观上逐步影响和诱导决策管理行为和社会风尚，在微观上逐渐诱导人们的价值取向、生产方式和消费行为，促进全社会从物的现代化向天人关系的现代化转变，实现社会—经济—自然系统的可持续发展。生态文化建设的根本目的是提高人们的生态环境意识与可持续发展意识，以生态意识的提高，生态知识的普及，生态环境法律体系的完善之绿色文明为其精神基础，以文化资源和自然资源的保护，生态科技的实践活动和生态产业的形成为其物质基础。

我国传统文化主张“天人合一”和“和而不同”，有“一种值得羡慕地对生命的尊重”，具有丰富的生态文化基因。孔子主张“钓而不纲，弋不射宿”(《论语·述而》)。荀子讲：“草木繁华滋硕之时，则斧斤不入山林，不夭其生，不绝其长也”。《淮南子》讲：“不涸泽而渔，不焚林而猎”。《齐民要术》中指出：“丰林之下，必有仓庾之坻”。朱熹提出“天人一理，天地万物一体”，对资源“取之有时，用之有节”。清代洪亮吉对人口数量与生产、生活资料增长之间的矛盾进行了研究，写出了《治平篇》。从实践上看，我国早在帝舜时期就设立了官员——虞，使其管理山、林、川、泽、草、木、鸟、兽等，以后又设立虞部下大夫、大司徒等。《周礼》中规定大司徒“以土宜之法，以阜人民，以蕃鸟兽，以毓草木，以任土事”。管仲明确提出以法律手段保护生物资源，并设置相应官吏。总之，从老庄“道法自然，返璞归真”的自然主义到孔孟的"尽心知性""与天地参"的伦理主义，中国传统文化对人与自然的和谐相处表现了极大的关注和热情，具有丰富的环境意识和生态理念。而且，这种深植于民族文化土壤的思想意识，在实践上也更易于为社会公众所接受。因此，研究传统文化，发掘其中的生态智慧，使之与现代生态理念有机地结合起来，是我们当前生态文化建设的重要途径。

③生态文化的建设必须以科学文化为支撑。生态文化是以科学文化为其基础的，是科学文化发展的新形式，这里之所以说是新形式，主要指它对科学文化的"生态化"要求。科学技术不能单纯地以人的欲望和需求为出发点，必须兼顾生态产业和生态工程、生态意识、生态哲学、环境美学、生态艺术、生态旅游及生态运动、生态伦理和生态教育及与之相关的生态制度，都以科学的认知为基础。生态文化需要科学文化提供认识世界的广阔视角，提供改造世界的生态工艺、适度开采资源的环保技术。因此，生态文化不是对科学文化的否认，而是给科学文化提出了更高的要求，是对科学文化的"生态化选择"，是对科学文化的继承、创新和发展。达到自然环境的可持续性，才能使其符合人类的根本利益。

④可持续发展的实施是一个系统工程，它要求人类有意识地改革自己的文化，推动生态文化的发展。积极利用健全的法制规范人，用良好的政策引导人，用舆论"无形的手"来塑造人、激励人，增加人的知识，拓展人的眼界，熏陶人的心灵，提升人的品格，从而全面提高人的素质，促进人的发展。随着全民生态文化素质的不断提高，社会运动的不断绿化，生态文化成为社会文化的主流，人类才能真正实现人与自然的和解以及人与人之间的和解，实现可持续发展的美好愿望(黄百成等，2005)。

10.2.3 生态文化建设模式选择

10.2.3.1 生态文化建设内涵

随着全球生态危机的日益严重，人们的生态文化意识逐渐被唤醒，生态文化成为实现人类文明持续发展的必然选择。生态文化建设，就是在生态危机日趋严重的背景下，在对人类的活动进行深刻反思之后提出的文化变革目标。"日渐严重的生态危机已不允许人类再犹豫、徘徊，人类必须拿出足够的勇气来面对、来解决。为了避免人类主体自掘坟墓的悲剧发生，理性的人们必须快速地开展生态文化建设，使环境保护成为影响人们社会生活的重要道德规范和行为标准，使环境意识深入人心，携手合作，共同维护人类的美好家园"。

胡锦涛同志指出，我国要建设的社会主义和谐社会，应该是民主法治、公平正义、诚信友爱、充满活力、安定有序、人与自然和谐相处的社会，这六个特征既包括社会关系的和谐，也包括人与自然的和谐，它充分体现了人的生态环境需求。生态文化建设是将复杂的生态文化现象、理念整合成完整的体系，以生态学为科学依据，以和谐为核心而展开的生态文化实践活动。生态文化建设是物质文明与精神文明在自然与社会关系上的具体体现，生态文化建设是一项规模宏大、艰巨复杂的系统工程，它不仅需要一系列的政策、法律和社会组织管理制度上的保障，还需要全体社会成员树立生态文明的伦理规范，自觉规范自己的行为，正确对待人与自然的关系，只有这样才能真正实现人与自然的和谐发展。

生态文化建设是以生态学为科学依据，以人与自然和谐为核心而展开的生态文化实践活动。生态文化建设就是对人的思想观念、道德规范的建设，从而改变人类对以往大自然片面的、错误的认识，使人们树立以尊重和维护自然为前提，以正确处理人与人、人与自然、人与社会和谐共生为宗旨，提高全民族的生态文明和道德修养，引导人类走上和谐、持续的发展道路的生态文化实践活动(张广裕，2013)。

2. 生态文化建设模式选择

(1) 物质生态文化建设

①以绿色GDP为核心指标引导企业生产。绿色国民经济核算体系是指以绿色GDP为核心指标的综合环境与经济核算体系，实现经济的可持续发展需要绿色国民经济核算体系。建立绿色国民经济核算体系，可以为决策部门提供参考，引导管理部门淘汰、限制浪费资源、污染环境、附加值低的落后企业或产业，督促企业向节约能源资源的生产方式转变，鼓励发展节能、降耗、减污的高新技术产业，在一定程度上推动产业结构的优化调整，使经济发展具有可持续性。

倡导绿色GDP也是生态文化建设的必要组成部分。一方面，绿色GDP有利于科学和全面地评价我国的综合发展水平。通过对环境污染和生态破坏的准确计量，我们就能知道为了取得一定的经济发展成就，我们付出了多大的环境代价，从而可以使我们客观和冷静地看待所取得的成就，及时采取措施降低环境损失。另一方面，绿色GDP充分反映了科学发展观的本质要求，有利于人民摒弃传统的经济增长方式，合理地开发和利用资源、保护生态环境，促进人与自然的和谐发展。

②大力发展循环经济。循环经济要求把经济活动组织成一个“资源—产品—再生资源”的反馈式流程，其特征是低开采、高利用、低排放。循环经济模式是新型工业化道路的最高形式，是世界经济和环境保护的大潮流。我国政府应该通过建立奖励与惩罚制度，要按照走新型工业化道路的要求，振兴装备制造业，加快高技术产业化，积极推进信息化，采用高新技术和先进适用技术改造传统产业和传统工艺，淘汰落后设备、工艺和技术，积极推进清洁生产。深入开展环保专项整治行动，强化规划和新上项目环境监管，落实重点流域区域水污染防治工作的各项部署，深化生态环境保护工作，促进生产者将环保因素纳入到整个商品的生产过程中，从而限制高耗能、高污染生产企业的设立和产品的生产。

③生态文化景观建设。对于城市而言，要加快城市主体功能区建设，进一步拓展城市发展空间，加快城市道路、供排水、垃圾、污水处理等公共设施建设，大力实施绿化工程，提高城市基本服务和承载能力。城市建设发展应既保持历史传统文化特点又注重未来发展的需要，将城市建设与发展提高到文化创造的高度来认识，注重地区特色加以继承并发扬光大。对于农村而言，要注重与当地农村文化和周围自然环境的协调，保持农村特有的文化底蕴。并根据各乡镇、村、农业小区实际情况，发展一定比例的农业生态示范点和生态户、生态家园。以中心村、基层村为具体规划对象，按照实事求是、量力而行的原则，优化村庄布局，尊重地方民俗风情和生产生活习惯，改善人居环境。对于历史文化景观，要保护和弘扬优秀民间艺术、民俗文化，切实加强民间非物质文化遗产的挖掘与保护，扶持有代表性和影响力的民间民俗艺术活动、艺术项目，积极创新具有地域特色的民间艺术。加强乡村自然遗迹、人文遗迹、自然保护

区、风景名胜区等自然因素的保护，大力倡导扶持绿色农产品的生态文化(张广裕，2013)。

（2）制度生态文化建设

①建立生态文化建设的政策体系。

a. 建立环境与经济发展的综合决策机制。进一步完善资源、生态、环境与经济协调发展的科学咨询和综合决策机制，把生态环境建设和保护的主要内容与项目纳入国民经济发展规划和年度计划中，建立专家会审制度，在制定产业政策、中长期规划、区域规划、城市总体规划、国土规划、部门专项规划、年度计划时，都要统筹考虑生态环境建设和保护工作，适时建立重大建设项目生态环境听证制度，对主要污染物的排放继续实施总量控制。建立生态综合决策机制，确定生态评价标准体系，形成适合的生态评价方法。

b. 建立合理的生态补偿制度。建立生态补偿制度就是要根据不同地区内不同的资源、人口、经济、环境总量来制定不同的发展目标与考核标准，让生态脆弱的地区更多地承担保护生态而非经济发展的责任，按照“资源有偿使用”、“谁破坏谁恢复”、“谁利用谁补偿”的原则，尽快建立生态补偿机制。国家和各级政府应当依照相关的法律法规，按一定的比例拨出专项基金，根据不同地区的资源环境承载能力，优化开发，加强污染防治和生态保护项目、环境公共设施的建设。

②建立生态文化建设的激励政策。

a. 建立公平的利益分配制度。充分发挥各级监察机构的作用，加大行政执法力度，运用经济杠杆“严格按照‘不欠新账，多还旧账’和‘谁污染、谁受罚，谁治理、谁受益’的原则，通过市场机制加大生产者消耗资源环境的成本，使在生产过程中对生态环境造成严重污染、对自然资源造成严重破坏和浪费的生产者、消费者承担高额的经济补偿”，建立更加有效的节能环保监督管理体系，坚决依法惩处各种违法违规行为。在生产过程中造成生态环境严重污染的企业或个人，进行严肃处理与处罚。

b. 建立完善的环境保护奖惩制度。完善重点行业能耗和水耗准入标准、主要是对能耗产品和建筑物能效标准、重点行业节能设计规范和取水定额标准，严格执行设计、施工、生产等技术标准和材料消耗核算制度，实行强制淘汰高耗能、高耗水落后工艺、技术和设备的制度，加强电力需求侧管理、政府节能采购、合同能源管理。执行节能减排统计、监测及考核制度，健全审计、监察体系，强化节能减排工作责任制。“抓紧研究中长期激励办法，建立短期激励和中长期激励相结合的激励体系。

c. 制定优惠政策促进绿色科技发展。通过制定财政投入、税收减免等优惠政策支持企业发展绿色科技。政府应该充分发挥自身的引导和控制能力，通过财政支持、税收优惠、价格优惠等政策，积极鼓励新能源和新技术的开发和利用，加强“零排放”技术等项目的攻关，组织引导和扶持成熟的环境友好型技术广泛合理地应用于实践当中。

③建立促进生态文化建设的法律保障措施。制定完善的环境执法监管体系，是开展生态文化建设的政策保障。建立健全环境执法监管体系，强化现场监督，加大检查监督的频次，根据实际情况，调整监督方式，重点整治擅自停运治污设施、偷排偷放和排污口超标排污等环境违法行为。要强化全民的法治意识，强化执法手段，要严格遵循环境影响评价法开展工作(丁宁宁，2008)。

(3) 精神生态文化建设

①建立人与自然和谐共处的生态伦理观。生态伦理观，就是一种尊重自然、爱护生态、保护环境、人与自然协调和谐的发展观。生态伦理是赋予整体生态系统以伦理，“伦理道德是社会的一种伟大力量”。道德缺失会造成许多社会问题，所有社会都重视利用道德的力量。现代伦理是社会伦理，它以一定的道德原则和行为规范，调节人与人之间、人与社会之间的利益关系，调节人类社会的种种矛盾、对立和冲突，起到社会稳定与和解的作用。

②提升生态文化意识，开展生态教育。要实现生态文化建设的最终目标，就必须拥有实现这一目标的主体力量——人，人的主观方向决定了社会的发展方向。提升生态文化意识要坚持把生态教育作为全民教育、全程教育的重要内容，大力倡导生态伦理和生态道德，使广大公民自觉地承担更多的生态责任和生态义务，共建共享生态文明建设成果。唯一的途径就是对不同的社会群体进行教育与培训，并且是进行生态教育。

对制定和执行相关政策的党政干部，应该在各级党校设立生态建设或环境保护课程，或者开设环境保护专题讲座。组织相关部门领导参加各种有关生态环境保护的培训班、研讨会和实地考察；对参与生产的企业来说，应该通过各种渠道对企业职工进行企业经济活动的环境成本意识教育，开展创建“绿色企业”活动，通过教育使企业不断提高资源利用效率，最大限度地约束生产废弃物对生态环境的污染影响，树立绿色企业的良好形象；对青少年学生，要把生态教育作为青少年素质教育的一项重要内容，组织青少年开展以认识和保护生物多样性为主要内容的生态夏令营、冬令营、环境公益活动，推行多种形式的生态教育，普遍提高学生的生态意识，努力培养具备生态环境保护知识和意识的一代新人；对社区建设来说，将生态学、生态经济学原理贯彻到社区建设过程中，营建以人为本、人与自然和谐共存的生态社区，把社区生态文化建设与文明社区创建工作有机结合起来，建立社会生态教育网络，注重社区公众参与；在农村推广生态文化宣传，编印农民环境教育读本，引导农民减少使用化肥和农药，鼓励推广生态农业和有机农业，扩大有机食品、绿色食品和无公害食品的种植(陈彩棉，2010)。

10.2.4 生态文化规划内容与程序

10.2.4.1 生态文化规划内容

生态文化规划的内容十分宽泛，其首要任务是确定一些具体的目标，然后根据目标制定实现目标需要采取的战略，最后就是制定实施的具体的规划。循着这样的思路来进行管理，才能使这项工作顺利地进行。首先，生态文化规划需要根据我国生态文化发展的资源条件、内容构成、活动状态、空间布局等现实情况，结合《“十二五”经济社会发展规划纲要》和《“十二五”文化发展规划纲要》的具体要求，以及对生态文化未来发展趋向的认识和把握，进行深入分析，明确生态文化规划的指导思想、规划编制的原则、规划编制依据以及规划范围。这是生态文化规划的前提和基础。其次，生态文化建设是一项长期的系统工程，不可一蹴而就，应分阶段、分步骤进行。其首要任务是确定生态文化的总体发展目标和发展思路，然后根据不同地区、不同阶段生态文化的特点，确定阶段性目标及具体指标。阶段性目标确定的方法有很多种，它可以根据生态文化规划发展目标的实施阶段制订短期规划(年度规划)和中、长期规划；也可以根据生态文化的项目类别相应地制订专项计划和综合计划；还可以根据生态文化规划战略转移把短期规划(年度规划)转到中、长期规划方面。最后，制订生态文化发展的重点规划项目。要遵循“一个原则，就是注意于那些有关全局的重要的关节”。原因在于，不同的生态文化发展阶段，其规划目标有所不同，规划重点也要有所侧重。为此，要建立和完善生态文化发展规划重点，并制订具体生态文化重点规划项目的实施步骤和具体措施。

(1) 生态文化规划的程序

确定规划范围与总体目标。生态规划范围与总体目标的确立是规划的前提与基础，是信息调查、分析与评价、规划方案设计与评估的依据。一般而言，生态文化规划范围与地理背景、历史文化背景、行政区划以及产业结构等密切相关。

尺度的设定要以所研究对象是否能够很好地达到研究目的为依据。不同的研究对象一般需要用不同的尺度来刻画，同一研究对象用不同的尺度研究时，由于异质性的存在，会表现出不同的现象。而不同尺度的变化，生态文化规划所包含的经济、社会、文化等人文内涵也发生相应的变化，因此，在生态文化规划的过程中也需要注意特征尺度问题。

生态文化规划的总体目标是倡导和谐统一的生态文化，孕育经济高效、环境友好、社会和谐的生态产业，确定社会、经济和环境三者相互协调发展的最佳模式，建设人与生态和谐共处的生态区域，建立自然资源可循环利用体系和低投入高产出、低污染高循环、高效运行的生态调控系统，重塑和建立新的生态文化体系。

(2) 信息调查分析与评价

生态文化规划的基本信息有：①地理文化概况，包括各种地理信息、生态功能和过程信息，以及当地历史文化和政府相关生态政策法规；②社会经济信息，包括区域社会经济发展对环境资源的需求信息；③该区域社会经济可持续发展的目标信息。

对调查到的信息进行归纳和标准化处理，进行资源环境承载力分析，对社会经济发展所能承载的压力和可开拓的支撑潜力进行识别或预测；对区域生态文化进行评价，了解区域生态文化的整体状况，掌握生态文化在区域经济、社会结构方面的调节能力和支持力；进行区域的生态文化适宜性分析，揭示区域生态文化与社会、经济发展之间的互馈机制，评判文化系统的功能和演化态势，找出适宜的生态文化开发及利用方式。利用信息调查、分析与评价的结果，进行生态文化区划，将区域分解为若干个功能区，每个功能区既要突出各自的文化特色，又要注重整体文化特色。

在信息调查的过程中，要特别注意收集一些已经公布的相关政策、规范、规划和基础信息资料，防止所编制的规划与政府已有的规划和决策不相符或不同步，从而影响规划的顺利实施。由于生态文化规划调查的信息多种多样，因此数据获得的方式也多种多样，统计年鉴，实地调查，历史调查，问卷调查，“3S”(遥感技术、地理信息系统和全球定位系统)技术分析等均是目前应用广泛的信息调查与采集的重要途径，值得在实践中综合应用。

信息的分析与评价是生态规划的必要阶段，是实现生态文化规划的基础，可以为规划方案的设计与评估提供科学依据。信息的分析过程主要是根据生态调查阶段获得的各类数据资料，利用景观生态学和生态伦理学的理论与方法，对规划区域的社会—经济—自然—文化复合生态系统的组成、结构、功能与时空变化过程进行分析。认识和了解规划区域全面的发展现状、发展趋势以及发展潜力，揭示区域发展的规律及限制因素。信息的评价过程主要是运用生态学、生态经济学、生态伦理学及其他与生态文化相关的学科知识。对与区域生态文化规划目标有关的人文环境和社会资源的性能、生态文化系统的状况、生态文化的适宜性及区域生态地理环境进行综合分析与评价。以3S为代表的空间信息技术在生态文化规划的区域信息分析与评价过程中发挥着重要的作用，这些技术的使用大大提高信息处理的精度和准确性，尤其在大型或复杂的区域生态文化规划项目中。

对于区划来说又分三类指标：

①经济发展指标。包括国民生产总值、人均国民生产总值、人均绿色国民生产总值，三大产业占总产值比例，主要粮食作物的单产和总产，进出口总额，人均收入，人均吃、穿、用、住消费水平，教育，科学，文化，体育，卫生等的年均投入量及占国民生产总值的比例等。

②社会发展指标。包括人口密度，第一产业、第二产业、第三产业人口占总人口的比例，交通网密度，人均受教育程度，人均教育经费，人均居住面积，每万人口医疗，养老保险福利费，人均绿地面积等。

③文化产业发展指标。包括文化产业链建设与占国民生产总值比例，文化产业营业额及利润，文化产业基本建设投资，民间文化与娱乐市场比例及收益，核心层方面报业、广电和演艺以及外围层面的网络文化、文化娱乐、旅游业的相关投入及收益，文化产业占第三产业从业人员的比例等。

因此，对信息的评价要基于三类指标进行综合评定。

（3）规划方案设计与评估

在信息分析评价的基础上，根据规划对象的发展要求、区域可持续发展的目标以及生态文化发展趋势，基于生态文化区划的要求，确定规划的具体目标。然后在具体的规划目标指导下，选择经济学与生态文化合理的发展方案与措施，其内容包括根据发展目标分析文化、经济资源要求，通过与现状资源的匹配性分析确定初步的方案与措施，再运用生态伦理学、经济学、管理学等相关学科知识对方案进行分析、评价和筛选。规划方案是多个各选方案的集合，它可以为政策制定者和方案的执行者提供多种选择，从而增强规划方案的可操作性。

生态规划方案通常是由总体规划及若干个相关的子规划组成，包括系统生态文化规划与调控总体规划、土地利用生态规划、人口教育发展规划、产业布局与结构调整规划、环境保护规划、绿地系统建设规划等，这些规划最终都要以促进社会经济发展、生态文化条件改善及区域文化可持续发展能力的增强为目的。生态文化规划应充分考虑区域社会文化资源及经济发展状况，合理确定生态文化规划的思路与流程，以免造成资源的浪费和增加区域调控管理的难度。

在实施以前，要从三方面对各项规划方案进行评估：①方案与目标评价。分析各规划方案所提供的发展潜力能否满足生态文化规划目标的要求，若不满足则必须调整方案与目标，并做进一步的分析。②成本及效益分析。对方案中资源与资本投入及其实施结果所带来的效益进行分析、比较，进行经济上可行性评价，以筛选出投入少、效益高的措施方案。③方案对文化可持续发展能力的影响评价。发展必须考虑生态文化环境，有些规划可带来有益的影响，促进生态文化环境的改善，有的则相反。因此，必须对各方案进行可持续发展能力的评价，内容主要包括对自然资源潜力的利用程度、对区域环境质量的影响、对区域文化可持续发展的影响、及生态文化对社会、人口生活方式的可持续影响等方面。

根据发展目标，以综合适宜性评价结果为基础，制订区域文化发展与资源可持续利用的规划方案。区域文化规划的最终目标是促进区域社会经济文化的发展，生活方式的改善以及区域持续发展能力的增强。

（4）规划方案实施与后评估

生态文化规划的程序是一个动态的过程，其中包含有苦干反馈机制、用来随时对方案进行监督和调整。在规划方案的实施过程中，具体的操作人员以及管理人员必须不断地对规划所涉及的各种文化过程参数进行收集和汇总，对规划方案实施后评估，以跟踪评估方案的优劣以及合理性和可操作性。如果方案在实施过程中出现问题，可以将这些参数重新纳入生态文化规划的信息分析、评价以及后续的流程中，从而实现生态规划的动态调整，保证生态文化规划的合理性与科学性。规划内容如期实施是一项长远的社会性工程，需要规划对象所在地政府与公众的重视与支持，需要各单位、各部门及全社会民众的通力协作。项目的有效管理和沟通能够促进更好地协作，便于加强规划成果的可操作性。

后评估是对项目完成情况以及实际运行情况一种总结评价，分析研究的是项目的实际情况，所依据的数据资料是现实发生的真实数据或者根据实际情况计算得出的数据，总结的是现实存在的经验教训，提出的是实际可行的对策措施，后评估的现实性决定了其评估结论的客观可靠性。从事后评估工作的主要是监督管理机构、或者单设的后评估机构、或者是决策上级机构，摆脱了项目利益的束缚和局限，可以更加公正地做出评估结论。后评估的内容具有综合性，不仅要分析项目的前期过程，还要分析项目的实施过程，不仅要分析项目的经济效益，还要分析项目的社会效益(王让会，2012)。

10.3 生态文化规划的方法

10.3.1 生态文化规划的要素分析

文化是人类在社会历史发展过程中所创造的物质财富和精神财富的总和，包括物质、制度、精神三个层次。生态文化就是为协调解决人与自然关系问题所反映出来的思想、观念、意识及其总和，包括为了追求人与自然和谐发展的社会政策和制度，其核心价值观是人与自然的和谐发展。因此对生态文化要素分析一般分为三个层次，即物质文化、制度文化和精神文化。

10.3.1.1 *物质文化层次，物质驱动分析*

环境问题的直接成因是人类为了满足自己的物质需求而设计的环境破坏型的经济发展模式。生态文化对人与自然的和谐图景的追求，也必然要求一种与之相应的经济模式和物质载体。因此，生态文化不是不要发展经济，而是考虑经济发展的生态合理性问题，和如何更好地发展经济的问题。欧阳志远教授强调指出，建设生态文明，依然要坚持以经济建设为中心，首先考虑在生产领域实现生态化。生态文化规划的落脚点依然在物质生产和消费领域，构建协调人与自然之间关系的物质生产系统是生态文化的基础。从社会发展实际看，不同于西方一些发达国家过度工业化导致的环境问题，我国的环境问题更多的源于贫困和发展不足，人们的物质需求还没有得到应有的满足。生产过程中资源利用能力较低，既能引导经济发展又能保护环境不受破坏的生产方式还远未成熟。建立在生活贫困和生活剥夺基础上的文化变革，不可能得到社会广大人民群众的支持，也就不可能取得很好的成效。在这个意义上生态文化只有与现阶段的经济、社会状况有机结合起来，并创造出较高的经济、社会和生态效益，才具有较高的社会影响力，也才更容易为社会大众所接受。生态文化规划，必须着力构建具有生态合理性和生活适宜性的物质生产与供给机制，也只有这样，生态文化才有可能成为一种日常大众的行为，而不仅是一种纯粹的理念和姿态。而且，来自物质生产的需求，既可以有效促进生态知识的社会接纳和认同，也将通过实践使之更好的生成和完善，从而成为生态文化发展的有效的驱动机制。

10.3.1.2 制度文化层次，制度保障分析

制度是人们社会交往的框架与边界，它提供了人们行为的基本准则。伴随着工业化发展起来的具有自发的破坏环境倾向的制度体系，不但推动了掠夺自然资源的经济行为，鼓噪着无节制的物质享受和消费，导致人与自然的对立，更作为一种文化现象塑造了人的思想观念。生态文化作为一种与之相对的新的文化形式，还处于发展的初级阶段，其社会影响力还相对比较弱小。如果没有法律法规和公共政策的“硬”作用，不能有效遏制违背自然规律，不利于人与自然和谐，阻碍生态文明进步的行为，也就很难确立起生态理念的社会规范作用，生态文化就只能作为一种自在自发的理念而存在，无从进入更加广泛的社会实践中。在一定意义上，“政府采取怎样的政策措施来规范和保护生态环境资源，既是生态产权关系和生态系统均衡必要的政策性依据，也是遏制人性失衡，提升人文精神的制度条件。”制度的改变就是人们行为规则的改变，只有这种规则的改变，才能更好地引导人的行为改变。发展生态文化，进行生态文化规划，必须建立符合生态文化要求的制度体系，制定环境保护相关的法律规范，制定有利于生产、消费方式生态化发展的价格、税收、信贷、贸易等政策。通过这种制度形成的惩戒和诱导作用，塑造一种“环保不仅是伦理上的应该，也是经济上的应当”的社会环境，从而可以更加有针对性的塑造社会主体的行为，维护生态价值、环境价值、资源价值和利益分配上的公平正义，为生态文化提供政治保障。

10.3.1.3 精神文化层次

（1）知识供应分析

知识是文化的观念载体和源泉。生态文化是建立在对人与自然关系的深层认知基础上的理性文化，是以一种全新的生态学视野对社会发展深度透视和细致分析的结果。它的一个重要特点是用生态学的基本观点观察现实事物，处理现实问题，采用科学认识生态学的途经或科学的生态学思维。生态学研究所揭示出的人与其所处环境之间的互动关联，以及对自然环境中各不同物种之间的不可分割的世界图景的描述和认知，作为生态文化的认知基础提供了社会运行状况的说明。而任何以生态文化为目标而设计的经济运行模式、价值评判及行为选择，也都需要特定的知识和技术支撑，包括自然科学知识、技术知识、哲学社会科学知识，以及存在于群众生活智慧中的诸多地方性知识。只有具备了充分的生态知识，较为完整地把握了生态规律和生

态原理，人们才能更深刻的领悟到生态文化的精髓和内涵，也才能做出符合生态文化要求的选择和判断，实现人与自然协同发展的文化理想。在这个意义上，发展生态文化，必须不断地通过多学科的科学研究以及更广泛意义上的社会实践来生产出更多的生态知识，不断充实生态文化知识体系，为生态文化发展提供知识基础和能力储备。

（2）社会参与分析

由于关系着人与人、人与自然之间多重主体的多元利益，生态文化规划必然涉及包括企业、政府、居民、社团等各种利益相关者在内的每一个体。每一个个体的具体行为及其相互之间的复杂关联，也影响文化的发展状况。随着环境对社会发展约束作用的凸显，人们对环境问题日益关注，生态文化参与的热情日益高涨。而正如共生公式所揭示的，生活细小行为我（每一个人）= 改变世界的力量。生态文化的社会参与状况，直接影响着生态文化规划进程及其成效。从现实情况来看，任何一项环境政策和为环境保护而做出的设想和规划，其实践效果如何，均在很大程度上取决于社会组织、公众个体的理解程度与支持力度。而且，每个群体都有其特定的环境需求、环境权益和环境观点，这种地方性知识在很大程度上是对生态文化内容的补充。只要每一个个体都行动起来，参与环境保护，一定可以使人与自然的和谐相处的理论设想成为现实图画。但考虑到人的异质性，不同个体行为的环境后果可能会大相径庭，而且环境责任和环境观念也存在对立和冲突，并因此对生态文化规划产生不同的影响。我们需要构建一种引导个体生态文化参与的社会机制，在公共发展的平台上，使社会各方围绕环境与社会发展等问题展开积极地交流与对话，形成群体的氛围和巨大的驱动，进而在相互促进中实现生态文化与大众生活的有机结合，促进人们生态意识的成长和成熟，以及对生态文化的认同和接纳。

（3）社会评价分析

社会评价是对人们思想道德观念和行为表现的评价。通过社会评价，使得那些符合价值标准的行为将更容易成为社会的风尚而得以强化和发扬，而对不符合标准要求的行为给予抵制和贬低。因此，社会评价不仅是对特定文化行为的鉴别与确认，而且具有十分重要的文化示范和推广价值，由此在塑造社会价值观、引导社会风尚方面发挥着重要作用。人是一种社会动物，个体的文化选择和认同行为不是独立无涉的结果，而深受与之互动的其他社会个体的影响。如果个体的行为方式得不到认同，就很难在社会实践中贯彻执行，如果一种价值观得不到社会评价的认同，就很难得到更为广泛的社会跟随。因此，社会评价对社会文化具有直接的影响。传统社会具有的自发的破坏环境等反生态行为，在一定意义上也是社会评价中生态文化理念的缺失所致。生态文化发展状况如何，个体的行为是否符合生态文化理念的要求，也离不开社会评价系统无所不在的监督和评判。生态文化规划的一个基本要求，就是要建立合理而具体的生态文化行为评价机制。其中，对生态文化规划状况、内容的社会评价，可以明确生态文化现状与理想要求之间的差距；而对不同主体的生态文化行为的评价，不仅会使其生态文化形象得到了清晰的描述，以道德反馈、经济奖惩、法律规范的形式表现出来，而且，将通过奖优惩劣来形成有效的督促机制，从而在更为广泛的方面发挥生态文化的影响（张保伟，2011）。

10.3.2 生态文化规划的协同分析

根据生态伦理的自然价值观和权利观，生态伦理的基本原则和根本标准，应当是人与自然的协同进化。协同进化概念是达尔文生物进化论发展过程中提出的新概念，也是一个伦理学的新概念，要表明一种在人与自然关系中的“利己与利他”相统一的伦理原则。在人类世界中，人类的生物属性与人类的文化属性不可分割。人类的根正是通过生物属性与非人类世界融合，破坏了非人类世界也就必然危及人类世界的生存。所以，发现人与自然关系的内在协同性，促进人与自然的相互依存和协同进化，是实现地球生物圈生态稳态的前提和基础。

人与自然协同进化取决于不同国家、不同民族、不同利益集团之间建立在协商、对话和交流基础上的伦理。绝对正确和绝对错误的伦理是不存在的。人与自然协同进化的生态伦理的科学性和实用性，既与国家或地区的经济发展水平、环境、资源状况、人均收入和企业科技状态有关，也与国家总体科学能力和文明程度有关。脱离具体国家和地区的经济发展和社会发展的现实，就不可能建立起符合人与自然协同进化的社会生态政策、体制和机制。我们在人与自然协同进化的生态伦理意义上讲有利于人类的伦理也包含不同的结构层次，但是从评价尺度意义上讲，这里突出的是人类两大活动的根本伦理尺度：一是突出人类日常生活中的生态伦理尺度；二是突出人类在野外特殊生活活动中的生态伦理尺度。

第一，人类在日常生活中，开展生产和生活，通常活动在人类最适宜居住的城市和乡村环境范围之内。衣食住行，是人们可持续地进行家庭生活和社会生活所必需的基本生活资料和基本社会条件。在有些地区，那里的居民衣食难保，处在生存的挣扎线上，这些人大多居住在原始自然荒野区域。这里的人与自然的关系特点是，自然荒野被当地居民利用仍然停留在原始的或者比较原始的生产方式和生活方式条件下，那里荒野生态规律起着主导作用，人还是服从自然的“统治”。作为协同进化的生态伦理学对这个地区的人和自然关系的伦理应当如何看待？是任当地人继续如此生活下去，还是使其进入现代化的轨道，鼓励他们大规模开发自然呢？这显然是一个带有普遍性的必须回答的问题。

人与自然协同进化的生态伦理的根本尺度之一，就是强调“人类的生存利益高于非人类的非生存利益”。根据这个基本原则，这个地区的居民可以合理地利用本土资源，使自己逐渐摆脱贫穷。一般说来，越是贫穷的地区，那里的本土资源破坏越小，有的地方甚至还没有达到自然资源承载力的极限。应当反对那种地域隔离式的、任凭那些在原始荒野地区的穷人继续穷苦下去的伦理主张。协同进化伦理坚持，无论是什么样的人都应当帮助他们摆脱穷困，过上正常人的生活，这既是我们当代人应当具备的同情之心，也是对他们人格尊重的实际行动。在一些地区，那里的居民生活富足，不但进入了高消费阶层，而且也进入高浪费、奢侈消费阶段。这个阶层的居民在数量上不多，但造成的不良社会影响不能低估。人与自然协同进化的伦理不局限于不支持，而且提出坚决地反对。不是由于谁占有的资源的多寡问题，而是大量浪费资源和能源等于犯罪的问题。还有一些地区是介于上述二者之间，他们的消费和生产活动，符合国家有关法律法规，能够很好地满足他们自己的基本生活需要和正常交往需要，并以身体健康和个人价值的实现为目的。我们坚持的生态理论并不笼统地赞成或反对这种消费方式和生产方式，而是认为，当他们的生活和生产做到物尽其用，不奢侈、不铺张、不浪费，提倡借鉴和关爱公益事业，这样的生活是生态的、健康的。

第二，人类在野外，通常有三种特殊活动：①旅游和休闲活动；②开发荒野，或狩猎活动；③在野外进行的商业经营活动。无论是哪种在野外的人类活动，如春天到湿地观鸟和体验大自然风光，夏天到野外漂流，冬天到野外滑雪等游乐和休闲活动，这些人在大自然中开展各种活动，是接近大自然的好机会，可以受到大自然的熏陶和教育，增加对大自然的真情实感。但是到大自然中去，尽情玩乐，对于开展这项活动的开发商而言，他的目的就是为了赚钱。人与自然协同进化的生态伦理主张，无论人们在野外开展怎样的活动，都应当严格遵守相关法律法规，都不应当造成野生物种的加速灭绝，都不应当破坏不可逆的生态过程。这是我们坚持生态伦理的底线。

人与自然协同进化的生态伦理，试图称为推进可持续发展的伦理，是新世纪新的生态世代的伦理。然而，在现实生活中，人类要发展，生态环境要保护，冲突往往在所难免，协调这种冲突的总的原则就是要适度，也就是人类的发展不得超过自然生态的限度。倡导人类的一切行为，只要有助于人与自然环境道德共同体的完整、稳定和美丽，就是对的，反之就是错的。其中要点有两个方面：

第一，禁止破坏人与自然关系的完整性。所谓完整性就是人与自然关系的系统结构要素不破缺。这个要求是硬性的，没有修补性条款。原因是人类今天参与地球生态系统的结构性要素，通常是指物种和关键性环境因素(气候、水、温度等)。以往人类已经造成了一些局部和整体生态系统的结构性破缺，表现为野生动物加速灭绝，气候异常变化等，已经给人与自然生态带来难以恢复的结果。人类遵循这条伦理原则，意味着要承担对自然的责任和义务。

第二，应当在保持稳定的基点下，获取人类利益。地球生态系统是一个与自然相互作用的稳定系统，这个系统有其稳定性和波动性。当人类作用的方位、强度和频率在稳定性限度范围之内时，系统的波动性始终在受控之中，此时的人类作用是属于保持自然意义的对自然的利用，是合理利用。反之，人类作用超过稳定性范围，就是对自然的滥用。

10.3.3 弘扬生态文化的具体路径

生态危机的发生是在工业文化价值观的支配下工业发展的必然结果。人类日趋增强的对自然的支配能力以及由此而引发的盲目乐观主义和享乐观念的滋蔓，正是促使人们对自然进行了无度的占有和掠夺的文化根源。因而，要解决生态危机，就必须在强调人类世界价值中心的同时，还要注重自然对人类生存与发展的基础作用。余谋昌说过，如果我们人类不想灭亡并成功实现自救的话，就必须扬弃传统的工业文化，对其文化价值观念进行变革，进行一个符合时代要求的文化革命，即“实现一种提高对站在地球上特殊地位所产生的内在的挑战和责任以及对策略和手段的理解。”这就是要实现文化形态的根本转变，摈弃工业文化，创建并弘扬生态文化。要弘扬生态文化，就要做到如下几点：

10.3.3.1 宏观方面，建立健全有利于生态文化建设的长效机制

在历史唯物主义看来，经济决定政治，“当社会生存的物质条件发展到迫切需要变革它的官方政治形式的时候，旧政权的整个面貌就发生变化。”因而，随着经济形态从工业经济向低碳经济的转变，我国的经济结构发生了巨大的变化。为了适应这一变化，我国就必须在根本性质保持不变的情况下，对一些经济政策和机制做出相应的变革。同时，这一变革不仅是一项艰巨的宏大工程，而且是一项长期的战略任务，因而需要坚持不懈地抓下去，这就是要求建立如下

的长效机制。这就要求做到如下几点：

① 建立生态建设的制度保障机制。政府相关部门要制定相应的法规条例，以使生态文明建设有法可依，从而走上法律化、制度化、规范化轨道。要严格生态规划、建设审批程序，严肃对不利于生态文明建设行为的惩处。

② 建立生态建设的考核激励机制。将生态建设纳入各行政和企事业单位综合目标考评体系，定期督导和考核，利用各种行政和经济等激励手段，使对生态文明建设的推进成为各单位的自觉行为。

③ 建立生态建设的社会监督机制。畅通群众监督和举报通道，设立举报接待日、举报热线、举报信箱等，并明确有效地及时反馈处理结果；充分发挥新闻媒体的舆论宣传和监督作用，对生态文化建设好坏两方面的典型进行及时报道或曝光。

事实上，尽管就总体而言“经济运动会为自己开辟道路”，但是一种经济形态一经确立，就“必定要经受它自己所确立的并且具有相对独立性的政治运动的反作用……”因而，为适应低碳经济而发生于国家政策和机制上的上述种种变革，又会反过来促进低碳经济、进而生态文化的发展。

10.3.3.2 中观层次，实现经济形态从工业经济到知识或信息经济的彻底转变

根据历史唯物主义，经济基础决定上层建筑，“随着经济基础的变更，全部庞大的上层建筑也或慢或快地发生变革”。因而，文化作为一种上层建筑，不仅其特定形态决定于一定的经济基础，而且其形态的变化也是建立在一定经济转型基础之上的。从工业文化到生态文化的转变，必须以经济形态从工业经济向生态经济的转型为基础。在当今的局势下，生态经济就是知识或信息经济，或者说就是与以高碳消耗为特征的工业经济相对的低碳经济。

在这里，所谓的低碳经济，“就是在‘温室气体排放’和‘全球气候变暖’的大背景下，为了降低和控制温室气体排放、避免气候发生灾难性变化以及实现人类可持续发展，通过人类经济活动低碳化和能源消费生态化，所实现的涉及一场全球性能源经济革命的一种经济”。低碳经济着力于低碳排放，并着眼于可替代能源的开发和利用。因而，发展低碳经济不仅能够维持并促进生态文明所推崇的人与自然的和谐，而且还能够降低温室气体排放量，减轻国际压力，从而实现与自然以及国际社会的和谐共存；并通过可替代能源的研发来增强国际竞争力，进而实现可持续发展。

我国许多学者都对发展低碳经济作过深度的研究和论述。全国人大环境资源委员会前主任委员毛如柏就曾撰文提出，“发展低碳经济首先需要机制层面的创新，要将低碳经济发展政策与已有政策体系更好融合，建立适合低碳经济发展的政策机制、市场机制、技术创新机制、经济刺激机制、人才培养机制以及低碳经济的评估机制，给低碳经济的发展模式推广提供支撑”。归结起来，发展低碳经济要从以下几个方面入手：①要从经济发展层面引入绿色增长理念，通过绿色税收等措施，鼓励生态环境友好型基础设施的投资和建设等。②要积极鼓励技术创新，鼓励低碳友好型技术的研究、开发和推广与应用，加强低碳技术领域的信息交流。③要消除低碳发展的融资障碍，通过能源价格调整来提高清洁能源的市场竞争力，并通过对低碳技术评价的加强来为金融机构在低碳领域的投资提供依据。最后，要加强低碳领域的机构建设和人才培

养。不难想象，通过上述措施的实施，低碳经济必将得以极大的发展，从而为生态文化的弘扬创造出雄厚的物质基础。

10.3.3.3 微观方面，在全社会倡导绿色消费，培养公民的生态文明教养

弘扬生态文化需要动员广大人民群众广泛参与。这是因为，一方面，从理论的角度看来，根据历史唯物主义，人民群众是历史的创造者，更是人类精神文化的创造者；另一方面，就现实而言，创建并弘扬生态文化是一个庞大的系统工程，单靠政府或企业等的积极努力是远远不够的。因而，要保证弘扬生态文化伟大工程的顺利进行，就必须使节约资源、保护生态等行为成为广大人民群众的自觉行动，这就是要在全社会中倡导绿色消费、全面提高公众生态文化教养。

所谓的绿色消费方式，就是指一种节能、环保的一种消费方式。在很大程度上，生态环境的破坏和生态危机的发生是人类对自然过度地索取、对自然资源的过度消耗和浪费而造成的。人们痛定思痛，意识到自己要想继续生存下去，就必须调整自身行为，彻底摒弃现行的生活方式和生产方式，改变以往对物欲的过度追求，进而采取一种适度消费、崇尚节俭的绿色消费方式。这样就在合理地开发和利用自然资源的前提下，缓解人与自然的矛盾。然而，必须强调的是，倡导绿色消费远非杜绝消费本身，因为消费是满足人类生存并发展的基本需求。因而，绿色消费所崇尚的节俭的生活及消费方式，并不意味着要遏制人的基本需要。它所要限制的是人们过度的物质需求，而提倡一种丰富的精神生活；它所注重的是人之想象力、鉴赏力和创造力等内在能力的提高，以及心智和潜能等精神层面的启迪和开发。这样，不仅满足了人的基本的物质需求，还可以使个体得以自由而全面发展。就此而言，倡导绿色消费就是从注重物质消费转移到精神消费，从而培养起绿色环保的生活和消费方式。

事实上，绿色消费方式的培养有赖于生态文化教养形成。因而，要弘扬生态文化，确立绿色消费方式，就必须全面提高公众的生态文化教养，这就是要做到，一方面要加强以生态基本知识和生态协调和谐思想等为主要内容的生态文化教育。通过生态文化教育，使公众参与生态文化建设的意识和能力得以加强，从而能够为弘扬生态文化提供深厚而广泛的社会和群众基础。另一方面，提高全民生态文化教养需要社会各部门长期的共同努力。因为生态文化教育是一种终身的和持续的教育，仅仅依靠作为担负主要社会教育任务的学校教育是远远不够的，还需要各环保团体、传播媒介的广泛参与和通力合作，尤其是各职能部门通过制定相关的规章和制度，以为生态文化教育提供制度保障，从而保障提高全民生态文化教养这一工程的顺利进行。

我们有理由相信，在可预见的将来，通过低碳经济的发展、政府相应政策以及公众绿色消费观念的形成和生态文明教养的提高，我国生态文化必将得以高度的发展和弘扬（陈璐，2011）。

10.3.4 新农村生态文化建设

（1）乡村生态文化建设的重点

乡村生态文化建设包括了农村经济、社会、制度、文化等各个领域的内容。范围涵盖了各

个学科门类。从物质文化的生产（包括农业生产、农产品加工以及农村工业企业生产）到制度文化建设（包括农村基层组织建设、农村制度建设和农村社会组织建设）再到农村文化（狭义）建设，特别是农村文化建设与发展事关农村经济社会的发展方向和战略。农村生态文化建设的重点内容是实现农民生态化。农村建设的主体是农民，政府起到引导和扶持的作用。要想实现农村建设的全面进步，乡村生态文化建设的全面实现，只有处于主体地位的农民实现生态化，实现从物质生产到制度建设再到农村精神文化的塑造，才能得到落实，所有这些具体建设都需要具备生态文化素质的农民来完成。否则，拥有再好的顶层设计，拥有再多的投资，拥有再完美的蓝图也没有人去描绘。

（2）新农村生态文化建设

中央提出的社会主义新农村建设二十字方针，其实质"生产发展"是根本，"乡风文明"是灵魂。文化建设是实现乡风文明的关键，构筑新型、健康、科学的农村文化，既是新农村建设的重要内容和客观要求，也是实现农村持续、健康、科学发展的必然选择，更是一项重大的文化科研课题，是构建中国梦的一条重要途径（王广峰，2014）。

构建中国梦的美好蓝图，进行新农村的文化建设，是一个非常庞大、复杂的系统工程，必须有重点、分步骤地逐步推进，要采取一系列措施为新农村的文化建设提供能够实现的新途径。

①主旋律文化的繁荣和境界的提升是我国文化发展的最高目标。加强新农村文化建设既是我国文化建设的重要载体和内容，也是建设文化强国的重要举措，同时也是实现文化大发展、大繁荣的应有之义。文化是生产力，是价值导向。加强农村先进文化建设，宣传和凝聚正能量，是助推新农村发展的根本驱动力，是实现农村发展的重要引擎，不仅关系到农村长远发展，而且关系到整个国家发展战略大局，关系我国两个百年目标的实现。培养和造就一批有文化、有知识、懂科学、守法律、会经营、善管理的现代新型农民，对加快建设文化强国、提高文化竞争力，建设富强、民主、文明、和谐、幸福的社会主义新农村，意义重大而深远。

②制定新农村文化建设的法律法规条例，出台相关配套的顶层设计政策。从法律层面和顶层设计的角度，通过对新农村文化建设立法，用法律规范新农村文化建设的相关重大问题。在政策制定上，依据发达地区和欠发达地区区域发展的不同实际，按照统筹区域协调发展的要求，在政策上向欠发达地区倾斜，通过加强政策调控和政府投入，加快推进欠发达地区新农村文化建设。在具体操作中，必须针对新农村文化建设与发展的现实状况，科学有效地构建新农村公共文化服务体系和框架，增强其科学性、可操作性和实效性。认真贯彻落实《中共中央办公厅、国务院办公厅关于进一步加强农村文化建设的意见》《国家"十二五"时期文化规划纲要》《中共中央关于深化文化体制改革推动社会主义文化大发展、大繁荣若干重大问题的决定》，对农村文化建设的要求和目标进行量化和细化。注重总结经验、教训，注重对农村文化体制机制的创新研究，注重对现有的农村文化资源的有效利用，通过采取切实有效的措施，使农村文化资源潜力得到巨大挖潜，资金投入发挥最大效益，新建文化设施发挥最大作用，农村文化建设迸发和释放出巨大的活力。

③必须坚持走有中国特色的新农村文化发展道路。坚持以毛泽东思想和中国特色社会主义理论体系为指导，坚持以三个倡导为主要内容的社会主义核心价值体系建设，坚持双为方向和

双百方针，发展面向现代化、面向世界、面向未来的，民族的、科学的、大众的社会主义文化，提高全民族文明素质，增强文化软实力。我国的国情决定了要实现文化强国的目标，必须大力发展新农村文化建设，没有农村的文化发展和繁荣，就无法实现文化强国的中国梦、文化梦。要突出新农村和谐文化建设。和谐文化是中国特色社会主义文化的重要组成部分，是实现社会和谐的文化源泉和精神动力，是提高中国国际影响力、实现中华民族伟大复兴、最终实现和谐世界理念的重要武器。实现伟大的中国梦，新农村和谐文化建设举足轻重，任重道远。

④必须加强硬件和软件建设，政策向农村倾斜。从我国农村发展不平衡的实际出发，坚持因地制宜、量力而行、扎扎实实、讲究实效的原则，既要抓投入、抓创建，也要抓管理、抓巩固。要尊重市场规律，充分发挥市场机制的配置调节作用，积极推动社会各方面力量主动参与发展农村文化产业和文化事业，整合农村文化资源，吸引社会力量，积极主动地为农村发展提供更多更好的优质文化产品和服务。加大实施文化资源有重点、有针对性地向农村倾斜的政策，实行以政府为主导，以乡镇为依托，以村为重点，以农户为对象，齐抓共管，上下联动，积极配合，不断发展和完善县、乡镇、村文化设施和文化活动场所，不断加强文化平台建设、载体建设。大力推进广播电视进村入户、电影放映以及文化信息资源共享工程等各项文化惠农工作，进一步增强现代文化的辐射能力；认真贯彻落实中宣部、文化部分别下发的培养“四个一批”人才、实施“人才兴文”战略、进一步加强文化人才队伍建设等相关政策意见，通过聚集回归，公开招聘，注重发挥农村文化能人、民间艺人、本土化的文化艺术骨干的作用等措施，形成有利于优秀文化人才成长和发挥作用的良好环境，使各类文化人才的智慧和能力竞相喷涌释放。

⑤必须保障农民文化权益的回归。享受公共文化产品及公共文化服务是每一个公民的权益，农村文化建设事业是全党关注、全社会关注的大事。要注重投入保障机制与保障体系建设，逐步建立和完善由政府投入为主，社会各方面力量广泛关注和热心参与的农村公共文化服务体系，这既是补农村文化发展的短板，还历史的欠账的必然要求，也是社会再分配的时代性、进步性、合理性、公平性的必然要求，更是保障农民文化权益的必然要求。各级党委、政府要切实负起责任，建立政策保障机制、投入激励机制和多元化建设机制等有效保障体系与运转机制，出台《农村文化活动奖励办法》等可操作性强的具体措施，引导、鼓励、支持农村文化活动的开展，全面提高农民素质，增强农村“软实力”和“人文竞争力”(徐莉，2011)。

⑥必须实现从输血向造血转变。激活农村文化活力，大力发展农村大众文化，积极开展生态村创建活动，既是时代发展的必然要求，也是人民群众的殷切期盼。在整个社会加速转型期，主流政治文化的强势地位下降，大众文化迅速崛起。以电视为主要载体的大众文化的中心化是我国农村文化发展的必然。大众文化应大力推出榜样和优质偶像，弘扬主旋律，提倡多样化，注重人格、道德品质和艺术才能的有机结合，体现主导文化、高雅文化、精品文化，不断发展健康向上、丰富多彩，有中国风格、中国特色的社会主义文化；创建文明生态村是一场全面而深刻的乡村革命，要坚持以提高农民素质和生活质量为根本，以“经济发展、生活富裕、精神充实、环境良好”为主要内容，协调推进物质文明、政治文明、精神文明、社会文明和生态文明建设，建设富裕、民主、文明、和谐的社会主义新农村。恩格斯认为“文化上的每一个进步，都是迈向自由的一步”。人的自由而全面的发展是共产主义的主要特征，也是社会主义

先进文化所追求的目标。社会主义文化建设的目的就是促进人的全面发展，培养有理想、有道德、有文化、有纪律的社会主义公民。

⑦必须突出农村文化建设，并作为政府职能的重中之重。要强化中央及地方各级政府在新农村文化建设中的主导作用，更多地体现出在新农村文化建设中的地位、职能与作用，做到经济建设、政治建设、文化建设、社会建设、生态建设五位一体，共同统一于中国特色社会主义建设之中。邓小平同志指出："我们国家，国力的强弱，经济后劲的大小，越来越取决于劳动者素质，取决于知识分子的数量和质量。"我国的农业是弱势产业，农村是弱势社区，农民是弱势群体。造成"三弱"的最根本原因是农民素质的低下造成的。我国农民的平均受教育年限还不足 7 年，农村劳动力中文盲占 22.5%，高中程度与大专以上文化程度仅占 4.45% 与 0.05%，而发达国家的农民受教育年限平均在 12 年以上。美国的绝大多数农民接受过专业学习、培训和教育，大部分是州立农学院毕业；法国、德国、日本的农民 6% 以上都具有大学文凭，其余大部分是高、中专毕业生。农民文化程度的高低，直接影响到其自身素质的高低，也直接影响到三农的发展。为此，在全面建成小康社会的征程中，必须充分发挥政府的主导调控作用，把保障农村文化建设，全面提高农民科技文化素质纳入党委政府工作的重要议事议程，纳入经济和社会发展规划，纳入财政预算支出，纳入扶贫攻坚计划，纳入干部晋升考核指标，纳入科学发展考核量化，纳入小康社会目标管理，确保农村文化建设各项目标任务顺利实现。

⑧认真研究探索和推广应用新农村文化建设的发展模式。在实践中，一些地方已探索出农村文化建设有效的发展模式。如浙江绍兴县坚持政府投入主导作用，加大县级文化建设财政投入，在农村一大批活动室、图书馆、休闲公园等相继建立；山东省菏泽市在新农村文化建设中作了积极的探索和实践，充分发挥地方高校的文化传承创新与引领作用，菏泽学院依托自身人才优势，围绕牡丹文化、水浒文化、戏曲文化、武术文化、天香园艺品牌等地方文化开展研究，积极打造地方文化名片，为当地农村文化发展注入活力，发挥当地政府作用，调动群众参与积极性，菏泽市定陶县把文化设施建到群众家门口，文化舞台搭到百姓心坎上，基本实现了"村村有文化大院、乡乡有综合文化站"的目标，提升了群众幸福指数。按照"政府倡导、社会参与、群众主体"的思路，通过资金扶持、引导带动，鼓励农民自办文化社团，在自编自演、自娱自乐中找到自信，享受文化带来的快乐。群众自编自导自演的《老来红》、快板《巧媳妇巧计劝公婆》、农家小调《新姑爷送节礼》等 120 多部小戏曲，深受百姓喜爱。

总之，农村文化建设是一项长期、艰巨、复杂的系统工程，我们必须坚持"实事求是、因地制宜，统筹规划、分步实施"的原则，从大处着眼，从小处着手，既要积极稳妥，又要扎实推进。各级党委政府要充分发挥主导调控职能，最大限度地调动方方面面的积极性、主动性、创造性，形成新农村文化建设的强大合力，只有这样，才能使新农村文化建设的火焰越燃越旺，迸发出旺盛的生命力，不断增强新农村文化建设的可持续发展能力。

参考文献

陈彩棉. 2010. 生态文化：内涵、意义与建构[J]. 中共福建省委党校学报(8)：89－93.

陈璐. 2011. 浅议生态文化的创建与弘扬[J]. 兰州学刊(3)：215－217.

陈幼君. 2007. 生态文化的内涵与构建[J]. 求索(9)：88－20.

丁宁宁. 2008. 我国生态文化建设的基本途径[D]. 沈阳：东北大学文法学院：13－26.

黄百成，张保伟. 2005. 略论生态文化与可持续发展[J]. 湖北社会科学(5)：119－121.

屠凤娜. 2011. 生态文化发展战略规划的必要性、内容及保障体系[J]. 理论界(1)：166－167.

王让会. 2012. 生态规划导论[M]. 北京：气象出版社.

宣裕方，王旭烽. 2012. 生态文化概论[M]. 南昌：江西人民出版社.

杨莉，戴明忠. 2004. 区域生态文化建设规划研究——以江苏省涟水县为例[J]. 江苏环境科技，17(3)：27－29.

袁超，陈甲全. 2010. 城市生态规划中的生态文化导入[R]. 重庆：重庆市地理信息中心.

张保伟. 2011. 生态文化建设机制及其优化分析[J]. 理论与改革(1)：107－110.

张帝. 2011. 生态文化与可持续发展[J]. 生态文化(4)：28.

张广裕. 2013. 生态文化建设的内涵与措施[J]. 环境保护与循环经济(10)：19－22.